EUL VERLAG

Rechnungslegung und Wirtschaftsprüfung

Herausgegeben von Prof. (em.) Dr. Dr. h. c. Jörg Baetge, Münster, Prof. Dr. Hans-Jürgen Kirsch, Münster, und Prof. Dr. Stefan Thiele, Wuppertal

Band 32
Martin Jonas
Die Bildung von Bewertungseinheiten im handelsrechtlichen Jahresabschluss – Eine auslegende Untersuchung des § 254 HGB zur Bilanzierung von Sicherungszusammenhängen bei Industrie- und Handelsunternehmen
Lohmar – Köln 2011 • 288 S. • € 58,- (D) • ISBN 978-3-8441-0090-7

Band 33
Jan-Hendrik Gnändiger
Abbildungsmöglichkeiten komplexer Lieferantenbeziehungen der Automobilindustrie in der Rechnungslegung nach HGB und IFRS
Lohmar – Köln 2011 • 400 S. • € 66,- (D) • ISBN 978-3-8441-0101-0

Band 34
Jana Hecker
Kapitalausweis nach IFRS unter besonderer Berücksichtigung von Residualkapitalderivaten
Lohmar – Köln 2011 • 240 S. • € 56,- (D) • ISBN 978-3-8441-0115-7

Band 35
Andreas Fischer
Entwicklung eines länderübergreifenden Bilanzratingmodells – Eine empirische Untersuchung anhand deutscher und italienischer Jahresabschlüsse
Lohmar – Köln 2012 • 312 S. • € 62,- (D) • ISBN 978-3-8441-0119-5

Band 36
Alexander Olbrich
Wertminderung von finanziellen Vermögenswerten der Kategorie „Fortgeführte Anschaffungskosten“ nach IFRS 9
Lohmar – Köln 2012 • 272 S. • € 58,- (D) • ISBN 978-3-8441-0125-6

JOSEF EUL VERLAG

Reihe: Rechnungslegung und Wirtschaftsprüfung · Band 36

Herausgegeben von Prof. (em.) Dr. Dr. h. c. Jörg Baetge, Münster, Prof. Dr. Hans-Jürgen Kirsch, Münster, und Prof. Dr. Stefan Thiele, Wuppertal

Dr. Alexander Olbrich

Wertminderung von finanziellen Vermögenswerten der Kategorie „Fortgeführte Anschaffungskosten“ nach IFRS 9

Mit einem Geleitwort von Prof. Dr. Hans-Jürgen Kirsch, Westfälische Wilhelms-Universität Münster

EUL VERLAG

Bibliografische Information der Deutschen Nationalbibliothek

Die Deutsche Nationalbibliothek verzeichnet diese Publikation in der Deutschen Nationalbibliografie; detaillierte bibliografische Daten sind im Internet über <http://dnb.d-nb.de> abrufbar.

Dissertation, Westfälische Wilhelms-Universität Münster, 2012, unter dem Titel: Die Bestimmung und Berücksichtigung des erwarteten Kreditverlustes bei der Bilanzierung von finanziellen Vermögenswerten der Kategorie „Fortgeführte Anschaffungskosten“ nach IFRS 9

D 6

ISBN 978-3-8441-0125-6
1. Auflage Februar 2012

JOSEF EUL VERLAG GmbH
Brandsberg 6
53797 Lohmar
Tel.: 0 22 05 / 90 10 6-6
Fax: 0 22 05 / 90 10 6-88
E-Mail: info@eul-verlag.de
http://www.eul-verlag.de

Geleitwort

Die Regelungen des IAS 39 zur Bilanzierung von finanziellen Vermögenswerten sind seit ihrer Veröffentlichung im Jahr 1998 erheblicher Kritik ausgesetzt worden, wobei sich diese Kritik durch die Finanzkrise nochmals verstärkt hat. Als Reaktion auf diese Kritik und auch aufgrund des politischen Drucks hat sich der IASB dazu entschlossen, die derzeitigen Regelungen des IAS 39 durch einen neuen Standard, den IFRS 9, zu ersetzen. Das Replacement-Projekt zu IAS 39 wurde hierbei in drei Phasen unterteilt, wobei die erste Phase (Klassifizierung und Bewertung von Finanzinstrumenten) bereits im November 2009 abgeschlossen wurde. Die Beratungen über die zweite Phase (Wertminderung) und dritte Phase (Bilanzierung von Sicherungsbeziehungen) dauern hingegen zum gegenwärtigen Zeitpunkt noch an. Für die zweite Phase des Replacement-Projektes zu IAS 39 hat der IASB derzeit zwei Vorschläge unterbreitet, nämlich den Exposure Draft ED/2009/12 und den Ergänzungsentwurf zum ED/2009/12. Der Verfasser stellt diese beiden Vorschläge gegenüber und untersucht sie insbesondere in Bezug auf die vermittelten Informationen und deren Entscheidungsnützlichkeit für die IFRS-Abschlussadressaten.

Dazu werden nach einer Einleitung zunächst im **zweiten Kapitel** als allgemeine Grundlagen die Ziele und Anforderungen an einen IFRS-Abschluss gemäß dem Conceptual Framework vorgestellt. Nach diesem besteht das Oberziel der IFRS-Rechnungslegung in der Vermittlung von entscheidungsnützlichen Informationen. Um dieses Ziel zu erreichen, haben die durch den IFRS-Abschluss vermittelten Informationen fundamentale und fördernde qualitative Anforderungen zu genügen, die vom Verfasser anschließend beschrieben werden. Hierbei stellt der Verfasser heraus, dass die Entscheidungsnützlichkeit von Abschlussinformationen für die Adressaten dadurch begründet wird, dass die fundamentalen qualitativen Anforderungen durch eine Abschlussinformation erfüllt werden. Erfüllt eine Abschlussinformation zusätzlich auch die fördernden qualitativen Anforderungen, so wird hierdurch ihre Entscheidungsnützlichkeit verbessert. Im weiteren Verlauf des zweiten Kapitels wird zudem die Bedeutung des Ausfallrisikos für die bilanzielle Abbildung nach den IFRS herausgearbeitet. Dazu beschreibt der Verfasser zunächst die Quantifizierung des Ausfallrisikos.

Zu Beginn des **dritten Kapitels** wird durch den Verfasser zunächst die Entwicklung des IFRS 9 dargestellt. Hierbei geht der Verfasser insbesondere auf die zweite Phase des Replacement-Projektes zu IAS 39 ein und gibt einen Überblick über die bereits veröffentlichten Entwürfe (Exposure Draft ED/2009/12, Ergänzungsentwurf zum ED/2009/12) und über den noch zu erwartenden Entwurf (Re-Exposure Draft) hinsichtlich der künftigen Wertminderungsvorschriften des IFRS 9. Anschließend werden von dem Verfasser der Ansatz und die Klassifizierung von finanziellen Vermögenswerten nach IFRS 9 erläutert. Hierbei geht der Verfasser auf die Klassifizierungskriterien ein und beschreibt die Einordnung von finanziellen Vermögenswerten in die Kategorie „Fortgeführte Anschaffungskosten" und „Fair Value". Abgeschlossen wird dieses Kapitel durch die Beschreibung der Reklassifizierungsmöglichkeiten nach dem erstmaligen Zugang eines finanziellen Vermögenswertes.

Im **vierten Kapitel** thematisiert der Verfasser dann die Bewertung und den Ausweis von finanziellen Vermögenswerten der Kategorie „Fortgeführte Anschaffungskosten“ sowie die entsprechenden Anhangangaben zu dieser Kategorie. Im Rahmen dieses Kapitels werden in einem ersten Schritt die Bewertung und der Ausweis eines finanziellen Vermögenswertes zum Zugangszeitpunkt und in Folgeperioden erläutert. Kern dieser Arbeit bildet dabei die Ermittlung und Berücksichtigung von Wertminderungen bei finanziellen Vermögenswerten dieser Kategorie. Hier stellt der Verfasser zunächst die derzeitigen Wertminderungsvorschriften des IAS 39 mit dem diesen Vorschriften zugrundeliegenden Incurred-Loss-Modell vor. Dabei setzt er sich ausführlich mit der gegenüber diesem Modell geäußerten Kritik auseinander, die ihrerseits Anlass für die Entwicklung der neuen Wertminderungsvorschläge gab. Anschließend wird von dem Verfasser das Expected-Loss-Modell beschrieben, welches sowohl dem ED/2009/12 als auch dem Ergänzungsentwurf zum ED/2009/12 als Wertminderungskonzept zugrundeliegt und die Schwächen des bisherigen Incurred-Loss-Modells beheben soll. Hierbei wird durch den Verfasser herausgestellt, dass durch das Expected-Loss-Modell im Vergleich zum Incurred-Loss-Modell ein erwarteter Kreditverlust frühzeitiger erfasst wird und ein bilanzierendes Unternehmen bereits während der Laufzeit für den erwarteten Kreditverlust sukzessiv eine Risikovorsorge aufzubauen hat. Darauf folgend analysiert der Verfasser das Incurred-Loss- und das Expected-Loss-Modell vor dem Hintergrund der im zweiten Abschnitt hergeleiteten fundamentalen qualitativen Anforderungen. Hierbei stellt er fest, dass die durch ein Expected-Loss-Modell vermittelten Informationen für die Abschlussadressaten relevanter als die durch das Incurred-Loss-Modell vermittelten Informationen sind, da diese eine höhere Aktualität aufweisen. Zudem wird durch das Expected-Loss-Modell ein finanzieller Vermögenswert glaubwürdiger im IFRS-Abschluss dargestellt, da durch dieses die Vermögens- und Ertragslage eines Unternehmens nicht verzerrt wird. Insgesamt arbeitet der Verfasser daher heraus, dass anhand des Expected-Loss-Modells entscheidungsnützlichere Informationen als durch das Incurred-Loss-Modell vermittelt werden. Dieses Urteil hängt dabei indes sehr stark von der Möglichkeit ab, den Kreditverlust auch hinreichend objektiv identifizieren und quantifizieren zu können.

Im weiteren Verlauf des vierten Kapitels widmet sich der Verfasser dann eben der Konkretisierung und Quantifizierung der Kreditverlustschätzung, der nach dem Expected-Loss-Modell eine entscheidende Bedeutung zukommt. Neben der in den beiden Vorschlägen genannten Datenquellen, auf die im Rahmen der Kreditverlustschätzung zurückgegriffen werden kann, untersucht der Verfasser ferner die Eignung von Marktdaten als zusätzliche Informationsquelle für die Kreditverlustschätzung. Hierbei werden der Credit Spread einer Unternehmensanleihe und die CDS-Prämie eines Referenzschuldners betrachtet. Der Verfasser stellt im Ergebnis fest, dass der Credit Spread von Unternehmensanleihen nur bedingt als zusätzliche Informationsquelle für die nach dem Expected-Loss-Modell durchzuführende Kreditverlustschätzung geeignet ist, da durch den Credit Spread neben dem Ausfallrisiko auch weitere Risiken kompensiert werden und der genaue Anteil der Ausfallrisikoprämie am Credit Spread nicht ohne Weiteres ermittelt werden kann. Im Gegensatz zum Credit Spread zeigt der Verfasser für die CDS-Prämie, dass es sich dabei konzeptionell um ein reines Maß für die Markterwartung hinsichtlich des Ausfallrisikos handelt. Dabei zeigt der Verfasser, dass die CDS-Prämie eine Risikoprämie für den unerwarteten Kreditverlust enthält. Da der unerwartete Kreditverlust nach den beiden vorliegenden Wertminderungsvorschriften allerdings im Rahmen der

Kreditverlustschätzung nicht berücksichtigt werden darf, ist auch die CDS-Prämie nicht ohne weitere Anpassungen als zusätzliche Informationsquelle in die Kreditverlustschätzung einzubeziehen. Der Verfasser arbeitet jedoch heraus, in welchen Situationen auf CDS-Prämien als zusätzliche Informationsquelle zurückgegriffen werden kann und stellt darüber hinaus dar, wie aus den relativen Änderungen von CDS-Prämien Anpassungsfaktoren ermittelt werden können, anhand derer sich dann eine Kreditverlustschätzung an die aktuellste Informationslage anpassen lässt.

Der ermittelte Kreditverlust ist nach beiden Vorschlägen über die Laufzeit zu verteilen, wobei sich beide Wertminderungsvorschläge hinsichtlich der Allokation des erwarteten Kreditverlustes unterscheiden. Daher werden die jeweiligen Allokationsvorschläge des ED/2009/12 und des Ergänzungsentwurfes zum ED/2009/12 im vierten Kapitel getrennt voneinander erläutert. Der Verfasser beginnt mit den Vorschlägen des ED/2009/12 und beschreibt die Verteilung des erwarteten Kreditverlustes anhand der Effektivzinsmethode. Anschließend wird die Allokation des erwarteten Kreditverlustes nach dem Ergänzungsentwurf zum ED/2009/12 erörtert. Diese richtet sich hierbei nach der Gruppe, zu der ein finanzieller Vermögenswert durch das interne Risikomanagement eines Unternehmens zugeordnet wurde. Im Anschluss stellt der Verfasser die Vorschläge der beiden Entwürfe hinsichtlich der im Anhang durch ein bilanzierendes Unternehmen zu berichtenden Informationen dar.

Als Maßstab für die kritische Würdigung der beiden Wertminderungsvorschläge legt der Verfasser dann die fundamentalen und fördernden qualitativen Anforderungen des Conceptual Framework an, wobei die durch beide Vorschläge vermittelten Informationen zunächst hinsichtlich ihrer Relevanz für die Abschlussadressaten untersucht werden. Hierbei stellt der Verfasser fest, dass durch beide Vorschläge grundsätzlich relevante Informationen vermittelt werden, wobei die Informationen des Exposure Draft gegenüber den Informationen des Ergänzungsentwurfes für die Abschlussadressaten eine höhere Relevanz aufweisen, da diese den Abschlussadressaten eine bessere Einschätzung der künftigen Zahlungsströme eines finanziellen Vermögenswertes ermöglichen. Des Weiteren zeigt der Verfasser, dass durch den Rückgriff auf CDS-Informationen im Rahmen der Kreditverlustschätzung die Relevanz des in der Bilanz für einen finanziellen Vermögenswert ausgewiesenen Betrages erhöht werden kann. Hinsichtlich der Analyse der fundamentalen qualitativen Anforderung der glaubwürdigen Darstellung zieht der Verfasser ebenfalls ein positives Fazit, auch wenn beide Vorschläge und hierbei v. a. der Ergänzungsentwurf Ermessensspielräume öffnen, die kritisch gesehen werden. Insgesamt kommt der Verfasser jedoch zu dem zutreffenden und nachvollziehbaren Ergebnis, dass durch beide Vorschläge entscheidungsnützliche Informationen vermittelt werden, wobei die Informationen des Exposure Draft gegenüber denen des Ergänzungsentwurfes eine höhere Entscheidungsnützlichkeit aufweisen, da sie die fundamentalen qualitativen Anforderungen in einem höheren Umfang erfüllen.

Schließlich beurteilt der Verfasser die beiden vorliegenden Wertminderungsvorschriften ebenfalls vor dem Hintergrund der fördernden qualitativen Anforderungen des Conceptual Framework. Hierbei stellt der Verfasser fest, dass durch beide Vorschläge die fördernden qualitativen Anforderungen der Zeitnähe und der Verständlichkeit weitestgehend erfüllt werden. Hinsichtlich der Vergleichbarkeit und der Nachprüfbarkeit der durch die beiden Vorschläge vermittelten Informationen äußert sich der Verfasser hingegen kritisch. Die Ermessensspielräume, die einem bilanzierenden Unternehmen im Rahmen der Kreditverlustschätzung und beim Ergänzungsentwurf auch im Rahmen der Allokation des erwarteten Kreditverlustes seitens des Standardsetter gewährt werden, schwächen insbesondere die zwischenbetriebliche Vergleichbarkeit und die Nachprüfbarkeit der vermittelten Informationen. Der Grad der Entscheidungsnützlichkeit der durch beide Vorschläge vermittelten Informationen wird daher durch den Verfasser als nicht sonderlich hoch eingeschätzt, wobei der Verfasser v. a. die Informationen des Ergänzungsentwurfes kritisch sieht. Um den Grad der Entscheidungsnützlichkeit dieser Informationen zu erhöhen, schlägt der Verfasser daher die Berücksichtigung von CDS-Informationen im Rahmen der Ermittlung des erwarteten Kreditverlustes vor, da diese Informationen intersubjektiv nachgeprüft werden können und hierdurch die Ermessensspielräume eines bilanzierenden Unternehmens eingeschränkt werden. Abschließend kommt der Verfasser zum Gesamturteil, dass durch den Exposure Draft im Vergleich zum Ergänzungsentwurf entscheidungsnützlichere Informationen vermittelt werden. Daher empfiehlt der Verfasser dem Standardsetter, den neuen Vorschlag für die künftigen Wertminderungsvorschriften näher an den ursprünglichen Vorschlägen des Exposure Draft auszurichten und diese stärker zu konkretisieren, um den Adressaten letztlich Informationen bereitzustellen, die für diese eine hohe Entscheidungsnützlichkeit aufweisen.

Die Arbeit schließt im **fünften Kapitel** mit einer Zusammenfassung der wesentlichen Untersuchungsergebnisse und einem Ausblick hinsichtlich der künftigen Entwicklungen im Rahmen der zweiten Phase des Replacement-Projektes zu IAS 39.

Insgesamt bietet die vorgelegte Arbeit nicht nur einen theoretisch fundierten Einblick in die laufende Diskussion zur Entwicklung des IFRS 9. Darüber hinaus werden verschiedene allgemeinere konzeptionelle Probleme und die Möglichkeiten der praktischen Umsetzung von Lösungen ausführlich diskutiert. Besonders überzeugend und gelungen wird dabei an vielen Stellen die Brücke zwischen den Anforderungen einer entscheidungsrelevanten IFRS-Bilanzierung und den technischen Grundlagen der Finanzinstrumente geschlagen. Die Arbeit leistet damit neben einer ganzen Reihe von eher „zeitlosen“ Teilergebnissen einen außerordentlich wertvollen Beitrag zur aktuellen Diskussion. Insofern wünsche ich der Arbeit, dass sie die aktuelle Diskussion beeinflussen kann, damit der zu erwartende Standard des IASB wie angestrebt gleichermaßen theoretisch befriedigend wie umsetzbar sein wird.

Münster, im Januar 2012 Prof. Dr. Hans-Jürgen Kirsch

Vorwort des Verfassers

Die vorliegende Arbeit entstand während meiner Tätigkeit als wissenschaftlicher Mitarbeiter am Institut für Rechnungslegung und Wirtschaftsprüfung (IRW) der Westfälischen Wilhelms-Universität Münster. Sie wurde von der Wirtschaftswissenschaftlichen Fakultät in Münster im Januar 2012 als Dissertation angenommen.

An dieser Stelle möchte ich mich bei all jenen bedanken, die mich bei der Anfertigung dieser Arbeit auf vielfältige Weise unterstützt haben. Im Besonderen gilt dies für meinen verehrten akademischen Lehrer und Doktorvater, Herrn Prof. Dr. Hans-Jürgen Kirsch, der durch seine ständige Diskussionsbereitschaft und seinen wertvollen fachlichen Hinweisen maßgeblich zum Gelingen dieser Arbeit beigetragen hat. Weiterhin gilt mein Dank Frau Prof. Dr. Nicole Branger für die Übernahme des Zweitgutachtens und Herrn Prof. Dr. Aloys Prinz für sein Mitwirken in der Promotionskommission.

Großer Dank gilt auch Herrn Prof. Dr. Dr. h.c. Jörg Baetge und den Mitarbeitern seines Forschungsteams für die stets gute Zusammenarbeit und die fachlichen Anregungen in zahlreichen Doktorandenseminaren, wobei ich insbesondere Herrn Dipl.-Kfm. Michael Janko für engagierte Diskussionen danken möchte. Ebenfalls ist es mir ein wichtiges Anliegen, meinen (ehemaligen) Kollegen am IRW zu danken. Namentlich erwähnen möchte ich an dieser Stelle Frau Dr. Corinna Ewelt-Knauer und Frau Dipl.-Kffr. Yasmine Bassen sowie die Herren Dr. Tim Hoffmann, Dr. Matthias Knabe, Dipl.-Kfm. Gerrit Lütkeschümer, Dr. Daniel Siegel und Dipl.-Kfm. Christian Weber. Mein ganz besonderen Dank gilt darüber hinaus meinem Kollegen, Herrn Dipl.-Kfm. Dominik Dettenrieder, für die vielen fachlichen Diskussionen und wertvollen Hinweise zum Manuskript dieser Arbeit.

Darüber hinaus möchte ich mich von ganzem Herzen bei meiner Familie und bei meiner Freundin bedanken. Insbesondere danke ich meinen Eltern und meiner Schwester für ihr Verständnis und ihren Zuspruch während meiner Dissertationsszeit und für ihre vielfältige und bedingungslose Unterstützung während meines bisherigen Lebensweges. Ohne diese Unterstützung und den großartigen Rückhalt wäre diese Arbeit mit höchster Wahrscheinlichkeit nicht entstanden. Ebenso großen Dank gebührt meiner Freundin Loan, die mich während der Dissertationszeit durch ihre lebensfrohe Art, ihren unerschöpflichen Zuspruch und Optimismus unterstützt hat, ohne den das Schreiben dieser Arbeit gewiss nicht möglich gewesen wäre. Ihnen ist diese Arbeit gewidmet.

Inhaltsübersicht

Inhaltsverzeichnis

Abbildungsverzeichnis

Tabellenverzeichnis

Formelverzeichnis

Abkürzungsverzeichnis

AG	Aktiengesellschaft
AK	Anschaffungskosten
Aufl.	Auflage
AV	Alternative View (i. V. m. IFRS-Fundstellen verwandt)
BaFin	Bundesanstalt für Finanzdienstleistungsaufsicht
BB	Betriebs-Berater (Zeitschrift)
BC	Basis for Conclusions (i. V. m. IFRS-Fundstellen verwandt)
BFuP	Betriebswirtschaftliche Forschung und Praxis (Zeitschrift)
BIS	Bank for International Settlements
BIZ	Bank für Internationalen Zahlungsausgleich
bzgl.	bezüglich
bspw.	beispielsweise
bzw.	beziehungsweise
CDS	Credit Default Swap
CESR	Committee of European Securities Regulators
CF	Conceptual Framework
Co.	Compagnie
c. p.	ceteris paribus (unter sonst gleichen Bedingungen)
DAX	Deutscher Aktienindex
DB	Der Betrieb (Zeitschrift)
D.C.	District of Columbia
DCF	Discounted Cashflow
d. h.	das heißt
DP	Discussion Paper (i. V. m. IFRS-Fundstellen verwandt)
DStR	Deutsches Steuerrecht (Zeitschrift)
DZ Bank	Deutsche Zentral-Genossenschaftsbank

ED	Exposure Draft (i. V. m. IFRS-Fundstellen verwandt)
EDF	Expected Default Frequency
EFRAG	European Financial Reporting Advisory Group
et al.	et alii (und andere)
EU	Europäische Union
e. V.	eingetragener Verein
f.	folgende
FASB	Financial Accounting Standards Board
FB	Finanz-Betrieb (Zeitschrift)
FEE	Federation of European Accountants
Fn.	Fußnote
GE	Geldeinheiten
ggf.	gegebenenfalls
GoB	Grundsätze ordnungsmäßiger Buchführung
HFA	Hauptfachausschuss des IDW
HGB	Handelsgesetzbuch
Hrsg.	Herausgeber
hrsg. v.	herausgegeben von
IAS	International Accounting Standard(s)
IASB	International Accounting Standards Board
i. d. F.	in der Fassung
i. d. R.	in der Regel
IDW	Institut der Wirtschaftsprüfer in Deutschland e. V.
IDW FN	IDW Fachnachrichten
IE	Illustrative Example (i. V. m. IFRS-Fundstellen verwandt)
IFRS	International Financial Reporting Standard(s)
IMF	International Monetary Fund
IN	Introduction (i. V. m. IFRS-Fundstellen verwandt)
IRB-Ansatz	Internal Ratings-Based Approach

IRZ	Zeitschrift für internationale Rechnungslegung
ISDA	International Swaps and Derivatives Association
i. V. m.	in Verbindung mit
JWG	Joint Working Group
Kap.	Kapitel
KGaA	Kommanditgesellschaft auf Aktien
KoR	Zeitschrift für internationale und kapitalmarktorientierte Rechnungslegung
LIBOR	London Interbank Offered Rate
LTCM	Long Term Capital Management
Mio.	Millionen
Mrd.	Milliarden
No.	Number
NPL	Non Performing Loans
OB	Objective (i. V. m. IFRS-Fundstellen verwandt)
OCI	Other Comprehensive Income
o. O.	ohne Ortsangabe
OTC	Over-the-Counter
P	Preface (i. V. m. IFRS-Fundstellen verwandt)
PiR	Praxis der internationalen Rechnungslegung (Zeitschrift)
QC	Qualitative Characteristic (i. V. m. IFRS-Fundstellen verwandt)
RED	Reference Entity Database
Rn.	Randnummer
RS	Rechnungslegungsstellungnahme des IDW
RWZ	Zeitschrift für Recht und Rechnungswesen

S.	Seite
sbr	Schmalenbach business review (Zeitschrift)
SD	Supplementary Document (Ergänzungsentwurf)
SFAC	Statement of Financial Accounting Concepts
sog.	sogenannte(n/r/s)
S&P 500	Standard & Poor's 500 (Aktienindex)
Tz.	Textziffer
u. a.	unter anderem
UCLA	University of California, Los Angeles
UK	United Kingdom
US	United States
USA	United States of America
US-GAAP	United States Generally Accepted Accounting Principles
u. U.	unter Umständen
v. a.	vor allem
VDAX	DAX-Volatilitätsindex
vgl.	vergleiche
VIX	S&P-500-Volatilitätsindex
WiSt	Wirtschaftswissenschaftliches Studium (Zeitschrift)
WPg	Die Wirtschaftsprüfung (Zeitschrift)
z. B.	zum Beispiel
ZCG	Zeitschrift für Corporate Governance
zfbf	Schmalenbachs Zeitschrift für betriebswirtschaftliche Forschung
ZfCM	Zeitschrift für Controlling & Management
ZfgK	Zeitschrift für das gesamte Kreditwesen
z. T.	zum Teil
zzgl.	zuzüglich

Symbolverzeichnis

BW_P	Barwert der Prämienzahlungen eines CDS
BW_X	Barwert einer Anleihe X
BW_{zP}	Barwert der zeitanteiligen Prämienzahlungen eines CDS
CS	Credit Spread
CS_m	Par Spread
$CS_m(t_0,t_m)$	Deal Spread
$CS_m(t_v,t_m)$	Par Spread in $t = v$
DF	Diskontierungsfaktor
EAD	Exposure at Default (Kreditengagement zum Ausfallzeitpunkt)
EL	Expected Loss (erwarteter Verlust)
i	Periode
LEL	Lifetime Expected Loss (erwarteter Kreditverlust der Gesamt-laufzeit)
LGD	Loss given Default (Verlustquote)
m	Restlaufzeit
PD	Probability of Default (Ausfallwahrscheinlichkeit)
R	Recovery Rate (Wiedereinbringungsquote)
SP	kumulierte Überlebenswahrscheinlichkeit
t	Zeitpunkt
X	Anleihe
y	Effektivzinssatz
Y_S	Rendite einer ausfallrisikolosen Staatsanleihe
Y_U	Rendite einer ausfallgefährdeten Unternehmensanleihe
Y_X	Rendite einer Anleihe X
Δi	Länge der i-ten Periode

1 Problemstellung und Gang der Untersuchung

Seit dem Ausbruch der Finanzmarktkrise ist das Ausfallrisiko verstärkt in das Bewusstsein vieler Investoren gerückt. Rund 2.200 Mrd. Dollar mussten Banken laut einer Schätzung des Internationalen Währungsfonds seit dem Ausbruch der Finanzmarktkrise[1] an Abschreibungen und Risikovorsorgebildungen im Zusammenhang mit ihrem Kreditgeschäft verarbeiten.[2] Die zunächst nur auf den Finanzsektor beschränkte Krise weitete sich in ihrem weiteren Verlauf auch auf die Realwirtschaft aus,[3] so dass auch Unternehmen außerhalb des Finanzsektors zunehmend mit ausfallgefährdeten Forderungen konfrontiert wurden.[4]

Das zentrale Informationsinstrument, das Investoren zur Verfügung steht, um sich über das Ausfallrisiko, dem ein kapitalmarktorientiertes Unternehmen im Rahmen seiner unternehmerischen Tätigkeit ausgesetzt ist, zu informieren, ist der IFRS-Konzernabschluss. In den IFRS finden sich die aktuell gültigen Regelungen zur Abbildung des Ausfallrisikos von finanziellen Vermögenswerten in IAS 39. Im Rahmen der Finanzmarktkrise sind diese Regelungen als vermeintliche Schwachstelle der Internationalen Rechnungslegungsstandards identifiziert worden.[5] Vor allem die bestehenden Wertminderungsvorschriften des IAS 39 für finanzielle Vermögenswerte, die zu fortgeführten Anschaffungskosten folgebewertet werden, waren umfangreicher Kritik ausgesetzt. Nach diesen Regelungen sind die aufgrund des Ausfallrisikos bei finanziellen Vermögenswerten zu erfassenden Wertminderungen anhand des sogenannten **Incurred-Loss-Modells** zu bestimmen. Dem Incurred-Loss-Modell wird hierbei vorgeworfen, dass die nach diesem Modell zu berücksichtigenden Wertminderungen einen zu geringen Umfang einnehmen und erst **verspätet** durchgeführt werden („**too little, too late**“[6]).[7] Dies würde zu einer prozyklischen Abbildung des Ausfallrisikos führen.[8] Weiter wird an diesem Modell kritisiert, dass dieses die ökonomische Realität der Kreditvergabe nicht widerspiegele.[9]

---

1 In der Literatur wird die Übernahme von Bear Stearns durch JP Morgan im März 2008 oftmals als das Ende der ersten Phase der Finanzmarktkrise bezeichnet. Den Höhepunkt der zweiten Phase der Finanzmarktkrise bildete die Insolvenz von Lehman Brothers am 15. September 2008, vgl. PAPE, U./SCHLECKER, M., Reaktion von Credit Spreads auf Finanzmarktkrisen, S. 38.

2 Vgl. INTERNATIONAL MONETARY FUND (Hrsg.), Global Financial Stability Report, S. 13.

3 Vgl. BLOSS, M./ERNST, D./HÄCKER, J./EIL, N., Von der Subprime-Krise zur Finanzkrise, S. 6.

4 Vgl. RAPP, M. J., Wertberichtigung auf Kundenforderungen, S. 47.

5 Vgl. SCHRUFF, W., Herausforderungen aus der Subprime Krise an die Rechnungslegung, S. 572; SCHABER, M./MÄRKL, H./KROH, T., Exposure Draft zu fortgeführten Anschaffungskosten und Wertminderungen, S. 241.

6 EDELMANN, M., Bilanzierung von Finanzinstrumenten, S. 16.

7 Vgl. GEBHARDT, G./STRAMPELLI, S., Bilanzierung von Kreditrisiken, S. 520; HAAKER, A./FREIBERG, J., Kreditrisikobilanzierung nach dem Expected-Loss-Ansatz, S. 339.

8 Vgl. SCHRUFF, W., Herausforderungen aus der Subprime Krise an die Rechnungslegung, S. 572; GEBHARDT, G./STRAMPELLI, S., Bilanzierung von Kreditrisiken, S. 520; FINANCIAL STABILITY FORUM (Hrsg.), Addressing Procyclicality, S. 20 f.; WIMMER, K./KUSTERER, S., Kreditrisikovorsorgemodelle, S. 461.

9 Vgl. FLICK, P./GEHRER, J./MEYER, S., Wertberichtigungen von Finanzinstrumenten nach IFRS, S. 222.

Da neben den Wertminderungsvorschriften auch weitere Regelungen des IAS 39 in der Kritik standen,[10] entschloss sich der IASB, die Regelungen des IAS 39 vollständig zu überarbeiten und diese in einem neuen Rechnungslegungsstandard, dem IFRS 9, zu integrieren. Dieser soll anschließend IAS 39 vollständig ersetzen.[11] Das Replacement-Projekt zu IAS 39 wurde durch den IASB in drei Phasen unterteilt, dessen zweite Phase die Wertminderung von zu fortgeführten Anschaffungskosten bewerteten finanziellen Vermögenswerten adressiert.[12] Den Beginn für die Überarbeitung der Wertminderungsvorschriften bildete dabei die im Juni 2009 veröffentlichte Anfrage des IASB hinsichtlich der Umsetzbarkeit eines Expected-Loss-Modells.[13] Im November 2009 erschien dann mit ED/2009/12 der Exposure Draft zur zweiten Phase. Die durch den ED/2009/12 vorgeschlagenen Wertminderungsvorschriften basieren hierbei konzeptionell nicht mehr auf einem Incurred-Loss-, sondern auf einem Expected-Loss-Ansatz.[14]

Im Gegensatz zu den derzeitigen Wertminderungsvorschriften soll ein erwarteter Kreditverlust nach den vorgeschlagenen Wertminderungsvorschriften bereits frühzeitig und nicht erst nach dem Eintritt eines konkreten Ausfallereignisses berücksichtigt werden. Hierzu ist bereits zum Ansatzzeitpunkt eines finanziellen Vermögenswertes der erwartete Kreditverlust zu ermitteln, für den während der Laufzeit des finanziellen Vermögenswertes sukzessiv eine Risikovorsorge zu bilden ist.[15] Der erwartete Kreditverlust soll dabei anhand der Effektivzinsmethode verteilt werden. Da an diesem Allokationsverfahren im Rahmen der Rückmeldungen zum ED/2009/12 starke Kritik geübt wurde,[16] entschloss sich der IASB, einen **Ergänzungsentwurf zum ED/2009/12** zu veröffentlichen.[17] Die Vorschläge des Ergänzungsentwurfes sehen dabei eine Allokation des erwarteten Kreditverlustes losgelöst von der Effektivzinsmethode vor.[18]

Im Rahmen dieser Arbeit sollen die vorliegenden Vorschläge zur Abbildung von Wertminderungen des Exposure Draft ED/2009/12 und des Ergänzungsentwurfes zum ED/2009/12 zunächst vorgestellt und beurteilt werden. Als Beurteilungsgrundlage dafür, inwiefern die anhand der vorliegenden Wertminderungsvorschläge des Exposure Draft ED/2009/12 und des Ergänzungsentwurfes zum ED/2009/12 vermittelten Informationen entscheidungsnützlich für die Adressaten eines IFRS-Abschlusses sind, dienen hierbei die Ziele und Anforderungen an einen IFRS-Abschluss gemäß

10 Vgl. EDELMANN, M., Bilanzierung von Finanzinstrumenten, S. 15.
11 Vgl. IFRS 9.IN5.
12 Zu den drei Projektphasen vgl. IFRS 9.IN6.
13 Vgl. IASB (Hrsg.), Request for Information.
14 Vgl. FLICK, P./GEHRER, J./MEYER, S., Wertberichtigungen von Finanzinstrumenten nach IFRS, S. 229. Durch den Wechsel des Wertminderungskonzeptes wird hierbei beabsichtigt, die Kritikpunkte an den gegenwärtigen Wertminderungsvorschriften des IAS 39 zu beheben, vgl. SCHMIDT, M., Wertminderungen bei Finanzinstrumenten, S. 288.
15 Diese Risikovorsorge bildet dann eine Art „Risikopuffer" für einen künftigen Kreditverlust.
16 Vgl. IASB (Hrsg.), Supplement to ED/2009/12, Tz. BC34; FLICK, P./GEHRER, J./KRAKUHN, J., Geplante Änderungen des ED/2009/12, S. 549.
17 Der Ergänzungsentwurf wurde im Januar 2011 veröffentlicht.
18 Vgl. IASB (Hrsg.), Supplement to ED/2009/12, Tz. IN17; FLICK, P./GEHRER, J./KRAKUHN, J., Geplante Änderungen des ED/2009/12, S. 549; HELKE, I./BÄR, M./MORAWIETZ, A., Bilanzierung von Wertminderungen, S. 456.

dem Conceptual Framework. Da der Schätzung des erwarteten Kreditverlustes im Rahmen der beiden Wertminderungsvorschriften eine hohe Bedeutung zukommt, wird des Weiteren untersucht, inwiefern eine möglichst aktuelle Einschätzung des erwarteten Kreditverlustes mittels Marktdaten vorgenommen werden kann. In der IFRS-Rechnungslegung werden dabei Informationen, die anhand von Marktdaten erhoben werden, eine hohe Entscheidungsnützlichkeit zugewiesen. Daher soll die Eignung von Marktdaten in Form des Marktwertes einer Unternehmensanleihe und der Credit-Default-Swap-Prämie eines Referenzschuldners zur Schätzung des erwarteten Kreditverlustes analysiert werden. Da die künftigen Wertminderungsvorschriften des IFRS 9 für alle nach IFRS bilanzierenden Unternehmen einschlägig sein werden,[19] sollen diese allgemein und nicht branchenspezifisch betrachtet werden. Darüber hinaus soll die Anwendung dieser Vorschläge auf einen einzelnen finanziellen Vermögenswert, im Gegensatz zur Anwendung auf Portfolioebene, im Rahmen dieser Arbeit im Vordergrund stehen. Die Bewertung sowie die Berücksichtigung des Ausfallrisikos bei finanziellen Vermögenswerten der Kategorie „Fair Value“ werden in dieser Arbeit nicht thematisiert.

Dazu werden im **zweiten Kapitel** zunächst die Ziele und Anforderungen an einen IFRS-Abschluss gemäß dem Conceptual Framework vorgestellt. Anschließend wird der Begriff des Ausfallrisikos sowie seine Ermittlung näher erläutert. Hierbei steht v. a. die Ermittlung der im Rahmen der Schätzung des Ausfallrisikos einfließenden Inputparameter im Vordergrund der Betrachtung. Im Anschluss wird die Bedeutung des Ausfallrisikos für die IFRS-Rechnungslegung beleuchtet.

Im **dritten Kapitel** werden der Ansatz und die Klassifizierung von finanziellen Vermögenswerten nach IFRS 9 adressiert. Zunächst wird die Entwicklung des IFRS 9 erörtert, bevor der Ansatz und die Einordnung eines finanziellen Vermögenswertes in die Kategorie „Fortgeführte Anschaffungskosten“ bzw. „Fair Value“ erläutert werden. Im Anschluss daran werden die Vorschriften zur Reklassifikation von finanziellen Vermögenswerten betrachtet.

Die Bewertung eines finanziellen Vermögenswertes richtet sich gemäß IFRS 9 nach der Kategorie, zu der dieser im Ansatzzeitpunkt zugeordnet wurde. Die Erst- und Folgebewertung eines finanziellen Vermögenswertes, der der Kategorie „Fortgeführte Anschaffungskosten“ zugeordnet wurde, wird zunächst in **Kapitel vier** näher erläutert. Der Schwerpunkt liegt dabei auf den zum gegenwärtigen Zeitpunkt der Arbeit vorliegenden Vorschlägen des ED/2009/12 und des Ergänzungsentwurfes zum ED/2009/12 zu den Wertminderungsvorschriften für finanzielle Vermögenswerte der Kategorie „Fortgeführte Anschaffungskosten“. Dazu werden zunächst das den beiden Vorschlägen zugrundeliegende Wertminderungskonzept (Expected-Loss-Ansatz) und die Ermittlung des erwarteten Kreditverlustes erörtert. Zudem wird analysiert, inwiefern sich Marktdaten in Form des Marktwertes einer Unternehmensanleihe und der Credit-Default-Swap-Prämien eines Referenzschuldners zur Schätzung des erwarteten Kreditverlustes eignen. Anschließend werden die hinsicht-

19 Vgl. dazu auch ERCHINGER, H./MELCHER, W., Geplante Neuerungen der Phase 1 bei der Bilanzierung von Finanzinstrumenten (Teil 1), S. 2165; BÄR, M., Wertminderungsmodell für finanzielle Vermögenswerte, S. 296.

lich der Allokation des erwarteten Kreditverlustes bestehenden Vorschläge des ED/2009/12 und des Ergänzungsentwurfes thematisiert. Der Folgeabschnitt widmet sich den nach den jeweiligen Vorschlägen zu leistenden Anhangangaben. Abschließend werden die beiden vorliegenden Wertminderungsvorschriften vor dem Hintergrund der fundamentalen und fördernden qualitativen Anforderungen an einen IFRS-Abschluss kritisch gewürdigt.

Die Arbeit schließt im **fünften Kapitel** mit einer Zusammenfassung der wesentlichen Ergebnisse der Untersuchung.

2 Grundlagen zur Rechnungslegung nach den IFRS und zum Ausfallrisiko

21 Anforderungen und Ziele der Rechnungslegung nach den IFRS

211. Überblick über das Conceptual-Framework-Projekt

Durch das „Norwalk Agreement" wurden 2002 die Konvergenzbestrebungen des IASB und des FASB, ihre jeweiligen Rechnungslegungsstandards einander anzugleichen, explizit eingeleitet.[20] Da die bisherigen Rechnungslegungsstandards der Standardsetter auf Basis unterschiedlicher Rahmenkonzepte[21] entwickelt wurden und die künftige gemeinsame Entwicklung von Rechnungslegungsstandards anhand von unterschiedlichen Rahmenkonzepten als problematisch erachtet wurde,[22] entschloss man sich im Rahmen des Konvergenzprojektes dazu,[23] ein einheitliches Rahmenkonzept (Conceptual Framework) zu entwickeln. Den Ausgangspunkt für die Entwicklung des Conceptual Framework bilden dabei die jeweils bestehenden Rahmenkonzepte des FASB (SFAC 2) und des IASB (Framework 1989).[24] Im Rahmen der anvisierten Konvergenzbestrebungen arbeiten die beiden Standardsetter seit Oktober 2004 gemeinsam am Conceptual Framework,[25] das sowohl für die künftige Entwicklung von prinzipienbasierten und einheitlichen Rechnungslegungsstandards[26] als auch bei der Überarbeitung bestehender Rechnungslegungsstandards als Grundlage dienen soll.[27] Das Conceptual-Framework-Projekt wurde dabei in acht Phasen (A bis H) unterteilt, die nach ihrer jeweiligen Fertigstellung die alten Regelungen des Rahmenkonzeptes sukzessiv ersetzen sollen.[28]

---

20 Vgl. GROS, M./UNREIN, D., Zum Stand der Konvergenz von IFRS und US-GAAP, S. 461.

21 Das Rahmenkonzept einer Rechnungslegung dient als Deduktionsgrundlage für die Entwicklung von Rechnungslegungsnormen, vgl. hierzu WIEDMANN, H./SCHWEDLER, K., Die Rahmenkonzepte von IASB und FASB, S. 683 f.; DOBLER, M./HETTICH, S., Geplante Änderungen der Rahmenkonzepte von IASB und FASB, S. 35; BAETGE, J./KIRSCH, H.-J./THIELE, S., Bilanzen, S. 142. Ferner ist bspw. das Rahmenkonzept der IFRS gemäß IAS 8.11(b) bei zu beurteilenden Bilanzierungssachverhalten, die nicht durch einen Standard oder eine Interpretation explizit geregelt sind, heranzuziehen, vgl. auch KAMPMANN, H./SCHWEDLER, K., Zum Entwurf eines gemeinsamen Rahmenkonzeptes von FASB und IASB, S. 524; WOLLMERT, P./ACHLEITNER, A.-K., Konzeptionelle Grundlagen der IAS-Rechnungslegung, S. 210; BALLWIESER, W., Anforderungen des Kapitalmarkts, S. 160.

22 Vgl. IASB (Hrsg.), DP: Conceptual Framework, Tz. P5.

23 Vgl. WIEDMANN, H./SCHWEDLER, K., Die Rahmenkonzepte von IASB und FASB, S. 683.

24 Vgl. GASSEN, J./FISCHKIN, M./HILL, V., Das Rahmenkonzept-Projekt des IASB und des FASB, S. 874.

25 Vgl. GASSEN, J./FISCHKIN, M./HILL, V., Das Rahmenkonzept-Projekt des IASB und des FASB, S. 874; PELGER, C., Entscheidungsnützlichkeit in neuem Gewand, S. 156; KAMPMANN, H./SCHWEDLER, K., Zum Entwurf eines gemeinsamen Rahmenkonzeptes von FASB und IASB, S. 521. Die bisherigen Rahmenkonzepte des IASB und des FASB stimmen zwar in der allgemeinen Zielrichtung überein, dennoch kommt es im Detail und in der Terminologie zu Widersprüchen, die im Rahmen des Conceptual-Framework-Projektes einander angeglichen werden sollen, vgl. PELGER, C., Entscheidungsnützlichkeit in neuem Gewand, S. 156.

26 Vgl. IASB (Hrsg.), DP: Conceptual Framework, Tz. P6.

27 Vgl. IASB (Hrsg.), Conceptual Framework, S. 6.

28 Vgl. zum Inhalt der jeweiligen Phasen PELGER, C., Entscheidungsnützlichkeit in neuem Gewand, S. 157; GASSEN, J./FISCHKIN, M./HILL, V., Das Rahmenkonzept-Projekt des IASB und des FASB, S. 875; BAETGE, J./KIRSCH, H.-J./THIELE, S., Bilanzen, S. 145. Für einen aktuellen Projektüberblick über den Fortschritt der verschiedenen Phasen

Da dem Conceptual-Framework-Projekt gegenwärtig durch beide Standardsetter eine niedrige Priorität eingeräumt wird, ist mit einer kompletten Fertigstellung des Conceptual Framework nicht vor 2013 zu rechnen.[29] Für die Phase A (Zielsetzung und qualitative Anforderungen an Jahresabschlüsse) des Conceptual-Framework-Projektes liegt die endgültige Fassung seit dem 28. September 2010 vor. Diese Neuregelungen sind bereits in das aktuelle Framework (Conceptual Framework 2010) übernommen worden und ersetzen zugleich die entsprechenden Paragrafen des bisherigen Framework (1989).[30]

Im Folgenden sollen daher zunächst die Ziele und Adressaten der Rechnungslegung nach IFRS gemäß dem (neuen) Conceptual Framework dargestellt werden, bevor anschließend die fundamentalen und fördernden qualitativen Anforderungen an einen IFRS-Abschluss erläutert werden.

212. Ziele und Adressaten der IFRS-Rechnungslegung nach dem Conceptual Framework

Das allgemeine Ziel der Rechnungslegung nach IFRS besteht nach CF.OB2 in der Vermittlung von Informationen über ein Unternehmen, die für die Kapitalvergabeentscheidung von derzeitigen und potenziellen Investoren, Kreditgebern und sonstigen Gläubigern **nützlich** sind.[31] Nach dem Conceptual Framework stellen demnach derzeitige und potenzielle Kapitalgeber die **primäre Adressatengruppe** der Berichterstattung nach IFRS dar.

Die Festlegung auf diese **Adressatengruppe** sowie die Ausrichtung der Ziele der Rechnungslegung nach IFRS an die Informationsbedürfnisse dieser Adressatengruppe resultieren aus der zumeist fehlenden Möglichkeit dieser Gruppe, direkt vom bilanzierenden Unternehmen die für ihre Kapitalvergabeentscheidung benötigten Informationen zu erhalten.[32] Der Standardsetter geht hierbei davon aus, dass auch den Informationsbedürfnissen der anderen Adressatengruppen weitgehend nachgekommen wird, sofern durch die anhand des IFRS-Abschlusses vermittelten Informationen die umfangreichen Informationsbedürfnisse der primären Adressatengruppe erfüllt werden.[33]

---

vgl. die Homepage des FASB (http://www.fasb.org/cs/ContentServer?site=FASB&c=Page&pagename=FASB%2FPage%2FSectionPage&cid=1176159204482; Abrufdatum: 07.11.11).

[29] Vgl. hierzu auch die Homepage des FASB (http://www.fasb.org/cs/ContentServer?site=FASB&c=Page&pagename=FASB%2FPage%2FSectionPage&cid=1176159204482; Abrufdatum: 07.11.11).

[30] Vgl. CF.Foreword; BAETGE, J./KIRSCH, H.-J./THIELE, S., Bilanzen, S. 144; KÜTING, K., Objektivierungsgrundsatz im HGB- und IFRS-System, S. 1405, Fn. 12. Das aktuelle Framework (Conceptual Framework 2010) übernimmt hierbei interimsweise die Regelungen des bisherigen Framework (1989). Nach der jeweiligen Überarbeitung der verbleibenden Kapitel werden diese durch die entsprechenden Neuregelungen sukzessiv ersetzt, vgl. KÖHLING, K., Barwertorientierte Fair Value-Ermittlung, S. 11.

[31] Die Kapitalvergabeentscheidung kann dabei in dem Kauf, Verkauf und Halten von Eigenkapital- oder Schuldinstrumenten sowie dem Bereitstellen oder dem Begleichen von Krediten bestehen, vgl. CF.OB2.

[32] Vgl. CF.OB5.

[33] Vgl. CF.BC1.16(c); BAETGE, J./KIRSCH, H.-J./THIELE, S., Bilanzen, S. 143.

Hierbei gilt es zu beachten, dass **bestehende** Eigenkapital- und Fremdkapitalgeber die umfangreichsten Informationsbedürfnisse aufweisen werden, da das von ihnen dem Unternehmen überlassene Kapital einem potenziellen Wertverlust ausgesetzt ist.[34] Sie benötigen daher umfassende Informationen über die unternehmerische Tätigkeit des entsprechenden Unternehmens, um die getroffene Kapitalvergabeentscheidung überprüfen zu können.[35]

Ferner lässt sich das allgemeine Informationsbedürfnis der bestehenden Kapitalgeber aus der Prinzipal-Agenten-Beziehung,[36] die zwischen dem Management und den Kapitalgebern besteht, begründen. Der Prinzipal (Kapitalgeber) überlässt dem Agenten (Management) Kapital,[37] über dessen Verwendung der Agent bestimmt, während die hieraus resultierenden Konsequenzen von dem Prinzipal zu tragen sind.[38] Für den Prinzipal sind die Handlungen des Agenten ab dem Zeitpunkt der Übertragung des Kapitals nur begrenzt beobachtbar.[39] Hieraus ergibt sich eine Informationsasymmetrie zwischen dem Prinzipal und dem Agenten.[40] Dabei kann es aufgrund der Trennung von Eigentum und Verfügungsmacht zu einem Interessenkonflikt zwischen dem Prinzipal und dem Agenten kommen.[41] Es ist daher erforderlich, dass der Agent den Prinzipal über seine Handlungen informiert.[42] Auf Basis der zur Verfügung gestellten Informationen kann der Kapitalgeber dann seine Kapitalvergabeentscheidung treffen.

Konkretisiert werden die allgemeinen Informationsbedürfnisse der primären Adressatengruppe in CF.OB2. Um dem Informationsbedürfnis der primären Adressatengruppe nachzukommen, sind dieser nach CF.OB2 **entscheidungsnützliche Informationen** bereitzustellen. Das Oberziel der IFRS-Rechnungslegung, die Vermittlung von entscheidungsnützlichen Informationen, lässt sich dabei in die Subziele **Valuation Usefulness**[43] und **Stewardship**[44] unterteilen.[45] Beide Funktionen stehen

---

[34] Vgl. HAAKER, A., Goodwill-Bilanzierung nach IFRS, S. 41; BAETGE, J./KIRSCH, H.-J./THIELE, S., Bilanzen, S. 143.

[35] Im Vergleich zu Fremdkapitalgebern weisen Eigenkapitalgeber eine höhere Risikoposition auf, da ihre Ansprüche nicht vorrangig bedient werden, sondern nur in der Anwartschaft auf einen verbleibenden Überschuss nach Abzug aller vertraglich fixierten Zahlungen besteht, vgl. FRANKE, G./HAX, H., Finanzwirtschaft des Unternehmens und Kapitalmarkt, S. 4 f.; HEPERS, L., Bilanzierung von Intangible Assets in den IFRS, S. 14; VOLKART, R., Corporate Finance, S. 488.

[36] Zur Prinzipal-Agenten-Theorie vgl. FRITSCH, M., Marktversagen und Wirtschaftspolitik, S. 258-262; JENSEN, M. C./MECKLING, W. H., Theory of the Firm, S. 305-360; RICHTER, R./FURUBOTN, E. G., Neue Institutionenökonomik, S. 220-265.

[37] Vgl. PLOCK, M., Ertragsrealisation nach IFRS, S. 18.

[38] Vgl. EWERT, R., Gläubigerschutz und Agency-Probleme, S. 1.

[39] Vgl. FRITSCH, M., Marktversagen und Wirtschaftspolitik, S. 258.

[40] Vgl. FRITSCH, M., Marktversagen und Wirtschaftspolitik, S. 294; EIERLE, B., Unternehmensberichterstattung in Deutschland und Großbritannien, S. 25; LABHART, P. A./VOLKART, R., Value Reporting, S. 116.

[41] Vgl. EIERLE, B., Unternehmensberichterstattung in Deutschland und Großbritannien, S. 26-29. Es wäre bspw. vorstellbar, dass der Agent aus Prestigegründen eine unrentable Investition tätigt, die für den Prinzipal zu einem Nutzenverlust führt. Die vorteilhafte Ausnutzung des Handlungsspielraums durch den Agenten zum Schaden des Prinzipals wird als „Moral Hazard" bezeichnet, vgl. EIERLE, B., Unternehmensberichterstattung in Deutschland und Großbritannien, S. 26.

[42] Vgl. KOELEN, P., Investitionstheoretische Bewertungskalküle, S. 11.

[43] Vgl. CF.OB7.

nach dem Conceptual Framework gleichwertig nebeneinander. Eine hierarchische Anordnung zwischen diesen beiden Funktionen ist durch den IASB nicht intendiert.[46]

Derzeitige und potenzielle Kapitalgeber treffen ihre Kapitalvergabeentscheidung auf der Basis ihrer Erwartung über künftige Erträge aus ihrer Investition.[47] Erwartungen über diese Zahlungen hängen von den Einschätzungen dieser Adressatengruppe bzgl. des Betrages, des zeitlichen Anfalls und der Unsicherheit der **künftigen Nettocashflows** des Unternehmens ab.[48] Hieraus ergibt sich das Bedürfnis von bestehenden und potenziellen Investoren, Kreditgebern und sonstigen Gläubigern nach Informationen, die ihnen bei der Beurteilung ihrer Erwartungen über **künftige Nettocashflows** des Unternehmens helfen können.[49] Die Aufgabe eines IFRS-Abschlusses, der primären Adressatengruppe derartige Informationen bereitzustellen, wird als **Valuation-Usefulness-Funktion** bezeichnet.[50]

Ferner benötigen derzeitige und potenzielle Investoren, Kreditgeber und sonstige Gläubiger zur Beurteilung künftiger Nettocashflows auch Informationen darüber, wie effizient und effektiv das Management mit den anvertrauten Ressourcen umgegangen ist.[51] Die Zielsetzung des IFRS-Abschlusses, diese Informationen der primären Adressatengruppe zur Verfügung zu stellen, wird dabei als **Stewardship-Funktion** bezeichnet.[52] Die Stewardship-Funktion ist ebenfalls vor dem Hintergrund der Prinzipal-Agenten-Beziehung einzuordnen.[53] Die Aufgabe, die der Stewardship-Funktion hierbei zukommt, besteht im Abbau von Informationsasymmetrien,[54] die zwischen dem Management und den Kapitalgebern bestehen, da das Management eines Unternehmens anhand dieser Informationen Rechenschaft über die Verwendung des von den Kapitalgebern anvertrauten Kapitals ablegt.[55] Die vermittelten Informationen ermöglichen somit den derzeitigen und potenziel-

---

44 Vgl. CF.OB4. Auch wenn der IASB die Verwendung des Wortes „Stewardship" im Conceptual Framework aufgrund von möglichen Übersetzungsschwierigkeiten in andere Sprachen unterlässt (vgl. hierzu CF.BC1.28), soll im Rahmen dieser Arbeit dieser Begriff verwendet werden.

45 Vgl. KOELEN, P., Investitionstheoretische Bewertungskalküle, S. 29.

46 Vgl. CF.BC1.27.

47 Vgl. CF.OB3.

48 Vgl. CF.OB3.

49 Vgl. CF.OB3.

50 Vgl. KOELEN, P., Investitionstheoretische Bewertungskalküle, S. 28. In CF.OB7 wird ferner klargestellt, dass mit der IFRS-Rechnungslegung nicht beabsichtigt wird, den Unternehmenswert zu zeigen. Die Aufgabe der IFRS-Rechnungslegung besteht vielmehr darin, Informationen bereitzustellen, um bestehende und potenzielle Investoren, Kreditgeber und sonstige Gläubiger bei ihrer eigenen Schätzung des Unternehmenswertes zu unterstützen, vgl. CF.OB7.

51 Vgl. CF.OB4.

52 Vgl. KOELEN, P., Investitionstheoretische Bewertungskalküle, S. 28.

53 Vgl. PELGER, C., Entscheidungsnützlichkeit in neuem Gewand, S. 159; PLOCK, M., Ertragsrealisation nach IFRS, S. 18. Vgl. zu möglichen Implikationen des Agency-Konfliktes auf das Standardsetting KAISER, T., IFRS aus Investorensicht, S. 143.

54 Vgl. KOELEN, P., Investitionstheoretische Bewertungskalküle, S. 34.

55 Vgl. PELGER, C., Entscheidungsnützlichkeit in neuem Gewand, S. 159; PLOCK, M., Ertragsrealisation nach IFRS, S. 19. Vgl. zur Rechenschaftsfunktion im Zusammenhang mit der Prinzipal-Agenten-Theorie BAETGE, J./KIRSCH, H.-J./THIELE, S., Bilanzen, S. 96; BUSSE VON COLBE, W., Unternehmenskontrolle durch Rechnungslegung, S. 45.

len Kapitalgebern eine Kontrolle bzw. Beurteilung der Leistung des Managements eines Unternehmens.[56]

Um die genannten Ziele zu erreichen, haben die durch den IFRS-Abschluss vermittelten Informationen fundamentale und fördernde qualitative Anforderungen zu genügen. Die Einhaltung dieser qualitativen Anforderungen soll im Ergebnis dazu führen, dass der Abschluss entscheidungsnützliche Informationen und somit ein den tatsächlichen Verhältnissen entsprechendes Bild der Vermögens-, Finanz- und Ertragslage (True and Fair View) eines Unternehmens vermittelt.[57]

213. Qualitative Anforderungen an einen IFRS-Abschluss

213.1 Fundamentale qualitative Anforderungen

213.11 Überblick

Damit der Zielsetzung eines IFRS-Abschlusses, d. h. der Vermittlung von entscheidungsnützlichen Informationen, nachgekommen werden kann, müssen Informationen die fundamentalen qualitativen Anforderungen der **Relevanz** und der **glaubwürdigen Darstellung** kumulativ erfüllen.[58] Die geforderte Entscheidungsnützlichkeit der vermittelten Informationen wird somit durch die fundamentalen qualitativen Anforderungen konkretisiert.[59] Durch das Vorliegen der fundamentalen qualitativen Eigenschaften kann somit die Entscheidungsnützlichkeit von Informationen **begründet** werden.

213.12 Relevanz

Eine Information erfüllt die fundamentale qualitative Anforderung der **Relevanz**, wenn sie geeignet ist, die Kapitalvergabeentscheidung eines Adressaten zu beeinflussen.[60] Dass eine Information die Kapitalvergabeentscheidung eines Adressaten tatsächlich beeinflusst, ist demnach keine notwendige Bedingung, um die Anforderung der Relevanz zu erfüllen. Es reicht bereits aus, dass diese Information theoretisch die Kapitalvergabeentscheidung beeinflussen kann.[61] Dies wird einer Information zugesprochen, sofern diese entweder eine **Vorhersagekraft** oder eine **Bestätigungskraft** bzw. eine Kombination beider Faktoren besitzt.[62] Die Vorhersagekraft wird einer Information dann zugespro-

---

Zum Rechenschaftszweck im Kontext der Vermeidung von Moral-Hazard-Problemen vgl. WIEDMANN, H./SCHWEDLER, K., Die Rahmenkonzepte von IASB und FASB, S. 706.

56 Vgl. KOELEN, P., Investitionstheoretische Bewertungskalküle, S. 35.

57 Vgl. CF.BC3.44; BAETGE, J./KIRSCH, H.-J./THIELE, S., Bilanzen, S. 143 f.; IASB (Hrsg.), ED: Conceptual Framework, Tz. BC2.41; KAMPMANN, H./SCHWEDLER, K., Zum Entwurf eines gemeinsamen Rahmenkonzeptes von FASB und IASB, S. 529.

58 Vgl. CF.QC4.

59 Vgl. CF.BC3.6.

60 Vgl. CF.QC6.

61 Vgl. WIEDMANN, H./SCHWEDLER, K., Die Rahmenkonzepte von IASB und FASB, S. 699.

62 Vgl. CF.QC7; BAETGE, J./KIRSCH, H.-J./THIELE, S., Bilanzen, S. 146; KAMPMANN, H./SCHWEDLER, K., Zum Entwurf eines gemeinsamen Rahmenkonzeptes von FASB und IASB, S. 527.

chen, wenn sie bei der Schätzung von künftigen Ergebnissen als Inputparameter verwendet werden kann.[63] Die Information selbst ist somit kein Schätzer für eine interessierende Größe. Sie kann vielmehr mit anderen Informationen als Ausgangsbasis für eine Prognose verwendet werden.[64] Die Vorhersagekraft steht somit im Kontext der Valuation-Usefulness-Funktion.[65] Sofern eine Information vorherige Schätzungen bekräftigt oder ändert, besitzt diese eine Bestätigungskraft.[66] Hierdurch wird der Stewardship-Funktion nachgekommen.[67] Eine klare Trennung zwischen der Vorhersagekraft und der Bestätigungskraft einer Information ist nicht immer möglich, vielmehr stehen diese in einem Zusammenhang.[68]

Darüber hinaus ist in Verbindung mit der fundamentalen qualitativen Anforderung der Relevanz auch die **Wesentlichkeit** der bereitgestellten Information bedeutsam.[69] Eine Information gilt als wesentlich, wenn ihr Fehlen oder ihre fehlerhafte Darstellung die Entscheidung des Adressaten beeinflussen könnte, welche diese auf Basis von Informationen über ein spezifisches Unternehmen treffen.[70] Die Wesentlichkeit einer Information, sowohl in ihrer Art als auch in ihrem Ausmaß,[71] ist aufgrund ihrer unternehmensspezifischen Eigenschaft im Zusammenhang mit der fundamentalen qualitativen Anforderung der Relevanz zu betrachten, da eine unwesentliche Information nicht in der Lage ist, die Entscheidung der Adressaten zu beeinflussen.[72] Ferner schränkt die Forderung nach Wesentlichkeit eine zu umfangreiche Informationsvermittlung, die sich aus einer konsequenten Anwendung der Anforderung der Relevanz ergeben könnte, ein.[73] Daher wird die Informationsvermittlung auf diejenigen Informationen beschränkt, die entscheidungsbeeinflussend wirken können.[74] Ein konkreter quantitativer Grenzwert, ab wann eine Wesentlichkeit einer Information vor-

---

63 Vgl. CF.QC8; WAWRZINEK, W., in: Bohl u. a., Beck'sches IFRS-Handbuch, 3. Aufl., § 2, Rn. 21; DOBLER, M./HETTICH, S., Geplante Änderungen der Rahmenkonzepte von IASB und FASB, S. 33.

64 Vgl. KAMPMANN, H./SCHWEDLER, K., Zum Entwurf eines gemeinsamen Rahmenkonzeptes von FASB und IASB, S. 527.

65 Vgl. EWELT-KNAUER, C., Der Konzernabschluss als Berichtsinstrument der wirtschaftlichen Einheit, S. 17.

66 Vgl. CF.QC9.

67 Vgl. EWELT-KNAUER, C., Der Konzernabschluss als Berichtsinstrument der wirtschaftlichen Einheit, S. 17.

68 Vgl. CF.QC10; WAWRZINEK, W., in: Bohl u. a., Beck'sches IFRS-Handbuch, 3. Aufl., § 2, Rn. 21. Verdeutlicht wird dieser Zusammenhang in CF.QC10 durch das Beispiel einer Information, die Auskunft über den Umsatz eines aktuellen Jahres gibt. Diese Information bildet zum einen die Grundlage für Umsatzschätzungen in künftigen Perioden (Vorhersagekraft), zugleich ermöglicht diese Information aber auch einen Vergleich der Umsatzschätzung des vergangenen Jahres für das aktuelle Jahr mit der tatsächlichen Umsatzhöhe (Bestätigungskraft).

69 Vgl. CF.QC11.

70 Vgl. CF.QC11; KAMPMANN, H./SCHWEDLER, K., Zum Entwurf eines gemeinsamen Rahmenkonzeptes von FASB und IASB, S. 529.

71 Vgl. hierzu auch ADLER, H./DÜRING, W./SCHMALTZ, K., Rechnungslegung nach Internationalen Standards, Abschnitt 1, Rn. 62; DOBLER, M./HETTICH, S., Geplante Änderungen der Rahmenkonzepte von IASB und FASB, S. 33; SCHÖLLHORN, T./MÜLLER, M., Bedeutung und praktische Relevanz des Rahmenkonzepts, S. 1625.

72 Vgl. CF.QC11; CF.BC3.18. Vgl. hierzu auch BALLWIESER, W., Informations-GoB, S. 118; WAWRZINEK, W., in: Bohl u. a., Beck'sches IFRS-Handbuch, 3. Aufl., § 2, Rn. 25.

73 Vgl. PELLENS, B./FÜLBIER, R. U./GASSEN, J./SELLHORN, T., Internationale Rechnungslegung, S. 124.

74 Vgl. ADLER, H./DÜRING, W./SCHMALTZ, K., Rechnungslegung nach Internationalen Standards, Abschnitt 1, Rn. 63.

liegt, wird durch den IASB mit der Begründung, dass die Wesentlichkeit einer Information unternehmensspezifisch ist und demnach individuell zu beurteilen ist, nicht angegeben.[75]

213.13 Glaubwürdige Darstellung

Neben der Erfüllung der fundamentalen qualitativen Anforderung der Relevanz muss eine Information ebenfalls der Anforderung der **glaubwürdigen Darstellung** genügen, damit ihre Entscheidungsnützlichkeit begründet wird. Hierzu muss eine Information nach CF.QC12 eine glaubwürdige Darstellung des zugrundeliegenden ökonomischen Sachverhaltes sein, welche sie darzustellen vorgibt. Die Forderung nach einer glaubwürdigen Darstellung wird durch die Sekundärgrundsätze **Vollständigkeit**, **Neutralität** und **Fehlerfreiheit** konkretisiert.[76] Diese Sekundärgrundsätze sind mindestens zu erfüllen, damit der zugrundeliegende Sachverhalt glaubwürdig dargestellt wird.[77] Sie sollen im Folgenden kurz betrachtet werden.

Eine Abbildung gilt als **vollständig**, wenn alle notwendigen Informationen einschließlich aller notwendigen Beschreibungen und Erläuterungen erfasst werden, damit Adressaten die Abbildung eines Sachverhaltes verstehen können.[78]

Sofern eine Information ohne Verzerrung ausgewählt oder dargestellt wird, liegt eine **neutrale** Abbildung vor.[79] Diese Eigenschaft weist eine Abschlussinformation nach CF.QC14 auf, falls diese nicht derart gesteuert wird, dass hierdurch die Wahrscheinlichkeit einer vorteilhaften oder unvorteilhaften Aufnahme dieser Information durch die Adressaten steigt.[80]

---

[75] Vgl. CF.QC11. Vgl. zur fehlenden quantitativen Grenze der Wesentlichkeit auch BAETGE, J./KIRSCH, H.-J./WOLLMERT, P./BRÜGGEMANN, P., in: Baetge u. a., Rechnungslegung nach IFRS, 2. Aufl., Teil A, Kap. II, Rn. 46; WAGENHOFER, A., Internationale Rechnungslegung nach IAS/IFRS, S. 129. Vgl. zur Annahme eines quantitativ geprägten Verständnisses von Wesentlichkeit SCHÖLLHORN, T./MÜLLER, M., Bedeutung und praktische Relevanz des Rahmenkonzepts, S. 1625; WOLLMERT, P./ACHLEITNER, A.-K., Konzeptionelle Grundlagen der IAS-Rechnungslegung, S. 214; WAWRZINEK, W., in: Bohl u. a., Beck'sches IFRS-Handbuch, 3. Aufl., § 2, Rn. 26.

[76] Vgl. CF.QC13-15. Die Sekundärgrundsätze Vollständigkeit und Neutralität wurden ohne substantielle Veränderungen aus dem Framework (1989) übernommen, vgl. WIEDMANN, H./SCHWEDLER, K., Die Rahmenkonzepte von IASB und FASB, S. 699.

[77] Vgl. CF.QC12; BAETGE, J./KIRSCH, H.-J./THIELE, S., Bilanzen, S. 146.

[78] Vgl. CF.QC13. Beispielsweise sollen nach CF.QC13 bei einer Gruppe von Vermögenswerten mindestens eine Beschreibung der Eigenschaft der Vermögenswerte in der Gruppe, eine numerische Darstellung von allen Vermögenswerten der Gruppe und eine Beschreibung des bei der numerischen Darstellung verwendeten Wertmaßstabes (bspw. ursprüngliche Anschaffungskosten oder Fair Value) vorgenommen werden, damit der Sekundärgrundsatz der Vollständigkeit hinsichtlich der Abbildung dieser Gruppe erfüllt wird.

[79] Vgl. CF.QC14.

[80] Vgl. hierzu auch DOBLER, M./HETTICH, S., Geplante Änderungen der Rahmenkonzepte von IASB und FASB, S. 33; KAMPMANN, H./SCHWEDLER, K., Zum Entwurf eines gemeinsamen Rahmenkonzeptes von FASB und IASB, S. 528.

Durch die Einhaltung des Sekundärgrundsatzes der Neutralität soll eine wertfreie und willkürfreie Abbildung von Sachverhalten in einem IFRS-Abschluss erreicht[81] und somit eine bilanzpolitische Gestaltung von Abschlussinformationen verhindert werden.[82]

Neben den Sekundärgrundsätzen der Vollständigkeit und Neutralität hat eine Abschlussinformation ebenfalls dem Sekundärgrundsatz der **Fehlerfreiheit** nachzukommen, damit diese einer glaubwürdigen Darstellung des zugrundeliegenden Sachverhaltes entspricht. Die Abbildung einer Abschlussinformation gilt dabei als fehlerfrei, wenn bei ihrer Beschreibung keine Fehler oder Versäumnisse vorliegen und der Rechnungslegungsprozess, durch den die berichtete Information erzeugt wurde, ohne Fehler ausgewählt und angewendet wurde.[83] Der IASB verdeutlicht diese Anforderungen anhand des Beispiels einer Schätzung eines nicht beobachtbaren Preises. Diese Schätzung lässt sich als glaubwürdig bezeichnen, sofern ein geeigneter Schätzprozess fehlerfrei ausgewählt und verwendet wurde, sowie der hieraus resultierende Betrag deutlich als Schätzung gekennzeichnet wird. Darüber hinaus sind die Einschränkungen des Schätzprozesses zu erläutern.[84]

213.2 Fördernde qualitative Anforderungen

213.21 Überblick

Neben den zuvor dargestellten fundamentalen qualitativen Anforderungen existieren mit den Kriterien **Vergleichbarkeit, Nachprüfbarkeit, Zeitnähe und Verständlichkeit**[85] fördernde qualitative Anforderungen. Deren Erfüllung kann eine Entscheidungsnützlichkeit zwar nicht begründen, jedoch lässt sich der Informationsgehalt von entscheidungsnützlichen Informationen durch deren Einhaltung verbessern.[86] Damit kann eine Information durch ausschließliches Erfüllen der fördernden qualitativen Anforderung bei fehlender Erfüllung der fundamentalen qualitativen Anforderungen der Relevanz und der glaubwürdigen Darstellung nicht zu einer entscheidungsnützlichen Information führen.[87] Ferner verliert eine Information nicht ihre Entscheidungsnützlichkeit, sofern diese die fundamentalen qualitativen Anforderungen erfüllt, jedoch keiner der fördernden qualitativen Anforderungen genügt.[88] Es wird somit deutlich, dass die fundamentalen qualitativen Anforderungen den

[81] Vgl. ADLER, H./DÜRING, W./SCHMALTZ, K., Rechnungslegung nach Internationalen Standards, Abschnitt 1, Rn. 76; LORSON, P./GATTUNG, A., Forderung nach einer „faithful representation“, S. 560; WAWRZINEK, W., in: Bohl u. a., Beck'sches IFRS-Handbuch, 3. Aufl., § 2, Rn. 32.

[82] Eine Ausübung von bestehenden Wahlrechten in der IFRS-Rechnungslegung führt hingegen nicht dazu, dass der Sekundärgrundsatz der Neutralität nicht mehr erfüllt wird, vgl. LORSON, P./GATTUNG, A., Forderung nach einer „faithful representation“, S. 560; SCHÖLLHORN, T./MÜLLER, M., Bedeutung und praktische Relevanz des Rahmenkonzepts, S. 1626.

[83] Vgl. CF.QC15; BAETGE, J./KIRSCH, H.-J./THIELE, S., Bilanzen, S. 146.

[84] Vgl. CF.QC16.

[85] Die fördernden qualitativen Anforderungen der Vergleichbarkeit, der Zeitnähe und der Verständlichkeit wurden im Wesentlichen unverändert aus dem Framework (1989) übernommen, vgl. hierzu WIEDMANN, H./SCHWEDLER, K., Die Rahmenkonzepte von IASB und FASB, S. 699 f.

[86] Vgl. CF.QC19.

[87] Vgl. CF.QC33; CF.BC3.10.

[88] Vgl. CF.BC3.10.

fördernden qualitativen Anforderungen **hierarchisch übergeordnet** sind.[89] Die fördernden qualitativen Anforderungen sollen in den folgenden Abschnitten vorgestellt werden.

213.22 Vergleichbarkeit

Die Entscheidungsnützlichkeit der durch einen IFRS-Abschluss vermittelten Informationen lässt sich verbessern, wenn diese die fördernde qualitative Anforderung der **Vergleichbarkeit** erfüllen. Nach CF.QC20 bezieht sich diese Anforderung sowohl auf die zeitliche als auch auf die zwischenbetriebliche Vergleichbarkeit. Die zeitliche Vergleichbarkeit soll Adressaten die Möglichkeit eröffnen, bestimmte Entwicklungstendenzen in einem Unternehmen zu erkennen.[90] Mittels der zwischenbetrieblichen Vergleichbarkeit sollen die Adressaten bei ihrer Kapitalvergabeentscheidung zwischen dem berichterstattenden Unternehmen und einer Alternativinvestition in ein anderes Unternehmen unterstützt werden.[91] Sowohl für die zeitliche als auch für die zwischenbetriebliche Vergleichbarkeit von Abschlussinformationen ist die **Stetigkeit** der Bewertungsmethoden von Bedeutung.[92] Stetigkeit bezieht sich hierbei auf die Verwendung von gleichen Bewertungsmethoden für gleiche Sachverhalte bei einem Unternehmen im Zeitverlauf[93] oder in einer Periode zwischen zwei Unternehmen.[94] Hierdurch soll die Vergleichbarkeit von Abschlussinformationen unterstützt werden.[95]

213.23 Nachprüfbarkeit

Die fördernde qualitative Anforderung der Nachprüfbarkeit gilt als erfüllt, sofern fachkundige und voneinander unabhängige Beobachter einen Konsens (wenn auch nicht eine vollständige Übereinstimmung) darüber erreichen können, dass eine bestimmte Abbildung eine Information glaubwürdig

---

89 Die fördernden qualitativen Anforderungen sind nicht gleichzeitig zu erfüllen, um eine entscheidungsnützliche Information zu verbessern. Vielmehr ist ein iterativer Prozess durchzuführen, der keine vorbestimmte Reihenfolge durchläuft, so dass in bestimmten Situationen eine Verminderung einer fördernden qualitativen Anforderung zur Stärkung einer qualitativen Anforderung möglicherweise vorzunehmen ist, vgl. CF.QC34. Als Beispiel hierfür wird in CF.QC34 angeführt, dass die bewusste zeitliche Einschränkung der Vergleichbarkeit bei der Anwendung eines neuen Rechnungslegungsstandards akzeptiert werden kann, sofern hierdurch langfristig die Relevanz und glaubwürdige Darstellung verbessert werden kann.

90 Vgl. KOELEN, P., Investitionstheoretische Bewertungskalküle, S. 30; DOHRN, M., Entscheidungsrelevanz des Fair Value-Accounting, S. 196.

91 Vgl. CF.QC20; EWELT-KNAUER, C., Der Konzernabschluss als Berichtsinstrument der wirtschaftlichen Einheit, S. 23; BAETGE, J./KIRSCH, H.-J./WOLLMERT, P./BRÜGGEMANN, P., in: Baetge u. a., Rechnungslegung nach IFRS, 2. Aufl., Teil A, Kap. II, Rn. 65.

92 Vgl. CF.QC22.

93 Vgl. hierzu auch ADLER, H./DÜRING, W./SCHMALTZ, K., Rechnungslegung nach Internationalen Standards, Abschnitt 1, Rn. 85.

94 Vgl. CF.QC22.

95 Vgl. CF.QC22; BAETGE, J./KIRSCH, H.-J./WOLLMERT, P./BRÜGGEMANN, P., in: Baetge u. a., Rechnungslegung nach IFRS, 2. Aufl., Teil A, Kap. II, Rn. 66; WAWRZINEK, W., in: Bohl u a., Beck'sches IFRS-Handbuch, 3. Aufl., § 2, Rn. 38.

darstellt.[96] Die fördernde qualitative Anforderung der Nachprüfbarkeit ist demnach eng mit der fundamentalen qualitativen Anforderung der glaubwürdigen Darstellung verknüpft.[97]

Eine Information kann dabei nach CF.QC27 auf **direktem oder indirektem** Weg nachgeprüft werden.[98] Sofern ein Betrag oder eine Darstellung durch direkte Beobachtung verifiziert werden kann, liegt eine direkte Nachprüfbarkeit vor. Lässt sich hingegen ein Betrag oder eine Darstellung nur kontrollieren, indem die bei ihrer Ermittlung einfließenden Inputdaten überprüft werden und unter Anwendung der gleichen Ermittlungsmethodik versucht wird, ein entsprechendes Ergebnis zu reproduzieren, liegt eine indirekte Nachprüfbarkeit vor.[99]

Indes ist zu berücksichtigen, dass sich zukunftsbezogene Abschlussinformationen i. d. R. erst in künftigen Perioden nachprüfen lassen.[100] Da zukunftsbezogene Informationen aufgrund ihrer Unsicherheit stets ermessensbehaftet sind,[101] bedarf es v. a. bei diesen Informationen einer **Objektivierung**.[102] Eine Information gilt als objektiv, wenn diese willkürfrei und damit intersubjektiv nachprüfbar ist.[103] Demnach kommt der Objektivierung v. a. im Rahmen der Vermittlung von zukunftsorientierten Informationen eine wichtige Bedeutung zu.[104] Die Übereinstimmung einer Abbildung mit dem zugrundeliegenden Sachverhalt muss demnach intersubjektiv nachprüfbar sein.[105] Durch die intersubjektive Nachprüfbarkeit soll es dem Adressaten ermöglicht werden, die subjektiven Einschätzungen des Bilanzierenden nachzuvollziehen.[106] Hierzu ist es i. d. R. erforderlich, dass ein rechnungslegendes Unternehmen über die zugrundeliegenden Annahmen, die Methoden, welche für das Zusammentragen der Informationen verwendet wurden und andere Faktoren und Umstände, welche diese Informationen bekräftigen, berichtet.[107]

---

96 Vgl. CF.QC26. Vgl. hierzu auch BAETGE, J./KIRSCH, H.-J./THIELE, S., Bilanzen, S. 147.

97 Vgl. BAETGE, J./KIRSCH, H.-J./THIELE, S., Bilanzen, S. 147.

98 Vgl. zur direkten und indirekten Nachprüfbarkeit auch LORSON, P./GATTUNG, A., Forderung nach einer „faithful representation", S. 562.

99 Vgl. CF.QC27.

100 Vgl. CF.QC28.

101 Vgl. KOELEN, P., Investitionstheoretische Bewertungskalküle, S. 18; BRINKMANN, J., Informationsfunktion der Rechnungslegung nach IFRS, S. 231.

102 Vgl. BAETGE, J., Möglichkeiten der Objektivierung, S. 16. Vgl. zur Objektivierung auch KOELEN, P., Investitionstheoretische Bewertungskalküle, S. 16-21; EWELT-KNAUER, C., Der Konzernabschluss als Berichtsinstrument der wirtschaftlichen Einheit, S. 15, Fn. 57; BERENTZEN, C., IFRS 9, S. 26; KÜMMEL, J., Grundsätze für die Fair Value-Ermittlung mit Barwertkalkülen, S. 90; KUHNER, C., Das Spannungsverhältnis zwischen Einzelfallgerechtigkeit und Willkürfreiheit, S. 528.

103 Vgl. BAETGE, J., Möglichkeiten der Objektivierung, S. 17; IJIRI, Y./JAEDICKE, R. K., Reliability and Objectivity, S. 476.

104 Vgl. zur Notwendigkeit der Objektivierung von zukunftsorientierten Informationen LEFFSON, U., Grundsätze ordnungsmäßiger Buchführung, S. 470-473.

105 Vgl. LEFFSON, U., Grundsätze ordnungsmäßiger Buchführung, S. 197.

106 Vgl. HEPERS, L., Bilanzierung von Intangible Assets in den IFRS, S. 117.

107 Vgl. CF.QC28.

213.24 Zeitnähe und Verständlichkeit

Die fördernde qualitative Anforderung der **Zeitnähe** fordert eine zeitnahe Berichterstattung. Diese Anforderung gilt als erfüllt, sofern Informationen rechtzeitig zur Verfügung gestellt werden, um die Entscheidungsfindung der Adressaten beeinflussen zu können.[108] In der Regel nehmen diese Einflussmöglichkeit sowie der hieraus entstehende Nutzen für die Entscheidungsfindung ab, je größer der zeitliche Abstand zwischen einem Ereignis und der Berichterstattung über dieses wird.[109]

Die letzte fördernde qualitative Anforderung fordert von Informationen, dass diese **verständlich** sind. Eine klare, präzise Systematisierung und Darstellung von Informationen trägt zur Verständlichkeit bei.[110] Das Conceptual Framework unterstellt hierbei, dass die Adressaten der Finanzberichterstattung angemessene Kenntnisse über geschäftliche und wirtschaftliche Tätigkeiten besitzen und die Abschlussinformationen mit gegebener Sorgfalt analysieren.[111] Ein sachverständiger Dritter sollte sich demnach in angemessener Zeit einen Eindruck über die wirtschaftliche Situation eines Unternehmens bilden können.[112] Es ist jedoch zu beachten, dass komplexe Sachverhalte von der Finanzberichterstattung nicht ausgeschlossen werden dürfen, um hierdurch die Verständlichkeit zu erhöhen.[113] Vielmehr soll in einem solchen Fall der Adressat die Hilfe eines Beraters in Anspruch nehmen, um eine Information zu einem komplexen ökonomischen Sachverhalt zu verstehen.[114]

214. Kostenbegrenzung

Im Rahmen der Finanzberichterstattung fallen beim bilanzierenden Unternehmen Kosten für die Beschaffung, Aufbereitung, Überprüfung und Verbreitung von Informationen an, die durch den auf der Seite der Abschlussadressaten entstehenden Nutzen gerechtfertigt werden sollten.[115] Demnach ist eine **Abwägung zwischen Kosten und Nutzen** vorzunehmen,[116] die durch die **Nebenbedingung der Kostenbegrenzung** berücksichtigt wird.[117] Diese Abwägung ist zum einen auf der Seite

---

108 Vgl. CF.QC29; ADLER, H./DÜRING, W./SCHMALTZ, K., Rechnungslegung nach Internationalen Standards, Abschnitt 1, Rn. 90.

109 Vgl. CF.QC29; WIEDMANN, H./SCHWEDLER, K., Die Rahmenkonzepte von IASB und FASB, S. 699. Es ist jedoch zu beachten, dass auch ältere Informationen für den Adressaten bedeutsam sein können, da sich aus diesen vergangenheitsbezogenen Informationen Trends ableiten lassen, vgl. BAETGE, J./KIRSCH, H.-J./THIELE, S., Bilanzen, S. 147.

110 Vgl. CF.QC30; BAETGE, J./KIRSCH, H.-J./THIELE, S., Bilanzen, S. 148.

111 Vgl. CF.QC32.

112 Vgl. WAGENHOFER, A., Internationale Rechnungslegung nach IAS/IFRS, S. 128.

113 Vgl. CF.QC31; SCHÖLLHORN, T./MÜLLER, M., Bedeutung und praktische Relevanz des Rahmenkonzepts, S. 1625; ADLER, H./DÜRING, W./SCHMALTZ, K., Rechnungslegung nach Internationalen Standards, Abschnitt 1, Rn. 60; DOBLER, M./HETTICH, S., Geplante Änderungen der Rahmenkonzepte von IASB und FASB, S. 33. PELLENS/FÜLBIER/GASSEN/SELLHORN stellen die Bedeutung der Anforderungen der Verständlichkeit vor dem Hintergrund von Anhangangaben zu komplexen Sachverhalten heraus, vgl. PELLENS, B./FÜLBIER, R. U./GASSEN, J./SELLHORN, T., Internationale Rechnungslegung, S. 127.

114 Vgl. CF.QC32; LÜDENBACH, N./FREIBERG, J., BB-IFRS-Report 2010, S. 3139.

115 Vgl. CF.QC35 f.

116 Vgl. BALLWIESER, W., Informations-GoB, S. 117.

117 Vgl. BAETGE, J./KIRSCH, H.-J./THIELE, S., Bilanzen, S. 148.

des bilanzierenden Unternehmens durchzuführen und zum anderen muss der Standardsetter bei der Entwicklung eines neuen Rechnungslegungsstandards beurteilen, inwiefern der Nutzen aus diesem Standard die Kosten für dessen Anwendung rechtfertigt.[118] Damit stellen die im Rahmen der Finanzberichterstattung anfallenden Kosten eine einschränkende Bedingung für die **zu vermittelnden Informationen dar**. Der aus der Bereitstellung einer Information resultierende Nutzen muss daher höher sein als die Kosten, die für ihre Bereitstellung erforderlich sind. Auf der Seite der Bilanzierenden sind durch einen Wertungsprozess die Informationsvorteile mit den damit einhergehenden Kosten in Relation zu setzen.[119]

215. Zusammenfassender Überblick über die qualitativen Anforderungen des Conceptual Framework

Die Abbildung 1 verdeutlicht die Systematik der qualitativen Anforderungen des Conceptual Framework.

Die in diesem Abschnitt erörterten qualitativen Anforderungen des Conceptual Framework werden später als Würdigungsgrundlage herangezogen, um die vorgeschlagenen Wertminderungsvorschriften des ED/2009/12 und des Ergänzungsentwurfes zum ED/2009/12 zu beurteilen. Da die vorgeschlagenen Wertminderungsvorschriften die bilanzielle Abbildung des Ausfallrisikos bei finanziellen Vermögenswerten, die zu fortgeführten Anschaffungskosten folgebewertet werden, betreffen, werden im Folgenden zunächst die finanzwirtschaftliche Ermittlung des Ausfallrisikos sowie dessen allgemeine Bedeutung im IFRS-Abschluss erörtert. Anschließend wird im dritten Kapitel die nach IFRS 9 durchzuführende Klassifizierung von finanziellen Vermögenswerten, die maßgeblich für die Folgebewertung von diesen Instrumenten ist, vorgestellt, bevor die beiden Vorschläge für die künftigen Wertminderungsvorschriften des IFRS 9 im vierten Kapitel vorgestellt und kritisch untersucht werden.

[118] Vgl. CF.QC38; ADLER, H./DÜRING, W./SCHMALTZ, K., Rechnungslegung nach Internationalen Standards, Abschnitt 1, Rn. 92; DOBLER, M./HETTICH, S., Geplante Änderungen der Rahmenkonzepte von IASB und FASB, S. 33.

[119] Vgl. WOLLMERT, P./ACHLEITNER, A.-K., Konzeptionelle Grundlagen der IAS-Rechnungslegung, S. 222; PELLENS, B./FÜLBIER, R. U./GASSEN, J./SELLHORN, T., Internationale Rechnungslegung, S. 127. Da der IASB die Abwägung zwischen Kosten und Nutzen jedoch bereits bei dem Erlass eines Standards zu berücksichtigen hat, wird sich ein Unternehmen nur in Ausnahmesituationen auf die unverhältnismäßigen Kosten hinsichtlich einer vorzunehmenden Informationsvermittlung berufen können, vgl. WAWRZINEK, W., in: Bohl u. a., Beck'sches IFRS-Handbuch, 3. Aufl., § 2, Rn. 42.

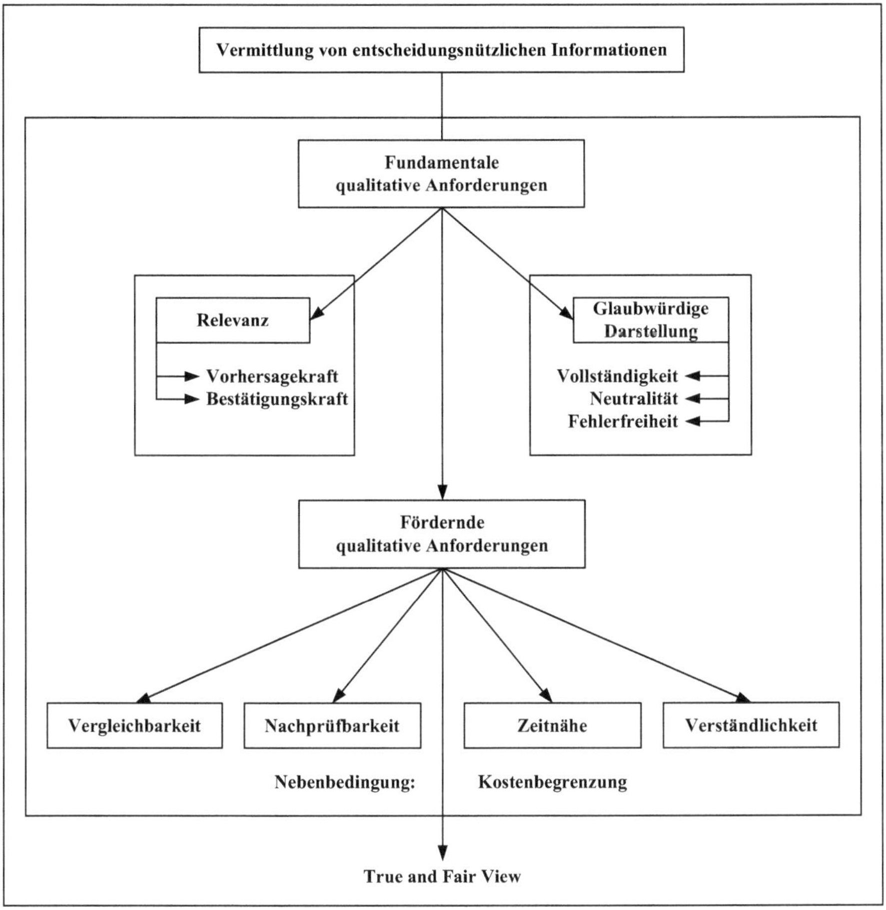

Abbildung 1: Qualitative Anforderungen der IFRS-Rechnungslegung

22 Ausfallrisiko

221. Finanzwirtschaftliche Definition

Unternehmen sind im Rahmen ihrer unternehmerischen Tätigkeit zahlreichen finanzwirtschaftlichen Risiken ausgesetzt, wobei die Steuerung dieser Risiken in der Vergangenheit zunehmend an Bedeutung gewonnen hat.[120] Charakteristisch für eine **Risikosituation** ist hierbei, dass unterschiedliche Umweltzustände in der Zukunft möglich sind, deren Eintritt sich jeweils eine Eintrittswahrscheinlichkeit zuordnen lässt.[121] In der Betriebswirtschaftlehre hat sich hierbei ein Verständnis von **Risiko** entwickelt, welches die Gefahr bezeichnet, dass ein tatsächliches Ereignis bzw. Ergebnis vom erwarteten Ereignis bzw. Ergebnis negativ abweicht.[122] Ein bedeutsames Risiko, mit dem sowohl Industrie- und Handelsunternehmen bspw. bei Forderungen gegenüber Kunden und Lieferanten sowie bei Investitionen in Schuldtitel als auch Banken im Rahmen ihrer originären Geschäftstätigkeit konfrontiert werden und das in den vergangenen Jahren aufgrund der Finanzkrise auch verstärkt von der Öffentlichkeit wahrgenommen wird,[123] ist das **Kreditrisiko.**[124]

Für das Kreditrisiko hat sich in der Literatur bisher kein einheitliches Begriffsverständnis entwickelt.[125] Oftmals wird das Kreditrisiko mit den Begriffen Ausfallrisiko oder Bonitätsrisiko gleichgesetzt.[126] In der jüngeren Vergangenheit hat sich hingegen ein differenzierteres Begriffsverständnis für das Kreditrisiko entwickelt, nach dem dieses in das Ausfallrisiko und das Bonitätsrisiko aufgespalten wird.[127] Daher soll im Folgenden zunächst dieses Begriffsverständnis erörtert werden.

Das **Ausfallrisiko** stellt in diesem Zusammenhang auf das Risiko ab, dass ein Schuldner seinen Zahlungsverpflichtungen, welche bspw. aus Zins- oder Tilgungsleistungen bestehen können, nicht, nicht zeitgerecht oder nicht vollständig nachkommt.[128] Im Kontext des zuvor erörterten betriebswirtschaftlichen Risikoverständnisses besteht somit die Gefahr, dass die tatsächlichen Zahlungen des Schuldners von den erwarteten Zahlungen negativ abweichen.[129] Dass ein Schuldner seine vertraglichen Zahlungsverpflichtungen erfüllt, wird als Normalfall angesehen, so dass die vertraglichen

---

120 Für einen Überblick über finanzwirtschaftliche Risiken vgl. OEHLER, A./UNSER, M., Finanzwirtschaftliches Risikomanagement, S. 14 f.

121 Vgl. LÄGER, V., Bewertung von Kreditrisiken und Kreditderivaten, S. 14.

122 Vgl. GLEIẞNER, W./FÜSNER, K., Leitfaden Rating, S. 21; BÜSCHGEN, H. E., Bankbetriebslehre, S. 866.

123 Exemplarisch sei hier die Erklärung der Bundesregierung, die Garantie für alle privaten Bankeinlagen in Deutschland zu übernehmen, als Reaktion auf die zunehmende Unsicherheit der Öffentlichkeit hinsichtlich eines möglichen Bankenzusammenbruchs in Deutschland genannt, vgl. Merkel, A., Regierungserklärung von Bundeskanzlerin Merkel zur Lage der Finanzmärkte am 7. Oktober 2008.

124 Das Kreditrisiko wird aufgrund seiner herausragenden Bedeutung für Banken als klassisches Bankrisiko bezeichnet, vgl. BÜSCHGEN, H. E., Bankbetriebslehre, S. 928.

125 Vgl. SCHIFFEL, S., Implizite Ausfallwahrscheinlichkeiten von Unternehmensanleihen, S. 32.

126 Vgl. hierzu WAGNER, E., Credit Default Swaps und Informationsgehalt, S. 6 f.; DÄHNE, R., Kredit-Rating, S. 7.

127 Vgl. zu diesem Verständnis auch BACHMANN, U., Die Komponenten des Kreditspreads, S. 46; MARTIN, M. R. W./REITZ, S./WEHN, C. S., Kreditderivate und Kreditrisikomodelle, S. 2; SCHLECKER, M., Credit Spreads, S. 33; RUDOLPH, B./HOFMANN, B./SCHABER, A./SCHÄFER, K., Kreditrisikotransfer, S. 102 f.; BESSIS, J., Risk Management, S. 28; ANSON, M. J. P./FABOZZI, F. J./CHOUDHRY, M./CHEN, R.-R., Credit Derivatives, S. 5; SPREMANN, K./GANTENBEIN, P., Zinsen, Anleihen, Kredite, S. 256; DALDRUP, A., Kreditrisikoquantifizierung, S. 10.

128 Vgl. ALBRECHT, P./MAURER, R., Kreditrisiken, S. 909; HARTMANN-WENDELS, T./PFINGSTEN, A./WEBER, M., Bankbetriebslehre, S. 499.

129 Vgl. DÄHNE, R., Kredit-Rating, S. 8.

Zahlungen den erwarteten Zahlungen entsprechen. Jegliche Abweichung von diesen Zahlungen stellt das Ausfallrisiko dar.[130]

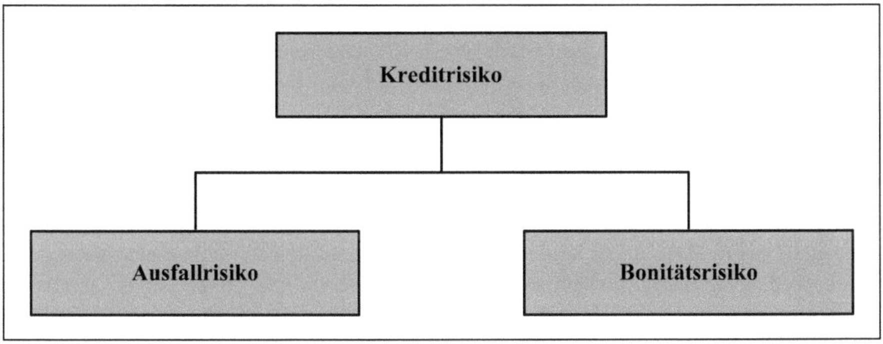

Abbildung 2: Kreditrisiko[131]

Mit dem **Bonitätsrisiko** wird hingegen das Risiko bezeichnet, dass ein Wertverlust eines Kredites während seiner Laufzeit auftritt, der aus einer sich verschlechternden Kreditqualität des Schuldners resultiert.[132] Die Verschlechterung der Kreditqualität kann bis hin zum Ausfall des Kredites führen, so dass ein Ausfall des Schuldners den Extremfall des Bonitätsrisikos darstellt.[133] Der Wertverlust, den der Gläubiger aus seinem Kreditengagement erleidet, resultiert dabei aus der unvorteilhaften Vergütung des eingegangenen Risikos, da bei einer sich verschlechternden Bonität des Schuldners der Gläubiger für das Eingehen einer identischen Risikoposition eine höhere Verzinsung verlangen würde. Der Barwert des Kredites sinkt somit, da die gleichbleibenden vertraglichen Zahlungsverpflichtungen mit einem gegenüber der Ausgangssituation erhöhten riskoadjustierten Zinssatz zu diskontieren sind.[134]

Wird ein Kreditengagement bis zur Fälligkeit gehalten und ein Handel mit diesem nicht beabsichtigt, ist für den Gläubiger allein das **Ausfallrisiko** bedeutsam, da in dieser Situation der Schuldner

130 Vgl. HARTMANN-WENDELS, T./PFINGSTEN, A./WEBER, M., Bankbetriebslehre, S. 499.

131 Vgl. MARTIN, M. R. W./REITZ, S./WEHN, C. S., Kreditderivate und Kreditrisikomodelle, S. 2.

132 Vgl. BACHMANN, U., Die Komponenten des Kreditspreads, S. 46 f.

133 Vgl. LÄGER, V., Bewertung von Kreditrisiken und Kreditderivaten, S. 16 f.; SCHLECKER, M., Credit Spreads, S. 34; BETZ, H., Integrierte Credit Spread- und Zinsrisikomessung, S. 90; SCHIERENBECK, H., Ertragsorientiertes Bankmanagement (Band 1), S. 318. In der Literatur hat sich für die dargelegte Aufspaltung des Kreditrisikos in das Ausfallrisiko und das Bonitätsrisiko die Terminologie des Kreditrisikos im engeren Sinn (Ausfallrisiko) und Kreditrisiko im weiteren Sinn (Bonitätsrisiko) entwickelt, vgl. ALBRECHT, P./MAURER, R., Kreditrisiken, S. 909; FABOZZI, F. J., Fixed Income Mathematics, S. 347; WAGNER, E., Credit Default Swaps und Informationsgehalt, S. 7; DÄHNE, R., Kredit-Rating, S. 9.

134 Vgl. MARTIN, M. R. W./REITZ, S./WEHN, C. S., Kreditderivate und Kreditrisikomodelle, S. 2 f. Alternativ lässt sich dieser Barwert ermitteln, indem die zu erwartenden Zahlungsströme mit einem gleichbleibenden Zinssatz diskontiert werden, vgl. hierzu auch BÖCKING, H.-J./ SITTMANN-HAURY, C., Forderungsbewertung, S. 198.

entweder seinen vertraglichen Verpflichtungen im vollen Umfang nachkommt oder ausfällt.[135] Ist hingegen auch ein Handel mit dem Kreditengagement in Erwägung gezogen, muss auch eine sich im Zeitverlauf möglicherweise verändernde Bonität des Schuldners berücksichtigt werden.[136] In diesem Fall ist zusätzlich das Risiko, dass sich die Ausfallgefahr während der Laufzeit des Kreditengagements erhöht[137] und somit dem Gläubiger einen Verlust verursacht, in die Betrachtung mit einzubeziehen.

Im Rahmen dieser Arbeit soll das **Ausfallrisiko** im Vordergrund stehen, da dieses Risiko für die in dieser Arbeit betrachteten finanziellen Vermögenswerte, für die **keine Handelsabsicht** besteht,[138] das maßgebliche Risiko darstellt.[139] Eine sich im Zeitverlauf gegenüber der Ausgangssituation verändernde Bonitätslage des Schuldners wird dabei im Rahmen der anzupassenden Kreditverlustschätzung für die Restlaufzeit des Kreditengagements berücksichtigt.[140] Die Bestimmung des Ausfallrisikos soll im folgenden Abschnitt erläutert werden.

222. Quantifizierung des Ausfallrisikos

222.1 Erwarteter Verlust

Im Rahmen eines Kreditengagements geht ein Gläubiger das Risiko ein, dass ein Schuldner seinen vertraglichen Zahlungsverpflichtungen nicht, nicht zeitgerecht oder nicht vollständig nachkommt. Um die Höhe des mit dem Kreditengagement verbundenden Ausfallrisikos quantifizieren zu können, ist der erwartete Verlust zu bestimmen.[141] Der **erwartete Verlust** (Expected Loss (EL)) ergibt sich dabei aus dem Produkt der Bestimmungsgrößen der Ausfallwahrscheinlichkeit (Probability of Default (PD)), der Höhe des ausfallgefährdeten Kreditengagements zum Ausfallzeitpunkt (Expo-

---

135 Vgl. hierzu auch HARTMANN-WENDELS, T./PFINGSTEN, A./WEBER, M., Bankbetriebslehre, S. 504; SCHIERENBECK, H., Ertragsorientiertes Bankmanagement (Band 1), S. 314.

136 Vgl. HARTMANN-WENDELS, T./PFINGSTEN, A./WEBER, M., Bankbetriebslehre, S. 504; SCHIERENBECK, H., Ertragsorientiertes Bankmanagement (Band 1), S. 314.

137 Vgl. ALBRECHT, P./MAURER, R., Kreditrisiken, S. 909; BENOIT, A., Einführung in die Kreditrisikoanalyse, S. 75; WAGNER, E., Credit Default Swaps und Informationsgehalt, S. 7. Sofern für das Kreditengagement ein Rating vorliegt, wird in diesem Zusammenhang auch von dem sog. Migrationsrisiko gesprochen. Das Migrationsrisiko bezeichnet die Gefahr, dass aufgrund einer sich verschlechternden Bonität eines Schuldners eine Ratingabstufung durchgeführt wird, wodurch eine höhere Ausfallwahrscheinlichkeit des zugrundeliegenden Engagements zum Ausdruck gebracht wird, vgl. BACHMANN, U., Die Komponenten des Kreditspreads, S. 51; DÄHNE, R., Kredit-Rating, S. 164. Vgl. zu Ratings auch Abschnitt 222.312.

138 Die fehlende Handelsabsicht bei finanziellen Vermögenswerten, die der Kategorie „Fortgeführte Anschaffungskosten" nach IFRS 9 zugeordnet wurden und deren Betrachtung im Rahmen der Arbeit im Vordergrund steht, ergibt sich aus den Klassifizierungskriterien dieser Kategorie, vgl. zu den Klassifizierungskriterien dieser Kategorie Abschnitt 322.

139 Das eigene Ausfallrisiko eines Unternehmens, das bei der Bilanzierung bestimmter finanzieller Verbindlichkeiten zu berücksichtigen ist, wird in dieser Arbeit nicht betrachtet.

140 Vgl. zu einer ähnlichen Annahme hinsichtlich der Berücksichtigung von Bonitätsänderungen BACHMANN, U., Die Komponenten des Kreditspreads, S. 47 und S. 51.

141 Vgl. hierzu auch LÄGER, V., Bewertung von Kreditrisiken und Kreditderivaten, S. 101; SCHIERENBECK, H., Ertragsorientiertes Bankmanagement (Band 1), S. 317.

sure at Default (EAD)) und der Verlustquote (Loss Given Default (LGD)), der den Anteil an dem Kreditengagement determiniert, der für den Gläubiger uneinbringlich ist und somit seinen Verlust darstellt.[142]

$$EL = PD * EAD * LGD$$

Formel 1: Erwarteter Verlust[143]

Bei der Interpretation des in Formel 1 ermittelten erwarteten Verlustes ist zu beachten, dass es sich bei diesem um einen Erwartungswert im statistischen Sinne handelt, so dass ein positiver Wert keine Prognose für den tatsächlichen Ausfall des Schuldners darstellt. Vielmehr ist der erwartete Verlust im Kontext der gesamten Kreditvergabe eines Gläubigers zu betrachten. Die Summe der erwarteten Verluste der einzelnen Kreditengagements entspricht dabei dem geschätzten Wert, den ein Gläubiger über seine gesamten Kreditengagements voraussichtlich verlieren wird.[144] Der erwartete Verlust gibt demnach den **durchschnittlichen** Verlust aus dem Kreditengagement bzw. aus der Summe der Kreditengagements an.[145]

Der hinsichtlich eines Kreditengagements erwartete Verlust wird durch einen Gläubiger i. d. R. in Form einer **Ausfallprämie** in den Kreditkonditionen berücksichtigt.[146] Die Ausfallprämie lässt sich hierbei analog zu einer Versicherungsprämie interpretieren, da diese gemeinsam mit den Ausfallprämien, die für alle weiteren Kreditengagements des Gläubigers erhoben werden, dazu dienen soll,

---

142 Vgl. BURGHOF, H.-P./PAUL, S./RUDOLPH, B., Kreditrisiken und Kreditmärkte, S. 6; HARTMANN-WENDELS, T./PFINGSTEN, A./WEBER, M., Bankbetriebslehre, S. 499. Die hier erörterte Berechnung stellt die Bestimmung des erwarteten Verlustes für ein einzelnes Kreditengagement dar. Bei der Bestimmung des erwarteten Verlustes eines Kreditportfolio ergibt sich der erwartete Verlust des Kreditportfolios aus der Summe der erwarteten Verluste der einzelnen Kredite, vgl. LÄGER, V., Bewertung von Kreditrisiken und Kreditderivaten, S. 138; HARTMANN-WENDELS, T./PFINGSTEN, A./WEBER, M., Bankbetriebslehre, S. 499; GRÜNBERGER, D., Der Lifetime-Expected Loss, S. 32; BESSIS, J., Risk Management, S. 698; BACHMANN, U., Die Komponenten des Kreditspreads, S. 49; SCHMEISSER, W., Corporate Finance und Risk Management, S. 316; SCHIERENBECK, H./LISTER, M./KIRMßE, S., Ertragsorientiertes Bankmanagement (Band 1), S. 162.

143 Vgl. HARTMANN-WENDELS, T./PFINGSTEN, A./WEBER, M., Bankbetriebslehre, S. 499; SCHIERENBECK, H., Ertragsorientiertes Bankmanagement (Band 1), S. 317. Die in der Formel 1 dargelegten Bestimmungsgrößen stellen Zufallsvariablen dar, da sie jeweils Aussagen über ein künftiges, noch nicht sicheres Ereignis (dem Ausfall des Schuldners) treffen, vgl. hierzu auch BLUHM, C./OVERBECK, L./WAGNER, C., Introduction to Credit Risk Modeling, S. 3. Durch die multiplikative Verknüpfung wird des Weiteren eine stochastische Unabhängigkeit zwischen den Bestimmungsgrößen unterstellt, vgl. ALBRECHT, P./MAURER, R., Kreditrisiken, S. 911; PFINGSTEN, A./SCHRÖCK, G., Bedeutung und Methodik von Krediteinstufungsmodellen, S. 13; SCHIERENBECK, H., Ertragsorientiertes Bankmanagement (Band 1), S. 317. Diese Annahme ist kritisch zu sehen, da sich die Ausfallwahrscheinlichkeit und die Verlustquote zumeist in einem konjunkturellen Abschwung gleichartig verhalten und i. d. R. steigen, vgl. hierzu auch LÄGER, V., Bewertung von Kreditrisiken und Kreditderivaten, S. 103; GRÜNBERGER, D., Der Lifetime-Expected Loss, S. 31; ALTMAN, E. I./RESTI, A./SIRONI, A., The PD/LGD Link, S. 259.

144 Vgl. zu diesen Ausführungen LÄGER, V., Bewertung von Kreditrisiken und Kreditderivaten, S. 102 f.

145 Vgl. HARTMANN-WENDELS, T./PFINGSTEN, A./WEBER, M., Bankbetriebslehre, S. 499.

146 Vgl. DALDRUP, A., Kreditrisikoquantifizierung, S. 11; OEHLER, A./UNSER, M., Finanzwirtschaftliches Risikomanagement, S. 313; VOLKART, R., Corporate Finance, S. 841; GEBHARDT, G./STRAMPELLI, S., Bilanzierung von Kreditrisiken, S. 508; SCHMEISSER, W., Corporate Finance und Risk Management, S. 316; WIEDEMANN, A., Risikotriade, S. 142; SCHIERENBECK, H., Ertragsorientiertes Bankmanagement (Band 1), S. 314.

die Verluste aus Ausfällen zu decken.[147] Nach dem Gesetz der großen Zahlen sollten durch diese Ausfallprämien daher die tatsächlich bei einem Gläubiger auftretenden Verluste gedeckt werden.[148] Daher ist die Quantifizierung des erwarteten Verlustes eines jeden Kreditengagements bedeutsam für den Gläubiger. Zu niedrig berechnete Werte bergen die Gefahr, dass die hierzu korrespondierenden Ausfallprämien nicht zur Deckung der tatsächlichen Verluste ausreichen.

222.2 Unerwarteter Verlust

Da durch den erwarteten Verlust die Höhe des Ausfallrisikos lediglich geschätzt wird, kann ein tatsächlich eintretender Verlust von dem erwarteten Verlust abweichen.[149] Ein weiteres, im Rahmen der Kreditvergabe zu beachtendes Risiko besteht demnach in der Gefahr, dass der tatsächliche Verlust den erwarteten Verlust überschreitet.[150] Diese Gefahr wird als **unerwarteter Verlust** (Unexpected Loss (UL)) bezeichnet.

Die Abbildung 3 zeigt eine typische Verteilung von Kreditverlusten. Es wird ersichtlich, dass das Ausfallrisiko rechtsschief verteilt[151] ist.[152] Die Rechtsschiefe der Verteilung ist auf die Eigenschaft des Ausfallrisikos zurückzuführen, dass kleinere Verluste im Rahmen der Kreditvergabe wahrscheinlicher sind als größere Kreditverluste.[153] Ferner verdeutlicht die Abbildung 3, dass ein tatsächlich eintretender Verlust nicht dem erwarteten Verlust entsprechen muss. Die mögliche Ausprägung des tatsächlichen Verlustes kann bspw. in dem in der Abbildung 3 dargestellten Intervall um den erwarteten Verlust liegen.[154] Das Risiko des unerwarteten Verlustes besteht in diesem Zu-

---

147 Vgl. WÜNSCHER, J., Herausforderungen der Subprime-Automobilfinanzierung, S. 84; ROLFES, B., Gesamtbanksteuerung, S. 176. Vgl. hierzu auch SCHIERENBECK, H./LISTER, M./KIRMßE, S., Ertragsorientiertes Bankmanagement (Band 2), S. 154. In der Versicherungswirtschaft wird hierzu vergleichbar das Ziel verfolgt, die Summe der in einem Zeitraum auftretenden Schäden durch die Versicherungsprämien des entsprechenden Zeitraums zu decken, vgl. EWELT-KNAUER, C., Der Konzernabschluss als Berichtsinstrument der wirtschaftlichen Einheit, S. 193; BLUHM, C./OVERBECK, L./WAGNER, C., Introduction to Credit Risk Modeling, S. 2.

148 Vgl. hierzu auch OEHLER, A./UNSER, M., Finanzwirtschaftliches Risikomanagement, S. 313; BLUHM, C./OVERBECK, L./WAGNER, C., Introduction to Credit Risk Modeling, S. 2; SCHIERENBECK, H., Ertragsorientiertes Bankmanagement (Band 1), S. 308.

149 Nur für den Fall, dass die tatsächlichen Ausfälle, die ein Gläubiger hinsichtlich seiner Kreditengagements erleidet, in Höhe des Erwartungswertes eintreten, entsteht dem Gläubiger kein Schaden, vgl. BÜSCHGEN, H. E., Bankbetriebslehre, S. 867.

150 Vgl. BÜSCHGEN, H. E., Bankbetriebslehre, S. 867.

151 Vgl. SCHIERENBECK, H./LISTER, M./KIRMßE, S., Ertragsorientiertes Bankmanagement (Band 2), S. 156. Vgl. zur Schiefe und Kurtosis einer Verteilung exemplarisch STUTZER, P., Statistische und finanzmathematische Grundlagen, S. 41 f.

152 Vgl. BETZ, H., Integrierte Credit Spread- und Zinsrisikomessung, S. 125.

153 Vgl. HARTMANN-WENDELS, T./PFINGSTEN, A./WEBER, M., Bankbetriebslehre, S. 501; BETZ, H., Integrierte Credit Spread- und Zinsrisikomessung, S. 125; DÄHNE, R., Kredit-Rating, S. 166; WIEDEMANN, A., Risikotriade, S. 145.

154 In der Literatur wird der unerwartete Verlust häufig als Streuung der Verlustverteilung um den erwarteten Verlust aufgefasst, wodurch sich die Quantifizierung des unerwarteten Verlustes über die Standardabweichung des erwarteten Verlustes vornehmen lässt, vgl. hierzu exemplarisch MARTIN, M. R. W./REITZ, S./WEHN, C. S., Kreditderivate und Kreditrisikomodelle, S. 17; LÄGER, V., Bewertung von Kreditrisiken und Kreditderivaten, S. 104 f.; BLUHM, C./OVERBECK, L./WAGNER, C., Introduction to Credit Risk Modeling, S. 22.

sammenhang darin, dass die mögliche Ausprägung des tatsächlichen Verlustes über dem erwarteten Verlust liegt.[155]

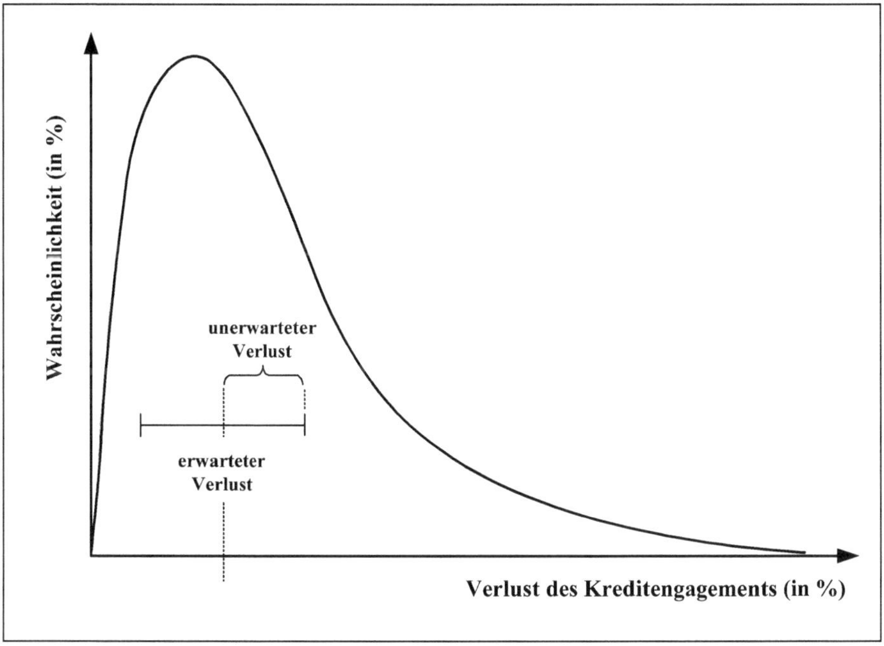

Abbildung 3: Erwarteter und unerwarteter Verlust[156]

Neben der vom Schuldner verlangten Ausfallprämie hat der Gläubiger in den Kreditkonditionen somit auch eine Risikoprämie für den unerwarteten Verlust zu berücksichtigen.[157] Bei Kreditinstituten richtet sich die Höhe dieser Risikoprämie nach den (kalkulatorischen) Eigenkapitalkosten, die mit dem entsprechenden Kreditengagement verbunden sind.[158] Dies resultiert aus den Anforderun-

155 Vgl. hierzu auch BÜSCHGEN, H. E., Bankbetriebslehre, S. 868; SCHMEISSER, W., Corporate Finance und Risk Management, S. 317; ROLFES, B., Gesamtbanksteuerung, S. 224.

156 Vgl. BLUHM, C./OVERBECK, L./WAGNER, C., Introduction to Credit Risk Modeling, S. 29.

157 Vgl. HARTMANN-WENDELS, T./PFINGSTEN, A./WEBER, M., Bankbetriebslehre, S. 569 und S. 765; BÜSCHGEN, H. E., Bankbetriebslehre, S. 867 und S. 933; BLUHM, C./OVERBECK, L./WAGNER, C., Introduction to Credit Risk Modeling, S. 28; WIMMER, K./KUSTERER, S., Kreditrisiko, S. 2050; OEHLER, A./UNSER, M., Finanzwirtschaftliches Risikomanagement, S. 338 f.; DALDRUP, A., Kreditrisikoquantifizierung, S. 12, Fn. 36; VOLKART, R., Corporate Finance, S. 841.

158 Vgl. SCHMEISSER, W., Corporate Finance und Risk Management, S. 220.

gen von Basel II,[159] nach denen ein Kreditinstitut den unerwarteten Verlust mit Eigenkapital zu unterlegen hat.[160] Da dieses aufsichtsrechtliche Kapital dem Kreditinstitut für andere Zwecke nicht mehr zur Verfügung steht, werden kalkulatorische Kosten für dieses Kapital erhoben und in den Kreditkonditionen berücksichtigt.[161] Hierzu wird der mit einem einzelnen Kreditengagement verbundende unerwartete Verlust anhand eines Kreditportfoliomodells[162] bestimmt und anschließend mit der Mindestrendite, die von einem Kreditinstitut auf das eingesetzte Eigenkapital gefordert wird, multipliziert.[163] Dieser Betrag stellt die Höhe der in den Kreditkonditionen zu berücksichtigenden Risikoprämie für den unerwarteten Verlust dar.[164]

---

159 Mit Basel II wird die Gesamtheit der Eigenkapitalvorschriften, die durch den Baseler Ausschuss für Bankenaufsicht erarbeitet wurden und seit dem 1. Januar 2007 verpflichtend von Kredit- und Finanzdienstleistungsinstituten der Europäischen Union anzuwenden sind, bezeichnet. Die nationale Umsetzung dieser Vorschriften findet sich in Deutschland in der Solvabilitätsverordnung und in den Mindestanforderungen an das Risikomanagement, vgl. hierzu auch STEINHOFF, C., Quantifizierung operationeller Risiken, S. 17; HARTMANN-WENDELS, T./PFINGSTEN, A./WEBER, M., Bankbetriebslehre, S. 413 f.; ROLFES, B., Gesamtbanksteuerung, S. 24; SCHIERENBECK, H./LISTER, M./KIRMßE, S., Ertragsorientiertes Bankmanagement (Band 2), S. 143 f. Als Reaktion auf die Finanzmarktkrise wurden die Regelungen von Basel II durch den Baseler Ausschuss für Bankenaufsicht überarbeitet. Diese neuen, auch als Basel III bezeichneten Regelungen sehen v. a. verschärfte Regelungen hinsichtlich der regulatorischen Eigenkapitalanforderungen vor, vgl. LOEPER, E., Basel III und weitere Regulierungsvorhaben, S. 550. Die neuen Regelungen sollen voraussichtlich zur Jahresmitte 2012 in das europäische Recht übernommen werden. Eine verbindliche Anwendung von Teilbereichen dieser Regelungen ist für Anfang 2013 vorgesehen, vgl. SPITZER, K. G., Basel III, S. 556.

160 Vgl. GEBHARDT, G./STRAMPELLI, S., Bilanzierung von Kreditrisiken, S. 522.

161 Vgl. hierzu auch SCHIERENBECK, H., Ertragsorientiertes Bankmanagement (Band 1), S. 306.

162 Die Ermittlung des unerwarteten Verlustes eines einzelnen Kreditengagements ist im Kontext des gesamten Kreditportfolios vorzunehmen. Anders als bei dem erwarteten Verlust eines Portfolios, der sich aus der Summe der erwarteten Verluste der einzelnen im Portfolio befindenden Kreditengagements zusammensetzt, ist bei der Ermittlung des unerwarteten Verlustes eines Portfolios die Korrelation zwischen den einzelnen Kreditengagements zu berücksichtigen. Der unerwartete Verlust eines Portfolios setzt sich somit nicht aus der Summe der unerwarteten Verluste der einzelnen Kreditengagements zusammen, vgl. LÄGER, V., Bewertung von Kreditrisiken und Kreditderivaten, S. 138. Aufgrund von Diversifikationseffekten wird der unerwartete Verlust eines Portfolios i. d. R. geringer ausfallen als die Summe der unerwarteten Verluste der entsprechenden einzelnen Kreditengagements, DALDRUP, A., Kreditrisikoquantifizierung, S. 17; SCHMEISSER, W., Corporate Finance und Risk Management, S. 318. Durch das Kreditportfoliomodell wird daher der Zuwachs des unerwarteten Verlustes des Kreditportfolios, der durch das einzelne Kreditengagement bewirkt wird, ermittelt, vgl. HARTMANN-WENDELS, T./PFINGSTEN, A./WEBER, M., Bankbetriebslehre, S. 568.

163 Vgl. WIMMER, K./KUSTERER, S., Kreditrisiko, S. 2050; HARTMANN-WENDELS, T./PFINGSTEN, A./WEBER, M., Bankbetriebslehre, S. 568.

164 Vgl. SCHMEISSER, W., Corporate Finance und Risk Management, S. 220. Es wird ersichtlich, dass mit dieser Risikoprämie nicht beabsichtigt wird, einen unerwarteten Verlust zu kompensieren. Dieser Verlust soll vielmehr durch das entsprechende Eigenkapital einer Bank abgedeckt werden, vgl. SCHIERENBECK, H., Ertragsorientiertes Bankmanagement (Band 1), S. 311. Für weitergehende Literatur zum unerwarteten Verlust vgl. HARTMANN-WENDELS, T./PFINGSTEN, A./WEBER, M., Bankbetriebslehre, S. 500 f.; MARTIN, M. R. W./REITZ, S./WEHN, C. S., Kreditderivate und Kreditrisikomodelle, S. 17 f.; LÄGER, V., Bewertung von Kreditrisiken und Kreditderivaten, S. 104 f.; BLUHM, C./OVERBECK, L./WAGNER, C., Introduction to Credit Risk Modeling, S. 22 f.

Da in dieser Arbeit die Vorschläge für die künftigen Wertminderungsvorschriften des IFRS 9 im Vordergrund stehen und nach diesen der erwartete Kreditverlust zu ermitteln ist,[165] soll auf den unerwarteten Verlust im weiteren Verlauf der Arbeit nicht näher eingegangen werden.

Im Folgenden werden die Bestimmungsgrößen des erwarteten Verlustes (Ausfallwahrscheinlichkeit (PD), Verlustquote (LGD), Kreditengagement zum Ausfallzeitpunkt (EAD)) vorgestellt.

222.3 Bestimmungsgrößen des erwarteten Verlustes

222.31 Ausfallwahrscheinlichkeit

222.311 Überblick

Die Ausfallwahrscheinlichkeit nimmt im Rahmen der Ermittlung des erwarteten Verlustes eine bedeutende Stellung ein, da ihre Höhe von der Bonität des entsprechenden Schuldners abhängt und somit i. d. R. nicht durch Vertragsgestaltung beeinflusst werden kann.[166] Die Ausfallwahrscheinlichkeit kann hierbei sowohl über Ratings als auch über Marktdaten bestimmt werden.[167] Bei dem Rückgriff auf Ratings kann die Ausfallwahrscheinlichkeit entweder anhand eines externen Rating-Verfahrens oder mittels eines internen Rating-Verfahrens erhoben werden. Bei diesen Verfahren wird ein Schuldner hinsichtlich seiner Bonität beurteilt und in eine entsprechende Ratingklasse eingeordnet. Die Ausfallwahrscheinlichkeit des Schuldners kann dann anhand der einer Ratingklasse zugeordneten Ausfallwahrscheinlichkeit bestimmt werden.[168]

Neben der Ermittlung der Ausfallwahrscheinlichkeit durch Ratings besteht die Möglichkeit, die Ausfallwahrscheinlichkeit durch den Rückgriff auf Marktdaten zu bestimmen. Als mögliche Marktdaten, auf die im Rahmen der Ermittlung der Ausfallwahrscheinlichkeit eines Schuldners zurückgegriffen werden kann, bieten sich bspw. Marktpreise von Unternehmensanleihen, die der entsprechende Schuldner emittiert hat, oder die Prämien von auf diesen ausgestellten Credit Default Swaps an.[169] Hierbei liegt die Annahme zugrunde, dass Marktdaten einen hohen Informationsgehalt hin-

---

165 Vgl. hierzu auch EFRAG & FEE (Hrsg.), Impairment of Financial Assets, Tz. 40. Ebenso IASB (Hrsg.), Expert Advisory Panel, Tz. A12.

166 Vgl. LÄGER, V., Bewertung von Kreditrisiken und Kreditderivaten, S. 110; SCHMEISSER, W., Corporate Finance und Risk Management, S. 223; WIEDEMANN, A., Risikotriade, S. 142. Vgl. dazu auch GRÜNBERGER, D., Der Lifetime-Expected Loss, S. 32. Im weiteren Verlauf der Arbeit werden die Begriffe Bonität und Kreditwürdigkeit synonym verwandt.

167 Vgl. ALBRECHT, P./MAURER, R., Kreditrisiken, S. 911; HARTMANN-WENDELS, T./PFINGSTEN, A./WEBER, M., Bankbetriebslehre, S. 503.

168 Vgl. SCHMEISSER, W., Corporate Finance und Risk Management, S. 224; HARTMANN-WENDELS, T./PFINGSTEN, A./WEBER, M., Bankbetriebslehre, S. 502.

169 Vgl. HARTMANN-WENDELS, T./PFINGSTEN, A./WEBER, M., Bankbetriebslehre, S. 503.

sichtlich der Zukunftsaussichten eines Unternehmens aufweisen[170] und daher Einschätzungen der Marktteilnehmer hinsichtlich der Ausfallgefahr eines Unternehmens ermöglichen sollten.

Die Ermittlung der Ausfallwahrscheinlichkeit über Ratings soll in dem folgenden Abschnitt erläutert werden. Für die Ermittlung der Ausfallwahrscheinlichkeit über Marktdaten wird auf die Ausführungen in den Abschnitten 422.242 und 422.243 verwiesen.

222.312 Ratings

Ein Rating stellt ein Verfahren dar, das die „Einschätzung oder Beurteilung von Personen, Gegenständen oder Situationen mit Hilfe von Skalen"[171] ermöglicht. Im Kontext der Kreditvergabe wird mittels eines Rating-Verfahrens die Bonität eines Schuldners eingeschätzt.[172] Bei der Durchführung eines Rating-Verfahrens werden in einem ersten Schritt bestimmte Eigenschaften des Kreditnehmers beurteilt und gewichtet, woraus sich im zweiten Schritt ein Gesamturteil bilden lässt, auf dessen Grundlage der Kreditnehmer in eine Ratingklasse eingeordnet wird.[173] Den jeweiligen Ratingklassen werden dann Ausfallwahrscheinlichkeiten zugeordnet.[174]

Die Bonität des Schuldners kann dabei anhand von quantitativen und qualitativen Faktoren analysiert werden.[175] Eine quantitative Beurteilung des Schuldners wird zumeist anhand einer Abschlussanalyse, die durch ein mathematisch-statistisches Beurteilungssystem erstellt wird, vorgenommen.[176] Bei der qualitativen Einschätzung werden hingegen nicht quantifizierbare Faktoren wie bspw. die Managementqualität und die Unternehmensstrategie des betrachteten Schuldners beurteilt.[177]

Bei einem **internen Rating** nimmt ein Gläubiger auf der Basis der ihm zur Verfügung stehenden Informationen eine Einordnung des Schuldners in eine Bonitätsklasse vor.[178] Das interne Rating kann sich dabei aus mehreren Komponenten zusammensetzen.[179] Hierbei wird zum einen die gegenwärtige Geschäftsbeziehung zum Schuldner wie bspw. sein bisheriges Zahlungsverhalten be-

---

170 Vgl. KASSBERGER, S./WENTGES, P., Schätzung der Ausfallwahrscheinlichkeit, S. 46.

171 AUBEL, P. V., Anleiherating und Bonitätsrisiko, S. 5.

172 Vgl. EWERT, R./SZCZESNY, A., Risikoindikatoren, Rating und Ausfallwahrscheinlichkeit im Kreditgeschäft, S. 575; GÜTTLER, A./WAHRENBURG, M., Bankinterne versus externe Ratings, S. 55 f.

173 Vgl. EWERT, R./SZCZESNY, A., Risikoindikatoren, Rating und Ausfallwahrscheinlichkeit im Kreditgeschäft, S. 575. GÜTTLER, A./WAHRENBURG, M., Bankinterne versus externe Ratings, S. 61.

174 Vgl. HARTMANN-WENDELS, T./PFINGSTEN, A./WEBER, M., Bankbetriebslehre, S. 502.

175 Vgl. AUBEL, P. V., Anleiherating und Bonitätsrisiko, S. 22; HEINKE, V. G., Bonitätsrisiko und Credit Rating, S. 17; SCHIFFEL, S., Implizite Ausfallwahrscheinlichkeiten von Unternehmensanleihen, S. 45; MAIER, M., Basel II, Rating und IFRS, S. 408.

176 Vgl. HEINKE, V. G., Bonitätsrisiko und Credit Rating, S. 24 f.; DÄHNE, R., Kredit-Rating, S. 97-100.

177 Vgl. HEINKE, V. G., Bonitätsrisiko und Credit Rating, S. 25 f.; DÄHNE, R., Kredit-Rating, S. 100-103.

178 Vgl. hierzu auch LÄGER, V., Bewertung von Kreditrisiken und Kreditderivaten, S. 93; OEHLER, A./UNSER, M., Finanzwirtschaftliches Risikomanagement, S. 249.

179 Vgl. hierzu auch CROUHY, M./GALAI, D./MARK, R. M., Internal Risk Rating Systems, S. 372.

trachtet.[180] Zum anderen wird eine Bilanzanalyse durchgeführt, um einen Einblick in die Vermögens-, Finanz- und Ertragslage des Schuldners zu erlangen.[181] Weitere Faktoren bilden die Beurteilung des Marktumfeldes und des Managements.[182] Die Teilergebnisse der jeweiligen Analyse werden zu einem Gesamturteil verdichtet,[183] auf dessen Grundlage der Schuldner zu einer Bonitätsklasse zugeordnet wird.[184] Den Bonitätsklassen werden dann entsprechende Ausfallwahrscheinlichkeiten zugeordnet.[185] Diese können dann im Rahmen der Ermittlung des erwarteten Ver-Verlustes verwendet werden.

Sofern eine Ratingeinschätzung durch eine Ratingagentur erhoben wird, spricht man von einem **externen Rating**.[186] Die wohl bekanntesten und zugleich größten Ratingagenturen, von denen externe Ratings bezogen werden können, sind Standard & Poor's, Moody's Investors Service oder Fitch Ratings.[187] Sie werden von Unternehmen, die sich entweder selbst oder einen zu emittierenden Schuldtitel raten lassen möchten, beauftragt[188] und durch diese für ihre erbrachten Leistungen bezahlt.[189] Die dargelegten Ratingagenturen verfolgen i. d. R. die Vergabe von Ratings, die konjunkturneutral sind (**Through-the-Cycle-Ansatz**).[190] Nach dem Through-the-Cycle-Ansatz sollen die vergebenen Ratingeinschätzungen über den betrachteten Zeitraum weitestgehend konstant bleiben und somit von konjunkturellen Einflüssen unabhängig sein, da die Ratingeinschätzung anhand der Betrachtung eines gesamten Konjunkturzyklus vorgenommen wird.[191]

---

180 Vgl. TOTZEK, A., Integriertes Kreditcontrolling, S. 321; HARTMANN-WENDELS, T./PFINGSTEN, A./WEBER, M., Bankbetriebslehre, S. 516; SAUNDERS, A., Credit Risk Measurement, S. 8.

181 Vgl. GÜTTLER, A./WAHRENBURG, M., Bankinterne versus externe Ratings, S. 59. Dies kann bspw. über die Bildung von Abschlusskennzahlen vorgenommen werden, vgl. DÄHNE, R., Kredit-Rating, S. 119. Vgl. zu den bei einer Diskriminanzanalyse verwendeten Kennzahlen im Rahmen der Ausfallrisikobeurteilung BLOCHWITZ, S./EIGERMANN, J., Effiziente Kreditrisikobeurteilung, S. 12.

182 Vgl. TOTZEK, A., Integriertes Kreditcontrolling, S. 321; GLEIßNER, W./FÜSNER, K., Leitfaden Rating, S. 84.

183 Vgl. HARTMANN-WENDELS, T./PFINGSTEN, A./WEBER, M., Bankbetriebslehre, S. 516.

184 Vgl. HARTMANN-WENDELS, T./PFINGSTEN, A./WEBER, M., Bankbetriebslehre, S. 516; DÄHNE, R., Kredit-Rating, S. 123.

185 Vgl. DÄHNE, R., Kredit-Rating, S. 123. Bei diesen Ausfallwahrscheinlichkeiten kann es sich dabei sowohl um Erfahrungswerte, die einem Gläubiger vorliegen, als auch um Ausfallwahrscheinlichkeiten, die von externen Ratingagenturen veröffentlicht werden, handeln, vgl. GÜTTLER, A./WAHRENBURG, M., Bankinterne versus externe Ratings, S. 61.

186 Vgl. GÜTTLER, A./WAHRENBURG, M., Bankinterne versus externe Ratings, S. 57; MARTIN, M. R. W./REITZ, S./WEHN, C. S., Kreditderivate und Kreditrisikomodelle, S. 4; BETZ, H., Integrierte Credit Spread- und Zinsrisikomessung, S. 35; ROLFES, B., Gesamtbanksteuerung, S. 153.

187 Vgl. SCHLECKER, M., Credit Spreads, S. 40; VOLKART, R., Corporate Finance, S. 551.

188 Vgl. WINGENROTH, T., Risikomanagement für Corporate Bonds, S. 20. In diesem Zusammenhang wird auch von einem Emissionsrating (Rating eines Finanztitels) und Emittentenrating (Rating des Emittenten eines Finanztitels) gesprochen, vgl. EVERLING, O., Rating, S. 212 f.; DÄHNE, R., Kredit-Rating, S. 81.

189 Vgl. SCHIFFEL, S., Implizite Ausfallwahrscheinlichkeiten von Unternehmensanleihen, S. 49; WINGENROTH, T., Risikomanagement für Corporate Bonds, S. 21; VOLKART, R., Corporate Finance, S. 554.

190 Vgl. GÜTTLER, A./WAHRENBURG, M., Bankinterne versus externe Ratings, S. 58.

191 Vgl. SCHLECKER, M., Credit Spreads, S. 40; FRANKE, G./HAX, H., Finanzwirtschaft des Unternehmens und Kapitalmarkt, S. 412 f.; SCHIFFEL, S., Implizite Ausfallwahrscheinlichkeiten von Unternehmensanleihen, S. 50; ALBRECHT, P./MAURER, R., Kreditrisiken, S. 915; GRÜNBERGER, D., Der Lifetime-Expected Loss, S. 32; ALTMAN, E. I./RIJKEN, H. A., Rating stability, S. 2681 f. Dem Through-the-Cycle-Ansatz steht der **Point-in-Time-Ansatz** ge-

Nach dem Ratingprozess[192] vergeben die Ratingagenturen spezielle Symbole, die ihrerseits die Kreditwürdigkeitseinschätzung eines Unternehmens oder eines Schuldtitels durch die Ratingagenturen wiedergeben.[193] Eine Ratingeinschätzung wird von den Ratingagenturen jährlich überprüft, sofern sich die Bonität des Schuldners nicht zwischenzeitlich geändert hat.[194] Tabelle 1 veranschaulicht die Symbole der jeweiligen Ratingagenturen sowie deren zugehörige Bonitätsbeurteilungen.

Ein AAA-Rating (bzw. Aaa-Rating) steht dabei für die höchste Ratingklasse. Ein Unternehmen oder ein Schuldinstrument mit einem AAA-Rating (bzw. Aaa-Rating) weist die höchste Bonität auf. Ausgehend von einem AAA-Rating (bzw. Aaa-Rating) verschlechtert sich die Bonität eines Unternehmens oder eines Schuldtitels mit abnehmender Ratingklasse bis hin zur Ratingklasse des Ausfalls (Default (D)), bei der die Zahlungsunfähigkeit des betrachteten Unternehmens bzw. Einstellung der Zahlung bei einem Schuldtitel vorliegt.

Die verschiedenen Ratingklassen lassen sich ferner zu zwei Gruppen aggregieren. Die erste Gruppe bilden die Investment Grade Ratings (Ratings bis BBB- (bzw. Baa3) und die zweite Gruppe die Speculative Grade Ratings (schlechter als Investment Grade).[195] Diese Einteilung ist v. a. für bestimmte institutionelle Investoren von Bedeutung, da diese gewissen Anlagebeschränkungen unterliegen, wie bspw. der Vorgabe, nur in Unternehmen bzw. Schuldtitel investieren zu dürfen, die ein Investment Grade Rating vorliegen haben.[196]

---

genüber, dessen Aufgabe in der Ermittlung einer Prognose über die Bonität eines Unternehmens zu einem bestimmten Zeitpunkt besteht, wobei aktuell vorliegende Informationen vollständig verarbeitet werden, vgl. MARTIN, M. R. W./REITZ, S./WEHN, C. S., Kreditderivate und Kreditrisikomodelle, S. 7; ALBRECHT, P./MAURER, R., Kreditrisiken, S. 915; GRÜNBERGER, D., Der Lifetime-Expected Loss, S. 32. In der Regel werden interne Ratings anhand des Point-in-Time-Ansatzes erhoben, vgl. GÜTTLER, A./WAHRENBURG, M., Bankinterne versus externe Ratings, S. 62; DALDRUP, A., Kreditrisikoquantifizierung, S. 146.

192 Vgl. für einen Überblick über die Analysekriterien und den Ablauf des Ratingprozesses von Ratingagenturen HEINKE, V. G., Bonitätsrisiko und Credit Rating, S. 26-36; EVERLING, O., Rating, S. 223-226; DÄHNE, R., Kredit-Rating, S. 86-94.

193 Vgl. SCHIFFEL, S., Implizite Ausfallwahrscheinlichkeiten von Unternehmensanleihen, S. 45.

194 Vgl. MARTIN, M. R. W./REITZ, S./WEHN, C. S., Kreditderivate und Kreditrisikomodelle, S. 5; ALBRECHT, P./MAURER, R., Kreditrisiken, S. 915. Durch die Überprüfung der Ratingeinschätzung muss es jedoch nicht zwangsläufig zu einer Ratingänderung kommen, vielmehr wird bei diesem Vorgehen überprüft, ob veränderte Bedingungen vorliegen, die eine Ratingänderung veranlassen könnten, vgl. AUBEL, P. V., Anleiherating und Bonitätsrisiko, S. 23 f.; ALBRECHT, P./MAURER, R., Kreditrisiken, S. 915.

195 Vgl. SCHIFFEL, S., Implizite Ausfallwahrscheinlichkeiten von Unternehmensanleihen, S. 51; WINGENROTH, T., Risikomanagement für Corporate Bonds, S. 21. Diese Terminologie ist vielmehr durch Aufsichtsbehörden als von den Ratingagenturen geprägt worden, vgl. EVERLING, O., Rating, S. 214.

196 Vgl. WINGENROTH, T., Risikomanagement für Corporate Bonds, S. 21; LÖFFLER, G., Ratings versus market-based measures, S. 2716; BETZ, H., Integrierte Credit Spread- und Zinsrisikomessung, S. 38; GÜTTLER, A./WAHRENBURG, M., Bankinterne versus externe Ratings, S. 58; VOLKART, R., Corporate Finance, S. 553.

	Standard & Poor's	Moody's	Fitch	Bonitätsbeurteilung
Investment Grade	AAA	Aaa	AAA	Geringste Ausfallwahrscheinlichkeit
	AA+	Aa1	AA+	Hohe Qualität
	AA	Aa2	AA	
	AA-	Aa3	AA-	
	A+	A1	A+	Hohe Qualität, dennoch können sich Veränderungen von wirtschaftlichen Rahmenbedingungen negativ auswirken.
	A	A2	A	
	A-	A3	A-	
	BBB+	Ba1	BBB+	Mittlere Qualität, fehlender Schutz gegen wirtschaftliche Veränderung
	BBB	Baa2	BBB	
	BBB-	Baa3	BBB-	
Speculative Grade	BB+	Ba1	BB+	Spekulativ, Erfüllung der Zahlungsverpflichtung nur unter der Bedingung eines stabilen wirtschaftlichen Umfeldes
	BB	Ba2	BB	
	BB-	Ba3	BB-	
	B+	B1	B+	Sehr spekulativ, langfristige Erfüllung der Zahlungsverpflichtungen sehr unsicher
	B	B2	B	
	B-	B3	B-	
	CCC+	Caa1	CCC+	Niedrige Qualität, direkte Gefahr des Zahlungsverzuges
	CCC	Caa2	CCC	
	CCC-	Caa3	CCC-	
	CC	Ca	CC	
	C	C	C	
	SD/D		DDD	Zahlungsunfähig
			DD	
			D	

Tabelle 1: Ratingklassen der Ratingagenturen[197]

Die Ratingklassen korrespondieren mit entsprechenden Ausfallwahrscheinlichkeiten.[198] Dies zeigt die Tabelle 2 am Beispiel der von der Ratingagentur Standard & Poor's für die jeweiligen Ratingklassen veröffentlichten Ausfallwahrscheinlichkeiten.

---

[197] Vgl. HÜBNER, G., Bonität, S. 9; SCHIFFEL, S., Implizite Ausfallwahrscheinlichkeiten von Unternehmensanleihen, S. 51; BETZ, H., Integrierte Credit Spread- und Zinsrisikomessung, S. 36; WAGNER, E., Credit Default Swaps und Informationsgehalt, S. 36.

[198] Vgl. ALBRECHT, P./MAURER, R., Kreditrisiken, S. 914; SCHIFFEL, S., Implizite Ausfallwahrscheinlichkeiten von Unternehmensanleihen, S. 51; GLEIßNER, W./FÜSNER, K., Leitfaden Rating, S. 24.

Durchschnittliche kumulierte Ausfallwahrscheinlichkeiten von Unternehmensanleihen (1981-2010) – Global (in Prozent)					
Laufzeit (Jahre)	**1**	**2**	**3**	**4**	**5**
AAA	0,00	0,03	0,14	0,26	0,38
AA	0,02	0,07	0,15	0,26	0,37
A	0,08	0,19	0,33	0,50	0,68
BBB	0,25	0,70	1,19	1,80	2,43
BB	0,95	2,83	5,03	7,14	9,04
B	4,7	10,4	15,22	18,98	21,76
CCC/C	27,39	36,79	42,12	45,21	47,64

Tabelle 2: Kumulierte Ausfallwahrscheinlichkeiten (Standard & Poor's)[199]

Die Tabelle 2 zeigt die durchschnittlichen kumulierten Ausfallwahrscheinlichkeiten[200] von Unternehmensanleihen einer Ratingklasse, die anhand von beobachteten Ausfällen von Unternehmensanleihen im Zeitraum von 1981 bis 2010 durch die Ratingagentur Standard & Poor's ermittelt wurden. Die von Ratingagenturen veröffentlichten Ausfallwahrscheinlichkeiten werden auch als **reale Ausfallwahrscheinlichkeiten** bezeichnet, da sie anhand von tatsächlich eingetretenen Ausfällen bestimmt werden.[201] Bei den dargelegten Ausfallwahrscheinlichkeiten handelt es sich somit um relative Häufigkeiten von in der Vergangenheit beobachteten Ausfällen.[202] Mit der Ratingeinschätzung einer Ratingagentur wird somit keine Aussage über die Ausfallwahrscheinlichkeit einer Unternehmensanleihe getroffen. Bei dieser handelt es sich um eine Einschätzung einer Ratingagentur, ob eine Unternehmensanleihe riskanter oder weniger riskanter als eine andere Unternehmensanleihe ist (relatives Rating).[203] Der entsprechenden Ratingklasse, in die eine Unternehmensanleihe durch eine Ratingagentur eingestuft wurde, können dann historische Ausfallwahrscheinlichkeiten zugeordnet werden. Diese Ausfallwahrscheinlichkeiten werden dabei anhand von in der Vergangenheit beobachteten Ausfällen von Unternehmensanleihen, die einer entsprechenden Ratingklasse zugeordnet waren, bestimmt.[204] Unterstellt man, dass sich die in der Vergangenheit eingetretenen Ausfälle im

199 Vgl. STANDARD & POOR'S (Hrsg.), 2010 Annual Global Corporate Default Study, S. 54.

200 Die kumulierte Ausfallwahrscheinlichkeit bezeichnet dabei die Wahrscheinlichkeit, dass eine Unternehmensanleihe innerhalb einer bestimmten Laufzeit ausfällt, vgl. BETZ, H., Integrierte Credit Spread- und Zinsrisikomessung, S. 41. Vgl. zur Ermittlung von kumulierten Ausfallwahrscheinlichkeiten aus historischen Ausfällen KASSBERGER, S./WENTGES, P., Schätzung der Ausfallwahrscheinlichkeit, S. 29-32; BETZ, H., Integrierte Credit Spread- und Zinsrisikomessung, S. 41 f.; REICHLING, P./SCHULMERICH, M., Modellierung des Bonitätsspreads, S. 54-57.

201 Vgl. hierzu auch HULL, J. C., Optionen, Futures und andere Derivate, S. 618 f. Vgl. zum Unterschied zwischen realen Ausfallwahrscheinlichkeiten und risikoneutralen Ausfallwahrscheinlichkeiten Abschnitt 422.243.54.

202 Vgl. MARTIN, M. R. W./REITZ, S./WEHN, C. S., Kreditderivate und Kreditrisikomodelle, S. 4.

203 Vgl. BACHMANN, U., Die Komponenten des Kreditspreads, S. 24; SCHLECKER, M., Credit Spreads, S. 40.

204 Vgl. SCHIFFEL, S., Implizite Ausfallwahrscheinlichkeiten von Unternehmensanleihen, S. 47. Vgl. zur Vorgehensweise der Ratingagenturen bei der Ermittlung von Ausfallwahrscheinlichkeiten KNABE, M., Die Berücksichtigung von Insolvenzrisiken in der Unternehmensbewertung, Abschnitt 432.214.3.

gleichen Ausmaß in der Zukunft wiederholen werden, bilden diese Daten einen Schätzer für die Ausfallwahrscheinlichkeiten der Zukunft.[205]

Der Tabelle 2 ist zu entnehmen, dass die durchschnittlichen kumulierten Ausfallwahrscheinlichkeiten mit abnehmender Ratingklasse und daher mit verschlechternder Bonität ansteigen.[206] Ferner lassen sich aus der Tabelle 2 die im Folgenden erörterten Informationen entnehmen bzw. ermitteln:

Bei einem anfänglichen **BB-Rating** einer Unternehmensanleihe besteht eine Wahrscheinlichkeit von 0,95 Prozent, dass diese Anleihe nach einem Jahr ausgefallen ist. Die kumulierte Wahrscheinlichkeit, dass diese BB-geratete Anleihe bis zum Ende des fünften Jahres ausgefallen ist, beträgt 9,04 Prozent. Ferner lassen sich aus den Daten der Tabelle 2 die Ausfallwahrscheinlichkeiten für ein bestimmtes Jahr ermitteln.[207] So erhält man die Ausfallwahrscheinlichkeit von 2,11 Prozent für einen Ausfall einer anfänglich BB-gerateten Anleihe **im vierten Jahr**, indem man die Differenz zwischen der kumulierten Ausfallwahrscheinlichkeit im vierten Jahr (7,14 Prozent) und der kumulierten Ausfallwahrscheinlichkeit im dritten Jahr (5,03 Prozent) bildet.[208] Diese Ausfallwahrscheinlichkeit nennt man auch die **unbedingte Ausfallwahrscheinlichkeit**, da sie die Wahrscheinlichkeit eines Ausfalls in einem bestimmten Jahr ausgehend vom Zeitpunkt null beschreibt.[209]

Die einem internen bzw. externen Rating entnommene Ausfallwahrscheinlichkeit kann dann als Inputparameter in die Berechnung des erwarteten Kreditverlustes einfließen.[210]

222.32 Kreditengagement zum Ausfallzeitpunkt und Verlustquote

Neben der Ausfallwahrscheinlichkeit (PD) sind die Höhe des Kreditengagements zum Ausfallzeitpunkt (EAD) sowie die Verlustquote (LGD) zu quantifizieren, um den erwarteten Verlust zu ermitteln. Das ausfallgefährdete Kreditengagement entspricht dabei der Höhe der noch offenen Forderung zum Ausfallzeitpunkt.[211] Dieser Parameter wird i. d. R. anhand des Barwertes der vertraglich noch ausstehenden Zahlungsströme (bestehend aus Zins- und Tilgungsleistungen) bestimmt.[212] Bei

---

205 Vgl. LÄGER, V., Bewertung von Kreditrisiken und Kreditderivaten, S. 119.

206 Vgl. hierzu auch SCHIFFEL, S., Implizite Ausfallwahrscheinlichkeiten von Unternehmensanleihen, S. 47.

207 Vgl. HULL, J. C., Optionen, Futures und andere Derivate, S. 610 f.; BETZ, H., Integrierte Credit Spread- und Zinsrisikomessung, S. 42 f.; SCHIFFEL, S., Implizite Ausfallwahrscheinlichkeiten von Unternehmensanleihen, S. 165.

208 Vgl. SCHIFFEL, S., Implizite Ausfallwahrscheinlichkeiten von Unternehmensanleihen, S. 165.

209 Vgl. HULL, J. C., Optionen, Futures und andere Derivate, S. 611; GRÜNBERGER, D., Der Lifetime-Expected Loss, S. 30.

210 Zur konkreten Ermittlung des erwarteten Verlustes eines finanziellen Vermögenswertes vgl. Abschnitt 422.22.

211 Vgl. ALBRECHT, P./MAURER, R., Kreditrisiken, S. 910. Bei Banken findet bei der Bestimmung des EAD eines Kreditengagements neben der Höhe der noch offenen Forderung auch die Höhe der noch nicht in Anspruch genommenen Kreditlinie des Schuldners anteilig ihre Berücksichtigung, vgl. hierzu HARTMANN-WENDELS, T./PFINGSTEN, A./WEBER, M., Bankbetriebslehre, S. 508; BLUHM, C./OVERBECK, L./WAGNER, C., Introduction to Credit Risk Modeling, S. 15-20; ONG, M. K., Internal Credit Risk Models, S. 96 f.; OEHLER, A./UNSER, M., Finanzwirtschaftliches Risikomanagement, S. 316 f.

212 Vgl. GRÜNBERGER, D., Der Lifetime-Expected Loss, S. 30; WIMMER, K./KUSTERER, S., Kreditrisiko, S. 2049. Zur Ermittlung des EAD vgl. auch Abschnitt 422.22.

Krediten oder Anleihen sind sowohl Zins- als auch Tilgungszahlungen aus den vertraglichen Regelungen bekannt. Anhand dieser Daten lässt sich die Höhe des EAD bestimmen.[213]

Der Ausfall eines Schuldners führt für den Gläubiger i. d. R. nicht zu einem vollständigen Verlust in Höhe des eingegangenen Kreditengagements, da der Gläubiger häufig einen Teil seiner ausstehenden Forderungen zurückerhält.[214] Die konkrete Höhe des Verlustes bei einem Ausfall des Kreditengagements wird über die Verlustquote **LGD** determiniert. Diese wird zumeist über ihr Gegenstück, die Recovery Rate (R), hergeleitet, da zwischen den beiden Parametern der folgende Zusammenhang besteht:[215]

$$LGD = 1 - R$$

Formel 2: Verlustquote[216]

Der Recovery Rate, die auch als Wiedereinbringungsquote bezeichnet wird, kann demnach entnommen werden, welchen prozentualen Anteil seines Kreditengagements ein Gläubiger im Ausfallszenario zurückerhält. Ihre Höhe hängt u. a. von dem Rang einer Forderung (Seniorität) und den vorhandenen Kreditsicherheiten ab.[217] Letztere können bspw. in Form einer Grundschuld, Hypothek oder durch die Hinterlegung von Wertpapieren als Sicherheit vorliegen.[218]

Der **Rang** des Kreditengagements bei einem Ausfall des Schuldners ist bei der Ermittlung der Wiedereinbringungsquote von Bedeutung, da anhand dessen die Reihenfolge der Bedienung der Ansprüche der Gläubiger bestimmt wird. Hierbei ist die **Absolute-Priority-Regel** zu berücksichtigen, nach der vorrangig besicherte Gläubiger ihre Ansprüche vor nachrangig besicherten Gläubigern bedient bekommen. Erst nach der Erfüllung der Ansprüche der nachrangig besicherten Gläubiger werden Eigenkapitalgeber bedient.[219] Für Anleihen ergibt sich bei einem Zahlungsausfall eines Schuldners die in Abbildung 4 dargestellte Rangfolge, nach der die Ansprüche eines Gläubigers aus dem verbleibenden Unternehmensvermögen bedient werden:

---

213 Vgl. LÄGER, V., Bewertung von Kreditrisiken und Kreditderivaten, S. 101; BURGHOF, H.-P./PAUL, S./RUDOLPH, B., Kreditrisiken und Kreditmärkte, S. 5.

214 Vgl. BURGHOF, H.-P./PAUL, S./RUDOLPH, B., Kreditrisiken und Kreditmärkte, S. 6.

215 Vgl. HARTMANN-WENDELS, T./PFINGSTEN, A./WEBER, M., Bankbetriebslehre, S. 508.

216 Vgl. LÄGER, V., Bewertung von Kreditrisiken und Kreditderivaten, S. 101; SCHMEISSER, W., Corporate Finance und Risk Management, S. 226.

217 Vgl. PFINGSTEN, A./SCHRÖCK, G., Bedeutung und Methodik von Krediteinstufungsmodellen, S. 13; BURGHOF, H.-P./PAUL, S./RUDOLPH, B., Kreditrisiken und Kreditmärkte, S. 6; GRÜNBERGER, D., Der Lifetime-Expected Loss, S. 32; HARTMANN-WENDELS, T./PFINGSTEN, A./WEBER, M., Bankbetriebslehre, S. 509; ALBRECHT, P./MAURER, R., Kreditrisiken, S. 911; OEHLER, A./UNSER, M., Finanzwirtschaftliches Risikomanagement, S. 319.

218 Vgl. WINGENROTH, T., Risikomanagement für Corporate Bonds, S. 16. Vgl. für eine umfassende Aufzählung von möglichen Kreditsicherheiten OESTERREICHISCHE NATIONALBANK (Hrsg.), Leitfadenreihe zum Kreditrisiko, S. 157 f.; OEHLER, A./UNSER, M., Finanzwirtschaftliches Risikomanagement, S. 334 f.; BETZ, H., Integrierte Credit Spread- und Zinsrisikomessung, S. 18-29.

219 Vgl. SÜNDERHAUF, R., Bewertung des Ausfallrisikos, S. 54; ANSON, M. J. P./FABOZZI, F. J./CHOUDHRY, M./CHEN, R.-R., Credit Derivatives, S. 31; SCHUERMANN, T., Loss Given Default, S. 11.

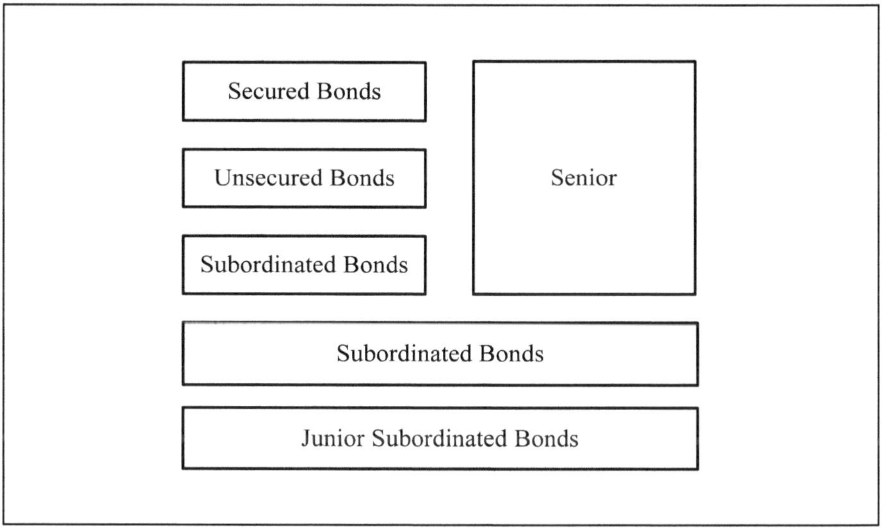

Abbildung 4: Rangfolge von Unternehmensanleihen[220]

Anleihen lassen sich grob in die vorrangig zu bedienenden Anleihen (Senior Bonds) und die nachrangig zu bedienenden Anleihen (Subordinated Bonds) unterteilen.[221] Demnach werden die Ansprüche der zuletzt genannten Anleihen aus der verbleibenden Vermögensmasse des ausgefallenen Schuldners erst dann bedient, wenn die Ansprüche der vorrangigen Anleihen befriedigt worden sind.[222]

Die LGD bzw. die Wiedereinbringungsquote kann anhand von Marktdaten oder anhand interner Berechnungen bestimmt werden. Im ersten Fall spricht man von einem **Top-down-Ansatz**, im zweiten Fall von einem **Bottum-up-Ansatz**.[223]

Bei dem **Top-down-Ansatz** werden für die Bestimmung der Wiedereinbringungsquote Marktpreise von Unternehmensanleihen 30 Tage nach dem Ausfallzeitpunkt verwendet (Market-LGD).[224] Dem

[220] Vgl. WINGENROTH, T., Risikomanagement für Corporate Bonds, S. 18.

[221] Vgl. ALBRECHT, P./MAURER, R., Kreditrisiken, S. 911. Eine genaue Reihenfolge der Bedienung der Ansprüche ergibt sich aus der folgenden Aufzählung: Zuerst werden die Ansprüche der Senior Secured Bonds erfüllt. Erst wenn deren Ansprüche vollständig erfüllt sind, werden an zweiter und dritter Stelle die Ränge Senior Unsecured Bonds und Senior Subordinated Bonds bedient. An vierter und fünfter Stelle werden die Ränge Subordinated Bonds und Junior Subordinated Bonds bedient, sofern eine Vermögensmasse noch vorliegt, vgl. SCHLECKER, M., Credit Spreads, S. 35.

[222] Vgl. WINGENROTH, T., Risikomanagement für Corporate Bonds, S. 17.

[223] Vgl. HARTMANN-WENDELS, T./PFINGSTEN, A./WEBER, M., Bankbetriebslehre, S. 508; OESTERREICHISCHE NATIONALBANK (Hrsg.), Leitfadenreihe zum Kreditrisiko, S. 159.

Marktpreis einer Unternehmensanleihe nach dem Ausfallzeitpunkt wird dabei unterstellt, dass dieser den Erwartungen der Marktteilnehmer hinsichtlich der Höhe der noch zu erwartenden Zahlungsströme entspricht. Die Wiedereinbringungsquote wird dann aus diesem Marktpreis abgeleitet.[225] Auf Basis dieser Marktdaten werden bspw. die von Ratingagenturen veröffentlichten Wiedereinbringungsquoten ermittelt.[226]

Tabelle 3 gibt eine Übersicht über die durchschnittlichen Wiedereinbringungsquoten von Unternehmensanleihen in Abhängigkeit ihres jeweiligen Ranges, die durch Moody's auf der Basis von Marktpreisen von Unternehmensanleihen nach ihrem Ausfall im Zeitraum von 1982 bis 2009 erhoben wurden:

Durchschnittliche Wiedereinbringungsquoten nach Moody's (1982-2009)	
Bedienungsrang der Unternehmensanleihe	Wiedereinbringungsquote in Prozent
Senior Secured	48,5
Senior Unsecured	32,6
Senior Subordinated	25,0
Subordinated	23,5
Junior Subordinated	17,1

Tabelle 3: Wiedereinbringungsquoten von Unternehmensanleihen[227]

Aus der Tabelle 3 wird ersichtlich, dass die Wiedereinbringungsquote erheblich sinkt (von 48,5 % auf 32,6 %), wenn keine Besicherung der Anleihe vorliegt. Weniger stark vermindert sich dagegen die Wiedereinbringungsquote, falls eine Unternehmensanleihe erst nachrangig bedient wird (von

224 Vgl. GRÜNBERGER, D., Der Lifetime-Expected Loss, S. 33.

225 Vgl. hierzu auch HARTMANN-WENDELS, T./PFINGSTEN, A./WEBER, M., Bankbetriebslehre, S. 510; BÖTTGER, M./GUTHOFF, A./HEIDORN, T., Loss Given Default, S. 7; GRÜNBERGER, D., Der Lifetime-Expected Loss, S. 33; GESTEL, T. V./BAESENS, B., Credit Risk Management, S. 224; KLAASSEN, P./VAN EEGHEN, I., Point-in-Time und Through-the-Cycle, S. 110.

226 Vgl. SCHUERMANN, T., Loss Given Default, S. 6 f. Das Rating einer Anleihe nimmt dabei keinen Einfluss auf die Höhe der Wiedereinbringungsquote, da das Rating eine Einschätzung über das Eintreten eines Ausfalls, nicht jedoch über die Höhe des Verlustes darstellt, vgl. hierzu WINGENROTH, T., Risikomanagement für Corporate Bonds, S. 63; CAOUETTE, J. B./ALTMAN, E. I./NARAYANAN, P., Managing Credit Risk, S. 208-211.

227 Vgl. MOODY'S INVESTORS SERVICES (Hrsg.), Corporate Default and Recovery Rates, S. 6.

25,0 % auf 23,5 %). Aus diesen Daten kann dann die Verlustquote LGD (=1 – R) direkt errechnet werden.

Wenn die Verlustquote LGD nicht über Marktwerte, sondern auf Basis von historischen Ausfalldaten, die dem Gläubiger aus seinen Kreditengagements der Vergangenheit vorliegen, bestimmt wird, spricht man von einem **Bottom-up-Ansatz**.[228] Die Ermittlung der Verlustquote über die sogenannte Workout-LGD orientiert sich hierbei am Bottom-up-Ansatz.[229] Die Workout-LGD lässt sich anhand der folgenden Formel bestimmen:

$$\mathrm{LGD} = 1 - \frac{\text{Barwert der Zuflüsse aus Sicherheiten} - \text{Barwert der Kosten}}{\mathrm{EAD}}$$

Formel 3: Workout-LGD[230]

Bei der Workout-LGD werden sämtliche Ein- und Auszahlungen nach dem Ausfall eines Schuldners (Ex-post-Betrachtung anhand von historischen Ausfalldaten)[231] identifiziert und zu einer Wiedereinbringungsquote verdichtet.[232] Der Wert der Zuflüsse hängt von der Höhe des Erlöses aus der Verwertung der Sicherheiten ab.[233] Des Weiteren sind von den Erlösen aus dem Verkauf der Sicherheiten noch die im Rahmen der Abwicklung des ausgefallenen Kreditengagements anfallenden Kosten (z. B. Anwaltskosten) abzuziehen.[234] Dabei wird der zeitliche Anfall der Zahlungen (ausgehend von dem Ausfallzeitpunkt)[235] durch die Bildung von Barwerten berücksichtigt.[236] Dadurch soll

---

228 Vgl. HARTMANN-WENDELS, T./PFINGSTEN, A./WEBER, M., Bankbetriebslehre, S. 508.

229 Vgl. GRÜNBERGER, D., Der Lifetime-Expected Loss, S. 33; MACLACHLAN, I., Discount Factor for Estimating LGD, S. 287; QUERCI, F., Loss Given Default, S. 3; APPASAMY, B./DÖRR, U./EBEL, H./STÜTZLE, E. A., LGD-Schätzung, S. 206; SAITA, F., Value at Risk and Bank Capital Management, S. 91. Die Workout-LGD findet bspw. bei Kreditinstituten, die den fortgeschrittenen IRB-Ansatz nach Basel II gewählt haben, ihre Anwendung, vgl. APPASAMY, B./DÖRR, U./EBEL, H./STÜTZLE, E. A., LGD-Schätzung, S. 206.

230 Vgl. GRÜNBERGER, D., Der Lifetime-Expected Loss, S. 33; GESTEL, T. V./BAESENS, B., Credit Risk Management, S. 218; WIMMER, K./KUSTERER, S., Kreditrisikovorsorgemodelle, S. 463.

231 Bei der hier betrachteten LGD handelt es sich um eine realisierte Verlustquote. Ihre Bestimmung kann ebenfalls anhand von Schätzungen vorgenommen werden, vgl. WIMMER, K./KUSTERER, S., Kreditrisikovorsorgemodelle, S. 463; APPASAMY, B./DÖRR, U./EBEL, H./STÜTZLE, E. A., LGD-Schätzung, S. 206; GRÜNBERGER, D., Der Lifetime-Expected Loss, S. 33.

232 Vgl. BÖTTGER, M./GUTHOFF, A./HEIDORN, T., Loss Given Default, S. 8; HARTMANN-WENDELS, T./PFINGSTEN, A./WEBER, M., Bankbetriebslehre, S. 510; KLAASSEN, P./VAN EEGHEN, I., Point-in-Time und Through-the-Cycle, S. 110.

233 Vgl. HARTMANN-WENDELS, T./PFINGSTEN, A./WEBER, M., Bankbetriebslehre, S. 511; OESTERREICHISCHE NATIONALBANK (Hrsg.), Leitfadenreihe zum Kreditrisiko, S. 163.

234 Vgl. PETER, C., Estimating Loss Given Default, S. 148; GRÜNBERGER, D., Der Lifetime-Expected Loss, S. 34; OEHLER, A./UNSER, M., Finanzwirtschaftliches Risikomanagement, S. 319; WIMMER, K./KUSTERER, S., Kreditrisikovorsorgemodelle, S. 463.

235 Vgl. HARTMANN-WENDELS, T./PFINGSTEN, A./WEBER, M., Bankbetriebslehre, S. 510.

236 Vgl. GRÜNBERGER, D., Der Lifetime-Expected Loss, S. 34; BLUHM, C./OVERBECK, L./WAGNER, C., Introduction to Credit Risk Modeling, S. 21; PETER, C., Estimating Loss Given Default, S. 148; BÖTTGER, M./GUTHOFF, A./HEIDORN, T., Loss Given Default, S. 8; SCHUERMANN, T., Loss Given Default, S. 7. Vgl. zur Höhe des hierbei anzuwendenden Diskontierungszinssatzes MACLACHLAN, I., Discount Factor for Estimating LGD, S. 288-303.

eine Überschätzung der Wiedereinbringungsquote vermieden werden.[237] Setzt man die Differenz zwischen den Ein- und Auszahlungen mit dem EAD ins Verhältnis, ergibt dieses die Wiedereinbringungsquote, aus der sich dann die Verlustquote LGD berechnen lässt. Damit ist es möglich, mittels historischer Ausfalldaten die Verlustquote LGD zu bestimmen, die dann im Rahmen der Bestimmung des erwarteten Verlustes eines Kreditengagements verwendet werden kann.

223. Bedeutung des Ausfallrisikos für die bilanzielle Abbildung nach den IFRS

Unternehmen sind im Rahmen ihrer unternehmerischen Tätigkeit dem Ausfallrisiko ausgesetzt.[238] Das zentrale Informationsinstrument, das Investoren hierbei zur Verfügung steht, um sich über das Ausfallrisiko, dem ein kapitalmarktorientiertes Unternehmen aufgrund seiner Interaktion mit anderen Wirtschaftssubjekten ausgesetzt ist, zu informieren, ist der IFRS-Konzernabschluss. Im Folgenden sollen daher zunächst die Bilanzierungstatbestände in der IFRS-Rechnungslegung identifiziert werden, die durch das Ausfallrisiko tangiert werden.

In den IFRS wird das **Ausfallrisiko** im Anhang zu IFRS 7 definiert. Nach IFRS 7.A wird unter dem Begriff des Ausfallrisikos die Gefahr verstanden, „dass ein Vertragspartner bei einem Geschäft über ein **Finanzinstrument** bei dem anderen Partner finanzielle Verluste verursacht, da er seinen Verpflichtungen nicht nachkommt".[239] Im Vordergrund stehen demnach Verluste aus einem Finanzinstrument, die nicht aus der Eigenschaft des Finanzinstrumentes als solches, sondern aus der fehlenden Möglichkeit des Vertragspartners, seinen vertraglichen Verpflichtungen nachzukommen, resultieren. Ein Finanzinstrument wird dabei nach IAS 32.11 als ein Vertrag definiert, „der gleichzeitig bei dem einen Unternehmen zu einem finanziellen Vermögenswert und bei dem anderen Unternehmen zu einer finanziellen Verbindlichkeit oder einem Eigenkapitalinstrument führt". Von Bedeutung ist das Ausfallrisiko hierbei v. a. bei finanziellen Vermögenswerten, da ein bilanzierendes Unternehmen einen Verlust erleidet, sofern die von ihnen vertraglich erwarteten Zahlungen nicht im vollen Umfang eintreffen.[240] Finanzielle Vermögenswerte umfassen nach IAS 32.11

---

[237] Vgl. BÖTTGER, M./GUTHOFF, A./HEIDORN, T., Loss Given Default, S. 8. Da sich die betrachteten Zahlungen über einen Zeitraum von bis zu zwei Jahren erstrecken können, würde eine fehlende Diskontierung den Wert des Zählers erhöhen, vgl. hierzu ebenfalls BÖTTGER, M./GUTHOFF, A./HEIDORN, T., Loss Given Default, S. 8.

[238] Vgl. Abschnitt 221.

[239] Diese Definition entspricht inhaltlich der zuvor dargestellten finanzwirtschaftlichen Definition des Ausfallrisikos, vgl. hierzu auch Abschnitt 221.

[240] Auch bei bestimmten **finanziellen Verbindlichkeiten** ist das Ausfallrisiko bedeutsam. Dieses bezieht sich hierbei jedoch nicht auf den Vertragspartner, sondern auf das eigene Unternehmen. Da in dieser Arbeit die Berücksichtigung des Ausfallrisikos bei finanziellen Vermögenswerten, die der Kategorie „Fortgeführte Anschaffungskosten" zugeordnet wurden, im Vordergrund steht, wird auf eine Betrachtung des **eigenen Ausfallrisikos** verzichtet. Für einen Überblick über die Berücksichtigung des eigenen Ausfallrisikos im Rahmen der Bilanzierung von finanziellen Verbindlichkeiten nach den IFRS sei auf die folgenden Quellen verwiesen: BECKER, K./WIECHENS, G., Fair Value-Option auf eigene Verbindlichkeiten; BECKER, K./WIECHENS, G., Eigenes Kreditrisiko bei der Bewertung von Schulden; GRÜNBERGER, D., Berechnung der angabepflichtigen bonitätsbedingten Gewinne; FISCHER, D. T., Der Standardentwurf „Fair Value Option for Financial Liabilities"; BEYER, B./HERMENS, A.-S./RÖMHILD, M., Fair Value-Option bei finanziellen Verbindlichkeiten; BERGER, J., Bilanzierung von finanziellen Verbindlichkeiten;

- Zahlungsmittel,
- ein Eigenkapitalinstrument eines anderen Unternehmens,
- ein vertragliches Recht,
  - flüssige Mittel oder andere finanzielle Vermögenswerte von einem anderen Unternehmen zu erhalten oder
  - finanzielle Vermögenswerte oder finanzielle Verbindlichkeiten mit einem anderen Unternehmen zu potenziell vorteilhaften Bedingungen auszutauschen, oder
- einen Vertrag, der in eigenen Eigenkapitalinstrumenten des Unternehmens erfüllt wird oder werden kann und bei dem es sich
  - um kein Derivat handelt, das eine vertragliche Verpflichtung des Unternehmens enthält oder enthalten kann, eine variable Anzahl von Eigenkapitalinstrumenten des Unternehmens zu erhalten, oder
  - um ein Derivat handelt, das nicht durch Austausch eines festen Betrages an flüssigen Mitteln oder anderen finanziellen Vermögenswerten gegen eine feste Zahl von Eigenkapitalinstrumenten erfüllt werden wird oder werden kann.[241]

Betrachtet man die aufgezählten finanziellen Vermögenswerte, so wird ersichtlich, dass v. a. diejenigen finanziellen Vermögenswerte, die in einem vertraglichen Recht bestehen, von einem anderen Unternehmen flüssige Mittel oder finanzielle Vermögenswerte zu erhalten, einem Ausfallrisiko ausgesetzt sind. Unter dieser Art von finanziellen Vermögenswerten lassen sich bspw. Forderungen aus Lieferungen und Leistungen, Forderungen an Kunden (ausgereichte und erworbene Kredite) sowie Anleihen subsumieren.[242]

Das **Ausfallrisiko** und dementsprechend auch seine bilanzielle Abbildung nimmt bei Banken, bei denen aufgrund ihrer originären Geschäftstätigkeit ein Großteil der Aktivseite der Bilanz aus finanziellen Vermögenswerten dieser Art besteht, eine hohe Bedeutung ein. [243] Gerade Banken mussten im Rahmen der Finanzkrise[244] teilweise existenzbedrohende Verluste aus ihren Kreditgeschäften verbuchen.[245] Der finanzielle Zusammenbruch einiger Kreditinstitute konnte hierbei nur durch das

---

SCHRUFF, W., Kompromiss für eigene Verbindlichkeiten beseitigt widersinnige Ergebniseffekte; WIECHENS, G./KROPP, M., Bilanzierung finanzieller Verbindlichkeiten nach IFRS 9. Bei einem **Eigenkapitalinstrument** ist eine Berücksichtigung des Ausfallrisikos hingegen nicht von Bedeutung, da es sich bei diesem gemäß der Definition in IAS 32.11 um einen Vertrag handelt, „der einen Residualanspruch an den Vermögenswerten eines Unternehmens nach Abzug aller dazugehörigen Schulden begründet". Demnach bestehen bei einem Eigenkapitalinstrument keine Zahlungsverpflichtungen bzw. vertraglichen Zahlungsansprüche, denen der Vertragspartner nicht nachkommen könnte.

241 Vgl. hierzu auch KUHN, S./SCHARPF, P., Financial Instruments nach IFRS, S. 84; BERENTZEN, C., IFRS 9, S. 56.

242 Vgl. KRUMNOW, J./SPRIßLER, W./BELLAVITE-HÖVERMANN, Y./KEMMER, M. u. a., Rechnungslegung der Kreditinstitute, IAS 32, Rn. 8; OERTZEN, C. V., in: Bohl u. a., Beck'sches IFRS-Handbuch, 3. Aufl., § 3, Rn. 37.

243 Vgl. EDELMANN, M., Bilanzierung von Finanzinstrumenten, S. 15; BÖCKING, H.-J./SITT-MANN-HAURY, C., Forderungsbewertung, S. 195.

244 Vgl. für einen Überblick über den zeitlichen Verlauf der Finanzkrise SAUNDERS, A./ALLEN, L., Financial Crisis, S. 24-44.

245 Vgl. für einen umfassenden Überblick über die Kreditverluste von Banken während der Finanzkrise BLOSS, M./ERNST, D./HÄCKER, J./EIL, N., Von der Subprime-Krise zur Finanzkrise, S. 112-133.

Eingreifen von Zentralbanken und Regierungen vermieden werden.[246] Betrachtet man die Schätzung des Internationalen Währungsfonds, welche die gesamte Höhe der von Banken hinsichtlich ihres Kreditgeschäftes vorgenommenen Abschreibungen und Risikovorsorgebildungen in dem Zeitraum von 2007 bis 2010 mit **2.200 Mrd. Dollar** beziffert,[247] wird das Ausmaß des Ausfallrisikos bei Banken ersichtlich.

Aber nicht nur für Banken, sondern auch für Industrie- und Handelsunternehmen ist das Ausfallrisiko bedeutsam. Diese Unternehmen haben das Ausfallrisiko bspw. im Rahmen der Bewertung von Forderungen aus Lieferungen und Leistungen oder Ausleihungen zu berücksichtigen.[248] Einen wesentlichen Einfluss nimmt das Ausfallrisiko auf die Bewertung von Forderungen, sofern diese gegenüber in finanzielle Schwierigkeiten geratenen Kunden bestehen, wie dieses bspw. im Jahr 2009 für Forderungen gegenüber amerikanischen Automobilproduzenten zu beobachten war.[249]

Vor diesem Hintergrund wird deutlich, dass das Ausfallrisiko sowohl für Kreditinstitute als auch für Industrie- und Handelsunternehmen ein bedeutendes Risiko darstellt. Daher ist eine sachgerechte Abbildung des Ausfallrisikos im IFRS-Abschluss notwendig, damit ein Abschlussadressat einen möglichst wirklichkeitsgetreuen Einblick in die wirtschaftliche Lage und Entwicklung des bilanzierenden Unternehmens erhält.[250]

Die Bilanzierung von finanziellen Vermögenswerten und somit auch die bilanzielle Abbildung des Ausfallrisikos in der IFRS-Rechnungslegung wird voraussichtlich ab dem 1. Januar 2015 verpflichtend[251] nach IFRS 9 vorzunehmen sein.[252] Die Regelungen des IFRS 9 werden **branchenunabhängig** und daher für alle Unternehmen, die einen IFRS-Abschluss aufstellen, gelten.[253] Diese Rege-

---

246 Vgl. RUDOLPH, B., Die internationale Finanzkrise als Anstoß für Weiterentwicklungen im Risikocontrolling der Banken, S. 122.

247 Vgl. INTERNATIONAL MONETARY FUND (Hrsg.), Global Financial Stability Report, S. 13.

248 Vgl. KUHN, S./SCHARPF, P., Financial Instruments nach IFRS, S. 656. Sofern von diesen Unternehmen Fremdkapitalinstrumente wie bspw. Anleihen oder Schuldverschreibungen gehalten werden, ist das Ausfallrisiko auch bei der Bewertung dieser Instrumente zu berücksichtigen.

249 Vgl. RAPP, M. J., Wertberichtigung auf Kundenforderungen, S. 47.

250 Vgl. hierzu auch WOHLMANNSTETTER, G./ECKERT, S./MAIFARTH, M./WOLFGARTEN, W., Rechnungslegung für Kreditrisiken, S. 531.

251 Vgl. IASB (Hrsg.), ED: Mandatory Effective Date, S. 6. Ferner besteht die Möglichkeit, den IFRS 9 bereits vor diesem Termin anzuwenden, vgl. IFRS 9.7.1.1 sowie IASB (Hrsg.), ED: Mandatory Effective Date, S. 6. Für europäische Unternehmen bleibt jedoch zu beachten, dass eine vorzeitige Anwendung aufgrund der bisher fehlenden Übernahme des IFRS 9 in das europäische Recht (Endorsement) scheitert, vgl. zum fehlenden Endorsement des IFRS 9 NAUMANN, K.-P., IFRS 9 und die Zukunft der internationalen Rechnungslegung, S. I; POUNDER, B., Accounting for Financial Instruments (Part 1), S. 20; WENK, M. O./STRAßER, F., Neuregelung der Bilanzierung von Finanzinstrumenten, S. 109.

252 Der Anwendungsbereich von IFRS 9 ergibt sich aus IFRS 9.2.1, der seinerseits auf den Anwendungsbereich von IAS 39 verweist. Demnach sind die Vorschriften des IFRS 9 auf alle Arten von Finanzinstrumenten anzuwenden, vgl. hierzu auch BERENTZEN, C., IFRS 9, S. 55; LÜDENBACH, N., in: Lüdenbach/Hoffmann, Haufe IFRS Kommentar, 9. Aufl., § 28, Rn. 337.

253 Vgl. ERCHINGER, H./MELCHER, W., Geplante Neuerungen der Phase 1 bei der Bilanzierung von Finanzinstrumenten (Teil 1), S. 2165.

lungen werden unter besonderer Berücksichtigung der Abbildung des Ausfallrisikos in den folgendenKapiteln vorgestellt.

3 Ansatz und Klassifizierung von finanziellen Vermögenswerten nach IFRS 9

31 Entwicklung des IFRS 9

Die bisherigen Regelungen zur Bilanzierung von finanziellen Vermögenswerten nach IFRS finden sich in IAS 39. Dieser Rechnungslegungsstandard ist seit seiner Veröffentlichung im Jahr 1998 erheblicher Kritik ausgesetzt gewesen.[254] Einer der Hauptkritikpunkte bezieht sich hierbei auf die hohe Komplexität der Vorschriften in IAS 39,[255] wodurch die Vorschriften schwer zu verstehen und anzuwenden seien.[256] Dieser Kritik nahm sich der IASB im März 2008 an und veröffentlichte das Diskussionspapier „Reducing Complexity in Reporting Financial Instruments“[257], in welchem Vorschläge für die Komplexitätsreduktion bei der Bilanzierung von Finanzinstrumenten durch den IASB dargelegt wurden.[258] Noch bevor dieses Projekt abgeschlossen werden konnte, verstärkte sich der politische Druck auf den IASB,[259] eine grundlegende Überarbeitung der Bilanzierungsregeln für Finanzinstrumente vorzunehmen,[260] da diesen Regelungen vorgeworfen wurde, mitverantwortlich für die Finanzkrise zu sein.[261] Der IASB entschloss sich daher, die Arbeiten an den Regelungen in IAS 39 einzustellen und den Fokus stattdessen auf die Erstellung eines neuen Standards zur Bilanzierung von Finanzinstrumenten, den IFRS 9, zu legen.[262] Aufgrund der Forderung der G-20, eine Überarbeitung der Bilanzierung von Finanzinstrumenten bis zum Ende des Jahres 2009 vorzunehmen,[263] entschied sich der IASB, das Replacement-Projekt zu IAS 39 in drei Phasen zu unterteilen,[264] um eine operationale und effektive Durchführung des Projektes angesichts des vorherrschen-

---

254 Vgl. BERENTZEN, C., IFRS 9, S. 2; SCHMIDT, M., IASB-Diskussionspapier Reducing Complexity, S. 643 f.; MÄRKL, H./SCHABER, M., Zur Nachfolgeregelung des IAS 39, S. 33; WENK, M. O., IFRS 9 – Verbesserung des „true and fair view“, S. 205. Schon bei seiner Veröffentlichung wurde dieser Standard lediglich als eine Interimslösung für die Bilanzierung von Finanzinstrumenten gesehen, vgl. hierzu BERENTZEN, C., IFRS 9, S. 49; SCHMIDT, M., Entwurf des IASB zur Kategorisierung und Bewertung von Finanzinstrumenten, S. 1076.

255 Vgl. SCHMIDT, M., IASB-Diskussionspapier Reducing Complexity, S. 643; IASB (Hrsg.), DP: Reducing Complexity, Tz. IN2; ERCHINGER, H./MELCHER, W., Geplante Neuerungen der Phase 1 bei der Bilanzierung von Finanzinstrumenten (Teil 1), S. 2165; LEIBFRIED, P./JASKOLSKI, T., Der neue Vorschlag des IASB zur Klassifikation von Finanzinstrumenten, S. 469; WENK, M. O./STRAßER, F., Neuregelung der Bilanzierung von Finanzinstrumenten, S. 102.

256 Vgl. IFRS 9.IN2.

257 Vgl. IASB (Hrsg.), DP: Reducing Complexity.

258 Vgl. IFRS 9.IN3.

259 Vgl. hierzu die Forderung der G-20-Staaten G-20 (Hrsg.), Declaration on Strengthening the Financial System, S. 5 f.

260 Vgl. IFRS 9.IN4; ERCHINGER, H./MELCHER, W., Geplante Neuerungen der Phase 1 bei der Bilanzierung von Finanzinstrumenten (Teil 1), S. 2166; KHOLMY, K., Die aktuellen Reformen zu IFRS 9, S. 79.

261 Vgl. EDELMANN, M., Bilanzierung von Finanzinstrumenten, S. 15, GELEN, P., Die fair value-Bilanzierung von Finanzinstrumenten, S. 194; LEIBFRIED, P./JASKOLSKI, T., Der neue Vorschlag des IASB zur Klassifikation von Finanzinstrumenten, S. 469; WENK, M. O., IFRS 9 – Verbesserung des „true and fair view“, S. 205.

262 Vgl. BERENTZEN, C., IFRS 9, S. 53.

263 Vgl. G-20 (Hrsg.), Declaration on Strengthening the Financial System, S. 5.

264 Vgl. IFRS 9.IN5.

den Zeitdrucks gewährleisten zu können.[265] Nach der Fertigstellung der einzelnen Phasen sollen die neuen Regelungen sukzessiv in IFRS 9 integriert werden und die entsprechenden Teile des IAS 39 ersetzen, so dass am Ende des Projektes der dann entwickelte IFRS 9 den IAS 39 vollständig ablösen soll.[266]

Die **erste Phase** dieses Projektes zielte auf die Neuregelungen der Klassifizierung und Bewertung von Finanzinstrumenten.[267] Der zugehörige Exposure Draft ED/2009/7[268] wurde im Juli 2009 veröffentlicht. Umfasste der ED/2009/7 zunächst Klassifizierungsvorschläge für finanzielle Vermögenswerte und finanzielle Verbindlichkeiten, entschloss sich der IASB im weiteren Verlauf der ersten Phase dazu, vorerst nur die Klassifizierung und Bewertung von finanziellen Vermögenswerten zu adressieren, da anhand der Rückmeldungen zum Exposure Draft ersichtlich wurde, dass im Rahmen der Finanzkrise mit diesen Regelungen des IAS 39 die größten Probleme verbunden waren.[269] Da die Regelungen des IAS 39 zur Bilanzierung finanzieller Verbindlichkeiten als weniger problematisch erachtet wurden,[270] sollten diese erst zu einem späteren Zeitpunkt der ersten Phase thematisiert werden.[271] Die Regelungen zur Klassifizierung und Bewertung von finanziellen Vermögenswerten wurden im November 2009 in IFRS 9 übernommen. Die diesbezüglichen Regelungen für finanzielle Verbindlichkeiten wurden im Oktober 2010,[272] nachdem im Mai 2010 der Exposure Draft ED/2010/4 zur Fair-Value-Option bei der Bilanzierung von finanziellen Verbindlichkeiten veröffentlicht wurde,[273] weitestgehend den Regelungen in IAS 39 entsprechend[274] in IFRS 9 übernommen.[275]

---

265 Vgl. Erchinger, H./Melcher, W., Geplante Neuerungen der Phase 1 bei der Bilanzierung von Finanzinstrumenten (Teil 1), S. 2167.

266 Vgl. IFRS 9.IN5.

267 Vgl. IFRS 9.IN6(a).

268 Vgl. IASB (Hrsg.), ED: Calssification and Measurement.

269 Vgl. IASB (Hrsg.), ED: Fair Value Option, Tz. BC3; Beyer, B./Hermens, A.-S./Römhild, M., Fair Value-Option bei finanziellen Verbindlichkeiten, S. 325.

270 Vgl. IFRS 9.IN7(a).

271 Ferner hatte sich der IASB dazu entschlossen, zunächst eine tiefergehende Erörterung der Berücksichtigung des eigenen Ausfallrisikos bei der Bilanzierung von finanziellen Verbindlichkeiten vorzunehmen, bevor eine Finalisierung der Vorschriften zur Klassifizierung und Bewertung von finanziellen Verbindlichkeiten vorgenommen wird, vgl. dazu auch KPMG (Hrsg.), Additions to IFRS 9 Financial Instruments, S. 3.

272 Vgl. IFRS 9.IN6(a).

273 Vgl. IASB (Hrsg.), ED: Fair Value Option. Für einen Überblick über den ED/2010/4 vgl. Beyer, B./Hermens, A.-S./Römhild, M., Fair Value-Option bei finanziellen Verbindlichkeiten; Fischer, D. T., Der Standardentwurf „Fair Value Option for Financial Liabilities".

274 Vgl. IFRS 9.IN7(a); KPMG (Hrsg.), Additions to IFRS 9 Financial Instruments, S. 5; Gehrer, J./Krakuhn, J./Tietz-Weber, S., Klassifizierung von finanziellen Vermögenswerten, S. 90. Die wesentlichste Änderung, die sich gegenüber den Regelungen in IAS 39 bei finanziellen Verbindlichkeiten ergeben hat, betrifft die Anwendung der Fair-Value-Option. Sofern es zu einer Anwendung der Fair-Value-Option bei finanziellen Verbindlichkeiten kommt, ist die aus dem eigenen Ausfallrisiko resultierende Fair-Value-Änderung nicht wie vormals in IAS 39 in der Gewinn- und Verlustrechnung, sondern im Other Comprehensive Income (OCI) zu erfassen, vgl. hierzu KPMG (Hrsg.), IFRS 9 zur Bilanzierung finanzieller Verbindlichkeiten, S. 63. Zur Bilanzierung von finanziellen Verbindlichkeiten nach IFRS 9 vgl. Wiechens, G./Kropp, M., Bilanzierung finanzieller Verbindlichkeiten nach IFRS 9.

275 Vgl. Eckes, B., Erste Phase von IFRS 9 abgeschlossen, S. I.

Die **zweite Phase** behandelt die Wertminderung von finanziellen Vermögenswerten, die der Kategorie „Fortgeführte Anschaffungskosten“ zugeordnet wurden.[276] Da eine Wertminderung bei diesen finanziellen Vermögenswerten alleinig aufgrund des Ausfallrisikos vorzunehmen ist, wird durch diese Phase die bilanzielle Abbildung des Ausfallrisikos bei finanziellen Vermögenswerten der Kategorie „Fortgeführte Anschaffungskosten“ adressiert.[277] Der entsprechende **Exposure Draft** zu dieser Phase, **ED/2009/12**[278], wurde im November 2009 veröffentlicht und konnte bis zum 30. Juni 2010 kommentiert werden. Zeitgleich wurde vom IASB ein Expert Advisory Panel eingerichtet,[279] da aufgrund des im Exposure Draft vorgeschlagenen Wechsels des Wertminderungskonzeptes von einem nach IAS 39 anzuwendenden Incurred-Loss-Modell zu einem Expected-Loss-Modell mit Umsetzungsproblemen seitens der Bilanzierenden gerechnet wurde.[280] Die Aufgabe, die dem Expert Advisory Panels hierbei zukam, war die Entwicklung von Lösungsansätzen, welche die bei der Anwendung des neuen Wertminderungskonzeptes entstehenden Umsetzungsprobleme beheben können.[281]

Aufgrund der umfangreichen Rückmeldungen, die der IASB während der Kommentierungsfrist erhalten hat, sowie durch die Erkenntnisse in Zusammenhang mit der Operationalisierbarkeit des vorgeschlagenen Wertminderungskonzeptes, die der IASB durch den Einsatz des Expert Advisory Panel gewinnen konnte,[282] entschloss man sich, gemeinsam mit dem FASB[283] einen **Ergänzungsentwurf zum ED/2009/12**[284] herauszugeben. Dieser wurde am 31. Januar 2011 veröffentlicht und eine Kommentierung dieses Ergänzungsentwurfes war bis zum 1. April 2011 möglich. Durch den Ergänzungsentwurf zum ED/2009/12 wurde ein veränderter Vorschlag hinsichtlich der zeitlichen Erfassung von Wertminderungen bei finanziellen Vermögenswerten eines **offenen Portfolios** zur Diskussion gestellt,[285] da die diesbezüglichen Vorschläge des ED/2009/12 in der Praxis zu erhebli-

---

[276] Vgl. IFRS 9.IN6(b). Vgl. zu der nach IFRS 9 vorzunehmenden Kategorisierung von finanziellen Vermögenswerten Abschnitt 321.

[277] Bei finanziellen Vermögenswerten, die nicht dieser Kategorie zugeordnet worden sind, sind keine gesonderten Wertminderungsvorschriften erforderlich, da Wertminderungen direkt im Rahmen der Fair-Value-Ermittlung berücksichtigt werden, vgl. BARZ, K./ECKES, B./WEIGEL, W., IFRS für Banken, S. 364; OERTZEN, C. V., in: Bohl u. a., Beck'sches IFRS-Handbuch, 3. Aufl., § 3, Rn. 173; FLICK, P./GEHRER, J./MEYER, S., Wertberichtigungen von Finanzinstrumenten nach IFRS, S. 222, Fn. 15; SCHMIDT, M., Wertminderungen bei Finanzinstrumenten, S. 288.

[278] Vgl. IASB (Hrsg.), ED: Impairment.

[279] Vgl. IASB (Hrsg.), ED: Impairment, Tz. IN12.

[280] Hinweise auf mögliche Umsetzungsprobleme, die aus einem Wechsel zu einem Expected-Loss-Modell resultieren könnten, hat der IASB aus den Rückmeldungen auf den im Juni 2009 veröffentlichten „Request for Information“ hinsichtlich der Anwendbarkeit eines Expected-Loss-Modells erhalten, vgl. hierzu ERCHINGER, H./MELCHER, W., Geplante Neuerungen der Phase 1 bei der Bilanzierung von Finanzinstrumenten (Teil 1), S. 2166.

[281] Vgl. IASB (Hrsg.), Expert Advisory Panel, S. 1.

[282] Vgl. IASB (Hrsg.), Supplement to ED/2009/12, Tz. BC8.

[283] Aufgrund der großen Bedeutung, die der Wertminderung von Finanzinstrumenten v. a. seit der Finanzkrise beigemessen wird, haben sich beide Standardsetter dazu entschlossen, in diesem Bereich ein einheitliches Vorgehen zu wählen, da beide Standardsetter bestrebt sind, die internationale Vergleichbarkeit der Bilanzierungsregelungen für Finanzinstrumente zu erhöhen, vgl. hierzu IASB (Hrsg.), Supplement to ED/2009/12, Tz. IN3 und Tz. BC56.

[284] Vgl. IASB (Hrsg.), Supplement to ED/2009/12.

[285] Vgl. IASB (Hrsg.), Supplement to ED/2009/12, Tz. IN22.

chen Umsetzungsschwierigkeiten geführt hätten.[286] Durch die Ergänzung wurden somit nur die vormaligen Vorschläge des ED/2009/12 hinsichtlich der zeitlichen Erfassung von Wertminderungen bei finanziellen Vermögenswerten, die in einem offenen Portfolio verwaltet werden, überarbeitet.[287]

Die Beratungen über die in den Anwendungsbereich des Ergänzungsentwurfes nicht mit einbezogenen Vorschläge des ED/2009/12 wurden zeitgleich zur Kommentierungsfrist des Ergänzungsentwurfes weitergeführt.[288] Bis zum gegenwärtigen Zeitpunkt der Arbeit sind die Beratungen über die künftigen Wertminderungsvorschriften des IFRS 9 noch nicht abgeschlossen. Da auch die Vorschläge des Ergänzungsentwurfes auf umfangreiche Kritik gestoßen sind, hat sich der IASB dazu entschlossen, einen neuen Vorschlag für die künftigen Wertminderungsvorschriften unter Berücksichtigung der bisher erhaltenen Rückmeldungen zum ursprünglichen Exposure Draft und dem Ergänzungsentwurf zu entwickeln.[289] Im ersten Halbjahr 2012 soll dieser neue Vorschlag in Form eines Re-Exposure Draft veröffentlicht werden.[290] Mit einem Abschluss der zweiten Phase ist daher erst 2012 zu rechnen.

In der **dritten Phase** werden die Regelungen zur Bilanzierung von Sicherungsgeschäften (Hedge Accounting) erarbeitet.[291] Mit dieser Teilphase wird beabsichtigt, das Hedge Accounting mit den Risikomanagementzielen eines Unternehmens stärker in Einklang zu bringen, die Hedge-Accounting-Regelungen verstärkt prinzipienbasiert zu gestalten und Inkonsistenzen und Schwächen der gegenwärtigen Hedge-Accounting-Vorschriften des IAS 39 zu mindern.[292] Der erste Exposure Draft (ED/2010/13),[293] in dem die **allgemeinen Regelungen** für die Bilanzierung von Sicherungsbeziehungen adressiert werden, wurde im Dezember 2010 veröffentlicht[294] und konnte bis zum 9. März 2011 kommentiert werden.[295] Auch zu den **allgemeinen Regelungen** zum Hedge Accoun-

---

[286] Vgl. IASB (Hrsg.), Supplement to ED/2009/12, Tz. IN15.

[287] Indes wird seitens des IASB überlegt, den Anwendungsbereich dieser Vorschläge auch auf finanzielle Vermögenswerte, die nicht in einem offenen Portfolio verwaltet werden, auszudehnen, vgl. hierzu auch IASB (Hrsg.), Supplement to ED/2009/12, S. 14; GRÜNBERGER, D., Verteilung des Expected Loss, S. 241. Im Rahmen der Arbeit wird dieser Ergänzungsentwurf daher nicht als Ergänzung der bereits vorliegenden Vorschläge des ursprünglichen Exposure Draft, sondern als alternativer Vorschlag für die künftigen Wertminderungsvorschriften des IFRS 9 angesehen.

[288] Vgl. IASB (Hrsg.), Supplement to ED/2009/12, Tz. IN14.

[289] Vgl. hierzu das IASB Update vom Mai 2011 (http://www.ifrs.org/NR/rdonlyres/67CADF33-2D21-4DD3-9718-7807760C9CA9/0/IASBupdateMay2011.pdf, Abrufdatum 07.11.2011).

[290] Vgl. zu diesem Zeitplan die Homepage des IASB (http://www.ifrs.org/Current+Projects/IASB+Projects/IASB+Work+Plan.htm, Abrufdatum 07.11.2011).

[291] Vgl. IFRS 9.IN6(c).

[292] Vgl. IASB (Hrsg.), ED: Hedge Accounting, Tz. IN3; WIESE, R./SPINDLER, M., Neuregelungen zum Hedge Accounting, S. 58; FLICK, P./KRAKUHN, J./SCHÜZ, P., ED Hedge Accounting, S. 117.

[293] Vgl. IASB (Hrsg.), ED: Hedge Accounting.

[294] Vgl. zum Exposure Draft IASB (Hrsg.), ED: Hedge Accounting.

[295] Vgl. für einen Überblick über den ED/2010/13 WÜSTEMANN, J./BISCHOF, S., Sicherungsbeziehungen nach IFRS 9; BARZ, K./WEIGEL, W., Abbildung von Sicherungsbeziehungen; WIESE, R./SPINDLER, M., Neuregelungen zum Hedge Accounting; FLICK, P./KRAKUHN, J./SCHÜZ, P., ED Hedge Accounting. Für eine Gegenüberstellung der Vorschläge des ED/2010/13 mit den gegenwärtigen Hedge-Accounting-Regelungen des IAS 39 vgl. WIESE,

ting beabsichtigt der IASB einen Review Draft herauszugeben. Dieser soll im vierten Quartal 2011 veröffentlicht werden. Die allgemeinen Regelungen zum Hedge Accounting sollen dann im ersten Halbjahr 2012 in IFRS 9 übernommen werden.[296] Ferner sieht der aktuelle Zeitplan des IASB die Veröffentlichung eines weiteren Exposure Draft im ersten Halbjahr 2012 vor, der die Regelungen zur Absicherung von Finanzinstrumenten, die in einem offenen Portfolio verwaltet werden (Macro Hedge), umfassen soll.[297] Aufgrund des noch ausstehenden Exposure Draft zum Macro Hedge Accounting ist auch die Fertigstellung der dritten Phase erst für 2012 zu erwarten.

Die Anwendung der bereits in den IFRS 9 übernommenen Vorschriften (Klassifizierung und Bewertung von finanziellen Vermögenswerten und Verbindlichkeiten) ist für europäische Unternehmen bisher noch nicht möglich, da eine Übernahme in das europäische Recht (Endorsement) bis dato noch aussteht.[298] Die EFRAG, welche für die fachliche Beurteilung von IFRS-Standards vor der Übernahme in das europäische Recht verantwortlich ist, hat der EU-Kommission aufgrund der noch ausstehenden Teilprojektphasen, von denen möglicherweise Rückwirkungen auf die bereits abgeschlossene erste Phase ausgehen können, eine Verschiebung des Endorsement von IFRS 9 empfohlen.[299] Somit wird eine Entscheidung über ein Endorsement von IFRS 9 erst nach Abschluss des gesamten Projektes wahrscheinlich.[300] Da sowohl die zweite als auch die dritte Projektphase des IFRS 9 frühestens in 2012 finalisiert wird, ist mit einem Endorsement von IFRS 9 vor diesem Zeitpunkt nicht zu rechnen.

Da der IFRS 9 zum gegenwärtigen Zeitpunkt der Arbeit noch nicht in seiner vollständigen Fassung vorliegt, werden die bereits in IFRS 9 aufgenommenen Regelungen für finanzielle Vermögenswerte in diesem Kapitel sowie die bisher vorliegenden Vorschläge der **zweiten Phase** zur Berücksichtigung des Ausfallrisikos bei finanziellen Vermögenswerten der Kategorie „Fortgeführte Anschaffungskosten" im vierten Kapitel dargestellt. Anschließend sollen die Informationen, die anhand der

---

R./SPINDLER, M., Neuregelungen zum Hedge Accounting, S. 64; BARZ, K./WEIGEL, W., Abbildung von Sicherungsbeziehungen, S. 231-238.

296 Vgl zu diesem Zeitplan die Homepage des IASB (http://www.ifrs.org/Current+Projects/IASB+Projects/IASB+Work+Plan.htm, Abrufdatum 07.11.2011).

297 Vgl. hierzu auch WÜSTEMANN, J./BISCHOF, S., Sicherungsbeziehungen nach IFRS 9, S. 407. Bei einem Macro Hedge handelt es sich um die Sicherung einer Nettoposition in einem offenen Portfolio. Der Macro Hedge stellt für Kreditinstitute die übliche Sicherungsstrategie dar, vgl. FLICK, P./KRAKUHN, J./SCHÜZ, P., ED Hedge Accounting, S. 117.

298 Vgl. NAUMANN, K.-P., IFRS 9 und die Zukunft der internationalen Rechnungslegung, S. I; POUNDER, B., Accounting for Financial Instruments (Part 1), S. 20; WENK, M. O./STRAßER, F., Neuregelung der Bilanzierung von Finanzinstrumenten, S. 109; MÄRKL, H./SCHABER, M., IFRS 9 Financial Instruments, S. 65; ECKES, B./FLICK, P./SIERLEJA, L., Kategorisierung und Bewertung von Finanzinstrumenten nach IFRS 9, S. 628.

299 Vgl. NAUMANN, K.-P., IFRS 9 und die Zukunft der internationalen Rechnungslegung, S. I; ECKES, B./FLICK, P./SIERLEJA, L., Kategorisierung und Bewertung von Finanzinstrumenten nach IFRS 9, S. 628; WENK, M. O./STRAßER, F., Neuregelung der Bilanzierung von Finanzinstrumenten, S. 103. Vgl. hierzu auch die Homepage der EFRAG (http://www.efrag.org/news/detail.asp?id=468, Abrufdatum 07.11.2011).

300 Vgl. BERENTZEN, C., IFRS 9, S. 54; WIESE, R./SPINDLER, M., Neuregelungen zum Hedge Accounting, S. 58; FLICK, P./KRAKUHN, J./SCHÜZ, P., ED Hedge Accounting, S. 118.

bisher vorliegenden Vorschläge der zweiten Phase vermittelt werden, hinsichtlich ihrer Entscheidungsnützlichkeit für die Abschlussadressaten untersucht werden.

Phase	Juli 2009	November 2009	Mai 2010	Oktober 2010	Dezember 2010	Januar 2011	4. Quartal 2011	voraussichtlich 2012
I	ED	IFRS (finanzielle Vermögenswerte)	ED (Fair-Value-Option für finanzielle Verbindlichkeiten)	IFRS (finanzielle Verbindlichkeiten)				
II		ED				Ergänzungsentwurf zum ED		Re-Exposure Draft IFRS
III					ED (allgemeine Regelungen)		Review Draft (allgemeine Regelungen)	IFRS (allgemeine Regelungen) ED (Macro Hedge) IFRS (Macro Hedge)

Abbildung 5: Zeitlicher Ablauf des Replacement-Projektes zu IAS 39

32 Erstmaliger Ansatz und Klassifizierung von finanziellen Vermögenswerten

321. Überblick

Im Rahmen der erstmaligen bilanziellen Erfassung eines finanziellen Vermögenswertes hat der Bilanzierende nach den Vorschriften des IFRS 9.3.1.1 eine **Klassifizierung** des finanziellen Vermögenswertes vorzunehmen.[301] Der Zeitpunkt der erstmaligen bilanziellen Erfassung (**Ansatzzeitpunkt**) eines finanziellen Vermögenswertes entspricht dabei dem Tag, an dem das bilanzierende Unternehmen Vertragspartei des Finanzinstrumentes geworden ist.[302] Bei der im Ansatzzeitpunkt vorzunehmenden Klassifizierung des finanziellen Vermögenswertes stehen dem Bilanzierenden nach IFRS 9.4.1.1 zwei Kategorien zur Verfügung. Hierbei handelt es sich um die Kategorien

- **Fortgeführte Anschaffungskosten** und
- **Fair Value**.

[301] Vgl. hierzu auch LÜDENBACH, N., in: Lüdenbach/Hoffmann, Haufe IFRS Kommentar, 9. Aufl., § 28, Rn. 338.

[302] Vgl. IFRS 9.3.1.1. Ferner besteht bei einem marktüblichen Kauf oder Verkauf von finanziellen Vermögenswerten nach IFRS 9.3.1.2 das Wahlrecht, diese am Handels- oder Erfüllungstag zu erfassen. Dieses Wahlrecht ist nach IFRS 9.B3.1.3 für finanzielle Vermögenswerte einer Klassifizierungskategorie einheitlich auszuüben.

Die Zuordnung eines finanziellen Vermögenswertes in eine dieser Kategorien ist für seine Folgebewertung bedeutsam, da anhand dieser der im Rahmen der Folgebewertung des finanziellen Vermögenswertes zu verwendende Bewertungsmaßstab bestimmt wird.[303] In den folgenden Abschnitten werden zunächst die Regelungen des IFRS 9 hinsichtlich der Klassifizierung eines finanziellen Vermögenswertes vorgestellt, bevor in Kapitel 4 auf die Bewertung eines finanziellen Vermögenswertes näher eingegangen wird. Da in dieser Arbeit die zum gegenwärtigen Zeitpunkt vorliegenden Vorschläge des ED/2009/12 und des Ergänzungsentwurfes zum ED/2009/12 hinsichtlich der künftigen Wertminderungsvorschriften für finanzielle Vermögenswerte, die im Rahmen der Klassifizierungsentscheidung der Kategorie „Fortgeführte Anschaffungskosten" zugeordnet wurden, dargestellt und kritisch analysiert werden sollen, beschränken sich die Ausführungen in Kapitel 4 auf finanzielle Vermögenswerte dieser Kategorie. Die Bewertung sowie die Berücksichtigung des Ausfallrisikos bei finanziellen Vermögenswerten der Kategorie „Fair Value" wird somit in dieser Arbeit nicht weiter betrachtet.

322. Einordnung in die Kategorie „Fortgeführte Anschaffungskosten"

322.1 Überblick

Zum Zeitpunkt der erstmaligen bilanziellen Erfassung eines finanziellen Vermögenswertes hat ein bilanzierendes Unternehmen eine Entscheidung über dessen Klassifizierung zu treffen. Ein finanzieller Vermögenswert ist hierbei sowohl auf Grundlage des **Geschäftsmodells**, auf dessen Basis ein Unternehmen seine finanziellen Vermögenswerte steuert, als auch auf Grundlage der **vertraglichen Cashflow-Eigenschaften**, die einem finanziellen Vermögenswert zugrundeliegen, zu klassifizieren.[304] Diese Kriterien bilden den Ausgangspunkt für die Klassifizierung eines finanziellen Vermögenswertes in die Kategorie „Fortgeführte Anschaffungskosten".[305]

Konkret ist ein finanzieller Vermögenswert in die Kategorie „Fortgeführte Anschaffungskosten" einzuordnen, wenn dieser

- im Rahmen eines **Geschäftsmodells** gehalten wird, dessen Zielsetzung im Halten von Vermögenswerten zur Vereinnahmung der aus diesen resultierenden vertraglichen Cashflows besteht (Kriterium des Geschäftsmodells), und
- die vertraglichen Bedingungen des finanziellen Vermögenswertes zu festgelegten Zeitpunkten zu Cashflows führen, die ausschließlich **Zins- und Tilgungszahlungen** auf den ausstehenden Kapitalbetrag darstellen (Kriterium der Zahlungsströme).[306]

---

303 Vgl. IFRS 9.5.2.1; LÜDENBACH, N., in: Lüdenbach/Hoffmann, Haufe IFRS Kommentar, 9. Aufl., § 28, Rn. 338.

304 Vgl. IFRS 9.4.1.1.

305 Vgl. ECKES, B./FLICK, P./SIERLEJA, L., Kategorisierung und Bewertung von Finanzinstrumenten nach IFRS 9, S. 629.

306 Vgl. IFRS 9.4.1.2; BERENTZEN, C., IFRS 9, S. 77 f. Für die Klassifizierung eines finanziellen Vermögenswertes ist es demnach unerheblich, ob dieser an einem Markt gehandelt wird.

Diese Kriterien müssen für die Klassifizierung in die Kategorie „Fortgeführte Anschaffungskosten“ **kumulativ** erfüllt werden.[307] Im Folgenden sollen diese beiden Kriterien daher näher betrachtet werden.

322.2 Kriterium des Geschäftsmodells

Den Ausgangspunkt für die Klassifizierung eines finanziellen Vermögenswertes in die Kategorie „Fortgeführte Anschaffungskosten“ bildet die Zielsetzung des **Geschäftsmodells**, auf dessen Grundlage ein Unternehmen seine finanziellen Vermögenswerte steuert.[308] Dieses Ziel muss im Halten von finanziellen Vermögenswerten zur Realisierung der aus diesen stammenden vertraglichen Cashflows bestehen.[309] Die Zielsetzung des Geschäftsmodells wird dabei vom Management in **Schlüsselpositionen** des Unternehmens festgelegt.[310] Eine freie Wahl des Geschäftsmodells ist demnach nicht vorgesehen.[311] Vielmehr hat sich dieses daran zu orientieren, wie ein Unternehmen tatsächlich gesteuert wird und wie Informationen des internen Berichtswesens dem Management zur Verfügung gestellt werden.[312] Die Zielsetzung des Geschäftsmodells ist somit nicht auf der Basis der Verwendungsabsicht des Managements in Bezug auf einen bestimmten finanziellen Vermögenswert, sondern vielmehr auf einer höheren Aggregationsebene festzulegen.[313]

Indes ist ein Unternehmen nicht auf ein Geschäftsmodell beschränkt.[314] Sofern ein Unternehmen einerseits ein Portfolio hält, um hieraus vertragliche Cashflows zu erhalten, und andererseits ein zweites Portfolio besitzt, das auf Basis der Fair Values der zugrundeliegenden finanziellen Vermögenswerte gesteuert wird, können bei dem betrachteten Unternehmen zwei Geschäftsmodelle zur Steuerung der finanziellen Vermögenswerte vorliegen.[315] Daher lässt sich das Geschäftsmodell auch auf Portfolioebene abgrenzen. Das Geschäftsmodell muss demnach **nicht auf Ebene des Bericht erstattenden Unternehmens** geprüft werden.[316]

---

307 Vgl. IFRS 9.4.1.2.

308 Vgl. IFRS 9.4.1.2(a) und IFRS 9.B4.1.1.

309 Vgl. IFRS 9.4.1.2(a).

310 Vgl. IFRS 9.B4.1.1.

311 Vgl. IFRS 9.BC4.20.

312 Vgl. IFRS 9.BC4.20; MÄRKL, H./SCHABER, M., IFRS 9 Financial Instruments, S. 67. In IFRS 9.BC4.21 wird das Beispiel angeführt, dass eine Investmentbank, die im Rahmen ihres Geschäftsmodells finanzielle Vermögenswerte handelt, um hieraus Gewinne zu erzielen, nicht ohne Weiteres einen Wechsel des Geschäftsmodells vornehmen kann, welches dann im Halten von finanziellen Vermögenswerten zur Vereinnahmung der hieraus resultierenden vertraglichen Cashflows besteht, wie es bspw. beim Geschäftsmodell von Sparkassen der Fall ist.

313 Vgl. IFRS 9.B4.1.2; LÜDENBACH, N., in: Lüdenbach/Hoffmann, Haufe IFRS Kommentar, 9. Aufl., § 28, Rn. 340.

314 Vgl. hierzu auch LÜDENBACH, N., in: Lüdenbach/Hoffmann, Haufe IFRS Kommentar, 9. Aufl., § 28, Rn. 340; BERENTZEN, C., IFRS 9, S. 77 f.; ECKES, B./FLICK, P./SIERLEJA, L., Kategorisierung und Bewertung von Finanzinstrumenten nach IFRS 9, S. 629.

315 Vgl. IFRS 9.B4.1.2.

316 Vgl. IFRS 9.B4.1.2; KUHN, S., Neuregelung der Bilanzierung von Finanzinstrumenten, S. 105. Vgl. hierzu auch BERENTZEN, C., IFRS 9, S. 78 f.; GEHRER, J./KRAKUHN, J./TIETZ-WEBER, S., Klassifizierung von finanziellen Vermögenswerten, S. 89.

Für die Klassifizierung eines finanziellen Vermögenswertes in die Kategorie „Fortgeführte Anschaffungskosten“ muss die Zielsetzung des zugrundeliegenden Geschäftsmodells **im Halten von finanziellen Vermögenswerten** zur Realisierung der hieraus resultierenden vertraglichen Cashflows bestehen. Dieser Zielsetzung wird hingegen nicht entsprochen, wenn ein Unternehmen die Wertentwicklung eines Portfolios unter der Prämisse steuert, Gewinne aus Fair-Value-Änderungen, welche bspw. aus Veränderungen der Credit Spreads[317] bei den entsprechenden finanziellen Vermögenswerten resultieren können, zu realisieren.[318] In diesem Fall werden die finanziellen Vermögenswerte nicht gehalten, um ihre vertraglichen Cashflows zu vereinnahmen. Das Kriterium des Geschäftsmodells wird somit nicht erfüllt.[319]

Unschädlich für das Kriterium des Geschäftsmodells ist es hingegen, wenn nicht alle finanziellen Vermögenswerte in einem Portfolio bis zu ihrer **Endfälligkeit** gehalten werden.[320] Eine Veräußerung von finanziellen Vermögenswerten noch vor ihrer Fälligkeit steht demnach nicht dem Ziel eines Geschäftsmodells entgegen, vertragliche Cashflows aus dem Halten von finanziellen Vermögenswerten zu vereinnahmen.[321] Werden derartige Verkäufe jedoch mit einer bestimmten Häufigkeit vorgenommen, hat ein Unternehmen zu prüfen, ob diese Verkäufe noch mit der Zielsetzung, vertragliche Cashflows aus dem Halten von finanziellen Vermögenswerten zu vereinnahmen, in Einklang stehen.[322]

322.3 Kriterium der Zahlungsströme

Das **zweite Kriterium**, das neben dem Geschäftsmodell für eine Klassifizierung eines finanziellen Vermögenswertes in die Kategorie „Fortgeführte Anschaffungskosten“ zu erfüllen ist,[323] bezieht sich auf die vertraglichen Zahlungsströme des finanziellen Vermögenswertes, die zu festgelegten Zeitpunkten anfallen. Diese dürfen ausschließlich **Zins- und Tilgungszahlungen** auf den ausstehenden Kapitalbetrag darstellen.[324] Diesbezüglich werden in IFRS 9.4.1.3 Zinsen näher spezifiziert

---

317 Unter einem Credit Spread versteht man den Renditeunterschied zwischen einer risikobehafteten Unternehmensanleihe und einer risikolosen Anleihe mit sonst gleichen Ausstattungsmerkmalen. Da bei einer Veränderung des Credit Spread die vertraglichen Cashflows des entsprechenden finanziellen Vermögenswertes mit einem gegenüber der Ausgangssituation veränderten Zinssatz zu diskontieren sind, kommt es zu einer Fair-Value-Änderung. Vgl. zum Credit Spread auch Abschnitt 422.242.

318 Vgl. IFRS 9.B4.1.5.

319 Vgl. IFRS 9.B4.1.5. Des Weiteren erfüllt ein Portfolio von finanziellen Vermögenswerten, das auf Basis der Fair Values der finanziellen Vermögenswerte gesteuert wird, sowie ein Portfolio von finanziellen Vermögenswerten, in welchem die finanziellen Vermögenswerte zu Handelszwecken gehalten werden, nicht die Bedingung des Kriteriums des Geschäftsmodells, vgl. hierzu IFRS 9.B.4.1.6.

320 Vgl. IFRS 9.B4.1.3.

321 Vgl. IFRS 9.B4.1.3. Beispielsweise könnte es zu einem Verkauf von finanziellen Vermögenswerten noch vor ihrer Endfälligkeit kommen, sofern der finanzielle Vermögenswert nicht mehr mit der Anlagestrategie des Unternehmens übereinstimmt, ein Versicherer eine Anpassung aufgrund einer geänderten Auszahlungserwartung vorzunehmen hat oder eine Investition durch ein Unternehmen finanziert werden muss, vgl. IFRS 9.B4.1.3.

322 Vgl. IFRS 9.B4.1.3; KUHN, S., Neuregelung der Bilanzierung von Finanzinstrumenten, S. 105; LÜDENBACH, N., in: Lüdenbach/Hoffmann, Haufe IFRS Kommentar, 9. Aufl., § 28, Rn. 340.

323 Vgl. IFRS 9.B4.1.2.

324 Vgl. IFRS 9.4.1.2(b).

als Entgelt für den Zeitwert des Geldes und Vergütung für die Übernahme des mit dem ausstehenden Kapitalbetrag verbundenen Ausfallrisikos.[325] Das Kriterium der Zahlungsströme kann somit ausschließlich von finanziellen Vermögenswerten in der Ausprägungsform eines Fremdkapitalinstrumentes erfüllt werden.[326] Typische Fremdkapitalinstrumente wie bspw. Staats- oder Unternehmensanleihen, Forderungen aus Lieferungen und Leistungen, Kontokorrentkredite, Ratenkredite oder Schuldverschreibungen leisten i. d. R. Zahlungen, die ausschließlich aus Zins- und Tilgungszahlungen auf den ausstehenden Kapitalbetrag bestehen.[327] Dennoch sind auch diese finanziellen Vermögenswerte im Rahmen einer Einzelfallprüfung zu untersuchen, ob sie das Kriterium der Zahlungsströme erfüllen. Eigenkapitalinstrumente erfüllen hingegen das Kriterium der Zahlungsströme nicht, da diese keine vertraglichen Zahlungsströme (in Form von Zins- und Tilgungszahlungen) aufweisen.[328]

Die **Cashflows** eines finanziellen Vermögenswertes weisen hierbei die wirtschaftliche Eigenschaft von Zinszahlungen nicht mehr auf, sofern durch eine **Hebelwirkung** die Variabilität der vertraglichen Cashflows verstärkt wird.[329] In diesem Fall sind die Zahlungen des finanziellen Vermögenswertes nicht mehr mit dem Kriterium der Zahlungsströme vereinbar, so dass dieser nicht in die Kategorie „Fortgeführte Anschaffungskosten" klassifiziert werden kann.[330] Derivative Finanzinstrumente[331] werden aufgrund des diesen Instrumenten zugrundeliegenden Hebeleffektes, der Einfluss auf die Höhe und somit auf die Variabilität der aus diesen Instrumenten stammenden Zahlungsströme nimmt, daher stets das Kriterium der Zahlungsströme nicht erfüllen.[332]

---

[325] Ferner zählt IFRS 9.BC4.22 auch das Liquiditätsrisiko dazu.

[326] Vgl. BERENTZEN, C., IFRS 9, S. 82.

[327] Vgl. MÄRKL, H./SCHABER, M., IFRS 9 Financial Instruments, S. 69.

[328] Vgl. ECKES, B./FLICK, P./SIERLEJA, L., Kategorisierung und Bewertung von Finanzinstrumenten nach IFRS 9, S. 630; MÄRKL, H./SCHABER, M., IFRS 9 Financial Instruments, S. 69; KPMG (Hrsg.), IFRS 9 Financial Instruments, S. 12; HALLPAP, P./LELLMANN, P., Bedeutung der Geschäftsmodell-Bedingung, S. 724. Ferner sind bei Eigenkapitalinstrumenten üblicherweise die Zeitpunkte der Zahlungsströme nicht festgelegt, vgl. KPMG (Hrsg.), IFRS 9 Financial Instruments, S. 12; GEHRER, J./KRAKUHN, J./TIETZ-WEBER, S., Klassifizierung von finanziellen Vermögenswerten, S. 88.

[329] Vgl. IFRS 9.B4.1.9. IFRS 9.B4.1.9 nennt exemplarisch freistehende Optionen, Forwards und Swaps als Finanzinstrumente, deren Zahlungsströme durch einen Hebeleffekt beeinflusst werden und daher nicht die wirtschaftlichen Merkmale von Zinszahlungen aufweisen.

[330] Vgl. IFRS 9.B4.1.9.

[331] Die Definition eines Derivates findet sich in IFRS 9 Anhang A. Demnach handelt sich bei einem Derivat um ein Finanzinstrument oder einen anderen Vertrag, der in den Anwendungsbereich des IFRS 9 fällt und der die folgenden Eigenschaften kumulativ aufweist: Sein Wert ändert sich aufgrund einer Änderung eines zugrundeliegenden Basiswertes, bei seinem Abschluss ist keine bzw. nur eine geringe Anfangsauszahlung vorzunehmen und seine Erfüllung wird erst zu einem späteren Zeitpunkt vorgenommen.

[332] Vgl. KUHN, S., Neuregelung der Bilanzierung von Finanzinstrumenten, S. 105. Im Ergebnis ebenso MÄRKL, H./SCHABER, M., IFRS 9 Financial Instruments, S. 68 f.; KPMG (Hrsg.), IFRS 9 Financial Instruments, S. 12; DELOITTE TOUCHE TOHMATSU (Hrsg.), IFRS 9 Financial Instruments, S. 6. Bei einem eingebetteten Derivat, das Bestandteil eines hybriden Finanzinstrumentes ist und nicht unabhängig vom Basisvertrag (welcher in Ausprägungsform eines finanziellen Vermögenswertes vorliegt) übertragen werden kann, ist die Beurteilung der Kriterien zur Klassifizierung in die Kategorie „Fortgeführte Anschaffungskosten" nicht anhand des eingebetteten Derivates, sondern auf Basis des gesamten hybriden Finanzinstrumentes vorzunehmen, vgl. IFRS 9.4.3.1 und IFRS 9.4.3.2. Eine Abspaltung des eingebetteten Derivates vom Basisvertrag ist in diesem Fall nicht vorzunehmen, vgl. hierzu

Ferner sind die **vertraglichen Bestimmungen** eines finanziellen Vermögenswertes zu untersuchen, die den zeitlichen Anfall oder die Höhe der Zins- und Tilgungszahlungen beeinflussen können. Hierunter fallen zum einen Kündigungsrechte[333] und Verlängerungsoptionen[334], die dem Emittenten oder dem Inhaber des finanziellen Vermögenswertes (in Form eines Schuldinstrumentes) das Recht einräumen, auf den **zeitlichen Anfall oder die Höhe** der Zins- und Tilgungszahlungen Einfluss zu nehmen. Diese vertraglichen Bestimmungen sind unschädlich für das Kriterium der Zahlungsströme, sofern diese Rechte nicht an künftige Ereignisse anknüpfen[335] und nur zu Zahlungsströmen führen, die aus Zins- und Tilgungszahlungen bestehen.[336] Durch diese Bedingungen soll letztlich verhindert werden, dass Finanzinstrumente, die eine Option mit derivativem Charakter enthalten, das Kriterium der Zahlungsströme erfüllen.[337] Darüber hinausgehende vertragliche Bestimmungen, aufgrund derer sich der zeitliche Anfall oder die Höhe der Zins- und Tilgungszahlungen ändern kann, erfüllen grundsätzlich nicht das Kriterium der Zahlungsströme.[338] Ausgenommen hiervon sind jedoch finanzielle Vermögenswerte, bei denen ein variabler Zinssatz vereinbart wurde, sofern es sich bei den variablen Zinsen um ein Entgelt für den Zeitwert des Geldes und für die Übernahme des Ausfallrisikos handelt.[339] Dies ist bspw. bei einer Anleihe der Fall, deren Zins- und Tilgungszahlungen an einen Inflationsindex gekoppelt sind. Hierdurch verändert sich während der Laufzeit zwar die Höhe der Zins- und Tilgungszahlungen. Dies führt jedoch nicht zu einer Verletzung des Kriteriums der Zahlungsströme, da hierdurch lediglich eine Anpassung des Zeitwertes des Geldes an das aktuelle Niveau stattfindet.[340]

Bei der Analyse der Zahlungsströme eines finanziellen Vermögenswertes im Rahmen der Beurteilung des Kriteriums der Zahlungsströme ist auf eine **wirtschaftliche Betrachtungsweise** abzustellen.[341] Ein finanzieller Vermögenswert ist daher anhand seines substantiellen Gehaltes zu beurteilen.[342] Eine vertragliche Bezeichnung von Zahlungsströmen als Zins- und Tilgungszahlungen ist demnach für die Beurteilung des Kriteriums nicht von Bedeutung, sondern es zählt der wirtschaftliche Gehalt dieser Zahlungsströme.[343] Sollte es sich nach wirtschaftlicher Betrachtungsweise bei diesen Zahlungsströmen nicht um Zins- und Tilgungszahlungen handeln, wird das Kriterium der

---

auch MÄRKL, H./SCHABER, M., IFRS 9 Financial Instruments, S. 66. Die Trennungspflicht ergibt sich erst, sofern der Basisvertrag nicht in den Anwendungsbereich des IFRS 9 fällt und bestimmte Eigenschaften bei dem eingebetteten Derivat vorliegen, vgl. hierzu IFRS 9.4.3.3.

333 Vgl. IFRS 9.B4.1.10.

334 Vgl. IFRS 9.B4.1.11.

335 Ausgenommen hiervon sind jedoch künftige Ereignisse, die zum Schutz des Inhabers des Schuldinstrumentes dienen oder diesen oder den Emittenten des Schuldinstrumentes vor Änderungen steuerlicher oder rechtlicher Vorschriften schützen sollen, vgl. IFRS 9.B.4.1.10(a) und IFRS 9.B.4.1.11(a).

336 Vgl. IFRS 9.B4.1.10 f.

337 Vgl. BERENTZEN, C., IFRS 9, S. 84.

338 Vgl. KUHN, S., Neuregelung der Bilanzierung von Finanzinstrumenten, S. 107.

339 Vgl. IFRS 9.B4.1.12(a).

340 Vgl. IFRS 9.B4.1.13.

341 Vgl. BERENTZEN, C., IFRS 9, S. 86.

342 Vgl. MÄRKL, H./SCHABER, M., IFRS 9 Financial Instruments, S. 68.

343 Vgl. IFRS 9.B4.1.15.

Zahlungsströme nicht erfüllt, auch wenn die Zahlungsströme durch den Vertrag als solche bezeichnet werden.

Bedeutsam ist diese Betrachtungsweise v. a. in solchen Situationen, bei denen der Bilanzierende ein Schuldinstrument besitzt, bei dem der Anspruch des Bilanzierenden auf bestimmte Vermögenswerte oder auf die Zahlungsströme des Schuldners begrenzt ist, dieser jedoch kein Rückgriffsrecht in das Vermögen des Schuldners hat.[344] Die tatsächlichen Zahlungen können dann ggf. nicht ausschließlich aus Zins- und Tilgungszahlungen bestehen, auch wenn die vertraglichen Bezeichnungen diese als solche deklarieren.[345] Der Bilanzierende hat daher im Rahmen eines **Look-through-Ansatzes** (Durchschauprinzip) die Zahlungsströme generierenden Vermögenswerte bzw. Zahlungsströme zu beurteilen.[346] Sollte der Bilanzierende im Rahmen dieser Betrachtung zu dem Ergebnis gelangen, dass es sich hierbei nicht um ausschließliche Zins- und Tilgungszahlungen handelt, ist das Kriterium der Zahlungsströme nicht erfüllt und eine Klassifizierung des Schuldinstrumentes in die Kategorie „Fortgeführte Anschaffungskosten" untersagt.

Ferner ist der Look-through-Ansatz bei der Beurteilung von Zahlungsströmen, die aus einer Investition in eine Tranche einer **Verbriefungstransaktion**[347] resultieren, anzuwenden. Für die Beurteilung des Kriteriums der Zahlungsströme ist sowohl eine Analyse der Zahlungsströme der Tranche als auch eine Analyse der Zahlungsströme der dieser Tranche zugrundeliegenden Finanzinstrumente erforderlich.[348] Bei den Zahlungsströmen der Tranche ist zu analysieren, inwiefern es sich bei diesen ausschließlich um Zins- und Tilgungsleistungen auf den ausstehenden Kapitalbetrag handelt.[349] Ferner ist zu beurteilen, ob der einer Tranche zugrundeliegende Bestand an Finanzinstrumenten mindestens ein Finanzinstrument umfasst, das ebenfalls nur Zins- und Tilgungsleistungen auf den

---

344 Vgl. IFRS 9.B4.1.16; GEHRER, J./KRAKUHN, J./TIETZ-WEBER, S., Klassifizierung von finanziellen Vermögenswerten, S. 89.

345 Vgl. BERENTZEN, C., IFRS 9, S. 86.

346 Vgl. IFRS 9.B4.1.17; GEHRER, J./KRAKUHN, J./TIETZ-WEBER, S., Klassifizierung von finanziellen Vermögenswerten, S. 89. Emittiert bspw. ein Unternehmen eine festverzinsliche Anleihe, deren Emissionserlös für den Bau einer Immobilie verwendet und deren Zahlungsströme allein durch den Verkaufserlös der Immobilie (ohne dass hierbei ein Rückgriffsrecht auf den Emittenten der festverzinslichen Anleihe besteht) finanziert werden, erfüllt die Anleihe nicht das Kriterium der Zahlungsströme (der Gläubiger ist dem Risiko des finanzierten Vermögenswertes und nicht dem Ausfallrisiko des Schuldner ausgesetzt), so dass ein Bilanzierender diese Anleihe nicht der Kategorie „Fortgeführte Anschaffungskosten" zuordnen kann, vgl. zu diesem Beispiel Deloitte Touche Tohmatsu (Hrsg.), IFRS 9 Financial Instruments, S. 4.

347 Bei einer Verbriefungstransaktion werden Forderungen gebündelt und an eine Gesellschaft verkauft, die ihrerseits den Kaufpreis über die Ausgabe von Wertpapieren finanziert. Diese Wertpapiere sind in verschiedene Tranchen unterteilt. Der Rang der jeweiligen Tranche determiniert dabei, in welcher Reihenfolge die Ansprüche der Inhaber der jeweiligen Tranche aus den Zahlungsströmen der Forderungen bedient werden. Oftmals wird hierbei auch von einer sog. Wasserfallstruktur gesprochen, da es erst zur Bedienung der Ansprüche einer Tranche kommt, wenn die Ansprüche der nächsthöheren Tranche vollständig befriedigt wurden, vgl. hierzu STRUFFERT, R., Asset Backed Securities-Transaktionen, S. 10-15; BERENTZEN, C., IFRS 9, S. 88 f.; EWELT-KNAUER, C., Der Konzernabschluss als Berichtsinstrument der wirtschaftlichen Einheit, S. 58-61.

348 Vgl. IFRS 9.B4.1.21(a) i. V. m IFRS 9.B4.1.21(b); MÄRKL, H./SCHABER, M., IFRS 9 Financial Instruments, S. 70.

349 Vgl. IFRS 9.B4.1.21(a).

ausstehenden Kapitalbetrag leistet.[350] Sofern das Ausfallrisiko der Tranche das Ausfallrisiko des zugrundeliegenden Bestandes an Finanzinstrumenten nicht übersteigt[351] und die Bedingungen hinsichtlich der Zahlungsströme erfüllt sind, wird dem Kriterium der Zahlungsströme durch die betrachtete Tranche nachgekommen.[352]

Bei Verbriefungstransaktionen wird das Kriterium der Zahlungsströme zumeist wohl nur durch die erstrangige Tranche erfüllt werden,[353] da nur das Ausfallrisiko dieser Tranche das Ausfallrisiko der dieser Tranche zugrundeliegenden finanziellen Vermögenswerte nicht übersteigen wird. Die nachfolgenden Tranchen bilden jeweils einen Ausfallschutz für die nächsthöhere Tranche[354] und weisen somit ein höheres Ausfallrisiko auf, als dies durch die jeweils zugrundeliegenden finanziellen Vermögenswerte begründet wird.[355] Die nachfolgenden Tranchen werden erst bedient, wenn die Ansprüche der jeweils nächsthöheren Tranche vollständig befriedigt wurden. Die nachfolgenden Tranchen haben demnach lediglich einen Residualanspruch auf die verbleibenden Zahlungsströme. Sie haben daher eher Eigenkapitalcharakter[356] und erfüllen somit nicht das Kriterium der Zahlungsströme.

---

350 Vgl. IFRS 9.B4.1.21(a). i. V. m IFRS 9.B4.1.23; MÄRKL, H./SCHABER, M., IFRS 9 Financial Instruments, S. 70. Darüber hinaus darf der Bestand der zugrundeliegenden Finanzinstrumente nach IFRS 9.B4.1.24 nur Finanzinstrumente umfassen, welche die Zahlungsstromschwankungen vermindern und die zusammen mit den übrigen Finanzinstrumenten des Bestandes Zahlungsströme generieren, die ausschließlich Zins- und Tilgungsleistungen darstellen oder Finanzinstrumente enthalten, welche die Zahlungsströme des Bestandes mit den Zahlungsströmen der Tranche in Einklang bringen.

351 Vgl. IFRS 9.B4.1.21(c).

352 Vgl. hierzu auch MÄRKL, H./SCHABER, M., IFRS 9 Financial Instruments, S. 70.

353 Vgl. ERCHINGER, H./MELCHER, W., Geplante Neuerungen der Phase 1 bei der Bilanzierung von Finanzinstrumenten (Teil 1), S. 2169.

354 Vgl. SCHMIDT, M., Entwurf des IASB zur Kategorisierung und Bewertung von Finanzinstrumenten, S. 1077; ERCHINGER, H./MELCHER, W., Geplante Neuerungen der Phase 1 bei der Bilanzierung von Finanzinstrumenten (Teil 1), S. 2169.

355 Dies lässt sich anhand eines einfachen Beispiels erläutern. Hierzu wird angenommen, dass eine Verbriefungsgesellschaft den Ankauf von finanziellen Vermögenswerten über die Ausgabe von Schuldtiteln (zwei Tranchen, A und B) refinanziert. Dabei wird unterstellt, dass Tranche A vorrangig gegenüber der Tranche B bedient wird. Die Tranche A hat ein Volumen von 150 GE, das Volumen der Tranche B beträgt 100 GE. Demnach finanzieren die Tranchen A und B finanzielle Vermögenswerte der Verbriefungsgesellschaft in Höhe von 250 GE. Fallen finanzielle Vermögenswerte in Höhe von 125 GE aus, müssten die verbleibenden finanziellen Vermögenswerte (Wert: 125 GE) zur Tilgung der Ansprüche der Inhaber der beiden Tranchen verwendet werden. Investoren der Tranche A erhielten 125 GE ihres anfänglichen Investments zurück, da sie vorrangig zu Investoren der Tranche B zu bedienen sind. Die Investoren der Tranche B würden demnach ihr gesamtes Investment in Höhe von 100 GE verlieren. Ein Ausfall der finanziellen Vermögenswerte in Höhe von 50 Prozent führt daher bei Inhabern der Tranche A zu einem Verlust von rund 17 Prozent (25 GE / 150 GE) des anfänglichen Engagements. Die Inhaber der Tranche B würden hingegen einen Verlust von 100 Prozent erleiden. In diesem Fall erfüllt nur die erstrangige Tranche A die Bedingung, dass das Ausfallrisiko der Tranche (rund 17 Prozent) das Ausfallrisiko der zugrundeliegenden finanziellen Vermögenswerte (50 Prozent) nicht übersteigt. Beispiel in Anlehnung an KPMG (Hrsg.), IFRS 9 Financial Instruments, S. 14 f.

356 Vgl. BERENTZEN, C., IFRS 9, S. 89.

323. Einordnung in die Kategorie „Fair Value“

Ein finanzieller Vermögenswert ist in die Kategorie „Fair Value“ einzuordnen, wenn bei der Prüfung der zuvor dargelegten Kriterien zumindest ein Kriterium nicht erfüllt wird. In diesem Fall wird dem Bilanzierenden eine Klassifizierung eines finanziellen Vermögenswertes in die Kategorie „Fortgeführte Anschaffungskosten“ verwehrt. Dieser ist dann zwingend in die Auffangkategorie „Fair Value“ aufzunehmen.[357]

Die Fair-Value-Kategorie lässt sich ihrerseits wiederum in die zwei Subkategorien „erfolgsneutral bewertet zum Fair Value“ und „erfolgswirksam bewertet zum Fair Value“ unterteilen.[358] Finanzielle Vermögenswerte, welche die Klassifizierungskriterien der Kategorie „Fortgeführte Anschaffungskosten“ nicht erfüllen, sind grundsätzlich der Subkategorie „erfolgswirksam bewertet zum Fair Value“ zuzuordnen. Eine Ausnahme hiervon besteht jedoch für Eigenkapitalinstrumente, die nicht zu Handelszwecken erworben wurden. Für diese Eigenkapitalinstrumente wird dem Bilanzierenden zum Zeitpunkt des erstmaligen Ansatzes das unwiderrufliche Wahlrecht eingeräumt, diese als „**erfolgsneutral bewertet zum Fair Value**“ zu klassifizieren.[359] Die Entscheidung über die Ausübung dieses Wahlrechtes kann der Bilanzierende dabei für jedes Eigenkapitalinstrument, das nicht mit einer Handelsabsicht erworben wurde, individuell treffen.[360]

Des Weiteren besteht nach IFRS 9.4.1.5 ein **Wahlrecht**, bei dem erstmaligen Ansatz eines finanziellen Vermögenswertes, der die Klassifizierungskriterien der Kategorie „Fortgeführte Anschaffungskosten“ erfüllt und somit in diese Kategorie designiert werden müsste, diesen unwiderruflich als „**erfolgswirksam bewertet zum Fair Value**“ zu klassifizieren (**Fair-Value-Option**).

Die Ausübung dieses Wahlrechtes ist jedoch an die Voraussetzung gebunden, dass hierdurch eine Ansatz- oder Bewertungsinkongruenz behoben oder signifikant reduziert werden kann (**Accounting Mismatch**).[361] Eine Ansatz- oder Bewertungsinkongruenz liegt vor, wenn ein finanzieller Vermögenswert in einem Zusammenhang zu einer finanziellen Verbindlichkeit steht, diese jedoch unterschiedlich angesetzt oder bewertet werden.[362] Werden diese Finanzinstrumente bspw. nach unterschiedlichen Bewertungsmaßstäben folgebewertet, können ggf. auftretende kompensierende Ergeb-

---

357 Vgl. IFRS 9.4.1.4. Vgl. hierzu auch MÄRKL, H./SCHABER, M., IFRS 9 Financial Instruments, S. 65. BERENTZEN hält jedoch auch eine umgekehrte Interpretation für denkbar, bei der ein finanzieller Vermögenswert grundsätzlich in die Kategorie „Fair Value“ einzuordnen ist und nur für den Fall, dass ein finanzieller Vermögenswert die Kriterien der Kategorie „Fortgeführte Anschaffungskosten“ erfüllt, eine von der „Fair Value“-Kategorie abweichende Klassifizierung durchzuführen ist, vgl. BERENTZEN, C., IFRS 9, S. 91 f.

358 KUHN spricht daher auch von drei Bewertungskategorien, in die finanzielle Vermögenswerte nach IFRS 9 zum Zugangszeitpunkt designiert werden können, vgl. KUHN, S., Neuregelung der Bilanzierung von Finanzinstrumenten, S. 104.

359 Vgl. IFRS 9.5.7.5.

360 Vgl. IFRS 9.B5.7.1.

361 Vgl. IFRS 9.4.1.5.

362 Vgl. BERENTZEN, C., IFRS 9, S. 62.

niseffekte nicht abgebildet werden.[363] Dies ist der Fall, wenn ein finanzieller Vermögenswert und die mit diesem in Zusammenhang stehende finanzielle Verbindlichkeit einem gleichen Risiko unterliegen und die gegenläufigen, sich weitestgehend aufhebenden Wertänderungen nicht abgebildet werden können, da die Finanzinstrumente nach jeweils unterschiedlichen Bewertungsmaßstäben, resultierend aus Klassifizierung zum Zugangszeitpunkt, folgebewertet werden.[364]

Durch die Fair-Value-Option soll dem Bilanzierenden daher die Möglichkeit eingeräumt werden, einen finanziellen Vermögenswert, der in einem Zusammenhang zu einer finanziellen Verbindlichkeit steht, in die Subkategorie „erfolgswirksam bewertet zum Fair Value" zuzuordnen, um Verzerrungen, die ansonsten aufgrund einer Klassifizierung des finanziellen Vermögenswertes in die Kategorie „Fortgeführte Anschaffungskosten" im Rahmen der Folgebewertung entstehen würden,[365] beseitigen oder signifikant reduzieren zu können.[366]

324. Gesamtübersicht über die Klassifizierungskonzeption des IFRS 9

Die Abbildung 6 stellt die im Rahmen der Klassifizierung von finanziellen Vermögenswerten nach IFRS 9 zu durchlaufenden Prüfungsschritte dar:

[363] Vgl. IFRS 9.B4.1.29; KUHN, S./SCHARPF, P., Financial Instruments nach IFRS, S. 108; BERENTZEN, C., IFRS 9, S. 62; ECKES, B./WEIGEL, W., Die Fair Value-Option, S. 417; CHRISTIAN, D., IFRS 9 – Finanzinstrumente und Folgeänderungen anderer Standards, S. 365.

[364] Vgl. hierzu IFRS 9.B4.1.30(b). Ein Accounting Mismatch liegt bspw. vor, wenn ein finanzieller Vermögenswert zu fortgeführten Anschaffungskosten und die zugehörige finanzielle Verbindlichkeit zum Fair Value folgebewertet werden. In diesem Fall würden Wertänderungen, die durch das betrachtete Risiko (bspw. das Zinsrisiko) induziert werden, nur im Rahmen der Folgebewertung der finanziellen Verbindlichkeit erfolgswirksam abgebildet. Die hierzu gegenläufige Wertänderung des finanziellen Vermögenswertes aufgrund der Folgebewertung zu fortgeführten Anschaffungskosten bliebe unberücksichtigt. Vgl. zur Folgebewertung eines finanziellen Vermögenswertes der Kategorie „Fortgeführte Anschaffungskosten" im Detail Abschnitt 42. In IFRS 9.B4.1.30 finden sich weitere Beispiele für Situationen, bei denen die Fair-Value-Option genutzt werden kann, um eine Ansatz- oder Bewertungsinkongruenz zu beseitigen bzw. zu verringern. Vgl. hierzu auch ECKES, B./WEIGEL, W., Die Fair Value-Option, S. 417 f.; KUHN, S., Fair Value-Option, S. 1443 f.; FIECHTER, P., Fair Value Option, S. 44-46.

[365] Vgl. IFRS 9.BC4.79.

[366] Vgl. IFRS 9.B4.1.31. Die Ausübung der Fair-Value-Option würde bei einem derart gelegenen Sachverhalt die Relevanz der vermittelten Informationen erhöhen, vgl. IFRS 9B4.1.29.

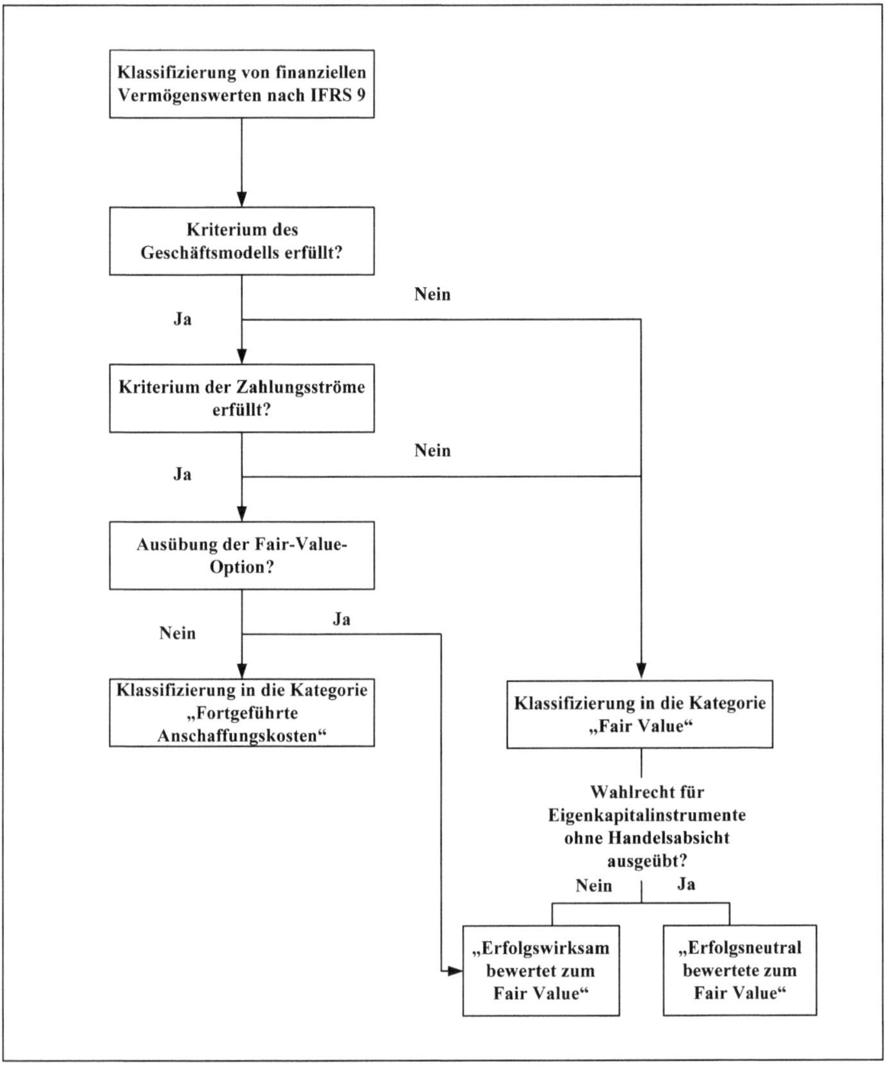

Abbildung 6: Klassifizierung von finanziellen Vermögenswerten nach IFRS 9[367]

[367] Vgl. BERENTZEN, C., IFRS 9, S. 94.

325. Reklassifizierung

Grundsätzlich verbleiben finanzielle Vermögenswerte während der gesamten Laufzeit in der Klassifizierungskategorie, in welche diese zum Ansatzzeitpunkt eingeordnet wurden. Die Reklassifizierung von finanziellen Vermögenswerten ist nach IFRS 9.4.4.1 jedoch verpflichtend vorzunehmen, wenn das bilanzierende Unternehmen das Geschäftsmodell zu deren Steuerung ändert.[368] In anderen Fällen, bei denen sich das Geschäftsmodell nicht ändert, ist die Reklassifizierung von finanziellen Vermögenswerten verboten.[369]

Der IASB geht davon aus, dass eine derartige Änderung des Geschäftsmodells nur in **sehr seltenen** Fällen eintreten wird.[370] An eine Änderung des Geschäftsmodells werden dementsprechend auch relativ restriktive Anforderungen durch IFRS 9 gestellt. Demnach liegt eine Änderung des Geschäftsmodells nur vor, wenn die folgenden Bedingungen **kumulativ** erfüllt werden:[371]

- Die Änderung muss vom **leitenden Management** des Unternehmens infolge externer oder interner Änderungen beschlossen,
- **signifikant** für die Geschäftstätigkeit des Unternehmens,
- **externen Dritten** gegenüber nachweisbar sowie
- **vor dem Zeitpunkt** der Reklassifizierung wirksam geworden sein.[372]

Sofern die dargelegten Bedingungen kumulativ erfüllt werden und demnach eine Änderung des Geschäftsmodells vorliegt, ist die Reklassifizierung der hiervon betroffenen finanziellen Vermögenswerte prospektiv durchzuführen, und zwar ab dem ersten Tag des Berichtszeitraumes, der auf eine Änderung des Geschäftsmodells folgt.[373] Die Reklassifizierung der betroffenen finanziellen Vermögenswerte ist hierbei anhand der Klassifizierungskriterien, die bereits beim erstmaligen Ansatz verwendet wurden, vorzunehmen.[374] Ändert sich bspw. die Zielsetzung hinsichtlich der Steuerung eines Portfolios derart, dass nun durch das Unternehmen beabsichtigt wird, die vertraglichen Zahlungsströme der zugrundeliegenden finanziellen Vermögenswerte zu vereinnahmen, können die entsprechenden finanziellen Vermögenswerte nicht ohne Weiteres in die Kategorie „Fortgeführte Anschaffungskosten" umgebucht werden, da zunächst geprüft werden muss, ob diese das Kriterium der Zahlungsströme erfüllen.[375]

---

368 Vgl. hierzu auch MÄRKL, H./SCHABER, M., IFRS 9 Financial Instruments, S. 71.
369 Vgl. IFRS 9.4.4; KPMG (Hrsg.), IFRS 9 Financial Instruments, S. 22.
370 Vgl. IFRS 9.B4.4.1.
371 Vgl. IFRS 9.B4.4.1; KUHN, S., Neuregelung der Bilanzierung von Finanzinstrumenten, S. 109; MÄRKL, H./SCHABER, M., IFRS 9 Financial Instruments, S. 71.
372 Vgl. zum letzten Punkt IFRS 9.B4.4.2.
373 Vgl. IFRS 9.5.6.1 i. V. m. IFRS 9 Anhang A; KUHN, S., Neuregelung der Bilanzierung von Finanzinstrumenten, S. 109.
374 Vgl. IFRS 9.4.4.1.
375 Vgl. BERENTZEN, C., IFRS 9, S. 96.

4 Bewertung, Ausweis und Anhangangaben zu finanziellen Vermögenswerten der Kategorie „Fortgeführte Anschaffungskosten“ nach IFRS 9 unter besonderer Berücksichtigung des erwarteten Kreditverlustes

41 Zugangsbewertung und Ausweis

Ein finanzieller Vermögenswert, welcher der Kategorie „Fortgeführte Anschaffungskosten“ zugeordnet wurde, ist bei seinem erstmaligen Ansatz mit dem **Fair Value** zu bewerten.[376] Der Fair Value entspricht dabei dem Preis, der in einer gewöhnlichen Transaktion zwischen Marktteilnehmern beim Verkauf eines Vermögenswertes am Bilanzstichtag erzielt werden könnte.[377] Im Zugangszeitpunkt wird der Fair Value eines finanziellen Vermögenswertes i. d. R. über seinen **Transaktionspreis** determiniert.[378] Ferner sind zusätzlich zum Transaktionspreis bei einem finanziellen Vermögenswert der Kategorie „Fortgeführte Anschaffungskosten“ auch die dem Erwerb direkt zurechenbaren Transaktionskosten zu berücksichtigen.[379] Unter diese Kosten lassen sich bspw. Gebühren und Provisionen, die an Berater oder Händler zu entrichten sind, subsumieren.[380] Die direkt zurechenbaren Transaktionskosten werden zum Transaktionspreis addiert und bilden dann zusammen mit diesem die Höhe des Betrages, zu dem der finanzielle Vermögenswert im Rahmen der erstmaligen Erfassung in die Bilanz aufgenommen wird.[381] Die Zugangsbewertung eines finanziellen Ver-

---

376 Vgl. IFRS 9.5.1.1.

377 Vgl. IFRS 13.9. IFRS 13 stellt dabei das Ergebnis der Bestrebungen des Standardsetter dar, die Fair-Value-Ermittlung in den IFRS für alle Standards zu vereinheitlichen (Fair-Value-Measurement-Projekt), vgl. IFRS 13.IN6 f.; FISCHER, D. T., Fair Value Measurement, S. 341. Dieser wurde im Rahmen der Konvergenzbestrebungen zwischen den US-GAAP und den IFRS gemeinsam mit dem FASB erarbeitet, vgl. IFRS 13.BC236. IFRS 13 wurde am 12. Mai 2011 veröffentlicht und soll für am oder nach dem 1. Januar 2013 beginnende Geschäftsjahre verpflichtend anzuwenden sein, vgl. IFRS.13.IN3. Für einen Überblick über die Regelungen des IFRS 13 vgl. GROßE, J.-V., IFRS 13 Fair Value Measurement.

378 Vgl. IFRS 9.B5.1.1 und IFRS 13.58 sowie MÄRKL, H./SCHABER, M., IFRS 9 Financial Instruments, S. 72. Sofern der Transaktionspreis von dem Fair Value abweicht, sind die Regelungen des IFRS 9.5.1.1A i. V. m. IFRS 9.B5.1.2A für die ergebniswirksame Erfassung dieser Differenz einschlägig. Diese ist entweder direkt erfolgswirksam in der Gesamtergebnisrechnung zu buchen (sofern der Fair Value anhand der ersten Fair-Value-Hierarchiestufe ermittelt wurde bzw. anhand eines Bewertungsverfahrens, welches ausschließlich auf beobachtbare Marktdaten zurückgreift) oder andernfalls ist diese Differenz als ein Gewinn oder ein Verlust nach dem erstmaligen Ansatz nur insoweit zu erfassen, als dieser durch die Änderung eines Faktors, den Marktteilnehmer bei der Bewertung des finanziellen Vermögenswertes berücksichtigen würden, entstanden ist. Vgl. hierzu auch IDW (Hrsg.), IDW RS HFA 24, Tz. 45; LÜDENBACH, N., in: Lüdenbach/Hoffmann, Haufe IFRS Kommentar, 9. Aufl., § 28, Rn. 307; BARZ, K./ECKES, B./WEIGEL, W., IFRS für Banken, S. 362. Vgl. zu den Sachverhalten, die zu einer Abweichung zwischen dem Fair Value und dem Transaktionspreis führen können, IFRS 13.B4. Zur Ermittlung des Fair Value vgl. IFRS 13.61-75.

379 Vgl. IFRS 9.5.1.1. Für die Definition von Transaktionskosten verweist IFRS 9 Anhang A auf IAS 39.9. Transaktionskosten stellen nach IAS 39.9 zusätzliche Kosten dar, die dem Erwerb, der Emission oder der Veräußerung eines finanziellen Vermögenswertes oder einer finanziellen Verbindlichkeit unmittelbar zuzurechnen sind und demnach nicht entstanden wären, wenn ein Unternehmen von dem Erwerb, einer Veräußerung oder einer Emittierung eines Finanzinstrumentes abgesehen hätte.

380 Vgl. IAS 39.A13; ECKES, B./FLICK, P./SIERLEJA, L., Kategorisierung und Bewertung von Finanzinstrumenten nach IFRS 9, S. 632.

381 Vgl. KUHN, S./SCHARPF, P., Financial Instruments nach IFRS, S. 262.

mögenswertes der Kategorie „Fortgeführte Anschaffungskosten“ bildet den Ausgangspunkt für seine Folgebewertung, die im folgenden Abschnitt erläutert wird.

42 Folgebewertung und Ausweis

421. Fortgeführte Anschaffungskosten

Die Folgebewertung eines finanziellen Vermögenswertes richtet sich nach der Kategorie, in der dieser bei seinem erstmaligen Ansatz eingeordnet wurde.[382] Bei einem finanziellen Vermögenswert, welcher der Kategorie „Fortgeführte Anschaffungskosten“ zugeordnet wurde, ist eine Folgebewertung **zu fortgeführten Anschaffungskosten** vorzunehmen.[383] Da eine Definition der fortgeführten Anschaffungskosten von finanziellen Vermögenswerten in IFRS 9 aufgrund der noch andauernden Beratungen über die Wertminderungsvorschriften, in deren Rahmen ebenfalls über die künftige Definition der fortgeführten Anschaffungskosten von finanziellen Vermögenswerten entschieden wird,[384] zum gegenwärtigen Zeitpunkt noch nicht vorliegt, soll zunächst die Definition der fortgeführten Anschaffungskosten nach IAS 39 betrachtet werden.[385]

Die fortgeführten Anschaffungskosten eines finanziellen Vermögenswertes entsprechen nach IAS 39.9 dem Betrag, mit dem ein finanzieller Vermögenswert beim erstmaligen Ansatz bewertet wurde,

- abzüglich Tilgungen,
- zuzüglich (abzüglich) der Auflösung eines Agios (Disagios) sowie
- abzüglich etwaiger Wertminderungen oder Uneinbringlichkeiten.[386]

Die Folgebewertung von einem zu fortgeführten Anschaffungskosten bewerteten finanziellen Vermögenswert ist mittels der **Effektivzinsmethode** vorzunehmen.[387] Durch die Effektivzinsmethode werden die aus dem finanziellen Vermögenswert resultierenden Zinserträge auf die jeweiligen Perioden verteilt.[388] Der hierbei zu verwendende **Effektivzinssatz** entspricht dabei dem internen Kalku-

---

382 Vgl. IFRS 9.5.2.1.

383 Vgl. IFRS 9.4.1.2.

384 Da die Wertminderung von finanziellen Vermögenswerten ein integraler Bestandteil der Bewertung zu fortgeführten Anschaffungskosten ist, hat sich der IASB dazu entschlossen, im Rahmen der zweiten Phase des Replacement-Projektes zu IAS 39 nicht nur die Wertminderungsvorschriften, sondern die Bewertung von finanziellen Vermögenswerten zu fortgeführten Anschaffungskosten insgesamt zu adressieren, vgl. KPMG (Hrsg.), ED/2009/12 Financial Instruments, S. 9.

385 Bisher liegt lediglich im Rahmen der Vorschläge des ED/2009/12 eine Definition der fortgeführten Anschaffungskosten vor, vgl. zu dieser Definition Abschnitt 422.252.1.

386 Vgl. hierzu auch BELLAVITE-HÖVERMANN, Y./BARCKOW, A., in: Baetge u. a., Rechnungslegung nach IFRS, 2. Aufl., IAS 39 – Finanzinstrumente, Rn. 70.

387 Vgl. IASB (Hrsg.), ED: Impairment, Tz. 10; PELLENS, B./FÜLBIER, R. U./GASSEN, J./SELLHORN, T., Internationale Rechnungslegung, S. 564; ECKES, B./FLICK, P./SIERLEJA, L., Kategorisierung und Bewertung von Finanzinstrumenten nach IFRS 9, S. 632; KUHN, S./SCHARPF, P., Financial Instruments nach IFRS, S. 275.

388 Vgl. IASB (Hrsg.), ED: Impairment, Tz. 10; KUHN, S./SCHARPF, P., Financial Instruments nach IFRS, S. 128.

lationszinssatz, mit dem die geschätzten Zahlungsströme des finanziellen Vermögenswertes auf den Buchwert des finanziellen Vermögenswertes zum Zugangszeitpunkt abgezinst werden.[389] Dieser ist bei festverzinslichen finanziellen Vermögenswerten über die Laufzeit konstant zu halten,[390] da hierdurch vermieden werden soll, dass zinsbedingte Wertänderungen oder veränderte Erwartungen über künftige Zahlungsströme Einfluss auf den Effektivzinssatz nehmen.[391]

Bei der **Schätzung** der aus dem finanziellen Vermögenswert resultierenden Zahlungsströme sind sämtliche vertraglichen Regelungen zu beachten.[392] Künftige Kreditausfälle sind hingegen nach IAS 39 bei den zu schätzenden Zahlungsströmen zur Determinierung des Effektivzinssatzes nicht zu berücksichtigen.[393] Dies stellt einen zentralen Unterschied zu den noch im weiteren Verlauf der Arbeit zu erläuternden Wertminderungsvorschriften des **ED/2009/12** dar. Nach dem ED/2009/12 sind erwartete Kreditverluste explizit im Rahmen der Schätzung der Zahlungsströme eines finanziellen Vermögenswertes einzubeziehen und somit bei der Bestimmung des Effektivzinssatzes zu berücksichtigen.[394]

Die Ermittlung des Effektivzinssatzes sowie die Folgebewertung eines finanziellen Vermögenswertes anhand der Effektivzinsmethode soll anhand des folgenden Beispiels verdeutlicht werden. Ein Unternehmen kauft in **t = 0** eine festverzinsliche Anleihe mit einem Nominalwert von **100 GE** zu einem Preis in Höhe von **81,04 GE** (dieser Preis entspricht dem Fair Value der Anleihe). Der jährliche Kuponzins dieser Anleihe beträgt **5 Prozent** und die Restlaufzeit beträgt **fünf Jahre**. Zunächst ist für den aufgezeigten finanziellen Vermögenswert der **Effektivzinssatz y** zu ermitteln, der die folgende Gleichung löst:

---

389 Vgl. LÖW, E./LORENZ, K., Ansatz und Bewertung von Finanzinstrumenten, S. 501; KUHN, S./SCHARPF, P., Financial Instruments nach IFRS, S. 128.

390 Vgl. LÖW, E./LORENZ, K., Ansatz und Bewertung von Finanzinstrumenten, S. 501; FLICK, P./GEHRER, J./KRAKUHN, J., Geplante Änderungen des ED/2009/12, S. 222 f.

391 Vgl. BARZ, K./ECKES, B./WEIGEL, W., IFRS für Banken, S. 368; LÖW, E./LORENZ, K., Ansatz und Bewertung von Finanzinstrumenten, S. 501. Eine Verwendung des Marktzinssatzes würde hingegen zu einer Fair-Value-Bewertung des finanziellen Vermögenswertes führen, die hier jedoch nicht intendiert ist, vgl. IAS 39.A84. Bei **variabel verzinslichen** finanziellen Vermögenswerten findet hingegen zu jedem Zinsanpassungstermin eine Anpassung des Effektivzinssatzes auf Basis der Neueinschätzung der künftigen Zahlungsströme statt, vgl. BARZ, K./ECKES, B./WEIGEL, W., IFRS für Banken, S. 342; LÖW, E./LORENZ, K., Ansatz und Bewertung von Finanzinstrumenten, S. 501. Stimmt bei einem variabel verzinslichen finanziellen Vermögenswert der Buchwert im Zugangszeitpunkt annähernd mit dem Rückzahlungsbetrag überein, hat eine Zinsanpassung und die hiermit verbundene Änderung des Effektivzinssatzes i. d. R. keinen Einfluss auf die fortgeführten Anschaffungskosten des finanziellen Vermögenswertes, da der Effektivzinssatz bei variabel verzinslichen finanziellen Vermögenswerten i. d. R. mit dessen Nominalzins übereinstimmt, vgl. BARZ, K./ECKES, B./WEIGEL, W., IFRS für Banken, S. 343.

392 Vgl. BARZ, K./ECKES, B./WEIGEL, W., IFRS für Banken, S. 337. Bei finanziellen Vermögenswerten, die nach IAS 39 mit ihren fortgeführten Anschaffungskosten folgebewertet werden, sind diese Zahlungsströme entweder vertraglich festgeschrieben oder können aus den vertraglichen Konditionen eines finanziellen Vermögenswertes abgeleitet werden, vgl. BERENTZEN, C., IFRS 9, S. 101.

393 Vgl. KUHN, S./SCHARPF, P., Financial Instruments nach IFRS, S. 128.

394 Vgl. zu den Vorschlägen des ED/2009/12 Abschnitt 422.252.1.

$$81{,}04\ \text{GE} = \frac{5\ \text{GE}}{(1+y)} + \frac{5\ \text{GE}}{(1+y)^2} + \frac{5\ \text{GE}}{(1+y)^3} + \frac{5\ \text{GE}}{(1+y)^4} + \frac{105\ \text{GE}}{(1+y)^5}$$

Formel 4: Ermittlung des Effektivzinssatzes

Damit der Barwert der erwarteten Zahlungen mit dem Buchwert des finanziellen Vermögenswertes im Zugangszeitpunkt übereinstimmt, muss der Effektivzinssatz **y = 10 Prozent** betragen. Der Effektivzinssatz ist somit um fünf Prozentpunkte höher als der Nominalzins der Anleihe, was auf die Differenz zwischen dem Anleihepreis zum Zugangszeitpunkt und dem Nominalwert der Anleihe zurückzuführen ist (Disagio). Diese Differenz hat Zinscharakter und wird daher als zusätzlicher Zinsertrag über die Restlaufzeit der Anleihe verteilt.[395]

Die fortgeführten Anschaffungskosten während der Laufzeit der Anleihe lassen sich dann unter Verwendung des ermittelten Effektivzinssatzes bestimmen. Die fortgeführten Anschaffungskosten der Anleihe können der Tabelle 4 entnommen werden:

Zeitpunkt	Fortgeführte Anschaffungskosten (in GE)	Nominalzins (in GE)	Amortisation des Disagios (in GE)	Rechnerischer Zinsertrag (in GE)
t = 0	81,04	--	--	--
t = 1	84,14	5	3,1	8,10
t = 2	87,56	5	3,42	8,42
t = 3	91,32	5	3,76	8,76
t = 4	95,45	5	4,13	9,13
t = 5	100	5	4,55	9,55

Tabelle 4: Ermittlung der fortgeführten Anschaffungskosten mittels der Effektivzinsmethode

Die fortgeführten Anschaffungskosten der Anleihe in einer Periode erhält man, indem der Buchwert der Vorperiode mit dem Effektivzinssatz aufgezinst wird und von diesem Betrag der in dieser Periode erhaltene Nominalzins abgezogen wird.[396] Exemplarisch sei die Ermittlung der fortgeführten Anschaffungskosten zum Zeitpunkt **t = 3** erläutert. Zunächst ist hierfür der Buchwert der Vorperio-

[395] Vgl. Löw, E./Lorenz, K., Ansatz und Bewertung von Finanzinstrumenten, S. 506; Barz, K./Eckes, B./Weigel, W., IFRS für Banken, S. 337.

[396] Vgl. Bellavite-Hövermann, Y./Barckow, A., in: Baetge u. a., Rechnungslegung nach IFRS, 2. Aufl., IAS 39 – Finanzinstrumente, Rn. 124.

de (87,56 GE) mit dem zuvor errechneten Effektivzinssatz in Höhe von 10 Prozent aufzuzinsen (87,56 GE * 1,1 = 96,32 GE). In einem nächsten Schritt ist von diesem Wert der erhaltene Nominalzins in Höhe von **5 GE** abzuziehen. Die Höhe der fortgeführten Anschaffungskosten der Anleihe zum Zeitpunkt t = 3 entspricht demnach **91,32 GE**.

422. Wertminderung von zu fortgeführten Anschaffungskosten bewerteten finanziellen Vermögenswerten

422.1 Bisherige Vorschriften nach IAS 39

Bei der Folgebewertung eines finanziellen Vermögenswertes sind etwaige Wertminderungen, die aufgrund des Ausfallrisikos bei einem finanziellen Vermögenswert vorzunehmen sind, im Rahmen der Ermittlung der fortgeführten Anschaffungskosten zu berücksichtigen.[397] Um die Hintergründe, die zu den Vorschlägen für die künftigen Wertminderungsvorschriften des IFRS 9 geführt haben, zu verdeutlichen, sollen zunächst die aktuell noch geltenden Wertminderungsvorschriften des IAS 39 dargestellt werden. Anschließend werden die wesentlichen Kritikpunkte an diesen Vorschriften herausgestellt.

Nach IAS 39 ist ein finanzieller Vermögenswert, der zu fortgeführten Anschaffungskosten folgebewertet wird, auf eine Wertminderung hin zu untersuchen.[398] Diese Überprüfung ist nach IAS 39 anhand eines zweistufigen Wertminderungstests vorzunehmen.[399] Auf der **ersten Stufe** ist nach IAS 39.58 zu jedem Abschlussstichtag zu überprüfen, ob ein **objektiver Hinweis** auf eine Wertminderung bei einem finanziellen Vermögenswert oder einer Gruppe von finanziellen Vermögenswerten vorliegt (Triggering Event). Konzeptionell basiert der Wertminderungstest nach IAS 39 hierbei auf einem **Incurred-Loss-Ansatz**,[400] da eine Wertminderung nach IAS 39.59 nur vorliegt, sofern ein objektiver Hinweis identifiziert werden kann, dass ein Verlustereignis **nach der erstmaligen Erfassung** eines finanziellen Vermögenswertes **eingetreten** ist und dies Einfluss auf die erwarteten künftigen Zahlungsströme des finanziellen Vermögenswertes nimmt. Verluste aus künfti-

[397] Vgl. zur Berücksichtigung des Ausfallrisikos im Rahmen der Wertminderung von finanziellen Vermögenswerten, die zu fortgeführten Anschaffungskosten folgebewertet werden, WOHLMANNSTETTER, G./ECKERT, S./MAIFARTH, M./WOLFGARTEN, W., Rechnungslegung für Kreditrisiken, S. 532; BARZ, K./ECKES, B./WEIGEL, W., IFRS für Banken, S. 366; BRENDEL, B./STERZENBACH, S., in: Lüdenbach/Hoffmann, Haufe IFRS Kommentar, 9. Aufl., § 38, Rn. 57.

[398] Nach IAS 39 sind finanzielle Vermögenswerte, die bei ihrem erstmaligen Ansatz in die Kategorie „Held-to-Maturity" oder „Loans and Receivables" klassifiziert wurden, bei der Folgebewertung mit ihren fortgeführten Anschaffungskosten zu bewerten, vgl. LÖW, E./LORENZ, K., Ansatz und Bewertung von Finanzinstrumenten, S. 526.

[399] Vgl. BRENDEL, B./STERZENBACH, S., in: Lüdenbach/Hoffmann, Haufe IFRS Kommentar, 9. Aufl., § 38, Rn. 46.

[400] Vgl. IDW (Hrsg.), IDW RS HFA 9, Tz. 241. Mit dem Rückgriff auf den Incurred-Loss-Ansatz wird beabsichtigt, ausschließlich den tatsächlichen Verlust, der durch einen leistungsgestörten Kredit verursacht wird, im Rahmen der Rechnungslegung zu erfassen, vgl. WOHLMANNSTETTER, G./ECKERT, S./MAIFARTH, M./WOLFGARTEN, W., Rechnungslegung für Kreditrisiken, S. 532.

gen Ausfallereignissen, die zum Abschlussstichtag noch nicht eingetreten sind, werden demnach bei der Bestimmung der Wertminderung nicht berücksichtigt.[401]

Eine Aufzählung von **objektiven Hinweisen,** die auf eine Wertminderung bei einem finanziellen Vermögenswert hindeuten, ist in IAS 39.59 enthalten. Beispielsweise stellen erhebliche finanzielle Schwierigkeiten eines Schuldners[402] sowie ein Ausfall oder Verzug von vertraglich zugesicherten Zins- oder Tilgungszahlungen[403] objektive Hinweise auf eine Wertminderung dar. Die Prüfung nach einem objektiven Hinweis findet bei **bedeutsamen** finanziellen Vermögenswerten anhand einer Einzelfallbetrachtung statt.[404] Finanzielle Vermögenswerte von **untergeordneter Bedeutung**[405] können hingegen sowohl auf individueller als auch auf kollektiver Ebene nach einem objektiven Hinweis geprüft werden.[406] Kann im Rahmen einer Einzelfallbetrachtung kein objektiver Hinweis auf eine Wertminderung identifiziert werden bzw. wird eine individuelle Betrachtung bei finanziellen Vermögenswerten von untergeordneter Bedeutung nicht vorgenommen, sind diese Vermögenswerte in Gruppen mit gleichen Ausfallrisikomerkmalen[407] einzuordnen und auf dieser Portfolioebene nach Wertminderungen hin zu untersuchen.[408]

Sofern im Rahmen einer Einzelfallbetrachtung ein objektiver Hinweis auf eine Wertminderung identifiziert wird, ist die Höhe der Wertminderung individuell zu beurteilen.[409]

Die Bestimmung der Höhe der Wertminderung stellt die **zweite Stufe** des Wertminderungsprozesses dar.[410] Der Wertminderungsbetrag bestimmt sich aus der Differenz zwischen dem Buchwert[411] des finanziellen Vermögenswertes und dem Barwert[412] der aus dem finanziellen Vermögenswert

[401] Vgl. hierzu auch GEBHARDT, G./STRAMPELLI, S., Bilanzierung von Kreditrisiken, S. 516 f.; BRENDEL, B./STERZENBACH, S., in: Lüdenbach/Hoffmann, Haufe IFRS Kommentar, 9. Aufl., § 38, Rn. 49.

[402] Vgl. IAS 39.59(a).

[403] Vgl. IAS 39.59(b).

[404] Vgl. IAS 39.64.

[405] Die Beurteilung, ob ein finanzieller Vermögenswert von untergeordneter Bedeutung ist, kann entweder anhand seines Betrages oder anhand anderer Risikomerkmale wie bspw. der Ratingklasse vorgenommen werden, vgl. IDW (Hrsg.), IDW RS HFA 9, Tz. 257.

[406] Vgl. IAS 39.64.

[407] Geschätzte Ausfallwahrscheinlichkeiten oder Ausfallrisikostufen sind Beispiele für Ausfallrisikomerkmale, nach denen homogene Portfolios gebildet werden können, vgl. IDW (Hrsg.), IDW RS HFA 9, Tz. 258.

[408] Vgl. IAS 39.64; LÖW, E./LORENZ, K., Ansatz und Bewertung von Finanzinstrumenten, S. 529; BARZ, K./ECKES, B./WEIGEL, W., IFRS für Banken, S. 378; IDW (Hrsg.), IDW RS HFA 9, Tz. 254; BÄR, M., Wertminderungsmodell für finanzielle Vermögenswerte, S. 291.

[409] Vgl. LÖW, E./LORENZ, K., Ansatz und Bewertung von Finanzinstrumenten, S. 529.

[410] Vgl. BARZ, K./ECKES, B./WEIGEL, W., IFRS für Banken, S. 364; BÄR, M., Wertminderungsmodell für finanzielle Vermögenswerte, S. 290.

[411] Dieser entspricht den fortgeführten Anschaffungskosten des finanziellen Vermögenswertes, vgl. BRENDEL, B./STERZENBACH, S., in: Lüdenbach/Hoffmann, Haufe IFRS Kommentar, 9. Aufl., § 38, Rn. 56.

[412] Der Barwert ist dabei unter Verwendung des ursprünglichen Effektivzinssatzes zu ermitteln, vgl. IAS 39.63.

noch zu erwartenden künftigen Zahlungsströme.[413] Bei der Bestimmung der künftig noch zu erwartenden Zahlungsströme finden **erwartete Kreditverluste keine** Berücksichtigung.[414]

Liegt hingegen ein Hinweis auf eine Wertminderung bei einer Betrachtung auf Portfolioebene vor, so ist eine **Portfoliowertberichtigung**[415] zu erfassen.[416] Hierdurch soll eine Vorsorge für bereits eingetretene Ausfallereignisse, die dem Bilanzierenden jedoch noch nicht bekannt geworden sind, getroffen werden (**incurred but not reported**).[417] Daher bildet die Wertminderung auf Portfoliobasis einen Zwischenschritt bis zu dem Zeitpunkt, an dem die Wertminderung einem individuellen finanziellen Vermögenswert zugeordnet werden kann.[418] Die Portfoliowertberichtigung kann dabei anhand von historischen Ausfallraten ermittelt werden.[419] Hierbei liegt die Annahme zugrunde, dass diese Daten einen guten Schätzer für die Höhe der Verluste aus **bereits eingetretenen Ausfällen**, die dem Bilanzierenden jedoch noch nicht bekannt geworden sind, bilden. Dies wird in IAS 39.AG90 beispielhaft an Kreditkartenforderungen verdeutlicht, da bei diesen ein unterjähriger Forderungsausfall anhand von **historischen Sterblichkeitsraten** der Kreditnehmer geschätzt werden kann, auch wenn einem Unternehmen bis zum Jahresende noch keine Information hinsichtlich des Verlustereignisses (Tod des Kreditnehmers) vorliegt.

Festzuhalten bleibt daher, dass auch im Rahmen einer Portfoliowertberichtigung keine künftigen, sondern nur **bereits eingetretene Verlustereignisse** zu berücksichtigen sind.[420]

---

413 Vgl. IAS 39.63. Der Buchwert ist dabei entweder direkt oder unter Verwendung eines Wertberichtigungskontos in Höhe des Verlustes zu vermindern, vgl. IAS 39.63. Zur Berücksichtigung von Wertminderungen über ein Wertberichtigungskonto vgl. auch Abschnitt 422.21. Sofern für einen finanziellen Vermögenswert ein beobachtbarer Marktpreis vorliegt, besteht nach IAS 39.AG84 die Möglichkeit, die Wertminderung auf der Grundlage dieses Marktpreises zu bestimmen, vgl. hierzu auch BRENDEL, B./STERZENBACH, S., in: Lüdenbach/Hoffmann, Haufe IFRS Kommentar, 9. Aufl., § 38, Rn. 57.

414 Vgl. IAS 39.63; GEBHARDT, G./STRAMPELLI, S., Bilanzierung von Kreditrisiken, S. 516.

415 Hinsichtlich der Bestimmung einer Wertminderung im Rahmen einer Portfoliobetrachtung kann eine Unterscheidung zwischen einer Portfoliowertberichtigung (bei Portfolien, die aus bedeutsamen finanziellen Vermögenswerten bestehen) und einer pauschalierten Einzelwertberichtigung (bei Portfolien, die sich aus finanziellen Vermögenswerten von untergeordneter Bedeutung zusammensetzen), vorgenommen werden, vgl. LÖW, E./LORENZ, K., Ansatz und Bewertung von Finanzinstrumenten, S. 530. Da die Vorgehensweise bei der Bestimmung der Wertminderung auf Portfolioebene bei beiden Verfahren jedoch weitestgehend identisch ist, soll im Weiteren auf eine derartige Differenzierung verzichtet werden, vgl. hierzu auch IDW (Hrsg.), IDW RS HFA 9, Tz. 254.

416 Vgl. BARZ, K./ECKES, B./WEIGEL, W., IFRS für Banken, S. 378 f. Die Notwendigkeit einer Wertberichtigung auf Portfolioebene lässt sich darauf zurückführen, dass oftmals Ausfallereignisse vorliegen, die jedoch noch nicht bekannt sind, vgl. BARZ, K./ECKES, B./WEIGEL, W., IFRS für Banken, S. 379; GEBHARDT, G./STRAMPELLI, S., Bilanzierung von Kreditrisiken, S. 517 f.

417 Vgl. LÖW, E./LORENZ, K., Ansatz und Bewertung von Finanzinstrumenten, S. 531; BARZ, K./ECKES, B./WEIGEL, W., IFRS für Banken, S. 379; WOHLMANNSTETTER, G./ECKERT, S./MAIFARTH, M./WOLFGARTEN, W., Rechnungslegung für Kreditrisiken, S. 534; WIMMER, K./KUSTERER, S., Kreditrisikovorsorgemodelle, S. 457; BRENDEL, B./STERZENBACH, S., in: Lüdenbach/Hoffmann, Haufe IFRS Kommentar, 9. Aufl., § 38, Rn. 52.

418 Vgl. IDW (Hrsg.), IDW RS HFA 9, Tz. 253; BARZ, K./ECKES, B./WEIGEL, W., IFRS für Banken, S. 381.

419 Vgl. IAS 39.AG89; IDW (Hrsg.), IDW RS HFA 9, Tz. 261.

420 Vgl. GEBHARDT, G./STRAMPELLI, S., Bilanzierung von Kreditrisiken, S. 517; WIMMER, K./KUSTERER, S., Kreditrisikovorsorgemodelle, S. 457; KUHN, S./SCHARPF, P., Financial Instruments nach IFRS, S. 297; IDW (Hrsg.), IDW

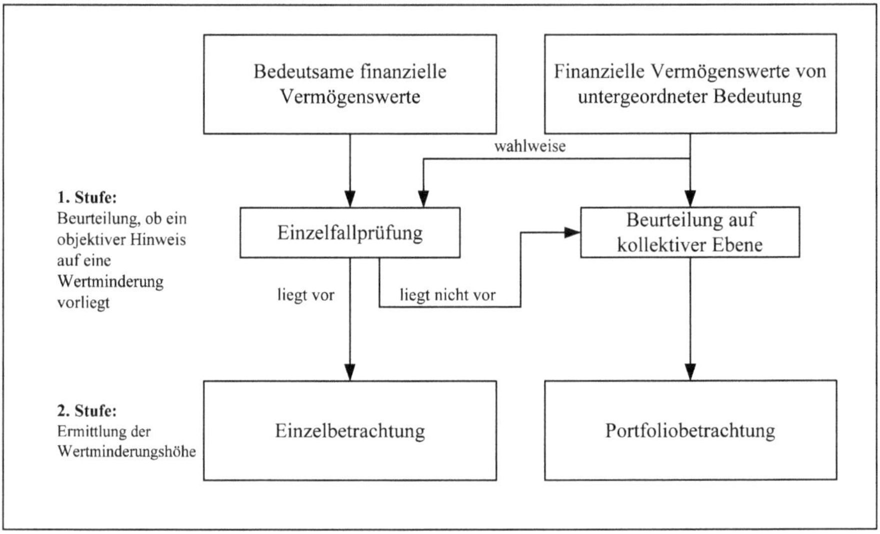

Abbildung 7: Wertminderungsvorschriften nach IAS 39[421]

An den Wertminderungsvorschriften des IAS 39 wird bereits seit ihrer Einführung im Jahr 2003 erhebliche Kritik geübt.[422] Diese hat sich durch die Finanzkrise nochmals verstärkt.[423] Vor allem steht das diesen Vorschriften zugrundeliegende **Incurred-Loss-Modell** im Zentrum der Kritik. Diese zielt darauf, dass die **Höhe** einer nach dem Incurred-Loss-Modell vorzunehmenden Wertminderung einen zu geringen Umfang einnimmt und erst **verspätet** durchgeführt wird (**„too little, too late“**[424]).[425] Dies ist zum einen darauf zurückzuführen, dass eine Wertminderung nach dem Incurred-Loss-Modell erst zu erfassen ist, wenn ein objektiver Hinweis auf diese vorliegt. Da die Identifizierung eines objektiven Hinweises auf den **tatsächlichen Eintritt** des Ausfallereignisses abstellt, wird hierdurch die Erfassung einer Wertminderung verzögert („too late“).[426] Ansteigende Ausfall-

RS HFA 9, Tz. 253. Die Wertminderung auf Portfolioebene basiert demnach ebenfalls auf einem Incurred-Loss-Ansatz, vgl. WIMMER, K./KUSTERER, S., Kreditrisikovorsorgemodelle, S. 457.

421 Vgl. KUHN, S., Abbildung von Finanzinstrumenten, S. 177.

422 Vgl. hierzu auch BÄR, M., Wertminderungsmodell für finanzielle Vermögenswerte, S. 290.

423 Vgl. G-20 (Hrsg.), Declaration on Strengthening the Financial System, S. 5; FINANCIAL STABILITY FORUM (Hrsg.), Addressing Procyclicality, S. 19-21; FINANCIAL CRISIS ADVISORY GROUP (Hrsg.), Report of the Financial Crisis Advisory Group, S. 4.

424 EDELMANN, M., Bilanzierung von Finanzinstrumenten, S. 16.

425 Vgl. GEBHARDT, G./STRAMPELLI, S., Bilanzierung von Kreditrisiken, S. 520; HAAKER, A./FREIBERG, J., Kreditrisikobilanzierung nach dem Expected-Loss-Ansatz, S. 339.

426 Vgl. FINANCIAL CRISIS ADVISORY GROUP (Hrsg.), Report of the Financial Crisis Advisory Group, S. 4; SCHABER, M./MÄRKL, H./KROH, T., Exposure Draft zu fortgeführten Anschaffungskosten und Wertminderungen, S. 241. Ferner ist zu berücksichtigen, dass die Beurteilung, ob ein objektiver Hinweis auf eine Wertminderung vorliegt, oftmals zu Schwierigkeiten geführt hat. Hierdurch wurde ebenfalls eine verzögerte Erfassung von Wertminderun-

erwartungen bleiben zunächst unberücksichtigt und werden erst bei dem Eintritt eines Ausfalls kumuliert im Periodenergebnis erfasst (**Cliff Effect**).[427] Die Identifizierung eines objektiven Hinweises stellt demnach eine **Schwelle** dar, die zunächst überschritten werden muss, damit eine Wertminderung vorgenommen werden kann.[428] Diese dem Incurred-Loss-Modell zugrundeliegende Schwelle, führt dazu, dass Wertminderungen bei finanziellen Vermögenswerten nur verzögert abgebildet werden.[429]

Zum anderen sind nach dem Incurred-Loss-Modell bei der Bestimmung der Höhe des Wertminderungsbetrages nur **eingetretene** Schadensfälle zu berücksichtigen.[430] Schadensfälle, die zwar sehr wahrscheinlich, jedoch noch nicht eingetreten sind, dürfen bei der Bestimmung der erwarteten Zahlungsströme nicht berücksichtigt werden, so dass die Höhe des Wertminderungsbetrages i. d. R. zu niedrig ausfällt („too little").

Ein weiterer Nachteil des Incurred-Loss-Modells besteht darin, dass die Kreditvergabeentscheidung eines Unternehmens inkonsistent abgebildet wird.[431] Bei der Kreditvergabe werden die hinsichtlich eines Schuldners bestehenden Ausfallerwartungen in Form einer Ausfallprämie bereits im Nominalzinssatz berücksichtigt.[432] Solange kein Ausfallereignis eingetreten ist, wird diese Prämie nach dem Incurred-Loss-Modell als Zinsertrag vereinnahmt, ohne dabei zu berücksichtigen, dass es sich hierbei um eine Kompensation für etwaige Ausfälle in der Zukunft handelt.[433] Die Ertragslage des Bilanzierenden wird in diesem Fall zu hoch ausgewiesen (Front-loading),[434] da es sich bei einem Teil der erhaltenen Zinserträge um eine Kompensation für etwaige Kreditverluste handelt und dieser Teil demnach in eine Risikovorsorge eingestellt werden sollte, anstelle dem Unternehmen für

---

gen bei finanziellen Vermögenswerten hervorgerufen, vgl. hierzu auch HAAKER, A./FREIBERG, J., Kreditrisikobilanzierung nach dem Expected-Loss-Ansatz, S. 340; Financial Crisis Advisory Group (Hrsg.), Report of the Financial Crisis Advisory Group, S. 4; NIEHAUS, H.-J., Finanzmarktstabilität, S. 769; IASB (Hrsg.), ED: Impairment, Tz. BC11(d); FINANCIAL STABILITY FORUM (Hrsg.), Addressing Procyclicality, S. 21; WIMMER, K./KUSTERER, S., Kreditrisikovorsorgemodelle, S. 461; BÄR, M., Wertminderungsmodell für finanzielle Vermögenswerte, S. 290.

427 Vgl. IASB (Hrsg.), ED: Impairment, Tz. BC11(b); SCHMIDT, M., Wertminderungen bei Finanzinstrumenten, S. 287; BÄR, M., Wertminderungsmodell für finanzielle Vermögenswerte, S. 290.

428 Vgl. SCHABER, M./MÄRKL, H./KROH, T., Exposure Draft zu fortgeführten Anschaffungskosten und Wertminderungen, S. 241.

429 Vgl. KPMG (Hrsg.), ED/2009/12 Financial Instruments, S. 1; Financial Crisis Advisory Group (Hrsg.), Report of the Financial Crisis Advisory Group, S. 4; SCHABER, M./MÄRKL, H./KROH, T., Exposure Draft zu fortgeführten Anschaffungskosten und Wertminderungen, S. 241; IASB (Hrsg.), ED: Impairment, Tz. IN8.

430 Vgl. SCHABER, M./MÄRKL, H./KROH, T., Exposure Draft zu fortgeführten Anschaffungskosten und Wertminderungen, S. 241.

431 Vgl. IASB (Hrsg.), ED: Impairment, Tz. BC11(c).

432 Vgl. MEHL, S./SCHNEIDER, W./AMELY, T., Abbildung von Ausfallrisiken in der externen Rechnungslegung, S. 242; FLICK, P./GEHRER, J./MEYER, S., Wertberichtigungen von Finanzinstrumenten nach IFRS, S. 222; WIMMER, K./KUSTERER, S., Kreditrisikovorsorgemodelle, S. 461; MARTIN, M. R. W./REITZ, S./WEHN, C. S., Kreditderivate und Kreditrisikomodelle, S. 3.

433 Vgl. FLICK, P./GEHRER, J./MEYER, S., Wertberichtigungen von Finanzinstrumenten nach IFRS, S. 222.

434 Vgl. KPMG (Hrsg.), ED/2009/12 Financial Instruments, S. 1; IASB (Hrsg.), ED: Impairment, Tz. BC11(a); BÄR, M., Wertminderungsmodell für finanzielle Vermögenswerte, S. 290.

andere Zwecke zur Verfügung zu stehen.[435] Tritt ein tatsächlicher Ausfall ein, schlägt sich die Höhe des Ausfalls in vollem Umfang auf die Ertragslage einer Periode nieder, da die in den Zinserträgen enthaltene Ausfallprämie nicht in eine Risikovorsorge eingestellt wurde, gegen die der entsprechende Verlust ergebnisneutral verrechnet werden könnte. Es kommt damit zu einer **asymmetrischen** Behandlung der Ausfallprämie und des Risikoaufwands.[436] Während der Laufzeit des Kreditengagements werden demnach Zinserträge erfasst, von denen bereits im Zugangszeitpunkt erwartet wird, dass diese durch einen später auftretenden Ausfall und durch die vorzunehmende Wertminderung teilweise wieder korrigiert werden.[437]

Diese asymmetrische Erfassung der Ausfallprämie und des Risikoaufwands kann sich hierbei **prozyklisch**[438] auf die Kreditvergabe auswirken. Gerade bei der Geschäftstätigkeit von Banken kann dies in Zeiten geringer Ausfälle (dies dürfte zumeist in wirtschaftlichen Aufschwüngen der Fall sein) zu einer Ausweitung der Kreditvergabe führen, da den erhaltenen Ausfallprämien nicht der anteilige kalkulatorische Kreditverlust, sondern der tatsächliche Kreditverlust, der in dieser Phase deutlich geringer ausfallen dürfte, gegenübersteht.[439] In Zeiten hoher Ausfälle (zumeist in wirtschaftlichen Abschwüngen) tritt hingegen der umgekehrte Wirkungszusammenhang auf.[440] Sofern die Erträge einer Periode nicht hinreichend hoch sind, um etwaige Verluste aus dem Ausfall von Kreditverlusten zu decken, werden Eigenmittel der Bank verbraucht, was i. d. R. dazu führt, dass eine Bank aufgrund der Mindesteigenkapitalanforderung nach Basel II ihre Risikoaktiva verringern muss.[441] Dies führt zu einer Kreditverknappung.[442]

Dem Incurred-Loss-Modell wurde im Rahmen der Finanzkrise eine derartige prozyklische Wirkung nachgesagt.[443] Daher wurde der IASB von verschiedenster Seite dazu aufgefordert, ein neues

---

[435] Vgl. hierzu auch WOHLMANNSTETTER, G./ECKERT, S./MAIFARTH, M./WOLFGARTEN, W., Rechnungslegung für Kreditrisiken, S. 534; FLICK, P./GEHRER, J./MEYER, S., Wertberichtigungen von Finanzinstrumenten nach IFRS, S. 222; WIMMER, K./KUSTERER, S., Kreditrisikovorsorgemodelle, S. 461.

[436] Vgl. WOHLMANNSTETTER, G./ECKERT, S./MAIFARTH, M./WOLFGARTEN, W., Rechnungslegung für Kreditrisiken, S. 534; MEHL, S./SCHNEIDER, W./AMELY, T., Abbildung von Ausfallrisiken in der externen Rechnungslegung, S. 241; NIEHAUS, H.-J., Finanzmarktstabilität, S. 769.

[437] Vgl. SCHMIDT, M., Wertminderungen bei Finanzinstrumenten, S. 287.

[438] Vgl. FLICK, P./GEHRER, J./MEYER, S., Wertberichtigungen von Finanzinstrumenten nach IFRS, S. 222; MÜLLER, K.-P., Auswirkungen der Finanzmarktkrise, S. I.

[439] Vgl. WOHLMANNSTETTER, G./ECKERT, S./MAIFARTH, M./WOLFGARTEN, W., Rechnungslegung für Kreditrisiken, S. 534; SCHMIDT, M., Wertminderungen bei Finanzinstrumenten, S. 287.

[440] Vgl. GEBHARDT, G./STRAMPELLI, S., Bilanzierung von Kreditrisiken, S. 520; MEHL, S./SCHNEIDER, W./AMELY, T., Abbildung von Ausfallrisiken in der externen Rechnungslegung, S. 243.

[441] Die nach Basel II geforderte Mindesteigenkapitalquote einer Bank beträgt 8 Prozent, vgl. WILKENS, M./ENTROP, O./VÖLKER, J., Strukturen und Methoden von Basel II, S. 187.

[442] Vgl. WOHLMANNSTETTER, G./ECKERT, S./MAIFARTH, M./WOLFGARTEN, W., Rechnungslegung für Kreditrisiken, S. 534.

[443] Vgl. FINANCIAL STABILITY FORUM (Hrsg.), Addressing Procyclicality, S. 20 f.; WIMMER, K./KUSTERER, S., Kreditrisikovorsorgemodelle, S. 461.

Wertminderungsmodell zu erarbeiten, durch welches potenzielle Ausfälle frühzeitig berücksichtigt und prozyklische Effekte vermieden werden.[444]

422.2 Vorschläge für die künftigen Wertminderungsvorschriften des IFRS 9

422.21 Überblick

Die Schwächen des Incurred-Loss-Modells beabsichtigt der IASB durch einen Wechsel des Wertminderungskonzeptes zu beheben.[445] Gegenwärtig liegen mit dem **ED/2009/12** und dem **Ergänzungsentwurf zum ED/2009/12** zwei unterschiedliche Vorschläge seitens des IASB für die künftigen Wertminderungsvorschriften in IFRS 9 vor. Diesen Vorschlägen ist jedoch gemeinsam, dass sie konzeptionell nicht mehr auf einem Incurred-Loss-Modell, sondern auf einem **Expected-Loss-Modell** basieren. Da sich die beiden Vorschläge hauptsächlich hinsichtlich der Allokationsvorschriften für den erwarteten Kreditverlust unterscheiden, soll zunächst das allgemeine Konzept des Expected-Loss-Modells vorgestellt werden. Im weiteren Verlauf dieses Kapitels werden dann die hinsichtlich der Allokation des erwarteten Kreditverlustes bestehenden Unterschiede zwischen diesen Vorschlägen erörtert.

Mit einem Expected-Loss-Modell wird grundsätzlich beabsichtigt, erwartete Kreditverluste, ohne dass hierfür bereits ein konkretes Ausfallereignis eingetreten sein muss, **frühzeitiger** zu berücksichtigen.[446] Erreicht wird dies durch den frühzeitigen Aufbau einer Risikovorsorge für künftig erwartete Ausfälle, gegen die tatsächlich eintretende Verluste zu buchen sind.[447] Hierzu ist zum Zugangszeitpunkt eines finanziellen Vermögenswertes der über die Gesamtlaufzeit des Instrumentes zu erwartende Kreditverlust zu schätzen (**Lifetime Expected Loss (LEL)**) und während der Laufzeit sukzessiv in eine Risikovorsorge einzustellen. Der in einer Periode in die Risikovorsorge einzustellende Wertminderungsbetrag reduziert dabei den entsprechenden Bruttozinsertrag des finanziellen

[444] Vgl. FINANCIAL CRISIS ADVISORY GROUP (Hrsg.), Report of the Financial Crisis Advisory Group, S. 7; Financial Stability Forum (Hrsg.), Addressing Procyclicality, S. 21, MÜLLER, K.-P., Auswirkungen der Finanzmarktkrise, S. I; NIEHAUS, H.-J., Finanzmarktstabilität, S. 770; SCHMIDT, M., Wertminderungen bei Finanzinstrumenten, S. 288.

[445] Vgl. SCHMIDT, M., Wertminderungen bei Finanzinstrumenten, S. 288; WIMMER, K./KUSTERER, S., Kreditrisikovorsorgemodelle, S. 461.

[446] Vgl. IASB (Hrsg.), ED: Impairment, Tz. BC25; SCHABER, M./MÄRKL, H./KROH, T., Exposure Draft zu fortgeführten Anschaffungskosten und Wertminderungen, S. 241. Der unerwartete Kreditverlust ist hingegen nicht zu berücksichtigen, vgl. GRÜNBERGER, D./SOPP, G., Kredit- und Liquiditätsrisiko bei der Fair Value-Ermittlung, S. 442. Die EFRAG führt hierzu aus, dass unerwartete Verluste durch aufsichtsrechtliche Regelungen und nicht durch Wertminderungsvorschriften in der Rechnungslegung adressiert werden sollen, vgl. EFRAG & FEE (Hrsg.), Impairment of Financial Assets, Tz. 40. Ebenso IASB (Hrsg.), Expert Advisory Panel, Tz. A12. Vgl. zum unerwarteten Verlust auch Abschnitt 222.2.

[447] Vgl. IASB (Hrsg.), ED: Impairment, Tz. B22. Sofern Ausfälle in erwarteter Höhe eintreffen, führt dies zu keinem zusätzlichen Wertminderungsaufwand, vgl. SCHMIDT, M., Wertminderungen bei Finanzinstrumenten, S. 289.

Vermögenswertes.[448] Der Risikovorsorgebestand selber ist auf einem **Wertberichtigungskonto** zu buchen,[449] dessen Höhe den Buchwert des entsprechenden finanziellen Vermögenswertes reduziert.[450]

Durch den Wechsel des Wertminderungsmodells zu einem Expected-Loss-Modell sollen demnach zwei zentrale Schwächen des Incurred-Loss-Modells behoben werden. Zum einen sollen durch das Expected-Loss-Modell erwartete Kreditausfälle frühzeitig berücksichtigt werden.[451] Die Bildung einer Risikovorsorge für den erwarteten Kreditverlust eines finanziellen Vermögenswertes ist bereits während seiner Laufzeit und nicht erst bei dem Eintritt eines tatsächlichen Verlustereignisses vorzunehmen (Triggering Event), so dass nach dem Expected-Loss-Modell keine Verlustschwelle mehr überschritten werden muss,[452] was nach dem Incurred-Loss-Modell i. d. R. zu einer verspäteten Erfassung einer Wertminderung geführt hat.[453] Zum anderen soll durch den Aufbau der Risikovorsorge, korrespondierend zu der Vereinnahmung der Ausfallprämie, die implizit im Bruttozinsertrag enthalten ist, eine symmetrische Erfassung von Ausfallprämie und Risikoaufwand ermöglicht werden,[454] wodurch prozyklische Effekte bei der Kreditvergabe verringert werden sollen.[455]

422.22 Erwarteter Kreditverlust der Gesamtlaufzeit (Expected-Loss-Modell)

Den zentralen Bestandteil des Expected-Loss-Modells bildet dabei die Schätzung des erwarteten Kreditverlustes zum Einbuchungszeitpunkt und in den Folgejahren. Der erwartete Kreditverlust kann entweder auf Ebene eines einzelnen finanziellen Vermögenswertes oder auf kollektiver Basis (Portfolioebene) geschätzt werden.[456] Da sich der erwartete Kreditverlust einer Gruppe von finanziellen Vermögenswerten aus der Summe der erwarteten Kreditverluste der zugrundeliegenden einzelnen finanziellen Vermögenswerte zusammensetzt,[457] soll im weiteren Verlauf der Arbeit nur die

---

448 Vgl. SCHMIDT, M., Wertminderungen bei Finanzinstrumenten, S. 288 f.; FLICK, P./GEHRER, J./MEYER, S., Wertberichtigungen von Finanzinstrumenten nach IFRS, S. 229; SCHABER, M./MÄRKL, H./KROH, T., Exposure Draft zu fortgeführten Anschaffungskosten und Wertminderungen, S. 245.

449 Vgl. FLICK, P./GEHRER, J./MEYER, S., Wertberichtigungen von Finanzinstrumenten nach IFRS, S. 223.

450 Vgl. hierzu auch BARZ, K./ECKES, B./WEIGEL, W., IFRS für Banken, S. 906 f.; IDW (Hrsg.), IDW RS HFA 9, Rn. 243; HELKE, I./BÄR, M./MORAWIETZ, A., Bilanzierung von Wertminderungen, S. 454; FLINTROP, B., in: Bohl u. a., Beck'sches IFRS-Handbuch, 3. Aufl., § 39, Rn. 15.

451 Vgl. IASB (Hrsg.), ED: Impairment, Tz. BC33; IASB (Hrsg.), Supplement to ED/2009/12, Tz. IN5(a).

452 Vgl. IASB (Hrsg.), ED: Impairment, Tz. BC25; BÄR, M., Wertminderungsmodell für finanzielle Vermögenswerte, S. 293; SCHABER, M./MÄRKL, H./KROH, T., Exposure Draft zu fortgeführten Anschaffungskosten und Wertminderungen, S. 241.

453 Vgl. Abschnitt 422.1.

454 Vgl. hierzu auch IASB (Hrsg.), ED: Impairment, Tz. BC37.

455 Vgl. hierzu auch Abschnitt 422.1.

456 Vgl. IASB (Hrsg.), ED: Impairment, Tz. B4. Der ursprüngliche Exposure Draft spricht in diesem Zusammenhang von der Schätzung erwarteter Cashflows eines finanziellen Vermögenswertes. Da sich die erwarteten Cashflows eines finanziellen Vermögenswertes, welcher der Kategorie „Fortgeführte Anschaffungskosten" zugeordnet wurde, i. d. R. lediglich aufgrund des zu berücksichtigenden erwarteten Kreditverlustes von den vertraglichen Cashflows unterscheiden, soll im Folgenden die Schätzung des erwarteten Kreditverlustes im Vordergrund stehen.

457 Vgl. GRÜNBERGER, D., Der Lifetime-Expected Loss, S. 3; Abschnitt 222.1.

Ermittlung des erwarteten Kreditverlustes eines **einzelnen** finanziellen Vermögenswertes betrachtet werden.

Bereits zum Zugangszeitpunkt ist der über die Gesamtlaufzeit eines finanziellen Vermögenswertes zu erwartende Kreditverlust **(Lifetime Expected Loss)** zu schätzen.[458] Der erwartete Kreditverlust der Gesamtlaufzeit ist dabei in Form eines Erwartungswertes zu bestimmen.[459] Hierzu sind der zeitliche Anfall und die entsprechende Höhe des Kreditverlustes zu determinieren und anhand von Wahrscheinlichkeiten zu einem Erwartungswert zu verdichten.[460]

Konkret lässt sich der erwartete Kreditverlust der Gesamtlaufzeit auch hier aus den Komponenten der Ausfallwahrscheinlichkeit (PD), der Verlustquote (LGD) und der Höhe des Kreditengagements zum Ausfallzeitpunkt (EAD) ermitteln.[461] Da es sich bei dem erwarteten Kreditverlust der Gesamtlaufzeit i. d. R. nicht um eine einperiodige, sondern um eine mehrperiodige Verlustschätzung handelt, sind zu seiner Ermittlung die erwarteten Kreditverluste einer jeden Periode (1 bis n) zu bestimmen und anschließend zum erwarteten Kreditverlust der Gesamtlaufzeit zu verdichten.[462] Die rechnerische Ermittlung des erwarteten Kreditverlustes der Gesamtlaufzeit anhand von **unbedingten Ausfallwahrscheinlichkeiten** wird anhand der Formel 5 verdeutlicht:

$$\begin{aligned} LEL_n = \;& \\ & \text{unbedingte } PD_1 * LGD_1 * EAD_1 \\ & + \text{unbedingte } PD_2 * LGD_2 * EAD_2 \\ & + \cdots + \text{ unbedingte } PD_n * LGD_n * EAD_n \\ & = \sum_{i=1}^{n} \text{unbedingte } PD_i * LGD_i * EAD_i \end{aligned}$$

Formel 5: Lifetime Expected Loss (unbedingte Ausfallwahrscheinlichkeiten)[463]

Die unbedingte Ausfallwahrscheinlichkeit PD_i stellt dabei die Wahrscheinlichkeit für den Ausfall des finanziellen Vermögenswertes in der Periode i aus heutiger Sicht dar.[464] Bei dem Rückgriff auf unbedingte Ausfallwahrscheinlichkeiten im Rahmen der Ermittlung des erwarteten Kreditverlustes

458 Vgl. IASB (Hrsg.), ED: Impairment, Tz. B3(c). Vgl. zum Lifetime Expected Loss GRÜNBERGER, D., Der Lifetime-Expected Loss, S. 29; FLICK, P./GEHRER, J./KRAKUHN, J., Geplante Änderungen des ED/2009/12, S. 547.

459 Vgl. IASB (Hrsg.), ED: Impairment, Tz. 8.

460 Vgl. EFRAG & FEE (Hrsg.), Impairment of Financial Assets, Tz. 39.

461 Vgl. FLICK, P./GEHRER, J./KRAKUHN, J., Geplante Änderungen des ED/2009/12, S. 548; GRÜNBERGER, D., Der Lifetime-Expected Loss, S. 30. Vgl. hierzu auch Abschnitt 222.3.

462 Vgl. GRÜNBERGER, D., Der Lifetime-Expected Loss, S. 30; WIMMER, K./KUSTERER, S., Kreditrisikovorsorgemodelle, S. 457. Für eine exakte Berechnung des erwarteten Kreditverlustes der Gesamtlaufzeit sind demnach die periodenspezifischen Parameter EAD_i, LGD_i und PD_i zu prognostizieren, vgl. GRÜNBERGER, D., Verteilung des Expected Loss, S. 243.

463 Vgl. GRÜNBERGER, D., Der Lifetime-Expected Loss, S. 29.

464 Vgl. GRÜNBERGER, D., Der Lifetime-Expected Loss, S. 30; HULL, J. C., Optionen, Futures und andere Derivate, S. 611; Abschnitt 222.312.

der Gesamtlaufzeit bestimmt sich die Höhe des Kreditengagements zum Ausfallzeitpunkt EAD_i aus der Summe der zu diesem Zeitpunkt i vertraglich noch ausstehenden Cashflows des finanziellen Vermögenswertes.[465]

Alternativ lässt sich der erwartete Kreditverlust der Gesamtlaufzeit auch anhand von **kumulierten Ausfallwahrscheinlichkeiten** berechnen.[466] Sofern anstelle der unbedingten Ausfallwahrscheinlichkeiten die kumulierten Ausfallwahrscheinlichkeiten zur Berechnung des erwarteten Kreditverlustes der Gesamtlaufzeit verwendet werden, bestimmt sich die **Höhe des Kreditengagements** zum Ausfallzeitpunkt anhand des vertraglichen Cashflows der entsprechenden Periode (Cashflow-Methode ($EAD_{CF(i)}$)). Rechnerisch führen beide Varianten zum gleichen Ergebnis.[467] Die Höhe des Kreditengagements zum Ausfallzeitpunkt lässt sich demnach anhand der vertraglichen Konditionen des finanziellen Vermögenswertes bestimmen. Die Ermittlung des erwarteten Kreditverlustes der Gesamtlaufzeit mittels **kumulierter Ausfallwahrscheinlichkeiten** wird anhand der Formel 6 verdeutlicht:

$$LEL_n = \text{kumulierte } PD_1 * LGD_1 * EAD_{CF(1)} + \text{kumulierte } PD_2 * LGD_2 * EAD_{CF(2)} + \cdots + \text{kumulierte } PD_n * LGD_n * EAD_{CF(n)} = \sum_{i=1}^{n} \text{kumulierte } PD_i * LGD_i * EAD_{CF(i)}$$

Formel 6: Lifetime Expected Loss (kumulierte Ausfallwahrscheinlichkeiten)

Die Berechnung des erwarteten Kreditverlustes der Gesamtlaufzeit anhand von unbedingten und mittels kumulierter Ausfallwahrscheinlichkeiten soll im Folgenden anhand eines finanziellen Vermögenswertes in der Ausprägungsform eines Fremdkapitalinstrumentes (Nominalwert = **100 GE**) verdeutlicht werden. Der Nominalzinssatz beträgt **10 Prozent** und die Restlaufzeit beträgt **fünf Jahre.** Am Ende der Laufzeit wird der Nominalwert in Höhe von **100 GE** zzgl. der jährlichen Zinszahlung in Höhe von **10 GE** zurückgezahlt. Die Verlustquote bei einem Ausfall des Schuldners soll vereinfacht mit LGD_i = 100 Prozent angenommen werden und über die Laufzeit des finanziellen Vermögenswertes konstant bleiben. Darüber hinaus wird angenommen, dass die unbedingten Ausfallwahrscheinlichkeiten für die Periode drei bis fünf mit PD_3 = 2 Prozent, PD_4 = 3,92 Prozent und PD_5 = 5,645 Prozent bereits vorliegen.

---

465 Vgl. GRÜNBERGER, D., Der Lifetime-Expected Loss, S. 30.

466 Vgl. zur unbedingten und kumulierten Ausfallwahrscheinlichkeit auch Abschnitt 222.312.

467 Vgl. hierzu auch WIMMER, K./KUSTERER, S., Kreditrisiko, S. 2050.

Erwarteter Kreditverlust der Gesamtlaufzeit						
Jahr (i)	1	2	3	4	5	Summe
Cashflows (in GE)	10	10	10	10	110	
EAD_i (in GE)	150	140	130	120	110	
Unbedingte PD_i	-	-	2 %	3,92 %	5,645 %	
Erwarteter Kreditverlust (in GE)			2,6	4,70	6,21	13,51
$EAD_{CF(i)}$ nach der Cashflow-Methode (in GE)	10	10	10	10	110	
Kumulierte PD_i	-	-	2 %	5,92 %	11,565 %	
Erwarteter Kreditverlust (in GE)			0,2	0,59	12,72	13,51

Tabelle 5: Erwarteter Kreditverlust der Gesamtlaufzeit

Der Tabelle 5 kann entnommen werden, dass sowohl die Berechnung anhand der unbedingten als auch nach den kumulierten Ausfallwahrscheinlichkeiten zu einem erwarteten Kreditverlust der Gesamtlaufzeit in Höhe von **13,51 GE** führt. Bei diesem Betrag handelt es sich um einen undiskontierten Wert für den erwarteten Kreditverlust der Gesamtlaufzeit. Für die Ermittlung eines barwertigen erwarteten Kreditverlustes der Gesamtlaufzeit ist der EAD_i nicht anhand der Summe der vertraglich noch ausstehenden Cashflows zu bestimmen, sondern anhand des **Barwertes dieser Cashflows**. Hierzu sind die zum Zeitpunkt i vertraglich noch ausstehenden Cashflows jeweils auf den Ausgangszeitpunkt zu diskontieren und anschließend aufzusummieren. Nach der Cashflow-Methode ermittelt sich der barwertige erwartete Kreditverlust der Gesamtlaufzeit, indem die periodenspezifischen **erwarteten Kreditverluste** auf den Ausgangszeitpunkt diskontiert und abschließend aufsummiert werden.[468]

Im Gegensatz zur Höhe des Kreditengagements zum Ausfallzeitpunkt EAD_i bestimmt sich die **Höhe der Verlustquote** LGD_i unabhängig von den gewählten Ausfallwahrscheinlichkeiten. Die LGD_i kann bspw. anhand der in Abschnitt 222.32 dargestellten Methoden ermittelt werden und

[468] Vgl. dazu auch GRÜNBERGER, D., Verteilung des Expected Loss, S. 243, Fn. 10.

ebenfalls über die Perioden variieren.[469] In der Regel wird die Verlustquote jedoch über die Laufzeit eines finanziellen Vermögenswertes konstant gehalten.[470]

Die periodenspezifischen Ausfallwahrscheinlichkeiten PD_i lassen sich i. d. R. nicht anhand der Vertragsdaten eines finanziellen Vermögenswertes bestimmen, da diese von der **Bonität** des entsprechenden Vertragspartners abhängen.[471] Eine der größten Herausforderungen eines Unternehmens im Rahmen der Ermittlung des erwarteten Kreditverlustes der Gesamtlaufzeit stellt demnach die Bestimmung der periodenspezifischen Ausfallwahrscheinlichkeiten dar.[472] Ein bilanzierendes Unternehmen hat hierfür zunächst die Bonität der Gegenpartei des finanziellen Vermögenswertes zu bestimmen und diese anschließend in entsprechende periodenspezifische Ausfallwahrscheinlichkeiten zu transformieren. Zu ihrer Ermittlung bieten sich u. a. interne oder externe Ratings als auch Marktdaten an.[473]

Für den Fall, dass einem finanziellen Vermögenswert keine individuellen Ausfallwahrscheinlichkeiten und Verlustquoten zugeordnet werden können, besteht ferner die Möglichkeit, den erwarteten Kreditverlust anhand einer Ausfallrate zu ermitteln.[474] Hierfür hat ein bilanzierendes Unternehmen auf der Basis von historischen Daten, welche für die entsprechende Risikoklasse des finanziellen Vermögenswertes im Unternehmen vorliegen, die Höhe der in der Vergangenheit in dieser Risikoklasse entstandenen Kreditverluste mit dem gesamten Nominalvolumen der finanziellen Vermögenswerte der entsprechenden Risikoklasse ins Verhältnis zu setzen. Der aus dieser Berechnung abgeleitete Prozentsatz (Ausfallrate) ist dann mit dem Nominalvolumen des finanziellen Vermögenswertes zu multiplizieren, um den erwarteten Kreditverlust zu erhalten.[475]

Die Schätzung des erwarteten Kreditverlustes hat ein bilanzierendes Unternehmen nicht nur einmalig zum Ansatzzeitpunkt eines finanziellen Vermögenswertes vorzunehmen. Zu jedem Bewertungsstichtag hat dieses eine erneute Prognose hinsichtlich der Höhe des erwarteten Kreditverlustes für die **verbleibende Restlaufzeit** eines finanziellen Vermögenswertes zu erstellen.[476] Demnach ist die Verlustschätzung regelmäßig an die aktuellen Gegebenheiten anzupassen.

---

469 Vgl. GRÜNBERGER, D., Der Lifetime-Expected Loss, S. 29.

470 Vgl. GRÜNBERGER, D./SOPP, G., Kredit- und Liquiditätsrisiko bei der Fair Value-Ermittlung, S. 443; GRÜNBERGER, D., Der Lifetime-Expected Loss, S. 33.

471 Zur Bedeutung der Ausfallwahrscheinlichkeit im Rahmen der Ermittlung von erwarteten Kreditverlusten vgl. auch LÄGER, V., Bewertung von Kreditrisiken und Kreditderivaten, S. 110; SCHMEISSER, W., Corporate Finance und Risk Management, S. 223; WIEDEMANN, A., Risikotriade, S. 142.

472 Vgl. hierzu auch WIMMER, K./KUSTERER, S., Kreditrisikovorsorgemodelle, S. 455 und S. 463.

473 Vgl. hierzu auch Abschnitt 222.31.

474 Vgl. HARTMANN-WENDELS, T./PFINGSTEN, A./WEBER, M., Bankbetriebslehre, S. 566 f.; IASB (Hrsg.), Expert Advisory Panel, Tz. A63 f.

475 Vgl. dazu auch BEINE, F./MEYER, C. H., in: Ballwieser u. a., Wiley Kommentar, 5. Aufl., Forderungen und andere Finanzinstrumente, Rn. 31; HARTMANN-WENDELS, T./PFINGSTEN, A./WEBER, M., Bankbetriebslehre, S. 568.

476 Vgl. IASB (Hrsg.), Supplement to ED/2009/12, Tz. 4; FISCHER, D. T., Amortised Cost and Impairment, S. 23; IASB (Hrsg.), ED: Impairment, Tz. 7.

Für den ermittelten erwarteten Kreditverlust ist im Rahmen des Expected-Loss-Modells während der Laufzeit eines finanziellen Vermögenswertes sukzessiv eine Risikovorsorge zu bilden.[477] Fällt ein finanzieller Vermögenswert während seiner Laufzeit aus, ist der tatsächliche Verlust gegen die bereits gebildete Risikovorsorge zu buchen. Sofern ein finanzieller Vermögenswert nicht ausfällt und sich die Ausfallerwartungen für die Restlaufzeit verringern, so wird die bereits gebildete Risikovorsorge im Zeitablauf aufgelöst.[478]
Die Risikovorsorgebildung und –auflösung soll im Folgenden anhand eines finanziellen Vermögenswertes, der während seiner Laufzeit (zehn Jahre) nicht ausfällt, verdeutlich werden. Hierbei wird unterstellt, dass der anfänglich erwartete Kreditverlust 50 GE beträgt. Dieser anfänglich erwartete Kreditverlust soll sich im Rahmen der jährlich durchzuführenden Neueinschätzung des erwarteten Kreditverlustes jeweils um 5 GE vermindern. Ferner soll aus Vereinfachungsgründen angenommen werden, dass die Höhe der Risikovorsorge anhand des zeitproportionalen erwarteten Kreditverlustes der Restlaufzeit[479] bestimmt wird. Abbildung 8 verdeutlicht den Auf- und Abbau der Risikovorsorge.

Für den betrachteten finanziellen Vermögenswert wird bis einschließlich des fünften Jahres die Risikovorsorge sukzessiv aufgebaut. Ab dem sechsten Jahr wird diese anschließend wieder aufgelöst. Da der finanzielle Vermögenswert während seiner Laufzeit nicht ausgefallen ist, gleichen sich die Beträge der Risikovorsorgebildung und der Risikovorsorgeauflösung während der Gesamtlaufzeit wieder aus.

[477] Die konkrete Höhe des Betrages, der in einer Periode der Risikovorsorge zuzufügen ist, hängt hierbei von dem Allokationsmechanismus für den erwarteten Kreditverlust ab. Die zum gegenwertigen Zeitpunkt der Arbeit vorliegenden Vorschläge des IASB für die Allokation des erwarteten Kreditverlustes werden in Abschnitt 422.25 vorgestellt.

[478] Vgl. hierzu auch WIMMER, K./KUSTERER, S., Kreditrisikovorsorgemodelle, S. 459; WOHLMANNSTETTER, G./ECKERT, S./MAIFARTH, M./WOLFGARTEN, W., Rechnungslegung für Kreditrisiken, S. 535; GRÜNBERGER, D., Verteilung des Expected Loss, S. 242; GROßE, J.-V., Auf der Suche nach dem richtigen Impairmentmodell, S. 423.

[479] Nach der Hälfte der Laufzeit des finanziellen Vermögenswertes entspricht die Höhe der Risikovorsorge somit der Hälfte des erwarteten Kreditverlustes, der für die verbleibende Restlaufzeit von fünf Jahren geschätzt wird.

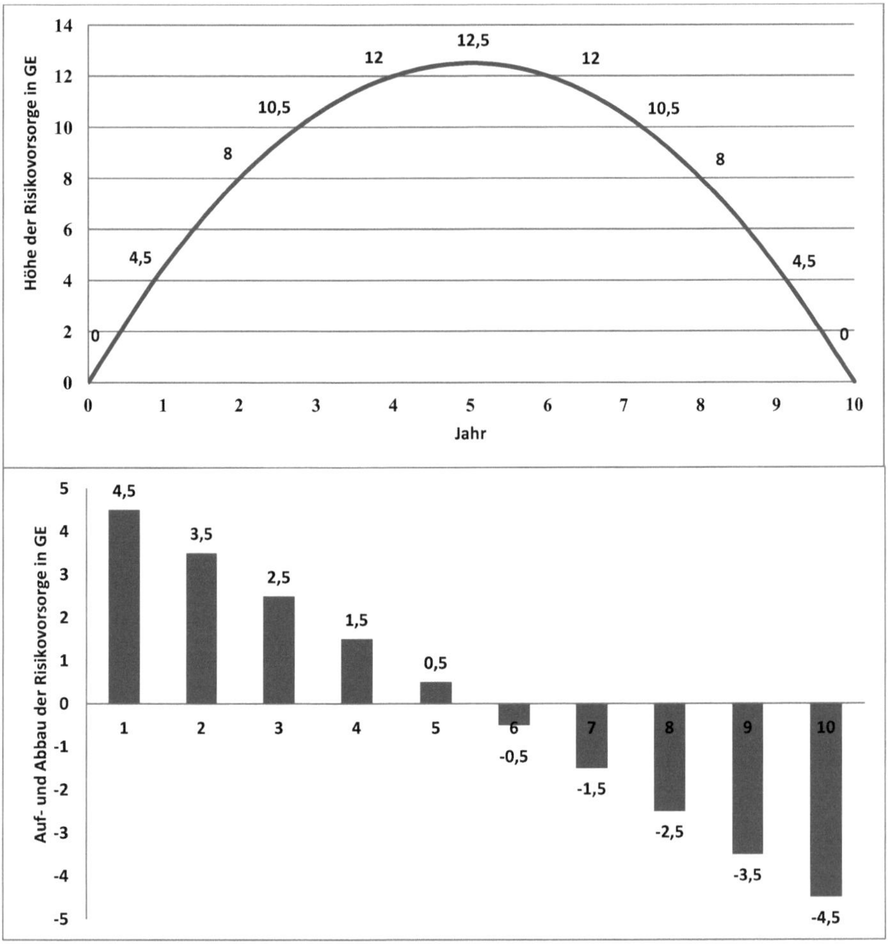

Abbildung 8: Risikovorsorgebildung und –auflösung

422.23 Würdigung des Incurred-Loss- und des Expected-Loss-Modells vor dem Hintergrund der fundamentalen qualitativen Anforderungen des Conceptual Framework

Die durch das Incurred-Loss- und das Expected-Loss-Modell vermittelten Informationen werden im Folgenden anhand der fundamentalen qualitativen Anforderungen der Relevanz und der glaubwürdigen Darstellung des Conceptual Framework hinsichtlich ihrer Entscheidungsnützlichkeit für die IFRS-Abschlussadressaten beurteilt.

Nach dem Incurred-Loss-Modell ist ein finanzieller Vermögenswert wertzumindern, sofern ein bilanzierendes Unternehmen einen objektiven Hinweis auf eine Wertminderung identifiziert hat. Da nach dem Incurred-Loss-Modell hierbei auf den tatsächlichen Eintritt eines Ausfallereignisses abgestellt wird, führt dieses i. d. R. zu einer verspäteten Erfassung einer Wertminderung.[480] Diese Information ist aufgrund ihrer fehlenden Aktualität für die Abschlussadressaten daher nur **eingeschränkt relevant**. Zudem werden durch das Incurred-Loss-Modell keine Informationen hinsichtlich des erwarteten Kreditverlustes bereitgestellt, welche durch die IFRS-Abschlussadressaten benötigt werden.[481] Hierdurch wird ebenfalls die Relevanz der durch dieses Modell vermittelten Informationen eingeschränkt.

Nach dem Expected-Loss-Modell ist die Risikovorsorge für den erwarteten Kreditverlust eines finanziellen Vermögenswertes bereits während der Laufzeit zu bilden, ohne das hierfür ein konkretes Ausfallereignis identifiziert werden muss. Dies führt dazu, dass eine Wertminderung nach dem Expected-Loss-Modell im Vergleich zum Incurred-Loss-Modell frühzeitiger erfasst wird.[482] Darüber hinaus ist die Schätzung des erwarteten Kreditverlustes regelmäßig an die aktuellste Informationslage anzupassen, so dass diese Schätzung eine hohe Aktualität aufweist.[483] Veränderte Ausfallerwartungen wirken sich somit unmittelbar auf die Risikovorsorgebildung (und -auflösung) nach dem Expected-Loss-Modell aus.[484] Insgesamt werden den Abschlussadressaten durch das Expected-Loss-Modell im Vergleich zum Incurred-Loss-Modell aktuellere und damit **relevantere Informationen** bereitgestellt.

Darüber hinaus wird nach dem Incurred-Loss-Modell ein finanzieller Vermögenswert in der Bilanz zu hoch ausgewiesen. Ansteigende Ausfallerwartungen bleiben zunächst unberücksichtigt. Erst bei dem Eintritt eines Ausfalls werden diese kumuliert im Periodenergebnis erfasst.[485] Hierdurch wird die **Vermögenslage** eines bilanzierenden Unternehmens verzerrt. Zudem wird nach dem Incurred-Loss-Modell die im Zinsertrag eines finanziellen Vermögenswertes enthaltene Ausfallprämie während der Laufzeit direkt erfolgswirksam vereinnahmt, ohne dass hierzu zeitlich korrespondierend eine Risikovorsorge aufgebaut wird. Die **Ertragslage** des Bilanzierenden wird in diesem Fall zu positiv dargestellt.[486] Ein tatsächlicher Ausfall schlägt sich dann in vollem Umfang auf die Ertragslage einer Periode nieder, da eine Risikovorsorge in entsprechender Höhe nicht gebildet wurde, gegen die der Verlust ergebnisneutral verrechnet werden könnte.[487] Durch das Incurred-Loss-

480 Vgl. Abschnitt 422.1.

481 Vgl. GEBHARDT, G./STRAMPELLI, S., Bilanzierung von Kreditrisiken, S. 525.

482 Vgl. WOHLMANNSTETTER, G./ECKERT, S./MAIFARTH, M./WOLFGARTEN, W., Rechnungslegung für Kreditrisiken, S. 532.

483 Vgl. Abschnitt 422.22.

484 Vgl. BÄR, M., Wertminderungsmodell für finanzielle Vermögenswerte, S. 293.

485 Vgl. IASB (Hrsg.), ED: Impairment, Tz. BC11(b); SCHMIDT, M., Wertminderungen bei Finanzinstrumenten, S. 287; BÄR, M., Wertminderungsmodell für finanzielle Vermögenswerte, S. 290.

486 Vgl. KPMG (Hrsg.), ED/2009/12 Financial Instruments, S. 1; IASB (Hrsg.), ED: Impairment, Tz. BC11(a); BÄR, M., Wertminderungsmodell für finanzielle Vermögenswerte, S. 290.

487 Vgl. hierzu auch Abschnitt 422.1.

Modell wird demnach sowohl die Vermögenslage eines Unternehmens als auch die Ertragslage nicht den tatsächlichen Verhältnissen entsprechend im IFRS-Abschluss abgebildet.[488] Dies steht der fundamentalen qualitativen Anforderung der glaubwürdigen Darstellung entgegen.[489]

Im Gegensatz hierzu ist nach dem Expected-Loss-Ansatz ein erwarteter Kreditverlust bereits frühzeitig zu berücksichtigen. Für diesen ist bereits während der Laufzeit eines finanziellen Vermögenswertes eine Risikovorsorge zu bilden, wobei diese zeitlich korrespondierend zu der Vereinnahmung der Ausfallprämie aufzubauen ist.[490] Hierdurch wird sowohl die Vermögenslage als auch die Ertragslage eines Unternehmens weitgehend den tatsächlichen wirtschaftlichen Verhältnissen entsprechend abgebildet,[491] da Ausfallerwartungen bereits frühzeitig im Rahmen der Folgebewertung berücksichtigt werden. Hierdurch wird die fundamentale qualitative Anforderung der glaubwürdigen Darstellung gestärkt.

Zusammenfassend ist somit festzuhalten, dass durch das Expected-Loss-Modell im Vergleich zum Incurred-Loss-Modell relevantere Informationen bereitgestellt und diese zudem glaubwürdiger dargestellt werden. Daher werden den IFRS-Abschlussadressaten durch das Expected-Loss-Modell entscheidungsnützlichere Informationen als durch das Incurred-Loss-Modell vermittelt.[492]

422.24 Datenquellen der Kreditverlustschätzung

422.241 Überblick

Der Schätzung des erwarteten Kreditverlustes wird im Rahmen der künftigen Wertminderungsvorschriften des IFRS 9 – vorausgesetzt, es bleibt bei dem angedachten Wechsel des Wertminderungskonzeptes von einem Incurred-Loss- zu einem Expected-Loss-Modell – eine hohe Bedeutung zukommen.[493] Neben der Schätzung des erwarteten Kreditverlustes eines finanziellen Vermögenswertes zum Zugangszeitpunkt ist zu jedem Bewertungsstichtag eine Neueinschätzung des erwarteten Kreditverlustes vorzunehmen.[494] Insgesamt wird somit aufgrund des vorgesehenen Wechsels des Wertminderungskonzeptes der Umfang der durch das Management vorzunehmenden Kreditverlustschätzungen deutlich zunehmen.

---

488 Vgl. hierzu auch WOHLMANNSTETTER, G./ECKERT, S./MAIFARTH, M./WOLFGARTEN, W., Rechnungslegung für Kreditrisiken, S. 534 f.; HAAKER, A./FREIBERG, J., Kreditrisikobilanzierung nach dem Expected-Loss-Ansatz, S. 339; GROßE, J.-V., Auf der Suche nach dem richtigen Impairmentmodell, S. 419.

489 Vgl. dazu auch BÄR, M., Wertminderungsmodell für finanzielle Vermögenswerte, S. 291.

490 Vgl. WOHLMANNSTETTER, G./ECKERT, S./MAIFARTH, M./WOLFGARTEN, W., Rechnungslegung für Kreditrisiken, S. 532.

491 Vgl. dazu auch EFRAG & FEE (Hrsg.), Impairment of Financial Assets, Tz. 76; WOHLMANNSTETTER, G./ECKERT, S./MAIFARTH, M./WOLFGARTEN, W., Rechnungslegung für Kreditrisiken, S. 535.

492 Vgl. hierzu auch GROßE, J.-V., Auf der Suche nach dem richtigen Impairmentmodell, S. 419.

493 Vgl. zur künftigen Bedeutung der Kreditverlustschätzung BÄR, M., Wertminderungsmodell für finanzielle Vermögenswerte, S. 295.

494 Vgl. IASB (Hrsg.), Supplement to ED/2009/12, Tz. 4; IASB (Hrsg.), ED: Impairment, Tz. 7.

Der IASB schreibt keine konkrete **Datenquelle** vor, auf deren Basis die Inputparameter der Kreditverlustschätzung zu ermitteln sind. Vielmehr werden durch den IASB sehr allgemeine Vorschläge unterbreitet, welche Datenquellen im Rahmen der Kreditverlustschätzung benutzt werden können.[495] Hiernach soll das Management eines Unternehmens bei der Schätzung des erwarteten Kreditverlustes eines finanziellen Vermögenswertes auf **alle verfügbaren Informationen** zurückgreifen.[496] Unter diesem Oberbegriff werden sowohl historische Daten, aktuelle ökonomische Bedingungen als auch vertretbare Prognosen über künftige Ereignisse und ökonomische Bedingungen subsumiert.[497] Diese Informationen können dabei sowohl internen als auch externen Datenquellen entnommen werden.[498] Als Beispiele für mögliche Datenquellen nennt der IASB historische Erfahrungswerte eines Unternehmens hinsichtlich der Ausfallquoten von Schuldnern, interne und externe Ratings, Kreditverlusterfahrungen anderer Unternehmen sowie Berichte und Statistiken.[499] Welche dieser Daten vorzugsweise zu verwenden sind, wird seitens des IASB nicht vorgegeben.[500]

Sofern ein Management im Rahmen der Kreditverlustschätzung auf **historische Daten** zurückgreift, wird jedoch gefordert, dass diese auf der Basis von **aktuell beobachtbaren Daten** an die aktuellen Bedingungen anzupassen sind. Hierdurch soll gewährleistet werden, dass die Erwartungen hinsichtlich des Kreditverlustes mit den gegenwärtig verfügbaren Informationen übereinstimmen.[501] Demnach ist der Kreditverlust auf Basis eines **Point-in-Time-Ansatzes** zu schätzen.[502] Nach dem Point-in-Time-Ansatz ist der erwartete Kreditverlust anhand der zum **Bewertungsstichtag** vorliegenden (ökonomischen) Verhältnisse zu ermitteln.[503]

Sofern auch Erwartungen hinsichtlich künftiger Bedingungen mit in die Schätzung einfließen, haben diese auf vernünftigen und vertretbaren Informationen zu beruhen, um ihre Verwendung bei der

---

495 Vgl. hierzu auch EFRAG & FEE (Hrsg.), Impairment of Financial Assets, Tz. 34.

496 Vgl. hierzu auch MILLA, A./ROHATSCHEK, R., Expected Loss Model, S. 106; SCHMIDT, M., Wertminderungen bei Finanzinstrumenten, S. 289.

497 Vgl. IASB (Hrsg.), Supplement to ED/2009/12, Tz. B5.

498 Vgl. IASB (Hrsg.), Supplement to ED/2009/12, Tz. B5; IASB (Hrsg.), ED: Impairment, Tz. B7.

499 Vgl. IASB (Hrsg.), ED: Impairment, Tz. B7; SCHABER, M./MÄRKL, H./KROH, T., Exposure Draft zu fortgeführten Anschaffungskosten und Wertminderungen, S. 243.

500 Vgl. SCHABER, M./MÄRKL, H./KROH, T., Exposure Draft zu fortgeführten Anschaffungskosten und Wertminderungen, S. 243.

501 Vgl. IASB (Hrsg.), ED: Impairment, Tz. B8.

502 Vgl. IASB (Hrsg.), ED: Impairment, Tz. BC38(c).

503 Im Gegensatz hierzu werden im Rahmen eines Through-the-Cycle-Ansatzes bei der Kreditverlustschätzung Inputfaktoren verwendet, welche die Entwicklung über einen vollständigen Konjunkturzyklus beschreiben, vgl. FLICK, P./GEHRER, J./MEYER, S., Wertberichtigungen von Finanzinstrumenten nach IFRS, S. 228; MARTIN, M. R. W./REITZ, S./WEHN, C. S., Kreditderivate und Kreditrisikomodelle, S. 7; ALBRECHT, P./MAURER, R., Kreditrisiken, S. 915; KLAASSEN, P./VAN EEGHEN, I., Point-in-Time und Through-the-Cycle, S. 106; GRÜNBERGER, D., Der Lifetime-Expected Loss, S. 32. Vgl. zum Through-the-Cycle-Ansatz auch Abschnitt 222.312. Zu den Vor- und Nachteilen beider Ansätze vgl. DALDRUP, A., Kreditrisikoquantifizierung, S. 143-146. Gegen die Verwendung eines Through-the-Cycle-Ansatzes im Rahmen der Kreditverlustschätzung spricht sich der IASB jedoch explizit aus, vgl. IASB (Hrsg.), ED: Impairment, Tz. BC22-24 und BC38(c).

Schätzung des erwarteten Kreditverlustes zu rechtfertigen.[504] Diese Erwartungen sollen dabei ebenfalls konsistent zu **gegenwärtig verfügbaren** Informationen sein.[505]

Den Ausgangspunkt für die Kreditverlustschätzung eines finanziellen Vermögenswertes könnten hierbei bspw. die bei einem bilanzierenden Unternehmen vorliegenden historischen Kreditverlusterfahrungen oder eine interne bzw., falls diese vorliegt, eine externe Ratingeinschätzung bilden. Sofern nur für den Schuldner des finanziellen Vermögenswertes eine externe Ratingeinschätzung vorliegt, wäre im Rahmen der Kreditverlustschätzung auf diese zurückzugreifen. Diese Datenquellen könnten dann genutzt werden, um die entsprechenden Inputparameter der Kreditverlustschätzung zu bestimmen.[506] Indes sollte ein Unternehmen jedoch überprüfen, ob die anhand einer entsprechenden Datenquelle erhobene Kreditverlustschätzung die aktuellen Gegebenheiten angemessen widerspiegelt. Durch ein externes Rating wird nicht zwangsläufig die aktuellste Informationslage berücksichtigt, da dieses i. d. R. auf der Grundlage eines Through-the-Cycle-Ansatzes erhoben wird.[507] Jedoch ergibt sich vor allem beim Rückgriff auf historische Kreditverlusterfahrungen im Rahmen der Kreditverlustschätzung die Notwendigkeit, diese an **aktuell verfügbare Informationen** anzupassen. Wie eine derartige Anpassung vorzunehmen ist, wird durch den IASB hingegen ebenfalls nur sehr allgemein beschrieben. Die vorzunehmende Anpassung soll dabei im Einklang mit der Entwicklung von beobachtbaren Daten, von denen ein Einfluss auf die Ausfallerwartungen ausgeht (wie bspw. der Arbeitslosenrate oder den Immobilienpreisen), stehen.[508] Eine weitere Informationsquelle, die sowohl bei dieser Anpassung als auch im Rahmen der Kreditverlustschätzung berücksichtigt werden könnte, die jedoch in die bisherige Betrachtung noch nicht mit einbezogen wurde, stellen **Marktdaten** dar.

Im Folgenden soll daher untersucht werden, inwiefern sich **Marktdaten** als weitere Informationsquelle für die Kreditverlustschätzung eines finanziellen Vermögenswertes nutzen lassen. Marktdaten können bspw. in Form des aktuellen Marktwertes eines finanziellen Vermögenswertes vorliegen. Dem aktuellen Marktwert eines finanziellen Vermögenswertes wird hierbei im Allgemeinen die Eigenschaft zugewiesen, den unter Berücksichtigung aller verfügbaren Informationen erreichten

504 Vgl. IASB (Hrsg.), Supplement to ED/2009/12, Tz. B5.

505 Vgl. IASB (Hrsg.), Supplement to ED/2009/12, Tz. B5.

506 Vgl. Abschnitt 422.22.

507 Vgl. hierzu auch Abschnitt 222.312. Auch Kreditinstitute, die aufgrund der Eigenkapitalanforderungen nach Basel II bereits einen erwarteten Verlust zu bestimmen haben, können die hierbei verwendeten Parameter für die Kreditverlustschätzung des Expected-Loss-Modells nicht unangepasst übernehmen, da nach Basel II lediglich ein einjähriger erwarteter Verlust ermittelt werden muss und es sich bei dieser Schätzung ebenfalls um eine Through-the-Cycle-Schätzung handelt, vgl. hierzu auch IASB (Hrsg.), Expert Advisory Panel, Tz. A8; FLICK, P./GEHRER, J./MEYER, S., Wertberichtigungen von Finanzinstrumenten nach IFRS, S. 228; WOHLMANNSTETTER, G./ECKERT, S./MAIFARTH, M./WOLFGARTEN, W., Rechnungslegung für Kreditrisiken, S. 533; SCHMIDT, M., Wertminderungen bei Finanzinstrumenten, S. 292; BÄR, M., Wertminderungsmodell für finanzielle Vermögenswerte, S. 295. Vgl. zur Through-the-Cycle-Schätzung des erwarteten Kreditverlustes nach Basel II ARATEN, M., Key Estimates for Capital Models, S. 7.

508 Vgl. IASB (Hrsg.), ED: Impairment, Tz. B8; FLICK, P./GEHRER, J./MEYER, S., Wertberichtigungen von Finanzinstrumenten nach IFRS, S. 228.

Marktkonsens hinsichtlich der Schätzung der künftigen Cashflows dieses Instrumentes darzustellen.[509] Da der erwartete Kreditverlust die künftig zu erwartenden Cashflows eines kreditsensitiven finanziellen Vermögenswertes[510] beeinflusst, scheint der Marktwert eines finanziellen Vermögenswertes grundsätzlich als Informationsquelle hinsichtlich der aktuellsten Einschätzung des erwarteten Kreditverlustes geeignet. Daher lässt sich aus dem aktuellen Marktwert eines finanziellen Vermögenswertes die aktuelle Einschätzung der Marktteilnehmer hinsichtlich der Höhe des erwarteten Kreditverlustes eines finanziellen Vermögenswertes ableiten, sofern diese Informationen von anderen wertbestimmenden Faktoren separiert werden können.[511] Diese Schätzung könnte dann ggf. als zusätzliche Informationsquelle genutzt werden, auf deren Basis dann das Management eines bilanzierenden Unternehmens vergangenheitsorientierte Daten an die aktuellste Informationslage anpassen kann.[512]

Der Rückgriff auf den Marktwert eines finanziellen Vermögenswertes bietet sich hierbei insbesondere bei den Finanzinstrumenten an, für die diese Informationen verfügbar sind. Bei den finanziellen Vermögenswerten, die im Rahmen der Klassifizierung der Kategorie „Fortgeführte Anschaffungskosten" zugeordnet wurden und für die im größten Umfang Marktwerte vorliegen werden, wird es sich i. d. R. um **Unternehmensanleihen** handeln. Sofern der erwartete Kreditverlust für eine am Markt notierte Unternehmensanleihe zu schätzen ist,[513] sollte hierfür der aktuelle Marktwert dieser Unternehmensanleihe genutzt werden. Jedoch auch bei der Kreditverlustschätzung für einen finanziellen Vermögenswert, bei dem es sich nicht um eine Unternehmensanleihe handelt, bieten sich ggf. Marktdaten als weitere Informationsquelle an. In diesem Fall sollte alternativ auf den Marktwert einer Unternehmensanleihe, die ein möglichst ähnliches Risikoprofil zum betrachteten finanziellen Vermögenswert aufweist, zurückgegriffen werden.[514] Diese Unternehmensanleihe sollte bspw. hinsichtlich der Laufzeit, der Struktur der Cashflows, der Bonität und den zugrundeliegenden Sicherheiten mit dem betrachteten finanziellen Vermögenswert vergleichbar sein.[515]

---

509 Vgl. DOHRN, M., Entscheidungsrelevanz des Fair Value-Accounting, S. 212. Vgl. zur allgemeinen Eigenschaft von Marktwerten auch SCHILDBACH, T., Information des Kapitalmarkts, S. 72; SCHMIDT, M., Wertminderungen bei Finanzinstrumenten, S. 288. Vgl. zur Informationsverarbeitung am Kapitalmarkt FRANKE, G./HAX, H., Finanzwirtschaft des Unternehmens und Kapitalmarkt, S. 434 f.; BALLWIESER, W./KÜTING, K./SCHILDBACH, T., Fair value, S. 535.

510 Aufgrund der Klassifizierungsvoraussetzungen der Kategorie „Fortgeführte Anschaffungskosten" handelt es sich bei den finanziellen Vermögenswerten dieser Kategorie generell um kreditsensitive finanzielle Vermögenswerte, vgl. hierzu Abschnitt 322.3.

511 Bei der in einem Marktwert enthaltenen Kreditverlustschätzung handelt es sich um eine Point-in-Time-Schätzung, vgl. hierzu auch KLAASSEN, P./VAN EEGHEN, I., Point-in-Time und Through-the-Cycle, S. 106.

512 Vgl. zur Berücksichtigung von Informationen aus Marktdaten im Rahmen der Kreditverlustschätzung auch EFRAG & FEE (Hrsg.), Impairment of Financial Assets, Tz. 36 f.; IASB (Hrsg.), Expert Advisory Panel, Tz. A11.

513 Unternehmensanleihen haben in der Vergangenheit als Finanzierungsinstrument von Unternehmen stark an Bedeutung gewonnen, so dass davon auszugehen ist, dass auch künftig eine hohe Anzahl an Unternehmensanleihen am Markt vorzufinden sein wird, vgl. hierzu BETZ, H., Integrierte Credit Spread- und Zinsrisikomessung, S. 11; WINGENROTH, T., Risikomanagement für Corporate Bonds, S. 13.

514 Vgl. dazu auch KNOTH, H./SCHULZ, M., Counterparty Default Adjustments, S. 249.

515 Eine entsprechende Unternehmensanleihe sollte daher analog zur Vorgehensweise im Rahmen der Fair-Value-Ermittlung auf der zweiten Hierarchiestufe ausgewählt werden. Vgl. zur Bestimmung eines vergleichbaren finanzi-

Neben dem aktuellen Marktwert einer Unternehmensanleihe könnte ein bilanzierendes Unternehmen zudem auf die CDS-Prämien des Schuldners eines finanziellen Vermögenswertes als zusätzliche Informationsquelle im Rahmen der Kreditverlustschätzung zurückgreifen. Mittlerweile sind am Markt für eine große Anzahl von verschiedenen Unternehmen CDS-Daten verfügbar.[516] Sofern bei der nach dem Expected-Loss-Modell vorzunehmenden Kreditverlustschätzung auf CDS-Daten als zusätzliche Informationsquelle zurückgegriffen werden soll, sind hierfür die beobachtbaren CDS-Prämien von auf den Schuldner des finanziellen Vermögenswertes ausgestellten CDS-Kontrakten zu verwenden. Für den Fall, dass diese Informationen für einen Schuldner eines finanziellen Vermögenswertes jedoch nicht zur Verfügung stehen, könnten die CDS-Prämien eines Unternehmens, das ein weitestgehend übereinstimmendes Risikoprofil (bspw. hinsichtlich der Branchenzugehörigkeit, der Kundenstruktur und der Kapitalstruktur) zu dem Schuldner des betrachteten finanziellen Vermögenswertes aufweist, als Informationsquelle genutzt werden.[517] Sofern ein vergleichbares Unternehmen nicht identifiziert werden kann, so könnte ein bilanzierendes Unternehmen in einem nächsten Schritt auf CDS-Prämien der entsprechenden Branche oder Region,[518] welcher der Schuldner eines finanziellen Vermögenswertes zugeordnet werden kann, zurückgreifen.[519]

Somit wird deutlich, dass ein bilanzierendes Unternehmen auf Marktdaten auch dann als weitere Informationsquelle im Rahmen der Kreditverlustschätzung ggf. zurückgreifen kann, wenn diese Informationen für einen finanziellen Vermögenswert bzw. für den entsprechenden Schuldner eines finanziellen Vermögenswertes nicht direkt beobachtet werden können.

Die konkrete Eignung von Marktdaten in Form des Marktwertes einer Unternehmensanleihe und der Credit-Default-Swap-Prämie eines Referenzschuldners als zusätzliche Informationsquelle im Rahmen der Kreditverlustschätzung des Expected-Loss-Modells soll in den folgenden Abschnitten betrachtet werden.

422.242 Credit Spreads von Unternehmensanleihen

422.242.1 Überblick

Wie bereits erörtert, wird es sich bei den finanziellen Vermögenswerten, die im Rahmen der Klassifizierung der Kategorie „Fortgeführte Anschaffungskosten" zugeordnet wurden und für die im

ellen Vermögenswertes bei der Ermittlung des Fair Value auf der zweiten Hierarchiestufe IFRS 13.B19. Sofern eine derartige Unternehmensanleihe nicht identifiziert werden kann, sollte diese Information aus der Zinsstrukturkurve einer Peer Group abgeleitet werden, vgl. hierzu auch DÖRSCHELL, A./FRANKEN, L./SCHULTE, J., Kapitalisierungszinssatz, S. 234.

516 Vgl. CESR (Hrsg.), Transparency, S. 60.

517 Vgl. dazu auch KNOTH, H./SCHULZ, M., Counterparty Default Adjustments, S. 249.

518 Es wäre in dieser Situation bspw. vorstellbar, dass mangels Alternativen ein bilanzierendes Unternehmen auf die CDS-Prämien des entsprechenden Staates, in welchem sich der Schuldner befindet, zurückgreift, vgl. hierzu auch DEUTSCHE BUNDESBANK (Hrsg.), Regulierung des Marktes für Kreditausfall-Swaps, S. 48, Fn. 4.

519 Vgl. KNOTH, H./SCHULZ, M., Counterparty Default Adjustments, S. 249 und S. 251.

größten Umfang Marktwerte vorliegen werden, i. d. R. um Unternehmensanleihen handeln. Im Folgenden soll daher untersucht werden, inwiefern sich aus dem Marktwert einer Unternehmensanleihe die aktuelle Kreditverlustschätzung der Marktteilnehmer ableiten lässt.

422.242.2 Ermittlung des Credit Spread

Um die aktuelle Kreditverlustschätzung der Marktteilnehmer aus dem Marktwert einer Unternehmensanleihe ableiten zu können, ist einer Unternehmensanleihe zunächst eine laufzeitgleiche risikolose Benchmark gegenüberzustellen. In der Regel dient hierbei eine ausstattungsgleiche Staatsanleihe als risikolose Benchmark.[520] Der einzige Unterschied zwischen diesen beiden Anleihen besteht hierbei in der Eigenschaft der Unternehmensanleihe, dass diese im Gegensatz zur Staatsanleihe[521] ausfallgefährdet ist.[522] Betrachtet man die Renditen dieser beiden Anleihen, so wird die Unternehmensanleihe gegenüber der Staatsanleihe eine höhere Rendite aufweisen, da ein Investor bei der Unternehmensanleihe mit dem Ausfallrisiko eine zusätzliche Risikoposition eingeht, für dessen Übernahme er eine Kompensation verlangen wird.[523] Die Renditedifferenz zwischen einer Unternehmens- und einer Staatsanleihe lässt sich demnach – zumindest vorläufig – als Prämie für die Übernahme des Ausfallrisikos interpretieren.[524] Durch die höhere Rendite soll ein Investor einen Ausgleich für den erwarteten Verlust erhalten.[525] Diese Differenz wird oftmals als Maß für die Höhe des durch die Marktteilnehmer eingeschätzten Ausfallrisikos einer Unternehmensanleihe interpretiert,[526] so dass diese Renditedifferenz auch als **Credit Spread** bezeichnet wird.[527] Um den Credit Spread einer Unternehmensanleihe zu bestimmen, sind zunächst die Renditen für die be-

---

520 Vgl. BETZ, H., Integrierte Credit Spread- und Zinsrisikomessung, S. 46. Sofern eine ausstattungsgleiche Staatsanleihe nicht identifiziert werden kann, ist auf den laufzeitgleichen risikolosen Zinssatz, welcher der durch die Deutsche Bundesbank oder der Europäischen Zentralbank veröffentlichten Zinsstrukturkurve des risikolosen Zinssatzes entnommen werden kann, zurückzugreifen, vgl. dazu auch BAETGE, J., DCF-Kalkülen bei der Bilanzierung, S. 20.

521 Staatsanleihen von hochentwickelten Industrieländern gelten i. d. R. als ausfallrisikolos, vgl. SCHIFFEL, S., Implizite Ausfallwahrscheinlichkeiten von Unternehmensanleihen, S. 16; FABOZZI, F. J., Fixed Income Mathematics, S. 7; HULL, J./PREDESCU, M./WHITE, A., Bond prices, default probabilities and risk premiums, S. 55; BIELECKI, T. R./RUTKOWSKI, M., Credit Risk, S. 7.

522 Vgl. SCHIFFEL, S., Implizite Ausfallwahrscheinlichkeiten von Unternehmensanleihen, S. 18.

523 Vgl. SCHIFFEL, S., Implizite Ausfallwahrscheinlichkeiten von Unternehmensanleihen, S. 18.

524 Vgl. HARTMANN-WENDELS, T./PFINGSTEN, A./WEBER, M., Bankbetriebslehre, S. 539; BETZ, H., Integrierte Credit Spread- und Zinsrisikomessung, S. 95; WINGENROTH, T., Risikomanagement für Corporate Bonds, S. 31; DELIANEDIS, G./GESEKE, R., The Components of Corporate Credit Spreads, S. 2. Eine Aufteilung dieser Renditedifferenz in weitere Risikofaktoren wird in Abschnitt 422.242.3 vorgenommen.

525 Vgl. hierzu auch OESTERREICHISCHE NATIONALBANK (Hrsg.), Leitfadenreihe zum Kreditrisiko, S. 160; SAUNDERS, A./ALLEN, L., Financial Crisis, S. 91.

526 Vgl. BROWN, A. J. G./ZARNIC, Z., German Credit Spread, S. 2.

527 Vgl. BETZ, H., Integrierte Credit Spread- und Zinsrisikomessung, S. 46; HUANG, J.-Z./HUANG, M., Corporate-Treasury Yield Spread, S. 1. Die Verwendung von Staatsanleihen zur Bestimmung des Credit Spreads wird in der Literatur zunehmend kritisch gesehen, vgl. LANDO, D., Credit Risk, S. 795. Dies ist darauf zurückzuführen, dass Staatsanleihen gegenüber alternativen risikolosen Anlagen für Investoren eine höhere Attraktivität besitzen, so dass diese Renditen einen Abschlag gegenüber vergleichbaren risikolosen Anlagen aufweisen. Wird dies im Rahmen der Bestimmung des Credit Spread einer Unternehmensanleihe nicht berücksichtigt, so wird diese Renditedifferenz überschätzt, vgl. zur Attraktivität von Staatsanleihen gegenüber alternativen risikolosen Anlagen SCHLECKER, M., Credit Spreads, S. 206.

trachteten Anleihen zu ermitteln. Die Rendite einer Anleihe ist hierbei analog zu der bereits dargelegten Effektivzinsermittlung[528] zu bestimmen und lässt sich allgemein anhand der folgenden Formel errechnen:

$$BW_X = \sum_{t=1}^{T} \frac{Cashflows_t}{(1 + Y_X)^t}$$

Formel 7: Barwert einer Anleihe[529]

Die Rendite (**Y_X**) einer Anleihe **X** stellt dabei denjenigen Zins dar, mit dem die künftigen vertraglichen Cashflows einer Anleihe zu diskontieren sind, um den aktuellen Barwert einer Anleihe (**BW_X**) zu erhalten.[530] Der aktuelle Barwert entspricht dabei dem aktuellen Marktwert einer Anleihe.

Sind die Renditen sowohl für die Unternehmens- als auch Staatsanleihe bekannt oder bspw. mittels der Formel 7 bestimmt worden, erhält man den Credit Spread anhand der folgenden Formel:[531]

$$\text{Credit Spread} = Y_U - Y_s$$

Formel 8: Berechnung des Credit Spread

In der Formel 8 bezeichnet **Y_U** die Rendite einer ausfallgefährdeten Unternehmensanleihe und **Y_S** die Rendite einer ausfallrisikolosen Staatsanleihe. Da der Credit Spread den Renditeaufschlag, den ein Unternehmen aufgrund seines Ausfallrisikos an die Investoren zu zahlen hat, darstellt, kann anhand von diesem auf die Höhe des Ausfallrisikos einer Unternehmensanleihe rückgeschlossen werden.[532] Mit zunehmendem Ausfallrisiko steigt dabei die Renditeforderung eines Investors. Der Credit Spread kompensiert daher einen Investor für die Übernahme des Ausfallrisikos einer Unternehmensanleihe. Da das Ausfallrisiko anhand des erwarteten Verlustes bestimmt wird,[533] lässt sich der folgende Zusammenhang für den Credit Spread herleiten:

---

528 Vgl. hierzu auch Abschnitt 421.

529 Vgl. WINGENROTH, T., Risikomanagement für Corporate Bonds, S. 29; BETZ, H., Integrierte Credit Spread- und Zinsrisikomessung, S. 50; PAPE, U./SCHLECKER, M., Berechnung des Credit Spreads, S. 659.

530 Vgl. BETZ, H., Integrierte Credit Spread- und Zinsrisikomessung, S. 50.

531 Vgl. SCHIFFEL, S., Implizite Ausfallwahrscheinlichkeiten von Unternehmensanleihen, S. 56.

532 Vgl. WINGENROTH, T., Risikomanagement für Corporate Bonds, S. 31.

533 Vgl. OESTERREICHISCHE NATIONALBANK (Hrsg.), Leitfadenreihe zum Kreditrisiko, S. 160; DALDRUP, A., Kreditrisikoquantifizierung, S. 202; ROLFES, B., Gesamtbanksteuerung, S. 220; SAUNDERS, A./ALLEN, L., Financial Crisis, S. 91.

$$\text{Credit Spread} = Y_U - Y_s = PD_d * LGD$$

Formel 9: Zusammenhang zwischen dem Credit Spread und dem erwarteten Verlust[534]

Da in der Formel 9 eine Betrachtung auf Basis von Renditen vorgenommen wird, handelt es sich bei PD_d um eine durchschnittliche jährliche Ausfallwahrscheinlichkeit.[535] Die zusätzliche jährliche Rendite, die ein Investor gegenüber einer Investition in eine ausfallrisikolose Staatsanleihe verlangt, ermittelt sich somit anhand der Verlusterwartung, die hinsichtlich der zugrundeliegenden ausfallgefährdeten Unternehmensanleihe besteht und die mittels des **erwarteten Verlustes** quantifiziert wird.[536]

422.242.3 Studien zum Credit Spread

Die vorläufige Interpretation, der Credit Spread sei eine ausschließliche Kompensation für das eingegangene Ausfallrisiko,[537] kann aufgrund der Ergebnisse von empirischen Studien zum Credit Spread[538] kritisch hinterfragt werden. Den Ausgangspunkt dieser Studien bildet dabei die Beobachtung, dass sowohl die durch Kreditrisikomodelle erzeugten als auch die aus historisch beobachtbaren Ausfallraten berechneten Credit Spreads deutlich unter den empirisch beobachtbaren Credit Spreads lagen. Daraus wird die Schlussfolgerung abgeleitet, dass der Credit Spread neben dem Aus-

---

534 Vgl. HULL, J./PREDESCU, M./WHITE, A., Bond prices, default probabilities and risk premiums, S. 54; BETZ, H., Integrierte Credit Spread- und Zinsrisikomessung, S. 53; SAUNDERS, A./ALLEN, L., Financial Crisis, S. 106; GREGORY, J., Counterparty Risk, S. 129; BLUHM, C./OVERBECK, L./WAGNER, C., Introduction to Credit Risk Modeling, S. 229; OESTERREICHISCHE NATIONALBANK (Hrsg.), Leitfadenreihe zum Kreditrisiko, S. 160.

535 Ferner ist zu berücksichtigen, dass es sich hierbei um eine risikoneutrale Ausfallwahrscheinlichkeit handelt, vgl. zum Unterschied zwischen realen und risikoneutralen Ausfallwahrscheinlichkeiten Abschnitt 422.243.54.

536 Sofern eine Annahme hinsichtlich der Höhe der Verlustquote getroffen wird, lässt sich aus dem Credit Spread die implizite Ausfallwahrscheinlichkeit der zugrundeliegenden Unternehmensanleihe ableiten. Da in der Formel 9 eine Betrachtung auf Basis von Renditen stattfindet, ist auf der rechten Seite der Formel die Höhe des Kreditengagements zum Ausfallzeitpunkt (EAD) nicht zu berücksichtigen. Der Barwert des erwarteten Verlustes der betrachteten Unternehmensanleihe ermittelt sich hierbei aus der Differenz zwischen dem Marktpreis der Unternehmens- und der Staatsanleihe, vgl. hierzu auch WILKENS, S., Die Bewertung von Credit Default Swaps, S. 162. Zur Ermittlung von Ausfallwahrscheinlichkeiten aus Credit Spreads von Anleihen vgl. CHOUDHRY, M., Credit Default Swap Basis, S. 150-157.

537 Die Annahme, der Credit Spread vergütet ausschließlich das Ausfallrisiko, ist in der Literatur weit verbreitet, vgl. hierzu FONS, J. S., Using Default Rates, S. 27 f.; GANN, P./LAUT, A., Einflussfaktoren auf den Credit Spread von Unternehmensanleihen, S. 1; DELIANEDIS, G./GESEKE, R., The Components of Corporate Credit Spreads, S. 2; CHEN, L./LESMOND, D. A./WEI, J., Corporate Yield Spreads and Bond Liquidity, S. 122; DIGNAN, J. H., Nondefault Components, S. 93.

538 Vgl. hierzu die Arbeiten von AMATO, J. D./REMOLONA, E. M., The Pricing of Unexpected Credit Losses; AMATO, J. D./REMOLONA, E. M., The credit spread puzzle, HULL, J./PREDESCU, M./WHITE, A., Bond prices, default probabilities and risk premiums; ELTON, E. J./GRUBER, M. J./AGRAWAL, D./MANN, C., Explaining the Rate Spread on Corporate Bonds; CHEN, L./LESMOND, D. A./WEI, J., Corporate Yield Spreads and Bond Liquidity; COLLIN-DUFRESNE, P./GOLDSTEIN, R. S./MARTIN, J. S., The Determinants of Credit Spread Changes; DELIANEDIS, G./GESEKE, R., The Components of Corporate Credit Spreads; DIGNAN, J. H., Nondefault Components; DUFFEE, G., The Relation Between Treasury Yields and Corporate Bond Yield Spreads.

fallrisiko noch weitere Risikokomponenten vergütet.[539] Demnach stellt die Kompensation für den erwarteten Verlust nur einen Teil des Credit Spread dar.[540] Eine Vielzahl dieser Studien befasst sich dementsprechend auch mit der Frage, welche weiteren Risikokomponenten durch den Credit Spread vergütet werden und welchen Anteil diese weiteren Risiken an der Gesamthöhe des Credit Spread einnehmen.[541] Letzteres ist v. a. deshalb bedeutsam, da die Annahme, der Credit Spread stelle eine ausschließliche Vergütung des erwarteten Verlustes dar, zu einer Überschätzung des nach dem **Expected-Loss-Modell** ausschließlich zu berücksichtigenden erwarteten Kreditverlustes führen würde, falls der Anteil weiterer Risiken an dem Credit Spread einen wesentlichen Umfang einnimmt. Die Eignung des Credit Spread als zusätzliche Informationsquelle im Rahmen der durchzuführenden Kreditverlustschätzungen wäre dementsprechend zu hinterfragen, falls der Anteil des Credit Spread, der eine Kompensation für den erwarteten Verlust vornimmt, nicht von den anderen wertbestimmenden Faktoren separiert werden kann.

Eine Vielzahl der in diesem Zusammenhang durchgeführten Studien kommt dabei zum Ergebnis, dass der Credit Spread neben der Prämie für das Ausfallrisiko auch eine Prämie für das **Liquiditätsrisiko** enthält.[542] Das Liquiditätsrisiko bezeichnet dabei die Gefahr, dass ein Finanzinstrument nicht zum Marktpreis, sondern nur mit einem Preisabschlag veräußert werden kann.[543] Das mit

539 Vgl. DELIANEDIS, G./GESEKE, R., The Components of Corporate Credit Spreads, S. 2 f.; LIU, S./WU, C., Taxes, Default Risk, and Credit Spreads, S. 71; COVITZ, D./DOWNING, C., Liquidity or Credit Risk?, S. 2303. Dass die anhand der Kreditrisikomodelle errechneten Credit Spreads nicht die am Markt vorfindbaren Credit Spreads wiedergeben, kann z. T. auf die diesen Modellen zugrundeliegenden Annahmen (keine Transaktionskosten, keine Steuern, ein liquider Markt) zurückgeführt werden, vgl. DELIANEDIS, G./GESEKE, R., The Components of Corporate Credit Spreads, S. 3. Vgl. zu diesen Annahmen auch MERTON, R. C., On the Pricing of Corporate Debt, S. 450.

540 Vgl. GANN, P./LAUT, A., Einflussfaktoren auf den Credit Spread von Unternehmensanleihen, S. 20; SCHLECKER, M., Credit Spreads, S. 94; BROWN, A. J. G./ZARNIC, Z., German Credit Spread, S. 4; DELIANEDIS, G./GESEKE, R., The Components of Corporate Credit Spreads, S. 3; AMATO, J. D./REMOLONA, E. M., The Pricing of Unexpected Credit Losses, S. 1.

541 Vgl. LONGSTAFF, F. A./MITHAL, S./NEIS, E., Corporate Yield Spreads, S. 2213; GANN, P./LAUT, A., Einflussfaktoren auf den Credit Spread von Unternehmensanleihen, S. 2; DIGNAN, J. H., Nondefault Components, S. 93 f.; JONG, F. D./DRIESSEN, J., Liquidity Risk Premia in Corporate Bond Markets, S. 24; PERRAUDIN, W. R. M./TAYLOR, A. P., Liquidity and Bond Market Spreads, S. 2; BIELECKI, T. R./RUTKOWSKI, M., Credit Risk, S. 7.

542 Vgl. LIU, S./WU, C., Taxes, Default Risk, and Credit Spreads, S. 82; ERICSSON, J./RENAULT, O., Liquidity and Credit Risk, S. 2244; DRIESSEN, J., Default Event Risk, S. 189; SCHIFFEL, S., Implizite Ausfallwahrscheinlichkeiten von Unternehmensanleihen, S. 61. CHEN/LESMOND/WEI bezeichnen das Liquiditätsrisiko sogar als Schlüsselkomponente des Credit Spread, vgl. CHEN, L./LESMOND, D. A./WEI, J., Corporate Yield Spreads and Bond Liquidity, S. 145; LONGSTAFF, F. A./MITHAL, S./NEIS, E., Corporate Yield Spreads, S. 2215. Vgl. zum Liquiditätsrisiko auch BACHMANN, U., Die Komponenten des Kreditspreads, S. 38-46. Das Zinsrisiko wird hingegen nicht durch den Credit Spread vergütet, da dieses Risiko auch für Staatsanleihen besteht und durch den Credit Spread nur die über eine Staatsanleihe hinausgehenden Risiken vergütet werden, vgl. SCHLECKER, M., Credit Spreads, S. 12.

543 Vgl. BACHMANN, U., Die Komponenten des Kreditspreads, S. 39; SCHLECKER, M., Credit Spreads, S. 45. Beispielsweise bildet die Ausweitung zwischen dem Ankaufs- und Verkaufspreis (Bid-Ask-Spread) einer Unternehmensanleihe einen Indikator für ein steigendes Liquiditätsrisiko, vgl. hierzu auch BROWN, A. J. G./ZARNIC, Z., German Credit Spread, S. 6; SCHLECKER, M., Credit Spreads, S. 45; DELIANEDIS, G./GESEKE, R., The Components of Corporate Credit Spreads, S. 26. Ferner stellt der Bid-Ask-Spread das am häufigsten verwendete Maß für die Messung von Liquiditätskosten dar, vgl. CHEN, L./LESMOND, D. A./WEI, J., Corporate Yield Spreads and Bond Liquidity, S. 120. Vgl. zur Bestimmung der Liquiditätsprämie über den Bid-Ask-Spread DIGNAN, J. H., Nondefault Components, S. 94.

Unternehmensanleihen einhergehende Liquiditätsrisiko kann u. a. auf die Investitionsstrategien, die i. d. R. mit dem Erwerb einer Unternehmensanleihe verfolgt werden, zurückgeführt werden. Eine Unternehmensanleihe wird meist nicht mit der Absicht gekauft, um Gewinne aus kurzfristigen Preisschwankungen zu erzielen. Vielmehr wird mit dem Kauf einer Unternehmensanleihe beabsichtigt, diese bis zur Endfälligkeit zu halten, um die entsprechenden Zins- und Tilgungsleistungen der Unternehmensanleihe zu vereinnahmen (Buy-and-hold-Strategie).[544] Durch dieses Verhalten kann die tägliche Liquidität bei einer Anleihe sehr gering sein, so dass ein Verkauf meist nur mit einem Preisabschlag durchgeführt werden kann. Während die Vergütung des Liquiditätsrisikos einer Unternehmensanleihe durch den Credit Spread empirisch nachgewiesen werden kann,[545] so bleibt der konkrete Anteil des Liquiditätsrisikos am Credit Spread bisher noch ungeklärt. Nach **SCHLECKER** kann die Renditeforderung für die Übernahme des Liquiditätsrisikos nach den bisherigen empirischen Erkenntnissen eine hohe Spannweite von wenigen Basispunkten bis hin zu 150 Basispunkten[546] ausmachen.[547]

Des Weiteren kann für amerikanische Unternehmensanleihen nachgewiesen werden, dass ein Teil des Credit Spread eine Kompensation für einen mit der Investition in eine Unternehmensanleihe verbundenen **Steuernachteil** darstellt.[548] Dieser Steuernachteil resultiert in den USA aus einer unterschiedlich hohen Besteuerung von Zinseinkünften aus Unternehmensanleihen und amerikanischen Staatsanleihen, da Zinseinkünfte aus amerikanischen Staatsanleihen nur mit der Federal Tax (Bundessteuer), Zinseinkünfte aus Unternehmensanleihen hingegen zusätzlich mit der State Tax (Steuer der Einzelstaaten)[549] versteuert werden.[550] Da Investoren ihre Investitionsentscheidung auf Basis einer Nachsteuerbetrachtung treffen,[551] werden amerikanische Investoren folglich eine Prämie verlangen, um den aus der höheren Steuerlast resultierenden Nachteil, der durch eine Investition in eine Unternehmensanleihe entsteht, ausgleichen zu können.[552] Eine von **ELTON ET AL.** durchgeführte Studie kommt hierbei zu dem Ergebnis, dass diese Prämie in Abhängigkeit von dem Rating und

---

544 Vgl. SCHLECKER, M., Credit Spreads, S. 55.

545 Vgl. hierzu auch BACHMANN, U., Die Komponenten des Kreditspreads, S. 131 f.

546 150 Basispunkte entsprechen dabei 1,5 Prozent.

547 Vgl. SCHLECKER, M., Credit Spreads, S. 110. PERRAUDIN/TAYLOR weisen in ihrer Studie nach, dass die Vergütung des Liquiditätsrisikos bei Unternehmensanleihen einer hohen Ratingklasse bis zu 30 Basispunkte betragen kann, vgl. PERRAUDIN, W. R. M./TAYLOR, A. P., Liquidity and Bond Market Spreads, S. 20. Da derartige Anleihen i. d. R. einen geringen Credit Spread aufweisen, stellt das Liquiditätsrisiko eine wichtige Komponente des Credit Spread dar, vgl. HULL, J./PREDESCU, M./WHITE, A., Bond prices, default probabilities and risk premiums, S. 57.

548 Vgl. LIU, S./WU, C., Taxes, Default Risk, and Credit Spreads, S. 72; ELTON, E. J./GRUBER, M. J./AGRAWAL, D./MANN, C., Explaining the Rate Spread on Corporate Bonds, S. 267.

549 Die Höhe der State Tax wird durch die Einzelstaaten individuell bestimmt. Sie liegt i. d. R. zwischen fünf und zehn Prozent, vgl. ELTON, E. J./GRUBER, M. J./AGRAWAL, D./MANN, C., Explaining the Rate Spread on Corporate Bonds, S. 263.

550 Vgl. ELTON, E. J./GRUBER, M. J./AGRAWAL, D./MANN, C., Explaining the Rate Spread on Corporate Bonds, S. 248; LANDO, D., Credit Risk, S. 795; SCHLECKER, M., Credit Spreads, S. 94; DELIANEDIS, G./GESEKE, R., The Components of Corporate Credit Spreads, S. 3. Der Steuerprämie kommt daher in den USA eine hohe Bedeutung zu, vgl. BROWN, A. J. G./ZARNIC, Z., German Credit Spread, S. 11, Fn. 32.

551 Vgl. AMATO, J. D./REMOLONA, E. M., The Pricing of Unexpected Credit Losses, S. 6.

552 Vgl. BROWN, A. J. G./ZARNIC, Z., German Credit Spread, S. 11.

der Laufzeit einer Unternehmensanleihe zwischen 28 und 73 Prozent des Credit Spread erklären kann.[553]

Der Credit Spread vergütet demnach neben dem Ausfallrisiko auch das Liquiditätsrisiko sowie einen eventuell auftretenden Steuernachteil. Jedoch können auch diese Komponenten den Credit Spread nicht vollständig erklären. Für den nach dem Abzug dieser Bestimmungsgrößen verbleibenden **Residualspread** hat sich hierbei der Erklärungsansatz gebildet, dass durch diesen sowohl die Übernahme des systematischen Risikos[554] als auch die Übernahme des unsystematischen Risikos[555] vergütet wird.[556]

Die Kompensation des **systematischen Risikos** wird u. a. damit begründet, dass Unternehmensanleihen mit sinkender Kreditqualität eigenkapitalähnliche Eigenschaften annehmen.[557] Da in einer solchen Situation der Wert einer Unternehmensanleihe stärker von Faktoren, die ansonsten nur auf Aktienkurse wirken, beeinflusst wird,[558] würden Fremdkapitalinvestoren analog zu Eigenkapitalinvestoren eine Kompensation für das nicht diversifizierbare systematische Risiko verlangen.[559]

Dass der Residualspread auch das **unsystematische Risiko** kompensiert, erscheint zunächst nicht nachvollziehbar, da das unsystematische Risiko diversifizierbar ist und daher durch den Markt nicht vergütet werden sollte.[560] Wie jedoch in Abschnitt 222.2 bereits erörtert wurde, sind Kreditverluste rechtsschief verteilt. Größeren Verlusten durch einen Ausfall einer Unternehmensanleihe stehen i. d. R. keine Gewinne im gleichen Ausmaß gegenüber,[561] da die Rückzahlung einer Unternehmensanleihe zum Fälligkeitszeitpunkt auf den Nominalwert begrenzt ist. Das unsystematische Risiko kann hierbei nur durch das Halten einer hinreichend großen Anzahl von Unternehmensanleihen

---

553 Vgl. ELTON, E. J./GRUBER, M. J./AGRAWAL, D./MANN, C., Explaining the Rate Spread on Corporate Bonds, S. 273; AMATO, J. D./REMOLONA, E. M., The Pricing of Unexpected Credit Losses, S. 6. In der von DRIESSEN durchgeführten Studie zeigt sich die Prämie für den Steuernachteil für einen Anteil am Credit Spread in einer Spannweite von 34 bis 57 Prozent verantwortlich, vgl. AMATO, J. D./REMOLONA, E. M., The credit spread puzzle, S. 55.

554 Vgl. hierzu ELTON, E. J./GRUBER, M. J./AGRAWAL, D./MANN, C., Explaining the Rate Spread on Corporate Bonds, S. 273; BACHMANN, U., Die Komponenten des Kreditspreads, S. 158. Das systematische Risiko bezeichnet dabei das Risiko, von dem alle Marktteilnehmer betroffen sind (wie bspw. das Risiko einer Naturkatastrophe oder einer regulatorischen Änderung), vgl. hierzu BETZ, H., Integrierte Credit Spread- und Zinsrisikomessung, S. 120.

555 Vgl. hierzu AMATO, J. D./REMOLONA, E. M., The Pricing of Unexpected Credit Losses, S. 2; DRIESSEN, J., Default Event Risk, S. 189. Im Gegensatz zum systematischen Risiko wird mit dem unsystematischen Risiko das Risiko bezeichnet, welches aus unternehmensspezifischen Faktoren wie bspw. einem Rechtsstreit oder der mangelnden Fähigkeit des Managements resultiert, vgl. BETZ, H., Integrierte Credit Spread- und Zinsrisikomessung, S. 120.

556 Vgl. DRIESSEN, J., Default Event Risk, S. 189; AMATO, J. D./REMOLONA, E. M., The credit spread puzzle, S. 62.

557 Vgl. HULL, J./PREDESCU, M./WHITE, A., Bond prices, default probabilities and risk premiums, S. 58.

558 Vgl. HULL, J./PREDESCU, M./WHITE, A., Bond prices, default probabilities and risk premiums, S. 58.

559 Vgl. ELTON, E. J./GRUBER, M. J./AGRAWAL, D./MANN, C., Explaining the Rate Spread on Corporate Bonds, S. 272; GANN, P./LAUT, A., Einflussfaktoren auf den Credit Spread von Unternehmensanleihen, S. 20.

560 Vgl. AMATO, J. D./REMOLONA, E. M., The Pricing of Unexpected Credit Losses, S. 2.

561 Vgl. AMATO, J. D./REMOLONA, E. M., The credit spread puzzle, S. 56.

diversifiziert werden.[562] Da ein derartiges umfangreiches Portfolio an Unternehmensanleihen bei einem Investor in der Realität faktisch nicht vorliegt,[563] verlangt dieser eine Prämie auch für die Übernahme des unsystematischen Risikos.[564]

Die Höhe, die diesen Komponenten in den jeweiligen Studien zugewiesen wird, variiert sehr stark.[565] Dennoch belegen diese, dass der Credit Spread nicht nur das Ausfallrisiko kompensiert.[566] Diese Studien bilden daher zumindest eine qualitative Erklärung, welche weiteren Risikokomponenten durch den Credit Spread vergütet werden,[567] auch wenn sich bisher noch kein allgemeingültiges Verfahren herausgestellt hat, welches den genauen Anteil des Ausfallrisikos am Credit Spread erklären kann.[568] Daher hat sich in diesem Zusammenhang auch der Begriff des **„Credit Spread Puzzle"** etabliert.[569] Für eine Bestimmung des erwarteten Verlustes aus den am Markt beobachteten Credit-Spread-Daten sind daher Annahmen bzgl. der weiteren Risikokomponenten, die durch den Credit Spread zusätzlich zu dem Ausfallrisiko vergütet werden, zu treffen.[570] Eine Vernachlässigung der weiteren Determinanten des Credit Spread würde daher zu substantiellen Schätzfehlern hinsichtlich des Ausfallrisikos führen.[571] Der Credit Spread einer Unternehmensanleihe ist daher nur bedingt als zusätzliche Informationsquelle für die nach dem **Expected-Loss-Modell** durchzuführende Kreditverlustschätzung geeignet.

Im Gegensatz zum Credit Spread wird einem **Credit Default Swap**, für den am Markt ebenfalls beobachtbare Daten vorliegen, oftmals die Eigenschaft eines reinen Maßes für das Ausfallrisiko zugewiesen.[572] In den folgenden Abschnitten soll daher der Credit Default Swap näher betrachtet und hinsichtlich seiner Eignung als zusätzliche Informationsquelle im Rahmen des Expected-Loss-Modells beurteilt werden.

562 Vgl. AMATO, J. D./REMOLONA, E. M., The Pricing of Unexpected Credit Losses, S. 2. Vgl. zur Diversifizierungsproblematik hinsichtlich des Ausfallrisikos auch BETZ, H., Integrierte Credit Spread- und Zinsrisikomessung, S. 124-130; HULL, J. C., Optionen, Futures und andere Derivate, S. 619 f.

563 Vgl. AMATO, J. D./REMOLONA, E. M., The Pricing of Unexpected Credit Losses, S. 20.

564 Vgl. AMATO, J. D./REMOLONA, E. M., The Pricing of Unexpected Credit Losses, S. 2.

565 Vgl. für einen Überblick über die Höhe der in den jeweiligen Studien zugewiesenen Anteile der Risikokomponenten am Credit Spread SCHLECKER, M., Credit Spreads, S. 93-111.

566 Vgl. hierzu auch NORDEN, L., Kreditderivate, S. 17.

567 Vgl. BROWN, A. J. G./ZARNIC, Z., German Credit Spread, S. 4.

568 Vgl. LANDO, D., Credit Risk, S. 795.

569 Vgl. AMATO, J. D./REMOLONA, E. M., The Pricing of Unexpected Credit Losses, S. 1; HULL, J./PREDESCU, M./WHITE, A., Bond prices, default probabilities and risk premiums, S. 55; JONG, F. D./DRIESSEN, J., Liquidity Risk Premia in Corporate Bond Markets, S. 1; CHEN, H., Puzzles of Credit Spreads, S. 2171.

570 Vgl. DEUTSCHE BANK RESEARCH (Hrsg.), Credit Default Swaps, S. 9.

571 Vgl. zu dieser Aussage im Zusammenhang mit der Vernachlässigung von Steuereffekten im Credit Spread LIU, S./WU, C., Taxes, Default Risk, and Credit Spreads, S. 82.

572 Vgl. KNOTH, H./SCHULZ, M., Counterparty Default Adjustments, S. 249; EUROPEAN CENTRAL BANK (Hrsg.), Credit Default Swaps, S. 64; CAO, C./YU, F./ZHONG, Z., Volatility and credit default swap valuation, S. 325.

422.243 Credit-Default-Swap-Prämien

422.243.1 Überblick

Der Credit Default Swap (CDS) ist ein Kreditderivat, mit dessen Abschluss sich ein Sicherungsnehmer gegen das Ausfallrisiko eines Kreditengagements durch die Zahlung einer Prämie an einen Sicherungsgeber absichern kann.[573] Bevor jedoch dessen Eignung als zusätzliche Informationsquelle im Rahmen der nach dem Expected-Loss-Modell vorzunehmenden Kreditverlustschätzung beurteilt werden kann, soll dieser zunächst erläutert werden. Hierfür wird in einem ersten Schritt die allgemeine Funktionsweise eines CDS vorgestellt, bevor in einem zweiten Schritt die Bewertung eines CDS erörtert wird. Anschließend werden die aktuellen Entwicklungen auf dem CDS-Markt betrachtet.

422.243.2 Funktionsweise eines CDS

Durch den Abschluss eines CDS erhält der Sicherungsnehmer von dem Sicherungsgeber beim **Eintritt** eines zuvor vertraglich festgelegten Kreditereignisses (Credit Event) beim Referenzschuldner (Reference Entity)[574] eine Ausgleichszahlung. Diese kompensiert den Sicherungsnehmer für den entstandenen Verlust bei einem Referenzaktivum (Reference Obligation)[575] des Referenzschuldners.[576] Der CDS wird daher auch häufig als Versicherungsvertrag bezeichnet,[577] da durch diesen der Sicherungsnehmer für einen im Rahmen eines Kreditereignisses entstandenen Verlust entschä-

---

[573] Vgl. DEUTSCHE BUNDESBANK (Hrsg.), Regulierung des Marktes für Kreditausfall-Swaps, S. 48. Allgemein lässt sich ein Kreditderivat als ein derivatives Wertpapier beschreiben, dessen Auszahlung von dem Eintritt eines Kreditereignisses abhängt, vgl. SCHÖNBUCHER, P. J., Credit Derivatives Pricing Models, S. 8; ANSON, M. J. P./FABOZZI, F. J./CHOUDHRY, M./CHEN, R.-R., Credit Derivatives, S. 47; CHOUDHRY, M., Credit Default Swap Basis, S. 2. Der CDS stellt dabei das am weitesten verbreitete Kreditderivat dar, vgl. DEUTSCHE BUNDESBANK (Hrsg.), Regulierung des Marktes für Kreditausfall-Swaps, S. 50.

[574] Als mögliche Referenzschuldner können bspw. Industrieunternehmen, Banken oder Staaten in Betracht kommen, vgl. WAGNER, E., Credit Default Swaps und Informationsgehalt, S. 26.

[575] Das Referenzaktivum bildet somit den Basiswert (Underlying) des CDS und kann bspw. in Form einer Anleihe oder eines Kredites des Referenzschuldners vorliegen, vgl. WAGNER, E., Credit Default Swaps und Informationsgehalt, S. 26.

[576] Vgl. hierzu LONGSTAFF, F. A./MITHAL, S./NEIS, E., Corporate Yield Spreads, S. 2216; LANDO, D., Credit Risk, S. 792 f.; SIEVERS, M., Gestaltungsmöglichkeiten von Kreditderivaten, S. 49 f.; WAGNER, E., Credit Default Swaps und Informationsgehalt, S. 21; LUO, L. S. J., Bootstrapping default probability curves, S. 170. Da für den Abschluss eines CDS-Kontraktes ein tatsächliches Kreditverhältnis zwischen dem Sicherungsnehmer und dem Referenzschuldner nicht vorausgesetzt wird, kann ein CDS auch als Versicherung gegen den Eintritt eines Kreditereignisses bei einem Unternehmen interpretiert werden, ohne dass mit dem Abschluss des CDS eine Absicherung des Verlustes aus einem bestimmten Referenzaktivum beabsichtigt wird. In diesem Fall wird ein Referenzaktivum lediglich für die Determinierung der Ausgleichszahlung benötigt, vgl. zu diesem Verwendungszweck des Referenzaktivums auch SCHÖNBUCHER, P. J., Credit Derivatives Pricing Models, S. 8; GREGORY, J., Counterparty Risk, S. 139.

[577] Vgl. SAUNDERS, A./ALLEN, L., Financial Crisis, S. 244; DÜLLMANN, K./SOSINSKA, A., Credit default swap prices, S. 271.

digt wird.[578] Die allgemeine Funktionsweise des CDS soll anhand der Abbildung 9 verdeutlicht werden:

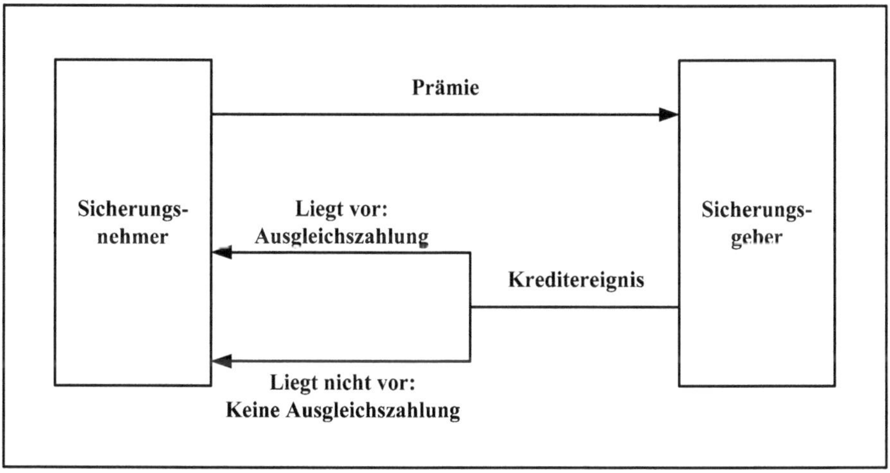

Abbildung 9: Zahlungsströme eines CDS[579]

Der Sicherungsnehmer schließt mit einem Sicherungsgeber einen CDS ab, um sich gegen einen Verlust, den der Sicherungsnehmer bei einem gehaltenen Referenzaktivum aufgrund des Eintritts eines Kreditereignisses erleiden würde, abzusichern.[580] Beispielsweise kann sich der Sicherungsnehmer mit einem CDS gegen einen möglichen Verlust bei einer von ihm gehaltenen Anleihe eines Referenzschuldners absichern, der dem Sicherungsnehmer sonst durch den Ausfall (Kreditereignis) des Referenzschuldners entstehen würde.[581] Im Gegenzug hat der Sicherungsnehmer während der gesamten Laufzeit des CDS in regelmäßigen Abständen eine Prämie an den Sicherungsgeber zu entrichten.[582] Tritt während der Laufzeit des CDS das zuvor vertraglich festgelegte Kreditereignis „Ausfall" bei dem Referenzschuldner ein, so leistet der Sicherungsgeber an den Sicherungsnehmer

[578] Vgl. LONGSTAFF, F. A./MITHAL, S./NEIS, E., Corporate Yield Spreads, S. 2214; BIELECKI, T. R./RUTKOWSKI, M., Credit Risk, S. 18. Es ist jedoch zu beachten, dass sich ein CDS in zwei wesentlichen Merkmalen von einem Versicherungsvertrag unterscheidet: Zum einen muss der dem CDS zugrundeliegende Schuldtitel nicht durch das Unternehmen gehalten werden, wohingegen ein Unternehmen einem Risiko ausgesetzt sein muss, um sich gegen dieses Risiko versichern zu können. Zum anderen werden CDS im Vergleich zu Versicherungsverträgen außerbörslich gehandelt, vgl. STULZ, R. M., Credit Default Swaps and the Credit Crisis, S. 74.

[579] Vgl. SIEVERS, M., Gestaltungsmöglichkeiten von Kreditderivaten, S. 51.

[580] Vgl. LANDO, D., Credit Risk, S. 792 f.

[581] Vgl. STULZ, R. M., Credit Default Swaps and the Credit Crisis, S. 74; LONGSTAFF, F. A./MITHAL, S./NEIS, E., Corporate Yield Spreads, S. 2216.

[582] Vgl. SIEVERS, M., Gestaltungsmöglichkeiten von Kreditderivaten, S. 50; DICKINSON, E., Credit Default Swaps, S. 6.

eine Ausgleichszahlung.[583] Liegt hingegen bis zum Ende der Laufzeit des CDS kein Kreditereignis vor, so bestehen gegenüber dem Sicherungsgeber keinerlei Zahlungsansprüche. In diesem Fall vereinnahmt der Sicherungsgeber die durch den Sicherungsnehmer gezahlten Prämien, ohne hierfür eine Auszahlung zu leisten, da kein Versicherungsfall eingetreten ist.[584]

Bevor die vertragliche Ausgestaltung eines CDS-Kontraktes näher betrachtet werden kann, muss zunächst berücksichtigt werden, dass CDS gegenwärtige i. d. R. außerbörslich (**Over-the-Counter**) gehandelt werden.[585] CDS werden dabei entweder über eine elektronische Plattform oder telefonisch abgeschlossen,[586] wobei CDS-Transaktionen in der jüngsten Vergangenheit verstärkt über **elektronische Plattformen** abgewickelt werden, wodurch den Marktteilnehmern der Zugang zu Echtzeitinformationen über CDS-Transaktionen ermöglicht wird.[587]

Charakteristisch für den außerbörslichen Handel ist dabei, dass der Abschluss sowie die konkrete vertragliche Ausgestaltung eines Finanzinstrumentes das Ergebnis von individuellen Verhandlungen zwischen zwei Vertragsparteien ist.[588] Zwar bieten derartige bilaterale Verhandlungen die Möglichkeit, ein Finanzinstrument auf die jeweiligen Bedürfnisse der Vertragsparteien anzupassen, jedoch resultiert hieraus auch der Nachteil, dass die Weiterveräußerung des Finanzinstrumentes zumeist aufgrund seiner individuellen vertraglichen Gestaltung nur erschwert möglich ist.[589] Zum anderen können unterschiedliche Auslegungen hinsichtlich bestimmter vertraglicher Regelungen[590] des Finanzinstrumentes zu Rechtsstreitigkeiten zwischen den Vertragsparteien führen.[591] Von diesen Nachteilen sind aufgrund ihres außerbörslichen Handels somit auch CDS betroffen.

---

583 Vgl. SCHÖNBUCHER, P. J., Credit Derivatives Pricing Models, S. 15. Die konkrete Höhe der Ausgleichszahlung richtet sich hierbei nach dem bei dem Abschluss des CDS vereinbarten Abwicklungsverfahren, vgl. hierzu auch die weiteren Ausführungen in diesem Abschnitt.

584 Vgl. SAUNDERS, A./ALLEN, L., Financial Crisis, S. 245; SCHÖNBUCHER, P. J., Credit Derivatives Pricing Models, S. 15; WAGNER, E., Credit Default Swaps und Informationsgehalt, S. 21; CHOUDHRY, M., Credit Default Swap Basis, S. 7; NORDEN, L., Kreditderivate, S. 94.

585 Vgl. SIEVERS, M., Gestaltungsmöglichkeiten von Kreditderivaten, S. 106; DEUTSCHE BUNDESBANK (Hrsg.), Regulierung des Marktes für Kreditausfall-Swaps, S. 50.

586 Vgl. CECCHETTI, S. G./GYNTELBERG, J./HOLLANDERS, M., Central Counterparties, S. 47.

587 Vgl. hierzu auch CECCHETTI, S. G./GYNTELBERG, J./HOLLANDERS, M., Central Counterparties, S. 49. Beim Handel eines CDS-Kontraktes stellt der Sicherungsnehmer auf bilateraler Ebene eine Anfrage an den Sicherungsgeber, der diesem dann Informationen über die mögliche Höhe der entsprechenden CDS-Prämie zukommen lässt, auf deren Basis der Sicherungsgeber dann entscheiden kann, ob er zu diesen oder vergleichbaren Konditionen den CDS-Kontrakt mit dem Sicherungsgeber abschließen möchte, vgl. hierzu auch EUROPEAN CENTRAL BANK (Hrsg.), Credit Default Swaps, S. 63.

588 Vgl. DEUTSCHE BANK RESEARCH (Hrsg.), Credit Default Swaps, S. 19; SIEVERS, M., Gestaltungsmöglichkeiten von Kreditderivaten, S. 41. Für einen Überblick über die Unterschiede zwischen einem börslichen und außerbörslichen Derivatehandel vgl. CECCHETTI, S. G./GYNTELBERG, J./HOLLANDERS, M., Central Counterparties, S. 48.

589 Vgl. hierzu auch DEUTSCHE BUNDESBANK (Hrsg.), Regulierung des Marktes für Kreditausfall-Swaps, S. 50.

590 Bei einem CDS könnte dieses bspw. die Definition des Kreditereignisses sein, vgl. hierzu auch SIEVERS, M., Gestaltungsmöglichkeiten von Kreditderivaten, S. 53.

591 Vgl. für einen Überblick über weitere Merkmale des Over-the-Counter-Derivatehandels HARTMANN-WENDELS, T./PFINGSTEN, A./WEBER, M., Bankbetriebslehre, S. 273; HULL, J. C., Optionen, Futures und andere Derivate, S. 25.

Um diese Nachteile zu beheben, wurde durch die **International Swaps and Derivatives Association** (ISDA)[592] ein Rahmenvertrag ausgearbeitet, auf dessen Grundlage ein CDS-Kontrakt zwischen dem Sicherungsgeber und dem Sicherungsnehmer abgeschlossen werden kann.[593] Durch die Anwendung des ISDA-Rahmenvertrages soll eine weitgehende Standardisierung der vertraglichen Regelungen eines CDS-Kontraktes erreicht werden, wodurch eine Abtretung des CDS-Kontraktes an eine andere Vertragspartei erleichtert und rechtliche Risiken verringert werden sollen.[594] Dieser Rahmenvertrag bildet seither die Grundlage für die Vertragsgestaltung am CDS-Markt.[595]

Die wohl bedeutendsten vertraglichen Regelungen bei einem CDS, die durch den Rückgriff auf den ISDA-Rahmenvertrag für alle CDS einheitlich festgelegt und bereits bei Vertragsabschluss zu bestimmen sind, beziehen sich zum einen auf die Definition von möglichen **Kreditereignissen** und zum anderen auf die Bestimmung und das bei der Abwicklung eines CDS anzuwendende **Verfahren**, sofern ein Kreditereignis stattgefunden hat.[596]

Beim Abschluss eines CDS wählen die Vertragsparteien zunächst diejenigen **Kreditereignisse** aus, deren Eintritt zu einer Abwicklung des CDS führt.[597] Mögliche Kreditereignisse sowie die zugehörigen Definitionen werden durch die ISDA festgelegt.[598] Typische Beispiele für Kreditereignisse bilden hierbei der Ausfall eines Unternehmens, die Restrukturierung eines Unternehmens sowie der Zahlungsverzug eines Unternehmens.[599] Diese Kreditereignisse sind zudem in den Standardverträgen, die von Marktteilnehmern üblicherweise abgeschlossen werden, enthalten.[600] Das Vorliegen

---

592 Die ISDA ist eine Handelsorganisation, die sich aus den wichtigsten Teilnehmern des Over-the-Counter-Derivate-Marktes zusammensetzt und Rahmenverträge für den außerbörslichen Handel von Derivaten entwickelt, vgl. MARTIN, M. R. W./REITZ, S./WEHN, C. S., Kreditderivate und Kreditrisikomodelle, S. 11.

593 Vgl. BINDER, I., ISDA-Dokumentation, S. 457; DEUTSCHE BANK RESEARCH (Hrsg.), Credit Default Swaps, S. 19; SIEVERS, M., Gestaltungsmöglichkeiten von Kreditderivaten, S. 37; ANSON, M. J. P./FABOZZI, F. J./CHOUDHRY, M./CHEN, R.-R., Credit Derivatives, S. 57-58; WAGNER, E., Credit Default Swaps und Informationsgehalt, S. 21; NORDEN, L., Kreditderivate, S. 17.

594 Vgl. SIEVERS, M., Gestaltungsmöglichkeiten von Kreditderivaten, S. 37; DEUTSCHE BANK RESEARCH (Hrsg.), Credit Default Swaps, S. 19. Dieser Rahmenvertrag wurde zuletzt im Jahr 2009 durch die ISDA Credit Derivatives Determinations Committees and Auction Supplement (ISDA-Supplement) erweitert. Durch das Unterzeichnen des Big-Bang- oder Small-Bang-Protokolls konnten die Regelungen des ISDA-Supplements auf bereits bestehende CDS-Kontrakte übertragen werden, vgl. DEUTSCHE BANK RESEARCH (Hrsg.), Credit Default Swaps, S. 22; DZ BANK (Hrsg.), CDS 2.0 Prelude, S. 6.

595 Vgl. BINDER, I., ISDA-Dokumentation, S. 457.

596 Vgl. SIEVERS, M., Gestaltungsmöglichkeiten von Kreditderivaten, S. 52.

597 Vgl. WAGNER, E., Credit Default Swaps und Informationsgehalt, S. 27; SIEVERS, M., Gestaltungsmöglichkeiten von Kreditderivaten, S. 52.

598 Vgl. SCHÖNBUCHER, P. J., Credit Derivatives Pricing Models, S. 9.

599 Vgl. für einen vollständigen Überblick über mögliche Kreditereignisse, die im ISDA-Rahmenvertrag festgelegt werden können, sowie zu deren Beschreibung ANSON, M. J. P./FABOZZI, F. J./CHOUDHRY, M./CHEN, R.-R., Credit Derivatives, S. 58-63; SIEVERS, M., Gestaltungsmöglichkeiten von Kreditderivaten, S. 52-59; BINDER, I., ISDA-Dokumentation, S. 463-465.

600 Vgl. hierzu auch SCHUBERT, D., Gestaltung eines CDS-Vertrages, S. 224; DEUTSCHE BUNDESBANK (Hrsg.), Regulierung des Marktes für Kreditausfall-Swaps, S. 63; WAGNER, E., Credit Default Swaps und Informationsgehalt, S. 27; BINDER, I., ISDA-Dokumentation, S. 472. PACKER/ZHOU weisen in einer Studie nach, dass die Prämie für einen CDS-Kontrakt, der nicht das Kreditereignis „Restrukturierung“ enthält, im Durchschnitt 7,5 Prozent niedri-

eines Kreditereignisses ist nicht durch die Vertragsparteien, sondern durch ein Determination Committee[601] zu beurteilen, dessen Entscheidung eine bindende Wirkung für die Vertragsparteien hat.[602]

Sofern ein Kreditereignis eingetreten ist, hat der Sicherungsgeber eine **Ausgleichszahlung** an den Sicherungsnehmer zu leisten. Die Höhe der Ausgleichszahlung richtet sich dabei nach der vertraglichen Regelung, die hinsichtlich des Abwicklungsverfahrens getroffen wurde. Grundsätzlich kann ein CDS-Kontrakt durch einen physischen Ausgleich, einen Barausgleich sowie durch ein Auktionsverfahren abgewickelt werden.

Sofern sich der Sicherungsnehmer dazu verpflichtet, bei einem Kreditereignis das dem CDS zugrundeliegende Referenzaktivum[603] an den Sicherungsgeber zu übertragen, handelt es sich hierbei um einen **physischen Ausgleich** des CDS-Kontraktes.[604] Im Gegenzug erhält der Sicherungsnehmer den Nominalwert des Referenzaktivums durch den Sicherungsgeber ausgezahlt.[605] Bei diesem

ger ist als die Prämie eines entsprechenden CDS-Kontraktes, der dieses Kreditereignis berücksichtigt, vgl. PACKER, F./ZHU, H., Vertragsbedingungen und Preisfindung bei Credit Default Swaps, S. 107.

601 Das Determination Committee setzt sich aus insgesamt 19 Mitgliedern (bestehend aus 15 stimmberechtigten ISDA-Mitgliedern und vier beratenden, jedoch nicht stimmberechtigten Mitgliedern) zusammen. Für eine positive Entscheidung hinsichtlich des Vorliegens eines Kreditereignisses ist eine Zustimmungsquote von 80 Prozent der stimmberechtigten Mitglieder erforderlich, vgl. DZ BANK (Hrsg.), CDS 2.0 Prelude, S. 7 f. Das Determination Committee ist durch die Regelungen des ISDA-Supplements in den ISDA-Rahmenvertrag für CDS implementiert worden, vgl. ISDA (Hrsg.), CDS Supplement, S. 5.

602 Vgl. DZ BANK (Hrsg.), CDS 2.0 Prelude, S. 7.

603 Beim Abwicklungsverfahren „physischer Ausgleich“ muss es nicht zwangsläufig zur Lieferung des Referenzaktivums kommen, sofern die vertraglichen Bestimmungen auch die Lieferung von alternativen Schuldtiteln des Referenzschuldners zulassen. In diesem Fall wird der Sicherungsnehmer den für ihn am günstigsten Schuldtitel aus den ausstehenden Verbindlichkeiten des Referenzschuldners wählen, welcher jedoch die gleiche oder eine bessere Seniorität im Vergleich zum Referenzaktivum aufweisen muss, und dem Sicherungsgeber liefern, vgl. GREGORY, J., Counterparty Risk, S. 139. Dies wird auch als die Cheapest-to-Deliver-Option bezeichnet. Diese Abwicklungsvariante wird zumeist eingesetzt, sofern der CDS-Kontrakt zur Absicherung eines Ausfalls eines Referenzschuldners anstelle der Absicherung eines Referenzaktivums abgeschlossen wird, vgl. hierzu CHOUDHRY, M., Credit Default Swap Basis, S. 23; ANSON, M. J. P./FABOZZI, F. J./CHOUDHRY, M./CHEN, R.-R., Credit Derivatives, S. 64. Vgl. zur Cheapest-to-Deliver-Option auch SPREMANN, K./GANTENBEIN, P., Zinsen, Anleihen, Kredite, S. 352; SIEVERS, M., Gestaltungsmöglichkeiten von Kreditderivaten, S. 62; HULL, J. C., Optionen, Futures und andere Derivate, S. 647 f.

604 Vgl. hierzu auch BINDER, I., ISDA-Dokumentation, S. 468. Die physische Lieferung des Referenzaktivums war lange Zeit das geläufigste Abwicklungsverfahren für CDS. Aufgrund des enormen Wachstums des CDS-Marktes hat sich dieses Verfahren jedoch als unpraktikabel erwiesen. Dies ist darauf zurückführen, dass in der Vergangenheit das Nominalvolumen der CDS das Nominalvolumen der zugrundeliegenden Referenzaktiva i. d. R. um ein Vielfaches überstiegen hat. Hierdurch wurde bei dem Eintritt eines Kreditereignisses der Marktpreis des dem CDS-Kontrakt zugrundeliegenden Referenzaktivums verzerrt, da viele Sicherungsnehmer nicht im Besitz des entsprechenden Referenzaktivums waren und diesen zunächst erwerben mussten, um die Ausgleichszahlung in Anspruch nehmen zu können, vgl. hierzu DZ BANK (Hrsg.), CDS 2.0 Prelude, S. 9; HELWEGE, J./MAURER, S./SARKAR, A./WANG, Y., Credit Default Swap Auctions, S. 35.

605 Vgl. SIEVERS, M., Gestaltungsmöglichkeiten von Kreditderivaten, S. 61; GREGORY, J., Counterparty Risk, S. 140.

Abwicklungsverfahren ist demnach keine aufwendige Ermittlung der Ausgleichszahlung notwendig, da diese allein durch die Höhe des Nominalwertes des Referenzaktivums determiniert wird.[606]

Wird hingegen ein **Barausgleich** des CDS-Kontraktes als Abwicklungsverfahren vertraglich vereinbart, bestimmt sich die Höhe der Ausgleichszahlung aus der Differenz zwischen dem Nominalwert und dem Restwert des Referenzaktivums nach dem Kreditereignis.[607] Für die Bestimmung des Restwertes des Referenzaktivums wird, sofern es sich bei dem Referenzaktivum um eine börsengehandelte Anleihe handelt, zumeist nicht der Kurs der Anleihe direkt nach dem Kreditereignis gewählt, sondern auf den Kurs dieser Anleihe einige Wochen nach dem Kreditereignis zurückgegriffen, da dieser i. d. R. eine realistischere und weniger schwankungsanfällige Einschätzung der Marktteilnehmer hinsichtlich des Restwertes der Anleihe im Vergleich zu dem Kurs der Anleihe direkt nach dem Kreditereignis darstellt.[608]

Mit dem **Auktionsverfahren** liegt ein weiteres Abwicklungsverfahren für einen CDS vor. Bei diesem Abwicklungsverfahren wird der Preis des Referenzaktivums nach dem Eintritt eines Kreditereignisses durch eine Auktion bestimmt. Der bei der Auktion ermittelte Preis für das Referenzaktivum entspricht dabei der durch die Auktionsteilnehmer erwarteten Wiedereinbringungsquote des Referenzaktivums.[609] Der Sicherungsgeber hat dann eine Ausgleichszahlung in Höhe der Differenz zwischen dem Nominalwert des Referenzaktivums und dem ermittelten Auktionspreis an den Sicherungsnehmer zu leisten.[610] Ferner besteht für einen Sicherungsgeber die Möglichkeit, ein im Rahmen einer physischen Lieferung erhaltenes Referenzaktivum zum ermittelten Auktionspreis zu verkaufen.[611] Das Auktionsverfahren ist in 2009 in den ISDA-Rahmenvertrag für CDS aufgenommen worden[612] und seitdem für die meisten CDS verpflichtend anzuwenden.[613]

Neben der vertraglichen Festlegung eines Kreditereignisses, bei dessen Eintritt ein CDS-Kontrakt abzuwickeln ist, sowie des hierbei anzuwendenden Abwicklungsverfahrens ist durch die Vertragsparteien die Höhe der durch den Sicherungsnehmer zu zahlenden **Prämie** zu bestimmen. Die Höhe der Prämie ist für beide Vertragsparteien von besonderer Bedeutung, da sie über die gesamte Laufzeit des CDS konstant bleibt.[614] Sie wird nicht in absoluter Höhe angegeben, sondern bezieht sich

606 Vgl. SIEVERS, M., Gestaltungsmöglichkeiten von Kreditderivaten, S. 61.

607 Vgl. LÄGER, V., Bewertung von Kreditrisiken und Kreditderivaten, S. 46; SIEVERS, M., Gestaltungsmöglichkeiten von Kreditderivaten, S. 62.

608 Vgl. WAGNER, E., Credit Default Swaps und Informationsgehalt, S. 30; SIEVERS, M., Gestaltungsmöglichkeiten von Kreditderivaten, S. 63.

609 Vgl. hierzu auch HELWEGE, J./MAURER, S./SARKAR, A./WANG, Y., Credit Default Swap Auctions, S. 35 f.

610 Vgl. SAUNDERS, A./ALLEN, L., Financial Crisis, S. 251.

611 Vgl. DZ BANK (Hrsg.), CDS 2.0 Prelude, S. 9.

612 Vgl. ISDA (Hrsg.), CDS Supplement, S. 26 28.

613 Vgl. DZ BANK (Hrsg.), CDS 2.0 Prelude, S. 9. Für einen Überblick über die CDS-Transaktionen, für welche das Auktionsabwicklungsverfahren anzuwenden ist, vgl. ISDA (Hrsg.), Big Bang-Protokoll, S. 11 f. Zu den Vorteilen des Auktionsverfahrens gegenüber den zuvor dargelegten Abwicklungsverfahren vgl. DZ BANK (Hrsg.), CDS 2.0 Prelude, S. 8 f.

614 Vgl. hierzu auch LÄGER, V., Bewertung von Kreditrisiken und Kreditderivaten, S. 275.

auf den abzusichernden Nominalwert des zugrundeliegenden Referenzaktivums und notiert in Basispunkten.[615] Beträgt die vereinbarte Prämienzahlung für einen CDS, der den Nominalwert eines Referenzaktivums in Höhe von 10 Mio. Euro absichert,[616] bspw. 120 Basispunkte, so hat der Sicherungsnehmer jährlich eine Zahlung von 120.000 Euro (entspricht 1,2 Prozent des abzusichernden Nominalwertes in Höhe von 10 Mio. Euro) an den Sicherungsgeber zu leisten, um sich gegen einen Verlust, der durch den Ausfall des Referenzschuldners entstehen würde, abzusichern. Die Zahlung der Prämie ist dabei durch den Sicherungsgeber nachschüssig zu leisten. Sie kann wahlweise vierteljährlich, halbjährlich oder jährlich gezahlt werden.[617]

422.243.3 Bewertung eines CDS

422.243.31 Ermittlung der CDS-Prämie

Die konkrete Höhe der CDS-Prämie wird über ein Bewertungsmodell bestimmt. Im Folgenden soll die Ermittlung dieser Prämie anhand des JP-Morgan-Modells, das durch die amerikanische Bank JP Morgan für diesen Zweck entwickelt wurde und sich als allgemeiner Marktstandard zur Bewertung von CDS-Kontrakten etabliert hat, erläutert werden.[618] Nach diesem Modell sind in einem ersten Schritt die jeweiligen erwarteten Zahlungsströme der Vertragsparteien zu bestimmen. Der vom Sicherungsgeber erwartete Zahlungsstrom wird hierbei als **Premium-Leg** bezeichnet, wohingegen der vom Sicherungsnehmer erwartete Zahlungsstrom als **Protection-Leg** betitelt wird. Diese Zahlungsströme werden in einem zweiten Schritt zusammengeführt, um die CDS-Prämie zu ermitteln.

Zunächst ist der erwartete Zahlungsstrom des Sicherungsgebers zu bestimmen. Der **Sicherungsgeber** erhält bei einem Abschluss eines CDS-Kontraktes mit einer Restlaufzeit m während der Laufzeit des CDS-Kontraktes zu bestimmten Zeitpunkten eine vertraglich festgelegte Prämie $\mathbf{CS_m}$ durch den Sicherungsnehmer. Da diese Prämie nicht nur jährlich, sondern auch unterjährig gezahlt werden kann,[619] ist die jährliche CDS-Prämie $\mathbf{CS_m}$ in unterjährige Zahlungen aufzuteilen. Die periodenanteilige Prämie wird ermittelt, indem die jährliche CDS-Prämie $\mathbf{CS_m}$ mit dem Faktor $\mathbf{\Delta i}$, wobei der Faktor Δ_i der Länge der i-ten Periode (**i-1** bis **i**) entspricht, multipliziert wird.[620] Die Prämien wer-

615 Vgl. LONGSTAFF, F. A./MITHAL, S./NEIS, E., Corporate Yield Spreads, S. 2216; SIEVERS, M., Gestaltungsmöglichkeiten von Kreditderivaten, S. 50.

616 Der Nominalwert des Referenzaktivums stellt zugleich den Nominalwert des zugehörigen CDS dar.

617 Vgl. SIEVERS, M., Gestaltungsmöglichkeiten von Kreditderivaten, S. 66. Sofern ein Kreditereignis zwischen zwei Zahlungsterminen eintritt, hat der Sicherungsnehmer noch die entsprechende zeitanteilige Prämie an den Sicherungsgeber zu entrichten, vgl. SIEVERS, M., Gestaltungsmöglichkeiten von Kreditderivaten, S. 66; LONGSTAFF, F. A./MITHAL, S./NEIS, E., Corporate Yield Spreads, S. 2217.

618 Vgl. GRUBER, W., Bepreisung von Credit Default Swaps, S. 105. Das JP-Morgan-Modell wird bspw. bei dem CDS-Rechner von Bloomberg (CDSW-Tool) angewendet, vgl. FELSENHEIMER, J./GISDAKIS, P./ZAISER, M., Valuation of Credit Derivatives, S. 305.

619 In der Regel wird eine quartalsweise Zahlung vorgenommen, deren Höhe einem Viertel der jährlichen CDS-Prämie entspricht, vgl. LANDO, D., Credit Risk, S. 794.

620 Vgl. FELSENHEIMER, J./GISDAKIS, P./ZAISER, M., Valuation of Credit Derivatives, S. 306.

den dabei durch den Sicherungsnehmer entweder bis zum Eintritt des Ausfallereignisses[621] oder bis zum Laufzeitende des CDS gezahlt. Daher ist noch zu berücksichtigen, dass eine Prämienzahlung nur zu leisten ist, sofern der Referenzschuldner noch nicht ausgefallen ist. Die Wahrscheinlichkeit, dass ein Ausfall bis zur i-ten Periode noch nicht vorliegt und somit in dieser Periode die Prämie durch den Sicherungsnehmer gezahlt wird, beträgt $\mathbf{SP_i}$ (kumulierte Überlebenswahrscheinlichkeit).[622] Die Höhe der erwarteten Prämienzahlung einer Periode wird ermittelt, indem die Prämienzahlung einer Periode mit der hierzu korrespondierenden Überlebenswahrscheinlichkeit gewichtet wird. Aus diesen Zusammenhängen lässt sich nun der in Formel 10 dargelegte Barwert der Prämienzahlungen ($\mathbf{BW_P}$) ermitteln, welcher der Summe der künftigen, mit dem Diskontierungsfaktor $\mathbf{DF_i}$ auf den gegenwärtigen Zeitpunkt abgezinsten[623] erwarteten Prämienzahlungen entspricht.

$$BW_P = \sum_{i=1}^{m} CS_m * \Delta_i * DF_i * SP_i$$

Formel 10: Erwartete Prämienzahlungen eines CDS[624]

Ferner ist im Rahmen der Ermittlung des erwarteten Zahlungsstromes des Sicherungsgebers zu berücksichtigen, dass die Prämien durch den Sicherungsnehmer nachschüssig gezahlt werden. Da in den seltensten Fällen ein Referenzschuldner direkt nach der letzten Prämienzahlung ausfällt, ist die zeitanteilige Prämie, die zwischen der Zahlung der letzten Prämie und dem Ausfallzeitpunkt angelaufen ist, noch an den Sicherungsgeber zu entrichten. Für die Modellierung der Prämienzahlungsströme wird deshalb angenommen, dass ein Ausfall im Durchschnitt in der Mitte zwischen zwei Prämienzahlungen stattfindet.[625] Da die Länge einer Periode durch Δ_i vorgegeben wird, entspricht die Mitte der Periode genau $\frac{\Delta_i}{2}$.[626]

Da diese zeitanteilige Prämie nur zu entrichten ist, wenn ein Ausfall des Referenzschuldners zwischen zwei Prämienzahlungen eintritt, ist in einem nächsten Schritt einem derartigen Ereignis eine Wahrscheinlichkeit zuzuordnen. Hierfür wird die **unbedingte Ausfallwahrscheinlichkeit** benötigt.[627] Mit der unbedingten Ausfallwahrscheinlichkeit wird die Wahrscheinlichkeit beschrieben, dass es in einer bestimmten Periode zu einem Ausfall kommt. Sie kann bspw. aus den kumulierten

621 Für die folgenden Ausführungen soll angenommen werden, dass durch den Ausfall des Referenzschuldners die Abwicklung des CDS ausgelöst wird.

622 Vgl. GRUBER, W., Bepreisung von Credit Default Swaps, S. 105.

623 Der laufzeitspezifische Diskontierungsfaktor DF_i ist mittels des laufzeitäquivalenten risikolosen Zinssatzes zu bestimmen, vgl. FELSENHEIMER, J./GISDAKIS, P./ZAISER, M., Valuation of Credit Derivatives, S. 306.

624 Vgl. GRUBER, W., Bepreisung von Credit Default Swaps, S. 106; FELSENHEIMER, J./GISDAKIS, P./ZAISER, M., Valuation of Credit Derivatives, S. 306; CHOUDHRY, M., Credit Default Swap Basis, S. 30.

625 Vgl. GRUBER, W., Bepreisung von Credit Default Swaps, S. 106.

626 Vgl. hierzu auch CHOUDHRY, M., Credit Default Swap Basis, S. 31.

627 Vgl. FELSENHEIMER, J./GISDAKIS, P./ZAISER, M., Valuation of Credit Derivatives, S. 306. Vgl. zur Ermittlung von unbedingten Ausfallwahrscheinlichkeiten auch Abschnitt 222.312.

Überlebenswahrscheinlichkeiten errechnet werden.[628] Beschreibt $\mathbf{SP_{i-1}}$ die kumulierte Überlebenswahrscheinlichkeit, dass bis zur Periode **i-1** kein Ausfall stattgefunden hat, und $\mathbf{SP_i}$ die kumulierte Überlebenswahrscheinlichkeit, dass auch bis zu Periode **i** kein Ausfall vorliegt, ermittelt sich die unbedingte Ausfallwahrscheinlichkeit für eine Periode der Länge **i-1** bis **i** aus der Differenz zwischen $\mathbf{SP_{i-1}}$ und $\mathbf{SP_i}$.[629] Der in Formel 11 dargelegte Barwert der zeitanteiligen Prämienzahlungen ($\mathbf{BW_{zP}}$) ermittelt sich hierbei aus der Summe der künftigen, mit dem – ebenfalls an die Mitte der Periode angepassten – Diskontierungsfaktor $\mathbf{DF_{i-\frac{\Delta_i}{2}}}$ auf den gegenwärtigen Zeitpunkt abgezinsten, erwarteten zeitanteiligen Prämienzahlungen.

$$BW_{zP} = \sum_{i=1}^{m} CS_m * \frac{\Delta_i}{2} * DF_{i-\frac{\Delta_i}{2}} * (SP_{i-1} - SP_i)$$

Formel 11: Erwartete zeitanteilige Prämienzahlungen eines CDS[630]

Da nun die Höhe der Prämienzahlungen, die ein Sicherungsgeber von einem Sicherungsnehmer insgesamt zu erwarten hat, bestimmt ist, lassen sich diese Zahlungen zum sog. **Premium-Leg** zusammenfassen.[631] Dies verdeutlicht Formel 12:

$$\text{Premium} - \text{Leg} = \sum_{i=1}^{m} CS_m * \Delta_i * DF_i * SP_i + \sum_{i=1}^{m} CS_m * \frac{\Delta_i}{2} * DF_{i-\frac{\Delta_i}{2}} * (SP_{i-1} - SP_i)$$

Formel 12: Premium-Leg eines CDS[632]

In einem nächsten Schritt ist nun die Höhe des Zahlungsstromes, den der Sicherungsnehmer zu erwarten hat (**Protection-Leg**), zu bestimmen.[633]

Der **Sicherungsnehmer** erwartet, dass der Verlust, der ihm aufgrund des Eintritts eines Kreditereignisses entstehen könnte, durch den Sicherungsgeber ausgeglichen wird. Tritt ein Ausfall auf, leistet der Sicherungsgeber eine Ausgleichszahlung in Höhe der Verlustquote von **1 - R**, wobei **R** der Wiedereinbringungsquote des dem CDS-Kontrakt zugrundeliegenden Referenzaktivums entspricht.[634] Die Wahrscheinlichkeit, dass eine derartige Ausgleichszahlung in einer betrachteten Pe-

---

628 Vgl. dazu auch Abschnitt 222.312.

629 Vgl. GRUBER, W., Bepreisung von Credit Default Swaps, S. 105 f.; CHOUDHRY, M., Credit Default Swap Basis, S. 31.

630 Vgl. GRUBER, W., Bepreisung von Credit Default Swaps, S. 106; FELSENHEIMER, J./GISDAKIS, P./ZAISER, M., Valuation of Credit Derivatives, S. 306; CHOUDHRY, M., Credit Default Swap Basis, S. 31.

631 Vgl. ANSON, M. J. P./FABOZZI, F. J./CHOUDHRY, M./CHEN, R.-R., Credit Derivatives, S. 48.

632 Vgl. hierzu auch GRUBER, W., Bepreisung von Credit Default Swaps, S. 106; FELSENHEIMER, J./GISDAKIS, P./ZAISER, M., Valuation of Credit Derivatives, S. 307; LUO, L. S. J., Bootstrapping default probability curves, S. 171.

633 Vgl. ANSON, M. J. P./FABOZZI, F. J./CHOUDHRY, M./CHEN, R.-R., Credit Derivatives, S. 48.

634 Vgl. CHOUDHRY, M., Credit Default Swap Basis, S. 31.

riode geleistet wird, bestimmt sich über die unbedingte Ausfallwahrscheinlichkeit dieser Periode, die sich ebenfalls aus der Differenz zwischen den kumulierten Überlebenswahrscheinlichkeiten $\mathbf{SP_{i-1}}$ und $\mathbf{SP_i}$ errechnet. Die Höhe der erwarteten Ausgleichszahlung einer Periode wird ermittelt, indem die Ausgleichszahlung mit der entsprechenden unbedingten Ausfallwahrscheinlichkeit einer Periode gewichtet wird. Unter der bereits getroffenen Annahme, dass ein Referenzschuldner in der Mitte zwischen zwei Perioden ausfällt,[635] erhält man den Barwert der Ausgleichszahlung aus der Summe der künftigen, mit dem – ebenfalls an die Mitte der Periode angepassten – Diskontierungsfaktor $DF_{i-\frac{\Delta_i}{2}}$ auf den gegenwärtigen Zeitpunkt abgezinsten, erwarteten Ausfallzahlungen (Formel 13).

$$\text{Protection} - \text{Leg} = (1 - R) * \sum_{i=1}^{m} DF_{i-\frac{\Delta_i}{2}} * (SP_{i-1} - SP_i)$$

Formel 13: Protection-Leg eines CDS[636]

Durch die Ermittlung des Barwertes der erwarteten Ausgleichszahlung eines CDS-Kontraktes (Formel 13) wird letztlich der barwertige **erwartete Verlust** des zugrundeliegenden Referenzaktivums bestimmt,[637] da die Verlustquote des entsprechenden Referenzaktivums jeweils mit den periodenspezifischen unbedingten Ausfallwahrscheinlichkeiten gewichtet und anschließend zu einem Barwert verdichtet wird.[638]

Durch das Protection-Leg und das Premium-Leg sind nun die jeweiligen erwarteten Zahlungsströme der Vertragsparteien determiniert. Die grundlegende Voraussetzung für den Abschluss eines CDS-Kontraktes ist hierbei, dass dieser zum Abschlusszeitpunkt für beide Vertragsparteien einen Wert von null aufweist.[639] Diese Situation liegt vor, wenn der Barwert des Protection-Leg mit dem Barwert des Premium-Leg zum Zeitpunkt des Abschlusses des CDS-Kontraktes übereinstimmt (**Barwertneutralität**).[640] Daher sind Protection-Leg und Premium-Leg zunächst miteinander gleichzusetzen.

---

635 Vgl. LANDO, D., Credit Risk, S. 794; GRUBER, W., Bepreisung von Credit Default Swaps, S. 106.

636 Vgl. GRUBER, W., Bepreisung von Credit Default Swaps, S. 106; FELSENHEIMER, J./GISDAKIS, P./ZAISER, M., Valuation of Credit Derivatives, S. 307; CHOUDHRY, M., Credit Default Swap Basis, S. 31.

637 Vgl. zu dieser Interpretation auch DEUTSCHE BUNDESBANK (Hrsg.), Regulierung des Marktes für Kreditausfall-Swaps, S. 51; DEUTSCHE BANK RESEARCH (Hrsg.), CREDIT DEFAULT SWAPS, S. 12; FELSENHEIMER, J./GISDAKIS, P./ZAISER, M., Valuation of Credit Derivatives, S. 308.

638 Da die bisherige Betrachtung noch auf der Basis von relativen Größen stattgefunden hat, sind zur Ermittlung der absoluten Größen sowohl das Protection-Leg als auch das Premium-Leg mit dem entsprechenden Nominalwert des CDS-Kontraktes zu multiplizieren. Stimmt der Nominalwert des CDS-Kontraktes mit dem erwarteten Kreditengagement (EAD) zum Ausfallzeitpunkt des Referenzaktivums überein, lässt sich die Ermittlung des Protection-Leg auch als Ermittlung des erwarteten Verlustes des zugrundeliegenden Referenzaktivums interpretieren.

639 Vgl. HULL, J. C., Optionen, Futures und andere Derivate, S. 650; MARTIN, M. R. W./REITZ, S./WEHN, C. S., Kreditderivate und Kreditrisikomodelle, S. 173.

640 Vgl. GRUBER, W., Bepreisung von Credit Default Swaps, S. 106.

$$\sum_{i=1}^{m} CS_m * \Delta_i * DF_i * SP_i + \sum_{i=1}^{m} CS_m * \frac{\Delta_i}{2} * DF_{i-\frac{\Delta_i}{2}} * (SP_{i-1} - SP_i) = (1-R) * \sum_{i=1}^{m} DF_{i-\frac{\Delta_i}{2}} * (SP_{i-1} - SP_i)$$

Formel 14: Barwertneutralität eines CDS[641]

Die Höhe der Prämie $\mathbf{CS_m}$ ist nun derart zu bestimmen, dass der Wert des Premium-Leg mit dem Protection-Leg übereinstimmt und somit der CDS-Kontrakt zum Abschlusszeitpunkt einen Nettobarwert von null aufweist.[642] Hierzu ist die Formel 14 nach der Prämie $\mathbf{CS_m}$ aufzulösen:[643]

$$CS_m = \frac{(1-R) * \sum_{i=1}^{m} DF_{i-\frac{\Delta_i}{2}} * (SP_{i-1} - SP_i)}{\sum_{i=1}^{m} \Delta_i * DF_i * SP_i + \sum_{i=1}^{m} \frac{\Delta_i}{2} * DF_{i-\frac{\Delta_i}{2}} * (SP_{i-1} - SP_i)}$$

Formel 15: Prämienhöhe eines CDS[644]

Die aus der Formel 15 errechnete Prämie $\mathbf{CS_m}$ wird auch als **Par Spread** bezeichnet, da durch ihre Höhe die Gleichheit zwischen der Höhe des Premium-Leg und des Protection-Leg zum Abschlusszeitpunkt gewährleistet wird.[645] Ferner determiniert der Par Spread die Höhe der regelmäßig vom Sicherungsnehmer an den Sicherungsgeber zu leistenden Prämienzahlung. Die absolute Höhe der Prämienzahlung ergibt sich, indem die Prämie $\mathbf{CS_m}$ mit dem Nominalwert des abzusichernden Referenzaktivums multipliziert wird.[646]

422.243.32 Ermittlung von Ausfallwahrscheinlichkeiten aus CDS-Prämien

Aus dem Bewertungsmodell für CDS ist ersichtlich, dass die **Ausfallwahrscheinlichkeiten des Referenzschuldners** die wesentlichsten Determinanten bilden, die Einfluss auf die Höhe des Par Spread eines CDS-Kontraktes nehmen. Sie stellen demnach die zentralen Bepreisungskomponenten eines CDS-Kontraktes dar. Wie bereits erörtert, stellt die Ermittlung der periodenspezifischen Ausfallwahrscheinlichkeiten auch im Rahmen der Kreditverlustschätzung des Expected-Loss-Modells die größte Herausforderung für ein bilanzierendes Unternehmen dar.[647]

---

641 Vgl. CHOUDHRY, M., Credit Default Swap Basis, S. 32.

642 Vgl. CHOUDHRY, M., Credit Default Swap Basis, S. 30; LANDO, D., Credit Risk, S. 793; MARTIN, M. R. W./REITZ, S./WEHN, C. S., Kreditderivate und Kreditrisikomodelle, S. 173.

643 Vgl. FELSENHEIMER, J./GISDAKIS, P./ZAISER, M., Valuation of Credit Derivatives, S. 307; CHOUDHRY, M., Credit Default Swap Basis, S. 32.

644 Vgl. CHOUDHRY, M., Credit Default Swap Basis, S. 33.

645 Teilweise wird der Par Spread auch als fairer Spread eines CDS-Kontraktes bezeichnet, da hierdurch der Wert des CDS-Kontraktes für beide Vertragsparteien null ist, vgl. MARTIN, M. R. W./REITZ, S./WEHN, C. S., Kreditderivate und Kreditrisikomodelle, S. 174; GRUBER, W., Bepreisung von Credit Default Swaps, S. 98.

646 Vgl. CHOUDHRY, M., Credit Default Swap Basis, S. 9.

647 Vgl. Abschnitt 422.22.

Im Folgenden wird daher untersucht, wie mittels des JP-Morgan-Modells aus **Marktdaten von CDS-Prämien** die periodenspezifischen Ausfallwahrscheinlichkeiten des zugrundeliegenden Referenzschuldners extrahiert werden können. Hierfür sind zunächst die einzelnen Bestimmungsgrößen der Bewertungsformel zu betrachten.

Die im JP-Morgan-Modell verwendeten laufzeitspezifischen Diskontierungsfaktoren lassen sich aus der aktuellen Zinsstrukturkurve des **risikolosen Zinssatzes** ermitteln.[648] Des Weiteren hat sich am Markt ein Konsens über die Höhe der bei der Bewertung eines CDS-Kontraktes zu verwendenden Wiedereinbringungsquote gebildet. Sie beträgt 40 Prozent.[649] Diese Höhe entspricht dabei dem langfristigen Mittelwert der Wiedereinbringungsquoten, die für ausgefallene Unternehmensanleihen beobachtet werden konnten.[650] Ferner können die am Markt aus Angebot und Nachfrage resultierenden Par Spreads von aktuell durchgeführten CDS-Transaktionen über Anbieter wie Bloomberg oder Thompson Financial Datastream abgerufen werden.[651] Demnach verbleiben in der Formel 15 lediglich die periodenspezifischen Ausfallwahrscheinlichkeiten des Referenzschuldners unbestimmt. Diese können in Verbindung mit dem dargelegten Bewertungsmodell aus am Markt beobachtbaren Par Spreads extrahiert werden.[652] Somit können anhand des JP-Morgan-Modells die durch **Marktteilnehmer**[653] implizit bei der Bepreisung eines CDS-Kontraktes berücksichtigten Ausfallwahrscheinlichkeiten bestimmt werden.[654]

---

648 Vgl. zur Ermittlung von Zinsstrukturkurven BRÜGGEMANN, P., Finanzinstrumente, S. 140 f.

649 Vgl. FELSENHEIMER, J./GISDAKIS, P./ZAISER, M., Valuation of Credit Derivatives, S. 314; GRUBER, W., Bepreisung von Credit Default Swaps, S. 103; DEUTSCHE BUNDESBANK (Hrsg.), Regulierung des Marktes für Kreditausfall-Swaps, S. 49.

650 Vgl. BETZ, H., Integrierte Credit Spread- und Zinsrisikomessung, S. 87, Fn. 276.

651 Vgl. EUROPEAN CENTRAL BANK (Hrsg.), Credit Default Swaps, S. 63.

652 Vgl. MARTIN, M. R. W./REITZ, S./WEHN, C. S., Kreditderivate und Kreditrisikomodelle, S. 174; FELSENHEIMER, J./GISDAKIS, P./ZAISER, M., Valuation of Credit Derivatives, S. 311; CHOUDHRY, M., Credit Default Swap Basis, S. 34. Vgl. zu der Extrahierung von impliziten Ausfallwahrscheinlichkeiten aus Par Spreads auch GRUBER, W., Bepreisung von Credit Default Swaps, S. 105; HULL, J. C., Optionen, Futures und andere Derivate, S. 650; LANDO, D., Credit Risk, S. 793. Zur Schätzung von Ausfallrisikoparametern aus CDS-Spreads vgl. auch HARTMANN-WENDELS, T./PFINGSTEN, A./WEBER, M., Bankbetriebslehre, S. 540-542. Eine ähnliche Vorgehensweise wird von Marktteilnehmern bei der Ermittlung von Optionspreisen über die Bewertungsformel von BLACK/SCHOLES gewählt. Die am Markt nicht direkt beobachtbare Determinante der impliziten Volatilität, welche eine aktuelle Einschätzung der Marktteilnehmer über die erwartete Schwankung des zugrundeliegenden Underlying darstellt und die eine zentrale Komponente der Optionspreisformel bildet, kann mittels der Bewertungsformel von BLACK/SCHOLES aus am Markt notierten Optionspreisen extrahiert werden, vgl. hierzu auch HULL, J. C., Optionen, Futures und andere Derivate, S. 370.

653 Die fünf größten Marktteilnehmer, die als Market Maker die Kaufs- und Verkaufskurse für CDS-Kontrakte in Form von Par Spreads stellen, sind für etwa 50 Prozent des gehandelten CDS-Volumens verantwortlich, vgl. DEUTSCHE BUNDESBANK (Hrsg.), Regulierung des Marktes für Kreditausfall-Swaps, S. 52, Fn. 13; DEUTSCHE BANK RESEARCH (Hrsg.), Credit Default Swaps, S. 6. Im Jahr 2008 stellten JP Morgan, Goldman Sachs, Morgan Stanley, Deutsche Bank und Barclays die fünf größten Marktteilnehmer am CDS-Handel dar, vgl. DEUTSCHE BUNDESBANK (Hrsg.), Regulierung des Marktes für Kreditausfall-Swaps, S. 53. Dabei traten diese zumeist als Nettokäufer von CDS-Kontrakten auf, vgl. European Central Bank (Hrsg.), Credit Default Swaps, S. 21.

654 Vgl. hierzu auch CHOUDHRY, M., Credit Default Swap Basis, S. 149. Im Vergleich zu Unternehmensanleihen sind für einen Referenzschuldner zumeist CDS-Kontrakte mit unterschiedlichster Laufzeit am Markt beobachtbar, so

Zur Ermittlung der impliziten Ausfallwahrscheinlichkeiten aus CDS-Prämien wird das **Bootstrapping-Verfahren** angewendet.[655] Durch dieses Verfahren werden die impliziten Ausfallwahrscheinlichkeiten eines Referenzschuldners aus den auf diesen lautenden Par Spreads mit unterschiedlicher Laufzeit stufenweise ermittelt. Begonnen wird hierbei mit der Ermittlung der impliziten Ausfallwahrscheinlichkeit für die kürzeste Periode. Diese wird anhand des CDS-Kontraktes mit der kürzesten Restlaufzeit bestimmt.[656] Die für diese Periode ermittelte implizite Ausfallwahrscheinlichkeit findet dann ihre Berücksichtigung bei der Bestimmung der impliziten Ausfallwahrscheinlichkeit der darauf folgenden Periode, die anhand des CDS-Kontraktes mit der nächstkürzeren Restlaufzeit bestimmt wird.[657] Diese Vorgehensweise wird sukzessiv fortgeführt, so dass sich anhand des Bootstrapping-Verfahrens eine Strukturkurve der impliziten Ausfallwahrscheinlichkeiten ermitteln lässt.[658]

422.243.33 Beispiel zur Ermittlung von Ausfallwahrscheinlichkeiten aus CDS-Prämien

Die konkrete Ermittlung einer einjährigen und einer zweijährigen impliziten Ausfallwahrscheinlichkeit eines Referenzschuldners aus den für diesen vorliegenden aktuellen Par Spreads von CDS-Kontrakten soll im Folgenden anhand eines **Beispiels** erörtert werden.[659] Aus Vereinfachungsgründen wird dabei unterstellt, dass ein Ausfall des Referenzschuldners nur direkt nach einer Prämienzahlung auftreten kann.[660] Darüber hinaus wird angenommen, dass die CDS-Prämie nur jährlich und hierbei nachschüssig gezahlt wird. Des Weiteren soll der periodenspezifische Diskontierungsfaktor jeweils über einen Zeitraum von einem Jahr gelten.[661] Aus diesen Annahmen verkürzt sich die Formel für den Par Spread CS_m auf:

dass anhand dieser Daten eine Strukturkurve der Ausfallwahrscheinlichkeiten gebildet werden kann, vgl. LANDO, D., Credit Risk, S. 794.

655 Vgl. MARTIN, M. R. W./REITZ, S./WEHN, C. S., Kreditderivate und Kreditrisikomodelle, S. 175.

656 Vgl. O'KANE, D./TURNBULL, S., Valuation of Credit Default Swaps, S. 13.

657 Durch diese Vorgehensweise wird sichergestellt, dass die CDS-Kontrakte eines Referenzschuldners unter Berücksichtigung dieser Ausfallwahrscheinlichkeiten einen Wert von null aufweisen, vgl. CHOUDHRY, M., Credit Default Swap Basis, S. 145.

658 Vgl. FELSENHEIMER, J./GISDAKIS, P./ZAISER, M., Valuation of Credit Derivatives, S. 312.

659 Das im Folgenden betrachtete Beispiel lehnt sich grob an den Ausführungen von MARTIN/REITZ/WEHN an. Vgl. zu dem von diesen Autoren verwendeten Beispiel zur Extrahierung von Ausfallwahrscheinlichkeiten aus Par Spreads MARTIN, M. R. W./REITZ, S./WEHN, C. S., Kreditderivate und Kreditrisikomodelle, S. 176 f.

660 Durch die Annahme, dass ein Ausfall nur direkt nach einer Prämienzahlung stattfinden kann, ist der Barwert der zeitanteiligen Prämienzahlung nicht mehr im Premium-Leg zu berücksichtigen. Dies führt jedoch nicht zu verzerrten impliziten Ausfallwahrscheinlichkeiten, da dieser Barwert nur einen sehr geringen Anteil des Premium-Leg ausmacht und daher i. d. R. vernachlässigt werden kann, vgl. FELSENHEIMER, J./GISDAKIS, P./ZAISER, M., Valuation of Credit Derivatives, S. 308.

661 Ein Beispiel für die Berechnung von impliziten Ausfallwahrscheinlichkeiten aus Par Spreads ohne die hier getroffenen Annahmen findet sich in CHOUDHRY, M., Credit Default Swap Basis, S. 160-165.

$$CS_m = \frac{(1-R) * \sum_{i=1}^{m} DF_i * (SP_{i-1} - SP_i)}{\sum_{i=1}^{m} DF_i * SP_i}$$

Formel 16: Vereinfachte Berechnung der Prämienhöhe

Auf Basis der in Tabelle 6 dargelegten Datensituation sollen die impliziten Ausfallwahrscheinlichkeiten ermittelt werden.

Jahr (i)	1	2
Par Spread (CS_m) mit einer Restlaufzeit m=i	200 Basispunkte	250 Basispunkte
Diskontierungsfaktor (DF_i)	0,95	0,90
Wiedereinbringungsquote (R)	40 Prozent	40 Prozent

Tabelle 6: Datensituation des Beispiels

Für die Ermittlung der impliziten Ausfallwahrscheinlichkeit des ersten Jahres setzt man die für das erste Jahr vorgegebenen Informationen in die Formel 16 ein. Hierbei ist zu berücksichtigen, dass zum Abschlusszeitpunkt des CDS-Kontraktes der Referenzschuldner noch nicht ausgefallen sein kann und daher die kumulierte Überlebenswahrscheinlichkeit zum Abschlusszeitpunkt $\mathbf{SP_0}$ = 100 % = 1 beträgt.[662] Hieraus folgt:

$$0{,}02 = \frac{(1-0{,}4) * 0{,}95 * (1 - SP_1)}{0{,}95 * SP_1}$$

Formel 17: Einjährige CDS-Prämie

Diese Gleichung ist nun nach der kumulierten Überlebenswahrscheinlichkeit $\mathbf{SP_1}$ aufzulösen.[663]

$$SP_1 = \frac{(1-0{,}4) * 0{,}95}{0{,}02 * 0{,}95 + (1-0{,}4) * 0{,}95}$$

Formel 18: Einjährige kumulierte Überlebenswahrscheinlichkeit

662 Vgl. MARTIN, M. R. W./REITZ, S./WEHN, C. S., Kreditderivate und Kreditrisikomodelle, S. 175; GRUBER, W., Bepreisung von Credit Default Swaps, S. 106.

663 Vgl. zur Bestimmung der impliziten Ausfallwahrscheinlichkeit der ersten Periode im Allgemeinen LUO, L. S. J., Bootstrapping default probability curves, S. 172.

Demnach beträgt die kumulierte Überlebenswahrscheinlichkeit $\mathbf{SP_1}$ = 96,7742 %. Hieraus errechnet sich die Höhe der impliziten Ausfallwahrscheinlichkeit für das erste Jahr[664] von $\mathbf{PD_1}$ = 100 % – 96,7742 % = 3,2258 %.

Für die Berechnung der impliziten Ausfallwahrscheinlichkeit des **zweiten Jahres** ist der Par Spread des CDS-Kontraktes mit einer zweijährigen Laufzeit ($\mathbf{CS_{m=2}}$) in die Formel 16 einzusetzen. Da die kumulierte Überlebenswahrscheinlichkeit SP_1 bereits zuvor ermittelt wurde, errechnet sich hierdurch:

$$0{,}025 = \frac{(1-0{,}4) * [0{,}95 * (1-0{,}967742) + 0{,}9 * (0{,}967742 - SP_2)]}{0{,}95 * 0{,}967742 + 0{,}9 * SP_2}$$

Formel 19: Zweijährige CDS-Prämie

Zur Ermittlung der impliziten Ausfallwahrscheinlichkeit des zweiten Jahres ist die Formel 19 nach der kumulierten Überlebenswahrscheinlichkeit SP_2 umzustellen.[665]

$$SP_2 = \frac{(1-0{,}4) * [0{,}95 * (1-0{,}967742) + 0{,}9 * 0{,}967742] - 0{,}025 * 0{,}95 * 0{,}967742}{(1-0{,}4) * 0{,}9 + 0{,}025 * 0{,}9}$$

Formel 20: Zweijährige kumulierte Überlebenswahrscheinlichkeit

Die kumulierte Überlebenswahrscheinlichkeit beträgt hiernach SP_2 = 92,086 %. Die implizite Ausfallwahrscheinlichkeit für das zweite Jahr[666] (PD_2) lässt sich dann aus der Differenz zwischen den ermittelten Überlebenswahrscheinlichkeiten errechnen. Sie beträgt **4,6882 %** (= 96,7742 % – 92,086 %).

Durch diese Vorgehensweise können die von Marktteilnehmern implizit bei der Bepreisung der CDS-Kontrakte berücksichtigten Ausfallwahrscheinlichkeiten aus den am Markt beobachtbaren **Par Spreads** extrahiert werden. Da sich die Par Spreads von CDS-Kontrakten durch Angebot und Nachfrage auf dem zugrundeliegenden CDS-Markt bilden,[667] spiegelt sich in den vereinbarten Par Spreads die **aktuelle Einschätzung der Marktteilnehmer** hinsichtlich der Ausfallgefahr eines Referenzschuldners wider.

---

664 Hierbei handelt es sich um die unbedingte Ausfallwahrscheinlichkeit des ersten Jahres.

665 Vgl. zur Bestimmung der impliziten Ausfallwahrscheinlichkeit der zweiten Periode im Allgemeinen LUO, L. S. J., Bootstrapping default probability curves, S. 173.

666 Hierbei handelt es sich um die unbedingte Ausfallwahrscheinlichkeit des zweiten Jahres.

667 Vgl. GRUBER, W., Bepreisung von Credit Default Swaps, S. 98.

422.243.34 Ermittlung des Marktwertes eines CDS

Darüber hinaus können aus den Änderungen der Par Spreads von CDS-Kontrakten **im Zeitverlauf** weitere wichtige Informationen über die durch die Marktteilnehmer eingeschätzte Ausfallgefahr eines Referenzschuldners entnommen werden. Wie bereits erörtert, bleibt die zum Abschlusszeitpunkt zwischen dem Sicherungsnehmer und dem Sicherungsgeber vereinbarte Prämie in Form des Par Spread während der Laufzeit des CDS-Kontraktes konstant. Sie wird daher aufgrund ihrer vertraglichen Fixierung auch als **Deal Spread** bezeichnet.[668] Da sich die Markteinschätzung in Bezug auf die Ausfallgefahr des zugrundeliegenden Referenzschuldners während der Laufzeit ändern kann, dies jedoch nicht zu einer nachträglichen Anpassung des in dem CDS-Kontrakt festgelegten Deal Spread führt, wird der CDS-Kontrakt in den Folgeperioden für die jeweiligen Vertragsparteien einen Wert ungleich null einnehmen.

Für die Bestimmung des **aktuellen Marktwertes** eines CDS-Kontraktes nach dem Abschlusszeitpunkt ist daher der Par Spread einer aktuell durch Marktteilnehmer durchgeführten CDS-Transaktion auf den entsprechenden Referenzschuldner, welche die gleiche Restlaufzeit wie der abgeschlossene CDS-Kontrakt aufweist, als Vergleich heranzuziehen.[669] Sofern der aktuelle Par Spread dieser Transaktionen niedriger liegt als der Deal Spread, der zum Abschlusszeitpunkt des CDS-Kontraktes zwischen den Vertragsparteien vereinbart wurde, nimmt der Wert des CDS-Kontraktes für den Sicherungsnehmer einen negativen Marktwert ein, da dieser die bestehende Absicherung am Markt zu günstigeren Konditionen erhalten könnte.[670] Der Marktwert des CDS-Kontraktes für den Sicherungsgeber entspricht dabei dem Marktwert des CDS-Kontraktes beim Sicherungsnehmer mit umgekehrtem Vorzeichen.[671] Demnach ist es für diejenige Partei, für die der CDS-Kontrakt einen positiven Marktwert angenommen hat, möglich, diesen am Markt zu verkaufen, um hierdurch einen Gewinn zu realisieren.[672]

Der konkrete Marktwert eines abgeschlossenen CDS-Kontraktes in den Folgeperioden lässt sich ermitteln, indem die Differenz zwischen dem Deal Spread $\mathbf{CS_m(t_0,t_m)}$ und dem Par Spread

668 Vgl. FELSENHEIMER, J./GISDAKIS, P./ZAISER, M., Valuation of Credit Derivatives, S. 309.

669 Am CDS-Markt sind für einen Referenzschuldner zumeist CDS-Kontrakte mit unterschiedlicher Laufzeit beobachtbar, vgl. hierzu auch LANDO, D., Credit Risk, S. 794. Die Höhe der CDS-Prämie für eine entsprechende Laufzeit kann tagesaktuell über Anbieter wie Markit, Bloomberg oder Thompson Financial Datastream abgerufen werden, vgl. EUROPEAN CENTRAL BANK (Hrsg.), Credit Default Swaps, S. 63.

670 Vgl. hierzu auch O'KANE, D./TURNBULL, S., Valuation of Credit Default Swaps, S. 3.

671 Vgl. MARTIN, M. R. W./REITZ, S./WEHN, C. S., Kreditderivate und Kreditrisikomodelle, S. 173; DEUTSCHE BUNDESBANK (Hrsg.), Regulierung des Marktes für Kreditausfall-Swaps, S. 50. Aufgrund dieser Eigenschaft wird ein CDS-Kontrakt auch als Nullsummenspiel bezeichnet, da jedem Käufer eines CDS-Kontraktes ein Verkäufer gegenübersteht und bei vorzeitiger Auflösung des CDS-Kontraktes der Gewinn einer Vertragspartei zu einem Verlust in gleicher Höhe bei der Gegenpartei führt, vgl. hierzu auch EUROPEAN CENTRAL BANK (Hrsg.), Credit Default Swaps, S. 20.

672 Vgl. CHOUDHRY, M., Credit Default Swap Basis, S. 9 f.; O'KANE, D./TURNBULL, S., Valuation of Credit Default Swaps, S. 3.

$\mathbf{CS_m(t_v,t_m)}$ in die Gleichung des Premium-Legs eingesetzt wird,[673] die zur Ermittlung des aktuellen Par Spread $\mathbf{CS_m(t_v,t_m)}$ verwendet wurde.[674] Vereinfacht lässt sich der aktuelle Marktwert eines in t = 0 angeschlossenen CDS-Kontraktes zum Zeitpunkt **t = v** mit einer Restlaufzeit bis **t = m** anhand der folgenden Formel ermitteln:

$$\text{Marktwert}\,(t_v, t_m) = \pm\,[CS_m(t_v, t_m) - CS_m(t_0, t_m)] * \sum_{t=v}^{m} DF_t * SP_t$$

Formel 21: Ermittlung des Marktwertes eines CDS[675]

Ist bspw. ein CDS-Kontrakt in t = 0 mit einer zweijährigen Laufzeit zwischen einem Sicherungsgeber und einem Sicherungsnehmer zu einem Deal Spread in Höhe von **100 Basispunkten** abgeschlossen worden und notiert in t = 1 ein CDS-Kontrakt mit einer Restlaufzeit von einem Jahr zu einem aktuellen Par Spread von **50 Basispunkten**, nimmt der in t = 0 abgeschlossene CDS-Kontrakt für den Sicherungsnehmer in t = 1 einen negativen Wert ein, da dieser für die verbleibende Restlaufzeit am Markt eine Absicherung zu günstigeren Konditionen abschließen könnte. Die Höhe des negativen Marktwertes erhält man aus dem Barwert des Premium-Leg des in t = 1 abgeschlossenen CDS-Kontraktes,[676] da der aktuelle Par Spread in Höhe von 50 Basispunkten genau der Differenz zwischen dem Par Spread und dem Deal Spread aus t = 0 von 100 Basispunkten entspricht.

Der Marktwert eines bereits abgeschlossenen CDS-Kontraktes lässt sich dabei als derjenige Betrag interpretieren, der einem potenziellen Sicherungsgeber oder Sicherungsnehmer – in Abhängigkeit davon, für welche Partei der bestehende CDS-Kontrakt einen negativen Marktwert aufweisen würde – gezahlt werden müsste, damit dieser den Altvertrag übernimmt und dieser indifferent zu den aktuell geltenden CDS-Konditionen gestellt wird.[677] Der gezahlte Betrag gleicht somit eine Differenz zwischen dem aktuellen Protection-Leg und dem unter Verwendung des Deal Spread ermittelten Premium-Leg aus. Daher lässt sich der aktuelle Wert eines CDS-Kontraktes alternativ auch aus der Differenz zwischen der Höhe des Protection-Leg und des anhand des Deal Spread ermittelten Premium-Leg errechnen.[678]

---

673 Vgl. FELSENHEIMER, J./GISDAKIS, P./ZAISER, M., Valuation of Credit Derivatives, S. 308; GRUBER, W., Bepreisung von Credit Default Swaps, S. 101; O'KANE, D./TURNBULL, S., Valuation of Credit Default Swaps, S. 3 f.

674 Vgl. hierzu auch das Beispiel zur Marktbewertung von CDS in HULL, J. C., Optionen, Futures und andere Derivate, S. 650.

675 In Anlehnung an O'KANE, D./TURNBULL, S., Valuation of Credit Default Swaps, S. 15. Bei dieser Formel liegt die Annahme zugrunde, dass der Bewertungszeitpunkt auf den Zeitpunkt der Prämienzahlung fällt. Ferner wird in dieser Formel die zeitanteilige Prämienzahlung nicht berücksichtigt.

676 Aufgrund der wertmäßigen Identität von Premium-Leg und Protection-Leg zum Abschlusszeitpunkt kann die Höhe des negativen Marktwertes auch anhand des Barwertes des Protection-Leg bestimmt werden.

677 Vgl. hierzu auch EUROPEAN CENTRAL BANK (Hrsg.), Credit Default Swaps, S. 20.

678 Vgl. GRUBER, W., Bepreisung von Credit Default Swaps, S. 107.

Hierzu sind die nötigen Ausfallwahrscheinlichkeiten aus den aktuellen Par Spreads von CDS-Kontrakten zu extrahieren. Diese werden dann auf der Seite des Premium-Leg zusammen mit dem Deal Spread zur Bestimmung des Barwertes der Prämienzahlungen verwendet, der dann dem Protection-Leg gegenübergestellt wird, welcher ebenfalls unter Verwendung der aus den aktuellen Par Spreads ermittelten Ausfallwahrscheinlichkeiten bestimmt wird.[679] Der aus dieser Differenz abgeleitete Betrag entspricht dabei der gegenüber dem Abschlusszeitpunkt des CDS-Kontraktes veränderten Markterwartung in Bezug auf die Höhe des hinsichtlich eines Referenzaktivums zu **erwartenden Verlustes**.

422.243.4 Aktuelle Entwicklungen am CDS-Markt

Die bisherigen Ausführungen haben gezeigt, dass bei einem CDS – abgesehen von der individuell festzulegenden Höhe der CDS-Prämie – die vertraglichen Regelungen weitestgehend standardisiert sind. Im Jahr 2009 haben sich die wichtigsten Marktteilnehmer des CDS-Marktes dazu entschlossen, zur weiteren Standardisierung von CDS-Kontrakten die zuvor individuell festgelegten CDS-Prämien auf **standardisierte Kupongrößen** umzustellen.[680] Hierfür wurden die Kupongrößen 25 Basispunkte, 100 Basispunkte, 500 Basispunkte und 1.000 Basispunkte eingeführt.[681] Durch die Einführung dieser standardisierten Kupongrößen soll das Schließen und das Verrechnen („Netting") von bestehenden CDS-Positionen zwischen zwei Vertragsparteien verbessert werden.[682] Beim Abschluss eines CDS-Kontraktes hat sich ein Sicherungsnehmer künftig für eine dieser standardisierten Kupongrößen zu entscheiden. Durch seine Auswahl verpflichtet sich dieser, während der gesamten Laufzeit des CDS-Kontraktes die Höhe des entsprechenden Kupons an den Sicherungsgeber zu zahlen.

Da in den wenigsten Fällen die Höhe der standardisierten Kupongrößen mit den nach dem „alten" Verfahren festgelegten Par Spreads zum Abschlusszeitpunkt übereinstimmt, ist die zuvor dargelegte **Barwertneutralität** zwischen dem Protection-Leg und dem Premium-Leg nicht mehr gegeben.[683] Entscheidet sich bspw. ein Sicherungsnehmer für die standardisierte Kupongröße von 100 Basispunkten, währenddessen der nach dem „alten" Verfahren ermittelte Par Spread bei 80 Basispunkten liegt, besteht keine Barwertneutralität mehr zwischen dem Protection-Leg und dem Premium-Leg zum Abschlusszeitpunkt des CDS-Kontraktes. Der Sicherungsnehmer würde in diesem Fall jährlich eine um 20 Basispunkte zu hohe Prämie für die Absicherung zahlen. Um den Sicherungsnehmer hierfür zu kompensieren, nimmt der Sicherungsgeber zu Vertragsbeginn eine Up-

679 Für eine Berechnung des aktuellen Marktwertes eines CDS-Kontraktes nach diesem Verfahren vgl. GRUBER, W., Bepreisung von Credit Default Swaps, S. 107 f.; HULL, J. C., Optionen, Futures und andere Derivate, S. 650.

680 Vgl. DEUTSCHE BANK RESEARCH (Hrsg.), Credit Default Swaps, S. 22.

681 Vgl. EUROPEAN CENTRAL BANK (Hrsg.), Credit Default Swaps, S. 82; DZ BANK (Hrsg.), Europäischer CDS-Markt, S. 4. In Nordamerika wurden im März 2009 hingegen nur die Standardkupongrößen 100 Basispunkte und 500 Basispunkte eingeführt, vgl. STULZ, R. M., Credit Default Swaps and the Credit Crisis, S. 86.

682 Vgl. EUROPEAN CENTRAL BANK (Hrsg.), Credit Default Swaps, S. 83; DZ BANK (Hrsg.), Europäischer CDS-Markt, S. 4; MARKIT (Hrsg.), The CDS Big Bang, S. 16.

683 Vgl. DZ BANK (Hrsg.), CDS 2.0 Prelude, S. 11.

front-Zahlung an den Sicherungsnehmer vor.[684] Die Höhe dieser Upfront-Zahlung entspricht dabei genau dem Betrag, der zu einer Barwertneutralität zwischen dem Protection-Leg und dem anhand der standardisierten Kupongröße ermittelten Premium-Leg des entsprechenden CDS-Kontraktes führt.[685] Für den umgekehrten Fall, bei dem die standardisierte Kupongröße unter dem Par Spread liegt, hat der Sicherungsnehmer eine Upfront-Zahlung an den Sicherungsgeber zu leisten. Es wird ersichtlich, dass auch weiterhin der Par Spread zu berechnen sein wird, da auf dessen Grundlage die Berechnung der Upfront-Zahlung durchzuführen ist.

Bei den am Markt beobachtbaren Quotierungen von CDS-Prämien haben sich hingegen keine größeren Änderungen ergeben, da diese zumeist in Form von **Conventional Spreads** angegeben werden.[686] Der Conventional Spread entspricht dabei demjenigen Spread, den man durch die Umwandlung der standardisierten Kupongröße und der entsprechenden Upfront-Zahlung zu einer Zahl erhält.[687] Dieser stimmt i. d. R. mit dem bereits erörterten Par Spread überein.[688] Im weiteren Verlauf der Arbeit soll daher weiterhin der Begriff des Par Spread verwendet werden.

Die zunehmende Standardisierung von CDS-Kontrakten bildet hierbei eine wesentliche Voraussetzung für den Einsatz einer **zentralen Clearing-Stelle**, über die künftig die Abwicklung von CDS-Kontrakten durchgeführt werden soll.[689] Die Abwicklung von CDS-Kontrakten über eine zentrale Clearing-Stelle wird v. a. durch die Politik gefordert,[690] da sich die bisherige Intransparenz des CDS-Marktes im Rahmen der Finanzkrise als ein Risiko für die Finanzmarktstabilität herausgestellt hat.[691] Von einer Abwicklung dieser Kontrakte über eine zentrale Clearing-Stelle wird erhofft, dass die Transparenz der bisher außerbörslich abgewickelten CDS-Transaktionen erhöht wird, da Informationen über die Marktaktivitäten und über die entsprechende Höhe der durchgeführten Transaktionen zentral gesammelt und der Öffentlichkeit zugänglich gemacht werden.[692] Die zentrale Clearing-Stelle soll dabei als **Gegenpartei** zwischen dem Sicherungsgeber und Sicherungsnehmer auf-

---

684 Vgl. DZ BANK (Hrsg.), CDS 2.0 Prelude, S. 11.

685 Die Upfront-Zahlung kann dabei analog zu der bereits dargelegten Bestimmung des aktuellen Marktwertes eines CDS-Kontraktes ermittelt werden. Hierzu ist die Differenz zwischen der standardisierten Kupongröße und dem aktuellen Par Spread in die Formel des Premium-Leg einzusetzen. Vgl. hierzu auch Formel 21.

686 Vgl. MARKIT (Hrsg.), The CDS Big Bang, S. 19.

687 Vgl. MARKIT (Hrsg.), The CDS Big Bang, S. 19; DZ BANK (Hrsg.), CDS 2.0 Prelude, S. 24.

688 Vgl. DZ BANK (Hrsg.), CDS 2.0 Prelude, S. 24.

689 Vgl. DEUTSCHE BUNDESBANK (Hrsg.), Regulierung des Marktes für Kreditausfall-Swaps, S. 62; DZ BANK (Hrsg.), Europäischer CDS-Markt, S. 8. Zur Forderung der Standardisierung von Over-the-Counter-Derivaten sowie deren Abwicklung über eine zentrale Gegenpartei vgl. G-20 (Hrsg.), The Pittsburgh Summit, S. 9.

690 Vgl. DUFFIE, D./ZHU, H., Does a Central Clearing Counterparty Reduce Counterparty Risk?, S. 2.

691 Vgl. hierzu auch EUROPEAN CENTRAL BANK (Hrsg.), Credit Default Swaps, S. 35; CECCHETTI, S. G./GYNTELBERG, J./HOLLANDERS, M., Central Counterparties, S. 51.

692 Vgl. CECCHETTI, S. G./GYNTELBERG, J./HOLLANDERS, M., Central Counterparties, S. 46. Die Clearing-Stelle stellt somit keine Börse dar, an der CDS gehandelt werden können. Ferner sind die Konditionen eines CDS-Kontraktes weiterhin zwischen den Vertragsparteien zu verhandeln. Für die Abwicklung des CDS-Kontraktes über eine zentrale Clearing-Stelle ist es hingegen erforderlich, dass die Vertragsparteien die Vertragskonditionen des CDS-Kontraktes der Clearing-Stelle offenlegen, so dass hierdurch die Transparenz erhöht wird, vgl. CONT, R., Credit default swaps and financial stability, S. 39.

treten und Aufgaben wie die Verwaltung von Margin-Zahlungen[693] oder das Aufrechnen von Ausgleichszahlungen zwischen den betroffenen Parteien übernehmen,[694] was zuvor bilateral zwischen den Vertragsparteien vorgenommen wurde.[695]

Ferner soll durch die Abwicklung von CDS über eine zentrale Gegenpartei das **Gegenparteirisiko** verringert werden.[696] Das Gegenparteirisiko bezeichnet dabei das Risiko, dass ein Vertragspartner seinen vertraglichen Verpflichtungen nicht nachkommen kann.[697] Hinsichtlich eines CDS-Kontraktes bezieht sich dieses auf die Gefahr, dass durch den Ausfall einer Gegenpartei für die verbleibende Vertragspartei eines CDS-Kontraktes ein Verlust in Höhe der **Wiederbeschaffungskosten** entsteht, die diese dafür aufbringen muss, um die Position am Markt zu gleichen Konditionen erneut eingehen zu können.[698] Die Höhe der Wiederbeschaffungskosten entspricht dabei dem aktuellen Marktwert des CDS-Kontraktes.[699] Auf der Seite des Sicherungsnehmers besteht demnach das Risiko, dass der Sicherungsgeber ausfällt und der Sicherungsnehmer den nun nicht mehr bestehenden Versicherungsschutz am Markt zu unvorteilhaften Konditionen erneut einkaufen muss.[700] Für den Sicherungsgeber besteht hingegen das Risiko, dass bei einem Ausfall des Sicherungsnehmers die zugesicherten Prämien nicht mehr gezahlt werden und der Versicherungsschutz nur zu einer reduzierten Prämie am Markt angeboten werden kann.[701]

Die bisherigen Ausführungen zur Bewertung eines CDS vernachlässigen das Gegenparteirisiko. Hierdurch wird implizit unterstellt, dass diejenige Vertragspartei, für die der CDS-Kontrakt einen negativen Marktwert aufweist, in gleicher Höhe Sicherheiten bei der entsprechenden Gegenpartei

693 In der Regel werden derivative Finanzinstrumente derart abgeschlossen, dass diese zum Abschlusszeitpunkt einen Wert von null für beide Vertragsparteien aufweisen. Da sich der Wert des derivativen Finanzinstrumentes im Zeitverlauf ändert, wird von derjenigen Vertragspartei, für welche das derivative Finanzinstrument einen negativen Wert eingenommen hat, eine Margin-Zahlung als Sicherheit für den nun unvorteilhaften Vertrag gefordert, um das Gegenparteirisiko zu verringern, vgl. hierzu auch CECCHETTI, S. G./GYNTELBERG, J./HOLLANDERS, M., Central Counterparties, S. 47; DEUTSCHE BANK RESEARCH (Hrsg.), OTC-Derivate, S. 4; GREGORY, J., Counterparty Risk, S. 2 f. In der Finanzkrise haben derartige Margin-Zahlungen beinahe zum Zusammenbruch des amerikanischen Versicherungsunternehmens AIG geführt, vgl. DICKINSON, E., Credit Default Swaps, S. 19; STULZ, R. M., Credit Default Swaps and the Credit Crisis, S. 83; CECCHETTI, S. G./GYNTELBERG, J./HOLLANDERS, M., Central Counterparties, S. 52; EUROPEAN CENTRAL BANK (Hrsg.), Credit Default Swaps, S. 29.

694 Vgl. DZ BANK (Hrsg.), CDS 2.0 Prelude, S. 20; DEUTSCHE BANK RESEARCH (Hrsg.), OTC-Derivate, S. 5 f.; CECCHETTI, S. G./GYNTELBERG, J./HOLLANDERS, M., Central Counterparties, S. 49.

695 Vgl. EUROPEAN CENTRAL BANK (Hrsg.), Credit Default Swaps, S. 50.

696 Vgl. DEUTSCHE BANK RESEARCH (Hrsg.), OTC-Derivate, S. 5; NIETSCH, M./GRAEF, A., Regulierung von OTC-Derivaten, S. 1362. Im Vergleich zu außerbörslich gehandelten Derivaten besteht hingegen bei börslich gehandelten Derivaten kein Gegenparteirisiko, da die Vertragserfüllung durch die Clearing-Gesellschaft der Börse garantiert wird, vgl. GREGORY, J., Counterparty Risk, S. 14.

697 Vgl. EUROPEAN CENTRAL BANK (Hrsg.), Credit Default Swaps, S. 20; GREGORY, J., Counterparty Risk, S. 16.

698 Vgl. hierzu auch EUROPEAN CENTRAL BANK (Hrsg.), Credit Default Swaps, S. 20; DEUTSCHE BANK RESEARCH (Hrsg.), Credit Default Swaps, S. 12.

699 Vgl. hierzu auch GREGORY, J., Counterparty Risk, S. 22 f.; EUROPEAN CENTRAL BANK (Hrsg.), Credit Default Swaps, S. 20. Aufgrund der zumeist langen Laufzeit von CDS-Kontrakten kann der Marktwert über die Vertragslaufzeit erheblich ansteigen, so dass hieraus ein wesentlicher Anspruch gegenüber der entsprechenden Gegenpartei entstehen kann, vgl. hierzu auch EUROPEAN CENTRAL BANK (Hrsg.), Credit Default Swaps. S. 50.

700 Vgl. DEUTSCHE BANK RESEARCH (Hrsg.), Credit Default Swaps, S. 12.

701 Vgl. DEUTSCHE BANK RESEARCH (Hrsg.), Credit Default Swaps, S. 12.

hinterlegt hat.[702] Sollte der negative Marktwert jedoch nicht durch Sicherheiten abgedeckt werden, wird das Gegenparteirisiko relevant. Durch die Abwicklung eines CDS-Kontraktes über eine zentrale Clearing-Stelle sind sowohl der Sicherungsgeber als auch der Sicherungsnehmer nicht mehr dem Ausfallrisiko der entsprechenden Gegenpartei ausgesetzt, da die Clearing-Stelle die jeweilige Gegenpartei der Vertragsbeziehung einnimmt.[703] Sofern die Clearing-Stelle mit ausreichenden Mitteln ausgestattet ist,[704] wird durch diese die vertragliche Erfüllung des CDS-Kontraktes gewährleistet.[705] Dadurch verringert sich das Gegenparteirisiko erheblich.[706]

422.243.5 Eignung von CDS-Prämien als zusätzliche Informationsquelle im Rahmen der Kreditverlustschätzung

422.243.51 Überblick

Nachdem die Funktionsweise und die Bewertung eines CDS-Kontraktes sowie die aktuellen Entwicklungen in diesem Zusammenhang dargestellt wurden, soll im Folgenden die Eignung von CDS-Informationen als zusätzliche Informationsquelle für die im Rahmen des **Expected-Loss-Modells** zu ermittelnde Kreditverlustschätzung untersucht werden. Beispielsweise könnten auf der Grundlage dieser Informationen sowohl vergangenheitsorientierte Daten an die aktuellen Gegebenheiten angepasst als auch die vorzunehmende Änderung der ursprünglichen Kreditverlustschätzung im Rahmen der Neueinschätzung des erwarteten Kreditverlustes durch diese quantifiziert werden.

---

702 Vgl. GRUBER, W., Bepreisung von Credit Default Swaps, S. 98. Nach einer Studie der ISDA waren im Jahr 2008 etwa zwei Drittel der Marktwerte von Over-the-Counter-Derivaten mit Sicherheiten hinterlegt, vgl. CECCHETTI, S. G./GYNTELBERG, J./HOLLANDERS, M., Central Counterparties, S. 47. Vgl. hierzu auch DEUTSCHE BANK RESEARCH (Hrsg.), OTC-Derivate, S. 4; EUROPEAN CENTRAL BANK (Hrsg.), Credit Default Swaps, S. 48.

703 Vgl. DUFFIE, D./ZHU, H., Does a Central Clearing Counterparty Reduce Counterparty Risk?, S. 2; STULZ, R. M., Credit Default Swaps and the Credit Crisis, S. 87; CECCHETTI, S. G./GYNTELBERG, J./HOLLANDERS, M., Central Counterparties, S. 45; SINGH, M./AITKEN, J., Counterparty Risk, S. 10; VAUSE, N., Contract volumes in the credit default swap market, S. 66.

704 Vgl. zu dieser Forderung auch DEUTSCHE BANK RESEARCH (Hrsg.), Credit Default Swaps, S. 17. Die Kapitalausstattung ist dabei durch die Mitglieder der Clearing-Stelle vorzunehmen, vgl. CECCHETTI, S. G./GYNTELBERG, J./HOLLANDERS, M., Central Counterparties, S. 54.

705 Vgl. STULZ, R. M., Credit Default Swaps and the Credit Crisis, S. 87.

706 Vgl. CECCHETTI, S. G./GYNTELBERG, J./HOLLANDERS, M., Central Counterparties, S. 56; GREGORY, J., Counterparty Risk, S. 11; JARROW, R., The Economics of CDS, S. 20. Vgl. zur Vorgehensweise einer Clearing-Stelle bei dem Ausfall eines Vertragspartners EUROPEAN CENTRAL BANK (Hrsg.), Credit Default Swaps, S. 53. Seit März 2009 bietet bspw. das Unternehmen ICE über ihre Clearing-Gesellschaft für CDS-Kontrakte die zentrale Abwicklung von CDS-Transaktionen an. Seither wurden CDS-Transaktionen mit einem Gesamtnominalvolumen von mehr als 20 Billionen Dollar über diese Clearing-Gesellschaft abgewickelt, was die überwiegende Mehrheit der bisher über Clearing-Gesellschaften abgewickelten CDS-Kontrakte darstellt, vgl. hierzu die Homepage der ICE (http://ir.theice.com/releasedetail.cfm?ReleaseID=591734, Abrufdatum: 07.11.2011) sowie VAUSE, N., Contract volumes in the credit default swap market, S. 66.

422.243.52 Aktualität von CDS-Informationen und Einfluss des Gegenparteirisikos auf die Höhe der CDS-Prämie

Aus theoretischer Perspektive stellt der Par Spread eines CDS-Kontraktes ein reines Maß für die Markterwartungen hinsichtlich des Ausfallrisikos dar.[707] Durch den Abschluss eines CDS-Kontraktes kann ein Sicherungsnehmer, der ein Referenzaktivum hält, das diesem zugrundeliegende Ausfallrisiko vom Finanzinstrument lösen und an den Sicherungsgeber übertragen.[708] Als Kompensation für die Übernahme des Ausfallrisikos muss der Sicherungsnehmer an den Sicherungsgeber eine Prämie zahlen. Die Höhe der Prämie richtet sich hierbei nach der entsprechenden Erwartung des Sicherungsgebers hinsichtlich der von ihm zu leistenden Zahlung bei einem Ausfall des Referenzschuldners.

Aus diesen Gründen wird die CDS-Prämie häufig als ausschließliche Kompensation für das Ausfallrisiko interpretiert.[709] Sie wurde aufgrund dieser Eigenschaft bspw. im Rahmen der Finanzkrise als **führender Indikator** für das Ausfallrisiko benutzt.[710] Die Verwendung der CDS-Prämie als Indikator für das Ausfallrisiko lässt sich zum einen darauf zurückführen, dass dem CDS die **Preisführerschaft** bei der Berücksichtigung von kreditsensitiven Informationen zugewiesen wird.[711] Der CDS reagiert also im Vergleich zu anderen kreditsensitiven Instrumenten früher auf eine sich verändernde Informationslage hinsichtlich der Kreditqualität eines Referenzschuldners und spiegelt damit die aktuellste Einschätzung der Marktteilnehmer bzgl. der Ausfallgefahr des Schuldners wider. Ferner deuten verschiedenste Studien darauf hin, dass Rating-Herabstufungen bereits frühzeitig vom CDS-Markt vorweggenommen werden.[712] Zum anderen hatten die während der Finanzkrise aufgetretenen Marktturbulenzen nicht die gleichen liquiditätsreduzierenden Auswirkungen auf den CDS-Markt, wie dies für andere Asset-Klassen beobachtet werden konnte.[713] Daher wurde den am

[707] Vgl. KNOTH, H./SCHULZ, M., Counterparty Default Adjustments, S. 249; EUROPEAN CENTRAL BANK (Hrsg.), Credit Default Swaps, S. 64; CAO, C./YU, F./ZHONG, Z., Volatility and credit default swap valuation, S. 325.

[708] Vgl. DÜLLMANN, K./SOSINSKA, A., Credit default swap prices, S. 271 f.

[709] Vgl. CAO, C./YU, F./ZHONG, Z., Volatility and credit default swap valuation, S. 324 f.; ZHANG, B. Y./ZHOU, H./ZHU, H., Explaining Credit Default Swap Spreads, S. 5104; LONGSTAFF, F. A./MITHAL, S./NEIS, E., Corporate Yield Spreads, S. 2214; ZHANG, B. Y./ZHOU, H./ZHU, H., Explaining Credit Default Swap Spreads, S. 5101.

[710] Vgl. EUROPEAN CENTRAL BANK (Hrsg.), Credit Default Swaps, S. 64.

[711] Vgl. DEUTSCHE BUNDESBANK (Hrsg.), Regulierung des Marktes für Kreditausfall-Swaps, S. 47; WAGNER, E., Credit Default Swaps und Informationsgehalt, S. 85; LONGSTAFF, F. A./MITHAL, S./NEIS, E., Corporate Yield Spreads, S. 2220; ERICSSON, J./JACOBS, K./OVIEDO, R., The Determinants of Credit Default Swap Premia, S. 111; FORTE, S./PENA, J. I., Credit spreads, S. 2013.

[712] Vgl. DEUTSCHE BUNDESBANK (Hrsg.), Credit Default Swaps, S. 53; HULL, J./PREDESCU, M./WHITE, A., Credit default swap spreads and credit rating announcements, S. 2809; NORDEN, L., Kreditderivate, S. 134. Vgl. für einen Überblick über diese Studien WAGNER, E., Credit Default Swaps und Informationsgehalt, S. 48-51. Die frühzeitige Reaktion von CDS-Prämien auf kreditsensitive Informationen wird u. a. damit begründet, dass durch den Abschluss eines CDS-Kontraktes zunächst keine bzw. nur geringe Finanzierungskosten anfallen, um eine Position hinsichtlich der Kreditqualität eines Referenzschuldners einzunehmen. Daher verwenden Marktteilnehmer vorzugsweise CDS-Kontrakte, um sich entsprechend ihren Erwartungen zu positionieren, vgl. hierzu auch ZHANG, B. Y./ZHOU, H./ZHU, H., Explaining Credit Default Swap Spreads, S. 5101.

[713] Vgl. CESR (Hrsg.), Transparency, S. 60.

Markt beobachtbaren CDS-Prämien eine höhere Aussagekraft hinsichtlich des Ausfallrisikos zugestanden, da sie zumindest nicht wesentlich durch Liquiditätseinflüsse verzerrt wurden.

Aufgrund dieser Eigenschaften wird die CDS-Prämie auch häufig als überlegenes Maß für das Ausfallrisiko wahrgenommen.[714] Demnach spiegeln CDS-Prämien eine aktuelle Einschätzung der Marktteilnehmer hinsichtlich des Ausfallrisikos eines Referenzschuldners wider, so dass sich diese auf den ersten Blick als aktuelle Informationsquelle für die nach dem Expected-Loss-Modell zu ermittelnde Kreditverlustschätzung anbieten.

Im Rahmen des **Expected-Loss-Modells** sind hierbei v. a. die periodenspezifischen Ausfallwahrscheinlichkeiten, die aus den CDS-Prämien extrahiert werden können, von besonderem Interesse, da ihre Ermittlung i. d. R. die größte Herausforderung für ein bilanzierendes Unternehmen im Rahmen der durchzuführenden Kreditverlustschätzung darstellen wird.[715]

Wie bereits erörtert, bestimmt sich das Protection-Leg eines CDS-Kontraktes aus dem Barwert der erwarteten Ausfallzahlung und stimmt zum Abschlusszeitpunkt des CDS-Kontraktes mit dem durch den Par Spread ermittelten Premium-Leg überein. Zentrale Determinanten des Barwertes des Premium-Leg bilden dabei die Höhe der unterstellten **Wiedereinbringungsquote** und die periodenspezifischen **Ausfallwahrscheinlichkeiten**. Die bei der Ermittlung des Protection-Leg angewandte Vorgehensweise entspricht hierbei der barwertigen Berechnung des hinsichtlich des Referenzaktivums zu **erwartenden Verlustes**.[716]

Daher lässt sich zunächst vermuten, dass die Prämie eine ausschließliche Kompensation für die Übernahme des erwarteten Verlustes des zugrundeliegenden Referenzaktivums darstellt und sich somit ohne Einschränkung als zusätzliche Informationsquelle im Rahmen der Kreditverlustschätzung des Expected-Loss-Modells eignet.

Indes ist zu beachten, dass auf die Höhe der CDS-Prämie und somit aufgrund der Barwertneutralität zwischen Protection-Leg und Premium-Leg zum Abschlusszeitpunkt auch auf die Höhe des Protection-Leg das **Gegenparteirisiko** einen Einfluss nimmt. Bedeutend ist das Gegenparteirisiko bei einem CDS-Kontrakt v. a. für den Sicherungsnehmer, da dieser beim Ausfall des Referenzschuldners das Risiko trägt, dass der Sicherungsgeber aufgrund eigener Zahlungsschwierigkeiten seinen vertraglichen Zahlungsverpflichtungen – bestehend aus der Ausgleichszahlung – nicht nachkommen kann.[717] Daher wird der Sicherungsnehmer nur bereit sein, einen CDS-Kontrakt mit einem ausfallgefährdeten Sicherungsgeber abzuschließen, wenn dieser während der Vertragslaufzeit an den ausfallgefährdeten Sicherungsgeber eine **geringere Prämie** zu entrichten hat, als dies der Fall wäre, wenn dieser einen äquivalenten CDS-Kontrakt mit einem **ausfallfreien** Sicherungsgeber ab-

---

714 Vgl. CAO, C./YU, F./ZHONG, Z., Volatility and credit default swap valuation, S. 325.
715 Vgl. hierzu auch Abschnitt 422.22.
716 Vgl. Abschnitt 422.243.31.
717 Vgl. GRUBER, W., Bepreisung von Credit Default Swaps, S. 98.

schließen würde.[718] Sofern ein Sicherungsgeber ausfallgefährdet ist, reduziert dies somit die Höhe der CDS-Prämie.[719] Der durch den Sicherungsnehmer aufgrund der bestehenden Ausfallgefahr des Sicherungsgebers vorgenommene Abschlag bei der Höhe der CDS-Prämie verzerrt demnach den hierzu korrespondierenden erwarteten Verlust, der anhand des Protection-Leg ermittelt wird. Der erwartete Verlust wird in diesem Fall zu niedrig ausgewiesen.

Das Gegenparteirisiko hat während der Finanzkrise die Höhe der CDS-Prämie bedeutend beeinflusst.[720] Durch die Einführung von zentralen Clearing-Stellen sowie die zunehmende Abwicklung von CDS-Kontrakten über diese wird indes das Gegenparteirisiko deutlich reduziert.[721] Dies ist zum einen darauf zurückzuführen, dass die zentralen Clearing-Stellen durch ihre Mitglieder mit ausreichend Kapital ausgestattet werden und zum anderen von den zentralen Clearing-Stellen Sicherheiten von derjenigen Vertragspartei verlangt werden, deren CDS-Kontrakt einen negativen Marktwert aufweist.[722] Vom Gegenparteirisiko sollte daher künftig kein wesentlicher Einfluss mehr auf die Höhe der CDS-Prämie ausgehen.[723]

422.243.53 Einfluss von Spekulation auf die CDS-Prämie

Darüber hinaus muss berücksichtigt werden, dass ein am Markt beobachtbarer Preis verzerrt sein kann und demnach ggf. einen hypothetischen Wert darstellt, der nicht den fundamental gerechtfertigten Wert widerspiegelt. Derartige Verzerrungen waren bspw. im Oktober 2008 bei der Stammaktie von Volkswagen beobachtbar, die sich aufgrund von Spekulationen innerhalb von nur wenigen Tagen vervielfachte.[724] Bisher wurde implizit unterstellt, dass die Marktpreisfindung auf einem vollkommenen Markt stattfindet.[725] Da ein vollkommener Markt in der Realität meist nicht vorliegt,[726] können Marktdaten durch **Spekulation** und andere marktpsychologische Faktoren beeinflusst werden, wodurch sich der am Markt beobachtbare Wert von seinem fundamental gerechtfertigten Wert entfernen kann.[727]

---

718 Vgl. GRUBER, W., Bepreisung von Credit Default Swaps, S. 98.

719 Vgl. FONTANA, A., CDS-bond basis, S. 8.

720 Vgl. EUROPEAN CENTRAL BANK (Hrsg.), Credit Default Swaps, S. 61.

721 Vgl. zur Reduktion des Gegenparteirisikos durch zentrale Clearing-Stellen auch CECCHETTI, S. G./GYNTELBERG, J./HOLLANDERS, M., Central Counterparties, S. 56; GREGORY, J., Counterparty Risk, S. 11; BANH, M./CLUSE, M./SCHWAKE, D., Kontrahentenausfallrisiken, S. 499.

722 Vgl. hierzu auch EUROPEAN CENTRAL BANK (Hrsg.), Credit Default Swaps, S. 53.

723 Vgl. Abschnitt 422.243.4.

724 Vgl. BERENTZEN, C., IFRS 9, S. 174; KRANZ, A., Die Fair Value-Bewertung von Finanzinstrumenten, S. 160.

725 Vollkommene Märkte sind v. a. durch fehlende Transaktionskosten und Steuern sowie homogene Erwartungen von Marktteilnehmern bei Sicherheit oder Unsicherheit gekennzeichnet. Auf einem vollkommenen Markt stiftet ein Gut allen Marktteilnehmern den gleichen Nutzen und besitzt somit einen einheitlichen Preis, vgl. BALLWIESER, W./KÜTING, K./SCHILDBACH, T., Fair value, S. 530 f.; SCHILDBACH, T., Fair Value, S. 10.

726 Vgl. SCHILDBACH, T., Fair value-Statik, S. 591; OLBRICH, M./BRÖSEL, G., Inkonsistenzen der Zeitwertbilanzierung, S. 1544.

727 Vgl. BALLWIESER, W./KÜTING, K./SCHILDBACH, T., Fair value, S. 535; KRANZ, A., Die Fair Value-Bewertung von Finanzinstrumenten, S. 158-160; SCHILDBACH, T., Fair value-Statik, S. 591-593; BAETGE, J., Verwendung von DCF-Kalkülen bei der Bilanzierung nach IFRS, S. 16 f.; SCHILDBACH, T., Fair Value, S. 17.

Da die Höhe einer CDS-Prämie durch eine Markttransaktion determiniert wird, kann auch diese derartigen Einflüssen unterliegen, so dass sich sowohl die Höhe der CDS-Prämie als auch ihre Änderung im Zeitverlauf ggf. nicht ausschließlich auf die Bonität bzw. eine veränderte Bonitätslage des zugrundeliegenden Schuldners zurückführen lässt. Beispielsweise kann sich durch **Spekulation** die CDS-Prämie von ihrer fundamental gerechtfertigten Höhe entfernen und somit nicht mehr ausschließlich durch das Ausfallrisiko des zugrundeliegenden Referenzschuldners begründet werden.[728] Die **Spekulationsabsicht** ist bei einem CDS-Engagement immer dann zu unterstellen, wenn der CDS nicht als Absicherungsinstrument eingesetzt wird, sondern mit diesem eine reine Gewinnerzielungsabsicht verfolgt wird, um von einer sich verändernden Bonität des zugrundeliegenden Schuldners zu profitieren.[729]

In einem derart gelegenen Fall würden die aus den CDS-Prämien extrahierten Ausfallwahrscheinlichkeiten durch spekulative Einflüsse **verzerrt.**[730] Bei einem Rückgriff auf diese Informationen im Rahmen der Kreditverlustschätzung würde dies zu einem verzerrten Wert für den erwarteten Kreditverlust führen. Sofern die CDS-Prämien und dementsprechend auch die aus diesen extrahierten Ausfallwahrscheinlichkeiten durch Spekulation überhöhte Werte aufweisen[731] und auf diese im Rahmen der Kreditverlustschätzung zurückgegriffen wird, führt dies zu einer **überhöhten** Schätzung des erwarteten Kreditverlustes.

Durch die Spekulation mit CDS-Kontrakten kann es zudem zu einer selbsterfüllenden Prophezeiung kommen. Steigen die CDS-Prämien aufgrund von spekulativen Einflüssen, könnte dieses die Risikoaufschläge am Anleihemarkt aufgrund der Preisführerschaft des CDS-Marktes signifikant und weitgehend losgelöst von fundamentalen Faktoren beeinflussen.[732] Der hierdurch ausgelöste Renditeanstieg am Anleihemarkt würde die Finanzierungskosten eines entsprechenden Schuldners erhöhen, sofern dieser weiteres Kapital am Anleihemarkt aufnimmt. Im Extremfall könnten diese gestiegenen Finanzierungskosten zu einem Kreditereignis führen,[733] wodurch die Abwicklung des CDS-Kontraktes ausgelöst wird.

---

728 Vgl. hierzu auch DEUTSCHE BUNDESBANK (Hrsg.), Regulierung des Marktes für Kreditausfall-Swaps, S. 55.

729 Vgl. hierzu auch JARROW, R., The Economics of CDS, S. 19; DEUTSCHE BUNDESBANK (Hrsg.), Regulierung des Marktes für Kreditausfall-Swaps, S. 55, Fn. 55; DUFFIE, D., Is there a case for banning short speculation in sovereign bond markets?, S. 56. Eine Unterscheidung zwischen diesen beiden Transaktionen ist ohne nähere administrative Prüfung nicht möglich, vgl. MEYER, D., Zur Rolle der Spekulation bei Staatsschuldenkrisen im Euro-Raum, S. 422.

730 Darüber hinaus gilt zu beachten, dass der CDS-Markt auf der Angebotsseite durch wenige Marktteilnehmer dominiert wird und aufgrund dieser oligopolistischen Marktstruktur ebenfalls ein verzerrender Einfluss auf die Höhe der CDS-Prämien ausgehen kann, vgl. dazu auch DEUTSCHE BUNDESBANK (Hrsg.), Regulierung des Marktes für Kreditausfall-Swaps, S. 52. Auch hierdurch können die CDS-Prämien und dementsprechend auch die aus diesen extrahierten Ausfallwahrscheinlichkeiten ggf. dann nicht ihren fundamental gerechtfertigten Werten entsprechen.

731 Vgl. dazu auch DUFFIE, D., Is there a case for banning short speculation in sovereign bond markets?, S. 56.

732 Vgl. DEUTSCHE BUNDESBANK (Hrsg.), Regulierung des Marktes für Kreditausfall-Swaps, S. 55.

733 Vgl. hierzu auch MEYER, D., Zur Rolle der Spekulation bei Staatsschuldenkrisen im Euro-Raum, S. 422.

Zuletzt wurde Anfang 2010 vermutet, dass eine Spekulation mit CDS, die auf Griechenland ausgestellt waren, stattgefunden und den Renditeanstieg bei griechischen Staatsanleihen verantwortet hat. Einen konkrete Anhaltspunkte für diesen Verdacht konnte jedoch nicht ermittelt werden.[734] Eine von der **DEUTSCHEN BUNDESBANK** durchgeführte Studie kommt zu dem Ergebnis, dass die Prämienentwicklung in diesem Zeitraum vielmehr auf fundamentale Ereignisse als auf spekulative Einflüsse zurückgeführt werden kann.[735]

Hinsichtlich der Spekulation mit CDS-Kontrakten ist jedoch zu berücksichtigen, dass bei einem CDS-Kontrakt für jede Position auch eine Gegenposition eingenommen werden muss. Zum Abschlusszeitpunkt weist der CDS-Kontrakt für beide Vertragsparteien einen Marktwert von null auf, welcher im Zeitverlauf in Abhängigkeit von der dann am Markt vorherrschenden CDS-Prämie für eine Vertragspartei einen positiven und für die Gegenpartei einen negativen Wert im gleichen Ausmaß einnimmt.[736] Daher werden CDS-Kontrakte auch oftmals als **Nullsummenspiel** innerhalb des Finanzsystems bezeichnet.[737] Sofern sich die CDS-Prämie durch Spekulation oder aus anderen Gründen von ihrer fundamental gerechtfertigten Höhe entfernt, geht eine der Vertragsparteien das Risiko ein, dass sie einen Marktwertverlust erleidet, sofern sich im Zeitverlauf die CDS-Prämie wieder an die fundamental gerechtfertigte Höhe angleicht.[738]

Darüber hinaus werden neue Sicherungsnehmer bzw. Sicherungsgeber in den CDS-Markt eintreten, sofern diese der Meinung sind, dass die Höhe einer am Markt beobachtbaren CDS-Prämie nicht durch fundamentale Faktoren gerechtfertigt ist. Wird bspw. eine CDS-Prämie durch Spekulation in die Höhe getrieben, so werden neue Sicherungsgeber in den Markt eintreten, die bereit sind, zu diesen Konditionen CDS-Kontrakte anzubieten, da sie davon ausgehen, dass sich die Höhe der Prämie im Zeitverlauf wieder dem fundamentalen Wert annähert und demnach sinken wird.[739] Ferner wird ggf. ein Investor, der den entsprechenden CDS-Kontrakt zu einer niedrigen Prämie abgeschlossen hat, eine gegenläufige Position einnehmen (dieser tritt dann als Sicherungsgeber am Markt auf). Die Differenz zwischen der zu zahlenden Prämie und der Prämie, die dieser dann als Sicherungsgeber erhält, stellt dann seinen Gewinn dar.[740] Das Angebot an CDS-Kontrakten wird hierdurch erhöht.

---

734 Vgl. BAFIN (Hrsg.), Spekulation gegen griechische Anleihen.

735 Vgl. DEUTSCHE BUNDESBANK (Hrsg.), Regulierung des Marktes für Kreditausfall-Swaps, S. 60. Zum gleichen Ergebnis kommt auch DUFFIE, D., Is there a case for banning short speculation in sovereign bond markets?, S. 57 f.

736 Vgl. Abschnitt 422.243.34.

737 Vgl. hierzu auch EUROPEAN CENTRAL BANK (Hrsg.), Credit Default Swaps, S. 20.

738 Vgl. zum Einfluss von Spekulation auf den CDS-Markt auch STULZ, R. M., Credit Default Swaps and the Credit Crisis, S. 84 f.; DEUTSCHE BUNDESBANK (Hrsg.), Regulierung des Marktes für Kreditausfall-Swaps, S. 54-61; JARROW, R., The Economics of CDS, S. 19. Da bei einem mit Spekulationsabsicht erworbenen CDS-Kontrakt der Marktwertänderung eines CDS-Kontraktes keine kompensierende Wertänderung des Grundgeschäftes gegenübersteht, sind Marktwertänderungen relevant.

739 Sinkt die Prämie im Zeitverlauf, so kann der Sicherungsgeber eine gegenläufige CDS-Position einnehmen, indem dieser einen CDS-Kontrakt kauft. Die Differenz zwischen den beiden Prämienzahlungen stellt dann seinen Gewinn dar.

740 Vgl. dazu auch SCHÖNBUCHER, P, Credit Derivatives Pricing Models, S. 68; FELSENHEIMER, J./GISDAKIS, P./ZAISER, M., Valuation of Credit Derivatives, S. 321. Bei dem Ausfall des Referenzschuldners wird der Investor dann die Ausgleichszahlung, die er aus dem ersten CDS-Kontrakt erhält, an den Sicherungsnehmer des zweiten

Wird eine gleichbleibende Nachfrage nach CDS-Kontrakten unterstellt, sollte dies i. d. R. dazu führen, dass die CDS-Prämie sinkt und sich somit wieder ihrer fundamental gerechtfertigten Höhe annähert.

Größere **Spekulationsblasen**[741] im CDS-Markt als auch andere, nicht fundamental gerechtfertigte wesentliche Einflüsse auf die Höhe der CDS-Prämie sollten hierdurch zumindest verhindert werden.

422.243.54 CDS-Ausfallwahrscheinlichkeiten

Sieht man von einem möglichen Ausfall der Gegenpartei sowie von spekulativen Einflüssen auf die CDS-Prämie ab und unterstellt man zudem eine hinreichend hohe Liquidität am CDS-Markt,[742] so wird die Höhe der CDS-Prämie weitestgehend durch die **Wiedereinbringungsquote** und **Ausfallwahrscheinlichkeit** beeinflusst.[743] Aufgrund der multiplikativen Verknüpfung zwischen diesen beiden Größen kann die genaue Höhe einer Komponente nur bestimmt werden, sofern eine Annahme über die verbleibende Komponente getroffen wird.[744] Wie bereits dargelegt, hat sich am Markt ein Konsens hinsichtlich der Höhe der bei der Bewertung von CDS-Kontrakten zu verwendenden Wiedereinbringungsquote gebildet.[745] Liegt einem CDS-Kontrakt ein erstrangig besichertes Referenzaktivum zugrunde, wird eine Wiedereinbringungsquote von 40 Prozent, bei einem zugrundeliegenden nachrangig besicherten Referenzaktivum eine Wiedereinbringungsquote von 20 Prozent unterstellt.[746] Daher lassen sich die periodenspezifischen Ausfallwahrscheinlichkeiten aus den

CDS-Kontraktes weiterreichen. Die bei dem Ausfall zu leistende Ausgleichszahlung wird daher durch den ersten CDS-Kontrakt abgesichert.

741 Vgl. zur Einschränkung von Spekulationsblasen durch den Handel mit CDS-Kontrakten JARROW, R., The Economics of CDS, S. 19.

742 Vgl. zur Annahme einer hinreichend hohen Liquidität am CDS-Markt auch GRÜNBERGER, D./SOPP, G., Kredit- und Liquiditätsrisiko bei der Fair Value-Ermittlung, S. 422; AMATO, J. D., Risikoaversion und Risikoprämie am CDS-Markt, S. 65; ERICSSON, J./JACOBS, K./OVIEDO, R., The Determinants of Credit Default Swap Premia, S. 111; BERNDT, A./DOUGLAS, R./DUFFIE, D./FERGUSON, M. u. a., Measuring default risk premia from default swap rates and EDFs, S. 2; AMADEI, L./ROCCO, S. D./GENTILE, M./SICILIANO, G.I, Credit default swaps, S. 14 f. Für einen Überblick über bisherige Studien, die sich mit dem Einfluss der Liquidität auf die CDS-Prämie befassen, vgl. BONGAERTS, D./DE JONG, F./DRIESSEN, J., Derivative Pricing with Liquidity Risk, S. 205.

743 Vgl. hierzu auch CAO, C./YU, F./ZHONG, Z., Volatility and credit default swap valuation, S. 325.

744 Vgl. hierzu auch SCHIFFEL, S., Implizite Ausfallwahrscheinlichkeiten von Unternehmensanleihen, S. 158; SAUNDERS, A./ALLEN, L., Financial Crisis, S. 142.

745 Vgl. Abschnitt 422.243.32 sowie JARROW, R., The Economics of CDS, S. 16, Fn. 13.

746 Vgl. DZ BANK (Hrsg.), Europäischer CDS-Markt, S. 9 f.; SINGH, M./SPACKMAN, C., CDS Spreads During Distress, S. 3; CHOUDHRY, M., Credit Default Swap Basis, S. 125. Für einen Überblick über die erreichten Wiedereinbringungsquoten bei vergangenen Unternehmensausfällen vgl. GREGORY, J., Counterparty Risk, S. 141. Bei der Abfrage von CDS-Prämien eines Referenzschuldners über Bloomberg wird die von den Marktteilnehmern zugrunde gelegte Wiedereinbringungsquote direkt angezeigt. Sofern bei der Quotierung eines CDS-Kontraktes auf einen Referenzschuldner keine Angaben hinsichtlich des dem CDS-Kontrakt zugrundeliegenden Referenzaktivums vorliegen, ist anhand der Datenbank RED (Reference Entity Database) des Finanzinformationsdienstleisters Markit das einem CDS-Kontrakt zugrundeliegende Referenzaktivum zu ermitteln, so dass unter Zuhilfenahme dieser Information die entsprechende Wiedereinbringungsquote bestimmt werden kann, vgl. hierzu auch GREGORY, J., Counterparty Risk, S. 139.

Marktquotierungen von CDS-Prämien anhand des bereits in Abschnitt 422.243.32 erörterten Verfahrens extrahieren.

Bei Ausfallwahrscheinlichkeiten, die aus Marktdaten extrahiert werden, ist jedoch zu berücksichtigen, dass es sich dabei im Gegensatz zu den realen Ausfallwahrscheinlichkeiten, die von Ratingagenturen veröffentlicht und anhand der tatsächlich eingetretenen Ausfälle bestimmt werden, um **risikoneutrale Ausfallwahrscheinlichkeiten** handelt.[747] Die Bezeichnung „risikoneutral" unterstellt hierbei, dass die Preisbildung am Markt durch Marktteilnehmer vorgenommen wird, die sich risikoneutral verhalten.[748] Ein risikoneutraler Investor ist dabei indifferent zwischen einer sicheren Zahlung und einer unsicheren Zahlung, sofern der Erwartungswert der unsicheren Zahlung der Höhe der sicheren Zahlung entspricht.[749] Ein risikoneutraler Sicherungsgeber eines CDS-Kontraktes würde demnach vom Sicherungsnehmer nur eine Vergütung verlangen, die ihn für die Übernahme des erwarteten Verlustes kompensiert.

Vergleicht man risikoneutrale Ausfallwahrscheinlichkeiten mit realen Ausfallwahrscheinlichkeiten, so nehmen die risikoneutralen Ausfallwahrscheinlichkeiten einen deutlich höheren Wert ein.[750] Daher stellt sich die Frage, wie sich dieser Unterschied erklären lässt. Die realen Ausfallwahrscheinlichkeiten resultieren aus der Beobachtung von tatsächlichen Ausfällen in der Vergangenheit. Werden sie im Rahmen der Ermittlung des erwarteten Verlustes verwendet, wird unterstellt, dass die Ausfälle der Vergangenheit im gleichen Ausmaß auch in künftige Perioden eintreten werden.[751] Die aus den CDS-Prämien extrahierten risikoneutralen Ausfallwahrscheinlichkeiten spiegeln hingegen die **aktuellste Markteinschätzung** unter Einbeziehung sämtlicher verfügbarer Informationen hinsichtlich der Ausfallgefahr eines Referenzschuldners wider.[752] Dass sich diese Differenz jedoch ausschließlich durch die höhere Aktualität der aus den CDS-Prämien extrahierten Ausfallwahrscheinlichkeiten erklären lässt, kann indes hinterfragt werden.

---

747 Vgl. WINGENROTH, T., Risikomanagement für Corporate Bonds, S. 169 f.; BETZ, H., Integrierte Credit Spread- und Zinsrisikomessung, S. 53; WILKENS, S., Die Bewertung von Credit Default Swaps, S. 161. Auch die aus Unternehmensanleihen extrahierten Ausfallwahrscheinlichkeiten stellen somit risikoneutrale Ausfallwahrscheinlichkeiten dar, vgl. BLUHM, C./OVERBECK, L./WAGNER, C., Introduction to Credit Risk Modeling, S. 229.

748 Vgl. hierzu auch BLUHM, C./OVERBECK, L./WAGNER, C., Introduction to Credit Risk Modeling, S. 228; WINGENROTH, T., Risikomanagement für Corporate Bonds, S. 170; WILKENS, S., Die Bewertung von Credit Default Swaps, S. 161.

749 Vgl. hierzu auch LÄGER, V., Bewertung von Kreditrisiken und Kreditderivaten, S. 124 f.; SCHIFFEL, S., Implizite Ausfallwahrscheinlichkeiten von Unternehmensanleihen, S. 157 f.; BETZ, H., Integrierte Credit Spread- und Zinsrisikomessung, S. 53.

750 Vgl. LÄGER, V., Bewertung von Kreditrisiken und Kreditderivaten, S. 125 f.; WINGENROTH, T., Risikomanagement für Corporate Bonds, S. 170; BETZ, H., Integrierte Credit Spread- und Zinsrisikomessung, S. 53. Nach HULL übersteigt bei einem AAA-Rating die risikoneutrale Ausfallwahrscheinlichkeit die reale Ausfallwahrscheinlichkeit um das 14-Fache. Mit sinkender Ratingklasse nimmt dieser Unterschied jedoch deutlich ab. Bei einem Caa-Rating weist die risikoneutrale Ausfallwahrscheinlichkeit nur noch einen um 40 Prozent höheren Wert auf als die reale Ausfallwahrscheinlichkeit, vgl. HULL, J. C., Optionen, Futures und andere Derivate, S. 617.

751 Vgl. hierzu auch LÄGER, V., Bewertung von Kreditrisiken und Kreditderivaten, S. 119.

752 Vgl. zur höheren Aktualität von risikoneutralen Ausfallwahrscheinlichkeiten gegenüber realen Ausfallwahrscheinlichkeiten SAUNDERS, A., Credit Risk Measurement, S. 76.

In der Literatur wird des Weiteren die Überzeichnung der realen Ausfallwahrscheinlichkeit durch die anhand von Marktdaten ermittelte risikoneutrale Ausfallwahrscheinlichkeit auf die Annahme, die Marktteilnehmer seien risikoneutral, zurückgeführt. Hierbei wird argumentiert, dass diese Annahme nicht mit der tatsächlichen Risikoeigenschaft von Marktteilnehmern übereinstimme,[753] da sich diese in der realen Welt **risikoavers** verhalten.[754] Nach der Bernoulli-Theorie[755] bevorzugt ein risikoaverser Entscheidungsträger, der zwischen einer risikolosen Investition und einer risikobehafteten Investition mit gleichem Erwartungswert wählen kann, aufgrund seiner konkaven Risikonutzenfunktion[756] die risikolose Investition.[757] Nur gegen die Zahlung einer Prämie würde sich der Entscheidungsträger indifferent gegenüber der risikobehafteten Investitionsalternative stellen lassen.[758] Risikoaverse Marktteilnehmer fordern für die Übernahme des Ausfallrisikos daher nicht nur eine Kompensation in Höhe des **erwarteten Verlustes**, sondern verlangen aufgrund ihrer Risikoaversion auch eine zusätzliche Risikoprämie für die Übernahme des Ausfallrisikos.[759] Daher weisen die risikoneutralen Ausfallwahrscheinlichkeiten einen höheren Wert als die entsprechenden realen Ausfallwahrscheinlichkeiten auf.[760]

---

[753] Vgl. LÄGER, V., Bewertung von Kreditrisiken und Kreditderivaten, S. 125 f.

[754] Vgl. hierzu auch BLUHM, C./OVERBECK, L./WAGNER, C., Introduction to Credit Risk Modeling, S. 228 f.; BUBERL, T., Kreditrisikobezogene Determinanten von Bond Spreads, S. 122.

[755] Vgl. zur Bernoulli-Theorie FRANKE, G./HAX, H., Finanzwirtschaft des Unternehmens und Kapitalmarkt, S. 299-314.

[756] Nach der Bernoulli-Theorie trifft ein Entscheidungsträger eine Entscheidung unter Risiko anhand seiner individuellen Risikonutzenfunktion, und zwar in der Form, dass hierdurch der eigene erwartete Nutzen maximiert wird, vgl. BALLWIESER, W., Unternehmensbewertung, S. 68; BUBERL, T., Kreditrisikobezogene Determinanten von Bond Spreads, S. 19-23.

[757] Ein risikoneutraler Entscheidungsträger würde hingegen indifferent zwischen diesen beiden Investitionen sein, vgl. SCHIFFEL, S., Implizite Ausfallwahrscheinlichkeiten von Unternehmensanleihen, S. 157. Vgl. zur Krümmung der Risikonutzenfunktion in Abhängigkeit von der Risikoeinstellung EISENFÜHR, F./WEBER, M./LANGER, T., Rational Decision Making, S. 252 f.

[758] Vgl. BUBERL, T., Kreditrisikobezogene Determinanten von Bond Spreads, S. 20; EWELT-KNAUER, C., Der Konzernabschluss als Berichtsinstrument der wirtschaftlichen Einheit, S. 199. Bei einem risikoneutralen Entscheidungsträger würde die Risikoprämie hingegen einen Wert von null einnehmen, vgl. OEHLER, A./UNSER, M., Finanzwirtschaftliches Risikomanagement, S. 339.

[759] Vgl. DUFFIE, D./SINGLETON, K. J., Credit Risk, S. 104; AMATO, J. D., Risikoaversion und Risikoprämie am CDS-Markt, S. 68; LONGSTAFF, F. A./MITHAL, S./NEIS, E., Corporate Yield Spreads, S. 2215; CAOUETTE, J. B./ALTMAN, E. I./NARAYANAN, P., Credit Risk, S. 374.

[760] Vgl. hierzu auch SAUNDERS, A., Credit Risk Measurement, S. 71 f.; BERNDT, A./DOUGLAS, R./DUFFIE, D./FERGUSON, M. u. a., Measuring default risk premia from default swap rates and EDFs, S. 2; LÄGER, V., Bewertung von Kreditrisiken und Kreditderivaten, S. 125 f.; DUFFIE, D./SINGLETON, K. J., Credit Risk, S. 104. In den entsprechenden Studien zur Risikoprämie am CDS-Markt werden oftmals die aktuellen Ausfallwahrscheinlichkeiten anhand von Kreditrisikomodellen ermittelt und als reale Ausfallwahrscheinlichkeiten bezeichnet, so dass der Unterschied zwischen den realen und den risikoneutralen Ausfallwahrscheinlichkeiten ausschließlich auf die Risikoprämie für die Übernahme des Ausfallrisikos zurückgeführt wird. Da im Rahmen dieser Arbeit die realen Ausfallwahrscheinlichkeiten als diejenigen Ausfallwahrscheinlichkeiten definiert werden, welche Ratingagenturen auf Basis von historischen Ausfällen ermittelt haben, zeigt sich neben dieser Risikoprämie auch die höhere Aktualität der aus den CDS-Prämien extrahierten risikoneutralen Ausfallwahrscheinlichkeiten für diesen Unterschied verantwortlich. Vgl. zu dem Aufbau dieser Studien AMATO, J. D., Risikoaversion und Risikoprämie am CDS-Markt, S. 69; BERNDT, A./DOUGLAS, R./DUFFIE, D./FERGUSON, M. u. a., Measuring default risk premia from default swap rates and EDFs, S. 1.

Anders als die Bezeichnung „risikoneutral" vermuten lässt, spiegeln risikoneutrale Ausfallwahrscheinlichkeiten daher auch die Risikoaversion der Marktteilnehmer wider.[761] Bei der Interpretation der CDS-Prämie ist daher zu berücksichtigen, dass sich ein Sicherungsgeber durch diese nicht nur den auf Basis der durchschnittlichen Ausfälle der Vergangenheit ermittelten erwarteten Verlust, adjustiert um die aktuelle Einschätzung der Ausfallgefahr des Referenzschuldners, vergüten lässt, sondern in dieser auch eine **zusätzliche Risikoprämie,** die ein Sicherungsgeber aufgrund der Übernahme des Ausfallrisikos verlangt, enthalten ist. Diese zusätzliche Risikoprämie lässt sich hierbei als Vergütung für die Übernahme des **unerwarteten Verlustes** interpretieren,[762] die von einem Sicherungsgeber v. a. aufgrund der **zyklischen Schwankungen** des erwarteten Verlustes verlangt wird.[763] Die CDS-Prämie setzt sich daher aus der aktuellen erwarteten Verlustschätzung sowie einer Risikoprämie für den unerwarteten Verlust zusammen.[764]

Die konkrete Höhe der Risikoprämie, die für die Übernahme des unerwarteten Verlustes verlangt wird, ist hierbei von dem im Markt vorherrschenden Risikoaversionsgrad abhängig. Je risikoaverser die Marktteilnehmer sind, desto höher wird die für die Übernahme des Ausfallrisikos verlangte Prämie ausfallen und c. p. die risikoneutrale Ausfallwahrscheinlichkeit erhöhen.[765] In turbulenten Marktphasen dürfte diese aufgrund der zunehmenden Unsicherheit einen bedeutenden Anteil an der CDS-Prämie einnehmen, wohingegen sie in normalen Marktphasen relativ konstant bleiben[766] und somit einen geringen Anteil an der CDS-Prämie haben dürfte.[767] Die CDS-Prämie wird daher u. a. auch durch die Risikoaversion der Marktteilnehmer beeinflusst.[768] Eine klare Trennung zwischen dem Anteil der CDS-Prämie, der auf die aktuelle Einschätzung der Ausfallgefahr des Referenzschuldners zurückgeführt werden kann, und dem Anteil, der von den Marktteilnehmern aufgrund ihrer Risikoeinstellung für die Übernahme des unerwarteten Verlustes verlangt wird, ist jedoch nicht ohne Weiteres möglich.[769]

Um den Anteil des unerwarteten Verlustes an der CDS-Prämie zumindest approximativ abschätzen zu können, ist der aktuell am Markt vorherrschende Risikoaversionsgrad zu beurteilen. Ein Hinweis

---

761 Vgl. hierzu auch CHAN-LAU, J. A., Market-Based Estimation of Default Probabilities, S. 13; WILKENS, S., Die Bewertung von Credit Default Swaps, S. 161.

762 Vgl. hierzu auch GRÜNBERGER, D./SOPP, G., Kredit- und Liquiditätsrisiko bei der Fair Value-Ermittlung, S. 442; WINGENROTH, T., Risikomanagement für Corporate Bonds, S. 170; SAUNDERS, A., Credit Risk Measurement, S. 71 f.; BUBERL, T., Kreditrisikobezogene Determinanten von Bond Spreads, S. 122.

763 Vgl. AMATO, J. D., Risikoaversion und Risikoprämie am CDS-Markt, S. 69.

764 Vgl. hierzu auch AMATO, J. D., Risikoaversion und Risikoprämie am CDS-Markt, S. 68; GRÜNBERGER, D./SOPP, G., Kredit- und Liquiditätsrisiko bei der Fair Value-Ermittlung, S. 442.

765 Vgl. zum Zusammenhang zwischen Risikoaversion und risikoneutraler Ausfallwahrscheinlichkeit CHAN-LAU, J. A., Market-Based Estimation of Default Probabilities, S. 13.

766 Vgl. zu dieser Annahme auch DEUTSCHE BUNDESBANK (Hrsg.), Regulierung des Marktes für Kreditausfall-Swaps, S. 49.

767 Der Anteil der Risikoprämie an der CDS-Prämie kann demnach im Zeitverlauf schwanken.

768 Die Risikoaversion der Marktteilnehmer wird hierbei u. a. von makroökonomischen Faktoren beeinflusst, vgl. AMATO, J. D., Risikoaversion und Risikoprämie am CDS-Markt, S. 77.

769 Vgl. zu dem Einfluss der Risikoprämie auf den CDS-Spread auch PAN, J./SINGLETON, K. J., Term Structure of Sovereign CDS Spreads, S. 2371.

auf die aktuelle Risikoneigung der Marktteilnehmer kann bspw. dem aktuellen Stand eines Volatilitätsindexes wie dem **VDAX-New** oder dem **VIX** entnommen werden,[770] da einem Volatilitätsindex oftmals die Eigenschaft eines „Angstbarometers" zugewiesen wird.[771] Der aktuelle Stand eines Volatilitätsindexes spiegelt hierbei die aktuelle Markterwartung hinsichtlich der kurzfristigen Schwankung des dem Volatilitätsindex zugrundeliegenden Indexes wider.[772] Ein hoher Stand eines Volatilitätsindexes bedeutet dabei, dass die Marktteilnehmer kurzfristig eine hohe Schwankung des zugrundeliegenden Indexes erwarten, wohingegen ein niedriger Stand signalisiert, dass Marktteilnehmer kurzfristig nur von einer geringen Schwankung des zugrundeliegenden Indexes ausgehen.[773] In der Literatur wird hierbei ein enger Zusammenhang zwischen der Risikoneigung der Marktteilnehmer und dem Stand eines Volatilitätsindexes angenommen. Ein Rückgang des Indexstandes eines Volatilitätsindexes wird oftmals auf eine Abnahme der Risikoaversion der Marktteilnehmer zurückgeführt.[774] Demnach signalisiert ein niedriger Indexstand eines Volatilitätsindexes, dass am Markt eine geringe Risikoaversion herrscht.[775] Folglich sollte in einer derartigen Situation die Risikoprämie einen geringeren Anteil an der CDS-Prämie einnehmen.[776] Unterstellt man diesen Zusammenhang, so kann der aktuelle Stand eines Volatilitätsindexes als Informationsquelle genutzt werden, um die aktuelle Risikoneigung der Marktteilnehmer zu beurteilen. Diese Information könnte dann genutzt werden, um die Bedeutung der Risikoprämie einzuschätzen.

---

[770] Zur Beurteilung der Risikoaversion von Marktteilnehmern anhand eines Volatilitätsindexes vgl. COUDERT, V./GEX, M., Does risk aversion drive financial crises?, S. 168; REMOLONA, E./SCATIGNA, M./WU, E., Fundamentals and Risk Aversion, S. 63; BALAKRISHNAN, R./GONCALVES, F. M., Financial Flows, S. 83.

[771] Vgl. SAUNDERS, A./ALLEN, L., Financial Crisis, S. 41; COUDERT, V./GEX, M., Does risk aversion drive financial crises?, S. 173; REMOLONA, E./SCATIGNA, M./WU, E., Fundamentals and Risk Aversion, S. 63.

[772] Vgl. zum VDAX-New SCHÖNE, A., Informationsgehalt der Volatilitätsindizes, S. 639. Vgl. zum VIX BECKER, R./CLEMENTS, A. E./MCCLELLAND, A., VIX, S. 1034. Zum Zusammenhang zwischen Volatilität und Risikoneigung vgl. TARASHEV, N./TSATSARONIS, K., Risikoprämie an verschiedenen Märkten, S. 114 f. Dem Volatilitätsindex VIX liegt der S&P-500-Index und dem Volatilitätsindex VDAX-New der DAX zugrunde. Auch wenn es sich bei den hier zugrundeliegenden Indizes um Aktienindizes handelt, so lassen sich diese Informationen dennoch verwenden, da Aktienkurse ebenfalls auf kreditsensitive Informationen reagieren, vgl. hierzu auch FORTE, S./PENA, J. I., Credit spreads, S. 2022. Nach PAN/SINGLETON wird ein Volatilitätsindex allgemein als Maß hinsichtlich des Event-Risikos im Kreditmarkt angesehen, vgl. PAN, J./SINGLETON, K. J., Term Structure of Sovereign CDS Spreads, S. 2374. Das Event-Risiko bezeichnet dabei die Gefahr, dass ein unvorhersehbares Ereignis eintritt, welches die Fähigkeit eines Schuldners, seinen Zins- und Tilgungszahlungen nachzukommen, wesentlich und unerwartet ändert, vgl. ANSON, M. J. P./FABOZZI, F. J./CHOUDHRY, M./CHEN, R.-R., Credit Derivatives, S. 45.

[773] Es lässt sich hierbei beobachten, dass Volatilitätsindizes im Zeitverlauf um einen Mittelwert schwanken. Dies resultiert aus der Eigenschaft, dass Volatilitäten im Zeitverlauf immer wieder zu einem langfristigen Mittelwert zurückkehren, vgl. hierzu auch ALLEN, L./BOUDOUKH, J./SAUNDERS, A., Volatility, S. 68 f.; BHANSALI, V., Bond Portfolio Investing, S. 223 f.

[774] Vgl. PAN, J./SINGLETON, K. J., Term Structure of Sovereign CDS Spreads, S. 2374; DENNIS, N., Drop in volatility measure, S. 28; SAUNDERS, A./ALLEN, L., Financial Crisis, S. 41.

[775] Ein hoher Indexstand sollte hingegen signalisieren, dass am Markt eine hohe Risikoaversion vorherrscht, vgl. hierzu auch BHANSALI, V., Bond Portfolio Investing, S. 246; BALAKRISHNAN, R./GONCALVES, F. M., Financial Flows, S. 84.

[776] Einen derartigen Zusammenhang zwischen der Höhe der Risikoprämie bei CDS und dem Stand des Volatilitätsindexes VIX konnten auch PAN/SINGLETON in ihrer durchgeführten Studie nachweisen, vgl. PAN, J./SINGLETON, K. J., Term Structure of Sovereign CDS Spreads, S. 2375.

Um zu beurteilen, ob die Änderung der CDS-Prämie im Zeitverlauf auf eine Änderung der Risikoneigung der Marktteilnehmer zurückzuführen ist, sollte die Änderung der CDS-Prämie im Zusammenhang mit der entsprechenden Änderung eines Volatilitätsindexes betrachtet werden. Sofern es in einem betrachteten Zeitraum zu keinen größeren Änderungen bei dem Stand eines Volatilitätsindexes gekommen ist, so folgt aus dem Zusammenhang zwischen der Risikoneigung der Marktteilnehmer und dem Stand eines Volatilitätsindexes, dass sich die Risikoneigung der Marktteilnehmer im entsprechenden Zeitraum nicht wesentlich geändert hat. Verändert sich die CDS-Prämie in diesem Zeitraum, könnte dies darauf hindeuten, dass sich die Marktmeinung hinsichtlich der Ausfallgefahr des Referenzschuldners geändert hat. In einer derartigen Situation könnte eine Änderung der CDS-Prämie daher auf eine geänderte Marktmeinung hinsichtlich der Ausfallgefahr eines Referenzschuldners hindeuten.[777]

422.243.55 Berücksichtigung von CDS-Informationen im Rahmen des Expected-Loss-Modells

Für die nach dem **Expected-Loss-Modell** für einen finanziellen Vermögenswert zu ermittelnde Kreditverlustschätzung bedeutet dies, dass die CDS-Informationen nicht ohne weitere Anpassungen als zusätzliche Informationsquelle einbezogen werden können, da in der CDS-Prämie neben der aktuellen Ausfallschätzung auch eine Risikoprämie für den **unerwarteten Verlust** eingepreist wird, der nach dem Expected-Loss-Modell nicht zu berücksichtigen ist.[778] Die konkrete Verwendungsmöglichkeit von CDS-Informationen im Rahmen der erstmaligen Kreditverlustschätzung und der Neueinschätzung des erwarteten Kreditverlustes in den Folgeperioden hängt somit v. a. von der vorliegenden Risikoneigung der Marktteilnehmer ab.

Bei der **erstmaligen Kreditverlustschätzung** eines finanziellen Vermögenswertes könnten CDS-Informationen als Informationsquelle herangezogen werden, sofern die CDS-Prämie nicht isoliert, sondern im Zusammenhang mit der gegenwärtigen Risikoeinstellung der Marktteilnehmer betrachtet wird. Sofern keine größeren Markturbulenzen vorliegen, was bspw. anhand des Standes eines Volatilitätsindexes beurteilt werden kann, so sollte die aufgrund der Risikoaversion geforderte Risikoprämie für den unerwarteten Verlust einen deutlich geringeren Anteil an der CDS-Prämie einnehmen. Dementsprechend sollte in einer derartigen Situation die Höhe der CDS-Prämie stärker durch die von den Marktteilnehmern hinsichtlich eines Referenzschuldners vorgenommene aktuelle Ausfallschätzung beeinflusst werden. In diesem Fall könnten die aus den CDS-Prämien extrahierten Ausfallwahrscheinlichkeiten als verfügbare und v. a. als **aktuelle Information** hinsichtlich der Ausfallgefahr eines Referenzschuldners anerkannt und durch das Management **als zusätzliche Informationsquelle** im Rahmen der erstmaligen Schätzung des erwarteten Kreditverlustes eines fi-

[777] Sollte hingegen eine stärkere Veränderung des Volatilitätsindexes während des betrachteten Zeitraums vorliegen, so kann eine derartige Schlussfolgerung nicht getroffen werden, da der jeweilige Einfluss dieser Faktoren auf die Änderung der CDS-Prämie nicht hinreichend genau identifiziert werden kann.

[778] Vgl. hierzu auch EFRAG & FEE (Hrsg.), Impairment of Financial Assets, Tz. 40; GRÜNBERGER, D./SOPP, G., Kredit- und Liquiditätsrisiko bei der Fair Value-Ermittlung, S. 442.

nanziellen Vermögenswertes mit in die Betrachtung einbezogen werden.[779] Durch einen Vergleich dieser Ausfallwahrscheinlichkeiten mit den entsprechenden vergangenheitsbezogenen Ausfallwahrscheinlichkeiten kann dann ein etwaiger Anpassungsbedarf beurteilt werden.[780] Die vergangenheitsbezogenen Ausfallwahrscheinlichkeiten können an die CDS-Ausfallwahrscheinlichkeiten vollständig angepasst werden, sofern die Beurteilung der Ausfallgefahr durch das Management mit der Einschätzung der Marktteilnehmer übereinstimmt.[781] Sofern die Einschätzung des Managements nicht mit der Markteinschätzung übereinstimmt, sollten diese Informationen jedoch zumindest als mögliches Szenario mit in die Kreditverlustschätzung einbezogen werden.[782] Für den Fall, dass aufgrund von Marktturbulenzen auf den Rückgriff auf CDS-Informationen verzichtet wird, ist eine vergangenheitsorientierte Kreditverlustschätzung im Einklang mit der Entwicklung von beobachtbaren Daten, von denen ein Einfluss auf die Ausfallerwartung ausgeht (wie bspw. der Arbeitslosenrate oder von Konjunkturprognosen), anzupassen.[783]

Unter bestimmten Bedingungen können CDS-Informationen auch im Rahmen der zu jedem Bewertungsstichtag durchzuführenden **Neueinschätzung** des erwarteten Kreditverlustes verwendet werden. Obwohl eine Aufteilung des Absolutniveaus einer CDS-Prämie in den Anteil der aktuellen Ausfallschätzung und der Risikoprämie nicht ohne Weiteres möglich scheint, so kann zumindest der relativen Änderung der CDS-Prämie in einem Betrachtungszeitraum eine **aktuelle** Information über die **geänderte Marktmeinung** hinsichtlich der Ausfallgefahr eines Referenzschuldners entnommen werden.[784] Hierbei liegt die Annahme zugrunde, dass die relative Änderung der CDS-Prämie die Bonitätsänderung eines Referenzschuldners antizipiert, bevor sich diese bspw. in einer Rating-Änderung niederschlägt.[785] Dieser Rückschluss ist möglich, sofern unterstellt werden kann, dass die Risikoaversion der Marktteilnehmer in diesem Betrachtungszeitraum relativ konstant geblieben ist, was zumindest in normalen Marktphasen der Fall sein sollte,[786] und somit keinen verzerrenden Einfluss auf die relative Änderung der CDS-Prämie nimmt. In einer derartigen Situation

---

779 Sofern für den Schuldner eines finanziellen Vermögenswertes keine CDS-Kontrakte vorliegen, sollte ein bilanzierendes Unternehmen auf CDS-Kontrakte eines Unternehmens, das weitestgehend übereinstimmende Risikomerkmale zum Schuldner des betrachteten finanziellen Vermögenswertes aufweist, zurückgreifen. Falls ein derartiges Unternehmen nicht identifiziert werden kann, sollte ein bilanzierendes Unternehmen CDS-Kontrakte der entsprechenden Branche oder Region, welcher der Schuldner des finanziellen Vermögenswertes zugeordnet werden kann, verwenden.

780 In dieser Arbeit wird angenommen, dass durch die Adjustierung der vergangenheitsbezogenen Ausfallwahrscheinlichkeiten die Kreditverlustschätzung an die aktuelle Informationslage angepasst wird.

781 Vgl. zu dieser in Bezug auf den Rückgriff von Credit Spreads im Rahmen der Kreditverlustschätzung getroffenen Aussage auch IASB (Hrsg.), Expert Advisory Panel, Tz. A11.

782 Vgl. hierzu auch EFRAG & FEE (Hrsg.), Impairment of Financial Assets, Tz. 37.

783 Vgl. hierzu auch Abschnitt 422.24; GRÜNBERGER, D., Der Lifetime-Expected Loss, S. 36 f.

784 Vgl. hierzu auch KNOTH, H./SCHULZ, M., Counterparty Default Adjustments, S. 250. Zum Informationsgehalt der relativen Änderungen von CDS-Prämien vgl. auch die Ausführungen zur Marktwertermittlung von CDS-Kontrakten in Abschnitt 422.243.34.

785 Vgl. hierzu auch KNOTH, H./SCHULZ, M., Counterparty Default Adjustments, S. 250. Vgl. zur frühzeitigen Antizipation von Rating-Änderungen durch den CDS-Markt DEUTSCHE BUNDESBANK (Hrsg.), Credit Default Swaps, S. 53; HULL, J./PREDESCU, M./WHITE, A., Credit default swap spreads and credit rating announcements, S. 2809.

786 Vgl. zu dieser Annahme auch DEUTSCHE BUNDESBANK (Hrsg.), Regulierung des Marktes für Kreditausfall-Swaps, S. 49.

könnten diese Informationen im Rahmen der im Expected-Loss-Modell vorzunehmenden Neueinschätzung des Kreditverlustes verwendet werden,[787] um die ursprüngliche Kreditverlustschätzung an die geänderte Marktmeinung hinsichtlich der Ausfallgefahr eines Referenzschuldners anzupassen.[788]

Eine mögliche Vorgehensweise, die sich für die Neueinschätzung des erwarteten Kreditverlustes unter Zuhilfenahme von CDS-Informationen anbieten würde, wird im Folgenden erörtert. Die Neueinschätzung des erwarteten Kreditverlustes soll hierbei durch die Anpassung der periodenspezifischen Ausfallwahrscheinlichkeiten, die der ursprünglichen Kreditverlustschätzung zugrunde gelegt wurden, vorgenommen werden. Hierzu sind aus den relativen Änderungen der aus den CDS-Prämien extrahierten Ausfallwahrscheinlichkeiten **periodenspezifische Anpassungsfaktoren** zu ermitteln, anhand derer die periodenspezifischen Ausfallwahrscheinlichkeiten der erstmaligen Schätzung anzupassen sind. Dafür sind zunächst aus den aktuellen CDS-Prämien eines Referenzschuldners die periodenspezifischen Ausfallwahrscheinlichkeiten zu extrahieren. Diese sind in einem nächsten Schritt mit den periodenspezifischen Ausfallwahrscheinlichkeiten, die bei den CDS-Prämien des entsprechenden Referenzschuldners zum Zeitpunkt der anfänglichen Kreditverlustschätzung berücksichtigt wurden, ins Verhältnis zu setzen.[789] Anhand der sich hieraus ergebenden periodenspezifischen Anpassungsfaktoren können dann die periodenspezifischen Ausfallwahrscheinlichkeiten der anfänglichen Kreditverlustschätzung adjustiert werden, um im Rahmen der Neueinschätzung der veränderten Markteinschätzung hinsichtlich der Ausfallgefahr des Referenzschuldners gerecht zu werden. Die Berechnung des periodenspezifischen Anpassungsfaktors wird anhand der folgenden Formel verdeutlicht:

$$\text{Anpassungsfaktor}_i = \frac{PD_i\ (t = v)}{PD_i\ (t = 0)}$$

Formel 22: Anpassungsfaktor der Ausfallwahrscheinlichkeit[790]

---

787 Für den Fall, dass für den Schuldner eines finanziellen Vermögenswertes keine CDS-Informationen vorliegen, sollte ein bilanzierendes Unternehmen auf CDS-Informationen eines Unternehmens, das weitestgehend übereinstimmende Risikomerkmale zum Schuldner des betrachteten finanziellen Vermögenswertes aufweist oder auf CDS-Kontrakte der entsprechenden Branche oder Region, welcher der Schuldner des finanziellen Vermögenswertes zugeordnet werden kann, zurückgreifen.

788 Sofern ein Management im Rahmen der Neueinschätzung des erwarteten Kreditverlustes auf die Berücksichtigung von CDS-Informationen verzichtet, ist der erwartete Kreditverlust analog zur Vorgehensweise der anfänglichen Kreditverlustschätzung neu einzuschätzen. Der Verzicht auf die Berücksichtigung von CDS-Informationen im Rahmen der Neueinschätzung des erwarteten Kreditverlustes kann bspw. darin begründet sein, dass sich die Risikoneigung der Marktteilnehmer im betrachteten Zeitraum wesentlich verändert hat oder die Ausfallgefahr durch das Management abweichend von der Einschätzung der Marktteilnehmer beurteilt wird.

789 Auch wenn die aus CDS-Prämien extrahierten Ausfallwahrscheinlichkeiten zum Zugangszeitpunkt nicht als Informationsquelle für die anfängliche Schätzung des erwarteten Kreditverlustes verwendet wurden, so können diese zumindest im Rahmen der späteren Neueinschätzung der Ausfallwahrscheinlichkeiten genutzt werden.

790 Vgl. hierzu auch KNOTH, H./SCHULZ, M., Counterparty Default Adjustments, S. 251. Das von KNOTH/SCHULZ entwickelte Verfahren wird von den Autoren für die Ermittlung des Wertanpassungsbetrages, der aufgrund des

Den periodenspezifischen Anpassungsfaktor (**Anpassungsfaktor$_i$**) erhält man durch die Division der anhand des Bootstrapping-Verfahrens aus den zum Zeitpunkt t = v vorliegenden CDS-Prämien ermittelten periodenspezifischen Ausfallwahrscheinlichkeit (**PD$_i$ (t = v)**) mit der korrespondierenden periodenspezifischen Ausfallwahrscheinlichkeit (**PD$_i$ (t = 0)**), welche mittels CDS-Prämien, die zum Zeitpunkt der erstmaligen Schätzung des erwarteten Kreditverlustes des finanziellen Vermögenswertes in t = 0 vorlagen, zu bestimmen ist.

Die Neueinschätzung der Ausfallwahrscheinlichkeit einer entsprechenden Periode ($PD_{adjustiert(i)}$) erhält man dann, indem die periodenspezifische Ausfallwahrscheinlichkeit zum Zeitpunkt der erstmaligen Schätzung des erwarteten Kreditverlustes ($PD_{erst(i)}$ (t = 0)) mit dem entsprechenden periodenspezifischen Anpassungsfaktor (Anpassungsfaktor$_i$) multipliziert wird. Die Formel für die Ermittlung der adjustierten Ausfallwahrscheinlichkeit lautet:

$$PD_{adjustiert(i)} = PD_{erst(i)}\,(t = 0) * \text{Anpassungsfaktor}_i$$

Formel 23: Adjustierte Ausfallwahrscheinlichkeit[791]

Für die Neueinschätzung des erwarteten Kreditverlustes wären nach diesem Verfahren demnach die zum Zeitpunkt der erstmaligen Kreditverlustschätzung den jeweiligen Perioden zugeordneten Ausfallwahrscheinlichkeiten um die entsprechenden periodenspezifischen Anpassungsfaktoren zu adjustieren.

Durch die Betrachtung der relativen Änderungen der aus den CDS-Prämien extrahierten Ausfallwahrscheinlichkeiten sowie durch die Ermittlung der entsprechenden Anpassungsfaktoren können diese Informationen im Rahmen der nach dem Expected-Loss-Modell vorzunehmenden **Neueinschätzung** des Kreditverlustes – unter der Annahme einer konstant bleibenden Risikoaversion der Marktteilnehmer – als zusätzliche Informationsquelle verwendet werden. In diesem Fall ist es folglich nicht erforderlich, die CDS-Prämien in die Komponenten des erwarteten und unerwarteten Verlustes aufzuspalten, da lediglich die relativen Änderungen der CDS-Prämien betrachtet werden.

Gegenparteirisikos von Over-the-Counter-Derivaten zu bestimmen ist, vorgeschlagen. Dieser Wertanpassungsbetrag ist im Rahmen der IFRS-Rechnungslegung bei der Fair-Value-Ermittlung eines Over-the-Counter-Derivates zu ermitteln, sofern das Gegenparteirisiko nicht implizit im Rahmen der Bewertung des Derivates berücksichtigt worden ist, vgl. KNOTH, H./SCHULZ, M., Counterparty Default Adjustments, S. 247. Entgegen dem in dieser Arbeit vorgeschlagenen Verfahren werden durch KNOTH/SCHULZ die Anpassungsfaktoren anhand der relativen Veränderungen der CDS-Prämien ermittelt. Durch das in dieser Arbeit vorgeschlagene Verfahren, die Anpassungsfaktoren anhand der Änderungen der periodenspezifischen Ausfallwahrscheinlichkeiten zu ermitteln, werden hingegen zusätzlich die zwischen den periodenspezifischen Ausfallwahrscheinlichkeiten bestehenden Abhängigkeiten, die aufgrund ihrer aufeinander aufbauenden Ermittlung durch das Bootstrapping-Verfahren bestehen, berücksichtigt.

791 Vgl. hierzu auch KNOTH, H./SCHULZ, M., Counterparty Default Adjustments, S. 251. Durch entsprechende Aufsummation der adjustierten Ausfallwahrscheinlichkeiten können dann die kumulierten Ausfallwahrscheinlichkeiten ermittelt werden.

Die Neueinschätzung des erwarteten Kreditverlustes unter Berücksichtigung von CDS-Informationen soll im Folgenden anhand eines Beispiels verdeutlicht werden. Hierfür wird auf einen finanziellen Vermögenswert mit einer Gesamtlaufzeit von vier Jahren zurückgegriffen. Nach einem Jahr ist der erwartete Kreditverlust neu einzuschätzen. Vereinfacht soll hierbei angenommen werden, dass die periodenspezifischen (unbedingten) Ausfallwahrscheinlichkeiten mittels eines externen Ratings erhoben wurden und diese sich gegenüber der anfänglichen Kreditverlustschätzung nicht verändert haben. Indes haben sich die Ausfallwahrscheinlichkeiten der entsprechenden CDS-Kontrakte, die auf den Schuldner des finanziellen Vermögenswertes ausgestellt sind, innerhalb dieses Zeitraums erhöht. Die Verlustquote bei dem Ausfall des Schuldners soll vereinfacht mit LGD = 100 Prozent angenommen werden. Die weiteren Daten des Beispiels sowie die Ermittlung des neu eingeschätzten Kreditverlustes sind der Tabelle 7 zu entnehmen.

Neueinschätzung des erwarteten Kreditverlustes (CDS)				
Jahr (i)	1	2	3	Summe
Cashflows (in GE)	10	10	110	
EAD_i (in GE)	130	120	110	
$PD_{erst(i)}$	1 %	2 %	3 %	
Erwarteter Kreditverlust ohne Anpassungen (in GE)	1,3	2,4	3,3	7
PD_i (t = 0)	3 %	4 %	5%	
PD_i (t = 1)	3,6%	5 %	7%	
$Anpassungsfaktor_i$	1,2	1,25	1,4	
$PD_{adjustiert(i)}$	1,2%	2,5%	4,2 %	
Erwarteter Kreditverlust mit CDS Anpassungen (in GE)	1,56	3	4,62	9,18

Tabelle 7: Neueinschätzung des erwarteten Kreditverlustes (CDS)

Der Tabelle 7 kann sowohl die Höhe des neu eingeschätzten erwarteten Kreditverlustes, der mittels Rating-Ausfallwahrscheinlichkeiten bestimmt wurde (**7 GE**), als auch die Höhe des neu eingeschätzten erwarteten Kreditverlustes, der unter zusätzlicher Berücksichtigung von CDS-Informationen ermittelt wurde (**9,18 GE**), entnommen werden. Durch die Anpassung der Rating-Ausfallwahrscheinlichkeiten mittels der aus den Veränderungen der CDS-Ausfallwahrscheinlichkeiten abgeleiteten Anpassungsfaktoren erhöht sich somit die Schätzung des erwarteten Kreditverlustes um **2,18 GE**.

422.25 Allokation des erwarteten Kreditverlustes

422.251 Überblick

Nachdem die Ermittlung des erwarteten Kreditverlustes erörtert wurde, soll im Folgenden die Allokation des erwarteten Kreditverlustes über die Laufzeit eines finanziellen Vermögenswertes zunächst allgemein vorgestellt und anschließend durch ein Beispiel illustriert werden.

Der IASB hat im Rahmen der zweiten Phase des Replacement-Projektes zu IAS 39 bis zum gegenwärtigen Zeitpunkt der Arbeit für die Allokation des erwarteten Kreditverlustes zwei Vorschläge erarbeitet. Der erste Vorschlag stammt dabei aus dem im November 2009 veröffentlichten **Exposure Draft ED/2009/12**. Dieser Vorschlag sieht eine Allokation des erwarteten Kreditverlustes anhand der Effektivzinsmethode vor. Der zweite Vorschlag ist in Form eines **Ergänzungsentwurfes zum ED/2009/12** im Januar 2011 veröffentlicht worden.[792] Nach diesem Vorschlag ist der erwartete Kreditverlust losgelöst von der Effektivzinsmethode zu verteilen. Die Allokation des erwarteten Kreditverlustes richtet sich nach dem Ergänzungsentwurf dabei nach der Gruppe, in welche ein finanzieller Vermögenswert eingeordnet worden ist. Der Ergänzungsentwurf stellt eine Reaktion des Standardsetter auf die Ergebnisse der Arbeit des Expert Advisory Panel sowie auf die mittels der Kommentierungsschreiben erhaltenen Rückmeldungen hinsichtlich des Allokationsvorschlages des Exposure Draft dar. Kritisiert wurde hierbei v. a. die Umsetzungsschwierigkeit des Allokationsvorschlages des Exposure Draft.[793] Da zum gegenwärtigen Zeitpunkt die Entscheidung des IASB hinsichtlich des im Rahmen des Expected-Loss-Modells zu verwendenden Allokationsverfahrens noch aussteht, sollen im Folgenden beide Verfahren vorgestellt werden.

422.252 Allokationsvorschlag des ED/2009/12

422.252.1 Verteilung des erwarteten Kreditverlustes

Der für einen finanziellen Vermögenswert ermittelte erwartete Kreditverlust soll nach dem **ED/2009/12** über die entsprechende Laufzeit des finanziellen Vermögenswertes amortisiert werden.[794] Der gesamte erwartete Kreditverlust ist demnach nicht direkt zum Zugangszeitpunkt in eine

---

[792] Im Gegensatz zum ursprünglichen Exposure Draft wurde der Ergänzungsentwurf gemeinsam mit dem FASB entwickelt, da die beiden Standardsetter beabsichtigen, einheitliche Wertminderungsvorschriften für finanzielle Vermögenswerte zu erarbeiten, um hierdurch die internationale Vergleichbarkeit der Bilanzierung von Finanzinstrumenten zu verbessern, vgl. IASB (Hrsg.), Supplement to ED/2009/12, Tz. IN3; HELKE, I./BÄR, M./MORAWIETZ, A., Bilanzierung von Wertminderungen, S. 454 f.

[793] Vgl. IASB (Hrsg.), Supplement to ED/2009/12, Tz. IN15; FLICK, P./GEHRER, J./KRAKUHN, J., Geplante Änderungen des ED/2009/12, S. 547.

[794] Vgl. IASB (Hrsg.), ED: Impairment, Tz. 5; MILLA, A./ROHATSCHEK, R., Expected Loss Model, S. 107.

Risikovorsorge einzustellen,[795] sondern anhand der **Effektivzinsmethode** zu verteilen.[796] Diese Vorgehensweise wird im Folgenden erläutert.

Nach dem **ED/2009/12** sind zum Zugangszeitpunkt eines finanziellen Vermögenswertes die zu erwartenden Cashflows des Finanzinstrumentes zu schätzen.[797] Bei der Schätzung der erwarteten Cashflows eines finanziellen Vermögenswertes ist hierbei der zu erwartende Kreditverlust zu berücksichtigen. Auf Grundlage dieser Cashflow-Schätzung ist dann der Effektivzinssatz zu bestimmen.[798]

Der zum Zugangszeitpunkt zu ermittelnde Effektivzinssatz eines finanziellen Vermögenswertes entspricht dabei demjenigen Zins, mit dem die erwarteten Cashflows eines finanziellen Vermögenswertes (unter Berücksichtigung des erwarteten Kreditverlustes) zu diskontieren sind, um den Buchwert des finanziellen Vermögenswertes zum Zugangszeitpunkt zu erhalten.[799] Dieser **risikoangepasste Effektivzinssatz**[800] wird über die gesamte Laufzeit des finanziellen Vermögenswertes **konstant** gehalten.[801]

Bei einem **variabel verzinslichen** finanziellen Vermögenswert setzt sich der im Zugangszeitpunkt zu ermittelnde risikoangepasste Effektivzinssatz nach den Vorschlägen des ED/2009/12 aus zwei Komponenten zusammen. Die erste Komponente bildet dabei die Zinskurve eines Referenzzinssatzes (z. B. LIBOR). Die zweite Komponente bildet ein Spread, der iterativ ermittelt wird, so dass ein unter Verwendung dieses Effektivzinssatzes ermittelter Barwert der erwarteten Cashflows (unter Berücksichtigung des erwarteten Kreditverlustes) mit dem Buchwert zum Zugangszeitpunkt übereinstimmt.[802] Der zum Zugangszeitpunkt ermittelte risikoangepasste Effektivzinssatz eines variabel verzinslichen finanziellen Vermögenswertes bleibt dabei über die Laufzeit des Finanzinstrumentes nicht konstant. Da sich die Zinskurve eines Referenzzinssatzes im Zeitverlauf verändert und hierdurch die künftigen Cashflows des variabel verzinslichen finanziellen Vermögenswertes beeinflusst werden, ist die Änderung der Zinskurve des entsprechenden Referenzzinssatzes im risikoangepass-

[795] Vgl. hierzu auch SCHABER, M./MÄRKL, H./KROH, T., Exposure Draft zu fortgeführten Anschaffungskosten und Wertminderungen, S. 242; WIMMER, K./KUSTERER, S., Kreditrisikovorsorgemodelle, S. 458 f.

[796] Vgl. IASB (Hrsg.), ED: Impairment, Tz. 10. Vgl. zur Effektivzinsmethode auch Abschnitt 421.

[797] Vgl. IASB (Hrsg.), ED: Impairment, Tz. B3.

[798] Vgl. IASB (Hrsg.), ED: Impairment, Tz. 6; SCHMIDT, M., Wertminderungen bei Finanzinstrumenten, S. 289.

[799] Vgl. IASB (Hrsg.), ED: Impairment, Tz. B11(a); SCHABER, M./MÄRKL, H./KROH, T., Exposure Draft zu fortgeführten Anschaffungskosten und Wertminderungen, S. 243; SCHMIDT, M., Wertminderungen bei Finanzinstrumenten, S. 289. Zur Zugangsbewertung eines finanziellen Vermögenswertes der Kategorie „Fortgeführte Anschaffungskosten" vgl. Abschnitt 41.

[800] Im Folgenden wird der Effektivzinssatz, der unter Berücksichtigung des erwarteten Kreditverlustes ermittelt wurde, als risikoangepasster Effektivzins bezeichnet.

[801] Vgl. IASB (Hrsg.), ED: Impairment, Tz. B12(a); FLICK, P./GEHRER, J./MEYER, S., Wertberichtigungen von Finanzinstrumenten nach IFRS, S. 222 f.; SCHABER, M./MÄRKL, H./KROH, T., Exposure Draft zu fortgeführten Anschaffungskosten und Wertminderungen, S. 243

[802] Vgl. IASB (Hrsg.), ED: Impairment, Tz. B11(b). Zur Ermittlung des Effektivzinssatzes bei variabel verzinslichen finanziellen Vermögenswerten vgl. auch KUHN, S./SCHARPF, P., Financial Instruments nach IFRS, S. 130.

ten Effektivzinssatz zu berücksichtigen.[803] Lediglich der zum Zugangszeitpunkt iterativ ermittelte Spread ist über die gesamte Laufzeit konstant zu halten.[804]

Neben dem risikoangepassten Effektivzinssatz ist für die Allokation des anfänglich erwarteten Kreditverlustes zusätzlich der Effektivzinssatz zu bestimmen, der sich zum Zugangszeitpunkt für einen finanziellen Vermögenswert gemäß den zugrundeliegenden **vertraglichen** Cashflows (ohne Berücksichtigung des erwarteten Kreditverlustes) ergibt.[805]

Während der Laufzeit eines finanziellen Vermögenswertes ist zu jeder Periode ein entsprechender Betrag des anteiligen anfänglich erwarteten Kreditverlustes als Risikovorsorge in ein **Wertberichtigungskonto** einzustellen.[806] Die Höhe dieses Betrages entspricht dabei der Differenz zwischen dem **Brutto- und dem Nettozinsertrag** eines finanziellen Vermögenswertes in einer Periode.[807] Der Bruttozinsertrag eines finanziellen Vermögenswertes ist hierbei anhand des Effektivzinssatzes, der auf der Grundlage der vertraglichen Cashflows ermittelt wurde, zu bestimmen.[808] Der **Nettozinsertrag** wird mittels des risikoangepassten Effektivzinssatzes errechnet. Die Risikovorsorge für den erwarteten Kreditverlust eines finanziellen Vermögenswertes wird demnach über eine **Zinskorrektur** aufgebaut.[809] Durch diese Vorgehensweise wird der anfänglich erwartete Kreditverlust über die Laufzeit des finanziellen Vermögenswertes verteilt und mindert hierbei die Bruttozinserträge der jeweiligen Periode.[810] Zum Zugangszeitpunkt eines finanziellen Vermögenswertes ist daher keine anteilige Risikovorsorgebildung für den anfänglich erwarteten Kreditverlust vorgesehen.

Nach dem Allokationsvorschlag des ED/2009/12 werden daher die aus einem finanziellen Vermögenswert resultierenden Zinserträge nur in Höhe der mittels des risikoangepassten Effektivzinssatzes bestimmten Nettozinserträge ertragswirksam vereinnahmt.[811] Hierdurch soll verhindert werden,

---

[803] Vgl. IASB (Hrsg.), ED: Impairment, Tz. B12(b).

[804] Vgl. IASB (Hrsg.), ED: Impairment, Tz. B12(b); SCHABER, M./MÄRKL, H./KROH, T., Exposure Draft zu fortgeführten Anschaffungskosten und Wertminderungen, S. 243.

[805] Vgl. zu der Ermittlung dieses Effektivzinssatzes Abschnitt 421.

[806] Vgl. IASB (Hrsg.), ED: Impairment, Tz. B22; SCHABER, M./MÄRKL, H./KROH, T., Exposure Draft zu fortgeführten Anschaffungskosten und Wertminderungen, S. 245; SCHMIDT, M., Wertminderungen bei Finanzinstrumenten, S. 289; MILLA, A./ROHATSCHEK, R., Expected Loss Model, S. 107. Durch das Wertberichtigungskonto findet demnach eine Buchwertkorrektur eines finanziellen Vermögenswertes statt, vgl. hierzu auch DAM-RATZESBERGER, S., Wertminderung, S. 227.

[807] Vgl. IASB (Hrsg.), ED: Impairment, Tz. 13; FLICK, P./GEHRER, J./KRAKUHN, J., Geplante Änderungen des ED/2009/12, S. 549; SCHABER, M./MÄRKL, H./KROH, T., Exposure Draft zu fortgeführten Anschaffungskosten und Wertminderungen, S. 245.

[808] Vgl. BÄR, M., Wertminderungsmodell für finanzielle Vermögenswerte, S. 296. Zur Ermittlung dieses Effektivzinssatzes vgl. Abschnitt 421. Bei einem variabel verzinslichen finanziellen Vermögenswert entspricht dieser Effektivzinssatz i. d. R. dem Nominalzins des Finanzinstrumentes, vgl. BARZ, K./ECKES, B./WEIGEL, W., IFRS für Banken, S. 343.

[809] Vgl. FLICK, P./GEHRER, J./MEYER, S., Wertberichtigungen von Finanzinstrumenten nach IFRS, S. 229.

[810] Vgl. hierzu auch FLICK, P./GEHRER, J./MEYER, S., Wertberichtigungen von Finanzinstrumenten nach IFRS, S. 224.

[811] Vgl. BÄR, M., Wertminderungsmodell für finanzielle Vermögenswerte, S. 291; SCHMIDT, M., Wertminderungen bei Finanzinstrumenten, S. 289; SCHABER, M./MÄRKL, H./KROH, T., Exposure Draft zu fortgeführten Anschaffungskosten und Wertminderungen, S. 243; HELKE, I./BÄR, M./MORAWIETZ, A., Bilanzierung von Wertminderungen, S. 454; FLICK, P./GEHRER, J./MEYER, S., Wertberichtigungen von Finanzinstrumenten nach IFRS, S. 223.

dass die anteilige Prämie für die Übernahme des erwarteten Verlustes, welche im Kreditzins und somit im Bruttozinsertrag implizit enthalten ist, frühzeitig ertragswirksam gebucht wird (Frontloading).[812] Die Erfolgswirkung dieser Prämie wird somit aufgeschoben.[813] Nach dem ED/2009/12 ist diese Prämie zur Deckung von tatsächlich eintretenden Kreditausfällen als Risikovorsorge in ein Wertberichtigungskonto einzustellen. Zur Erfassung einer Wertminderung ist demnach nicht mehr der Eintritt eines Ausfallereignisses erforderlich, wie es nach den bisherigen Wertminderungsvorschriften des IAS 39 der Fall ist.[814] Hierdurch soll der bisherige **Cliff Effect** abgeschwächt werden, der im Rahmen der gegenwärtigen Wertminderungsvorschriften des IAS 39 entsteht, da eine Wertminderung bis zum Eintritt eines Ausfallereignisses aufgeschoben und erst zu diesem Zeitpunkt im gesamten Umfang erfasst wird.[815] Sofern ein finanzieller Vermögenswert uneinbringlich wird, ist dieser nach dem ED/2009/12 abzuschreiben. Diese Abschreibung ist gegen das Wertberichtigungskonto zu buchen.[816] Tatsächliche Verluste bleiben somit erfolgsneutral, sofern diese in erwarteter Höhe eintreten.[817]

Aufgrund des vorgesehenen Wechsels des Wertminderungskonzeptes wird die bisherige Definition der **fortgeführten Anschaffungskosten** eines finanziellen Vermögenswertes durch den Exposure Draft angepasst.[818] Die fortgeführten Anschaffungskosten eines finanziellen Vermögenswertes entsprechen nach dem ED/2009/12 dem Betrag, zu dem ein finanzieller Vermögenswert zum Zugangszeitpunkt bewertet wurde,

- abzüglich Tilgungen,
- zuzüglich bzw. abzüglich der kumulierten Amortisation einer etwaigen Differenz zwischen dem Buchwert zum Zugangszeitpunkt und dem Rückzahlungsbetrag zum Fälligkeitszeitpunkt unter Anwendung der Effektivzinsmethode und

812 Vgl. SCHMIDT, M., Wertminderungen bei Finanzinstrumenten, S. 289 sowie Abschnitt 422.1.

813 Vgl. HELKE, I./BÄR, M./MORAWIETZ, A., Bilanzierung von Wertminderungen, S. 454. Sofern es zu keinem Ausfall des finanziellen Vermögenswertes kommt, wird die gebildete Risikovorsorge im Zeitablauf wieder aufgelöst, vgl. hierzu auch WIMMER, K./KUSTERER, S., Kreditrisikovorsorgemodelle, S. 459; WOHLMANNSTETTER, G./ECKERT, S./MAIFARTH, M./WOLFGARTEN, W., Rechnungslegung für Kreditrisiken, S. 535; GROßE, J.-V., Auf der Suche nach dem richtigen Impairmentmodell, S. 423.

814 Vgl. Abschnitt 422.1.

815 Vgl. zum Cliff Effect des Incurred-Loss-Modells Abschnitt 422.1.

816 Vgl. IASB (Hrsg.), ED: Impairment, Tz. B32-34 sowie SCHABER, M./MÄRKL, H./KROH, T., Exposure Draft zu fortgeführten Anschaffungskosten und Wertminderungen, S. 243.

817 Vgl. hierzu auch HELKE, I./BÄR, M./MORAWIETZ, A., Bilanzierung von Wertminderungen, S. 454; SCHMIDT, M., Wertminderungen bei Finanzinstrumenten, S. 289; KPMG (Hrsg.), ED/2009/12 Financial Instruments, S. 16; SCHABER, M./MÄRKL, H./KROH, T., Exposure Draft zu fortgeführten Anschaffungskosten und Wertminderungen, S. 243. Diese Aussage ist im Kontext des gesamten Kreditengagements eines bilanzierenden Unternehmens zu sehen. Sofern die Summe der tatsächlichen Verluste die Summe der für die einzelnen finanziellen Vermögenswerte jeweils gebildeten Risikovorsorge nicht überschreitet, entsteht hierdurch kein zusätzlicher Wertminderungsaufwand.

818 Vgl. zur Definition der fortgeführten Anschaffungskosten nach IAS 39 Abschnitt 421.

- abzüglich oder zuzüglich einer Erhöhung oder Minderung, welche aus der Änderung der Schätzung der erwarteten Cashflows am jeweiligen Bewertungsstichtag resultiert.[819]

Im Ergebnis führen diese Anpassungen des anfänglichen Buchwertes eines finanziellen Vermögenswertes zu fortgeführten Anschaffungskosten, die dem zum Bewertungsstichtag unter dem risikoangepassten Effektivzinssatz ermittelten Barwert der noch zu erwartenden Cashflows des finanziellen Vermögenswertes entsprechen.[820]

In der **Gesamtergebnisrechnung** sind ferner nach dem ED/2009/12 die folgenden Positionen aufzunehmen:

- der Bruttozinsertrag,
- der auf die Berichtsperiode entfallende Anteil des anfangs erwarteten Kreditverlustes (Zinskorrektur),
- Nettozinsertrag (Zwischensumme) und
- Ertrag/Aufwand aus der Neueinschätzung der erwarteten Cashflows.[821]

Ein bilanzierendes Unternehmen hat demnach in der Gesamtergebnisrechnung zusätzlich zum Nettozinsertrag auch die Höhe des Bruttozinsertrages anzugeben.[822]

422.252.2 Beispiel zur Folgebewertung eines finanziellen Vermögenswertes

Die Folgebewertung eines finanziellen Vermögenswertes nach dem ED/2009/12 soll anhand eines Beispiels veranschaulicht werden. Den Ausgangspunkt für dieses Beispiel bildet hierbei der finanzielle Vermögenswert, für den bereits in Abschnitt 422.22 der erwartete Kreditverlust der Gesamtlaufzeit in Höhe von 13,51 GE ermittelt wurde.[823] Dieser finanzielle Vermögenswert soll in $t = 0$ zu einem Betrag von **100 GE** durch ein Unternehmen angeschafft worden sein. In einem ersten Schritt sind die zu erwartenden Cashflows des finanziellen Vermögenswertes zu bestimmen, auf deren Grundlage dann der risikoangepasste Effektivzins zu ermitteln ist.

---

[819] Vgl. IASB (Hrsg.), ED: Impairment, Tz. B1; SCHABER, M./MÄRKL, H./KROH, T., Exposure Draft zu fortgeführten Anschaffungskosten und Wertminderungen, S. 242. Im Rahmen dieser Arbeit wird angenommen, dass die Änderung der erwarteten Cashflows ausschließlich aus der Änderung der Kreditverlusterwartung resultiert. Grundsätzlich könnte eine Änderung der erwarteten Cashflows auch auf eine Änderung der zeitlichen Struktur der Cashflows (bspw. vorzeitige Tilgung des finanziellen Vermögenswertes) zurückgeführt werden, vgl. hierzu auch SCHMIDT, M., Wertminderungen bei Finanzinstrumenten, S. 290. Eine derartige Änderung soll im Rahmen der Arbeit jedoch nicht näher betrachtet werden.

[820] Vgl. IASB (Hrsg.), ED: Impairment, Tz. B1.

[821] Vgl. IASB (Hrsg.), ED: Impairment, Tz. 13.

[822] Vgl. zur Bedeutung des Bruttozinsertrages als Performance Indikator FLICK, P./GEHRER, J./MEYER, S., Wertberichtigungen von Finanzinstrumenten nach IFRS, S. 223 f; IASB (Hrsg.), ED: Impairment, Tz. BC49.

[823] Bei der Ermittlung des erwarteten Kreditverlustes wurde eine Wiedereinbringungsquote von null Prozent unterstellt.

Erwartete Cashflows eines finanziellen Vermögenswertes (unter Berücksichtigung des erwarteten Kreditverlustes)					
Periode	Vertragliche Cashflows (in GE)	Kumulierte Ausfallwahrscheinlichkeit	Kumulierte Überlebenswahrscheinlichkeit	Erwartete Cashflows (in GE)	Erwartete Kreditverluste (in GE)
A	B	C	D	E=B×D	F=B-E
0	- 100		100 %	-100	0
1	10	0 %	100 %	10	0
2	10	0 %	100 %	10	0
3	10	2 %	98 %	9,8	0,2
4	10	5,92 %	94,08 %	9,41	0,59
5	110	11,565 %	88,435 %	97,28	12,72
Summe	50			36,49	13,51
Effektivzins	10 %			7,67 %	

Tabelle 8: Erwartete Cashflows eines finanziellen Vermögenswertes (unter Berücksichtigung des erwarteten Kreditverlustes)[824]

Aus der Tabelle 8 ist zu entnehmen, dass die Berücksichtigung des erwarteten Kreditverlustes im Rahmen der Ermittlung der erwarteten Cashflows des finanziellen Vermögenswertes[825] dazu führt, dass der auf Grundlage dieser Schätzung ermittelte risikoangepasste Effektivzinssatz in Höhe von **7,67 Prozent** einen geringeren Wert aufweist als der auf Basis der vertraglichen Cashflows berechnete Effektivzinssatz, dessen Höhe **10 Prozent** beträgt.[826] Nachdem der risikoangepasste Effektiv-

824 In Anlehnung an FLICK, P./GEHRER, J./MEYER, S., Wertberichtigungen von Finanzinstrumenten nach IFRS, S. 222 f.

825 Aufgrund der Kreditausfallerwartungen der Periode drei bis fünf unterscheidet sich der erwartete Nettocashflow des finanziellen Vermögenswertes (36,49 GE) von dem vertraglichen Nettocashflow des finanziellen Vermögenswertes (50 GE). Die Differenz zwischen beiden Werten entspricht der Höhe des erwarteten Kreditverlustes der Gesamtlaufzeit (13,51 GE).

826 In diesem Beispiel entspricht der Effektivzinssatz dem Nominalzinssatz des finanziellen Vermögenswertes. Der risikoangepasste Effektivzinssatz wird aufgrund des im Rahmen seiner Ermittlung zu berücksichtigenden erwarteten Kreditverlustes grundsätzlich unter dem auf der Grundlage der vertraglichen Cashflows ermittelten Effektivzinssatz liegen, vgl. hierzu auch FLICK, P./GEHRER, J./KRAKUHN, J., Geplante Änderungen des ED/2009/12, S. 549.

zinssatz des finanziellen Vermögenswertes bestimmt worden ist, können die fortgeführten Anschaffungskosten des finanziellen Vermögenswertes berechnet werden.[827]

Fortgeführte Anschaffungskosten nach ED/2009/12								
Periode	Fortgeführte AK zu Beginn der Periode (in GE)	Vertragliche Cashflows (in GE)	Erwartete Cashflows (in GE)	Bruttozinsertrag (in GE)	Nettozinsertrag (in GE)	Zinskorrektur (in GE)	Fortgeführte AK am Ende der Periode (in GE)	Wertberichtigungskonto (in GE)
A	B	C	D	E	F= B×0,0767	G=E-F	H=B+F-D	I
0	0	-100	-100	0				
1	100	10	10	10	7,67	2,33	97,67	2,33
2	97,67	10	10	10	7,49	2,51	95,16	4,84
3	95,16	10	9,80	10	7,30	2,70	92,66	7,54
4	92,66	10	9,41	10	7,10	2,90	90,35	10,44
5	90,35	110	97,28	10	6,93	3,07	0	13,51
	Summe	50	36,49	50	36,49	13,51		

Tabelle 9: Fortgeführte Anschaffungskosten nach ED/2009/12[828]

Der Tabelle 9 können sowohl die fortgeführten Anschaffungskosten des finanziellen Vermögenswertes in den einzelnen Perioden als auch Informationen hinsichtlich der Allokation des anfänglich erwarteten Kreditverlustes entnommen werden.

Exemplarisch sei die Ermittlung der fortgeführten Anschaffungskosten zum Zeitpunkt **t = 2** erläutert. Nach dem ED/2009/12 ist der Zinsertrag einer Periode nur in Höhe des durch den risikoangepassten Effektivzinssatz ermittelten Betrages (Nettozinsertrag) ertragswirksam zu vereinnahmen. Hierzu ist in der zweiten Periode eine Zinskorrektur in Höhe von 2,51 GE vorzunehmen (Spalte G), welche den Bruttozinsertrag in Höhe von 10 GE (Spalte E) auf den Nettozinsertrag von 7,49 GE, der mittels des risikoangepassten Effektivzinssatzes zu bestimmen ist (Spalte F), mindert. Um den Betrag der Zinskorrektur (2,51 GE) ist das Wertberichtigungskonto zu erhöhen (Spalte I).[829] Die

827 Hierbei wird angenommen, dass die tatsächlichen Cashflows in Höhe der erwarteten Cashflows eintreffen.

828 In Anlehnung an FLICK, P./GEHRER, J./MEYER, S., Wertberichtigungen von Finanzinstrumenten nach IFRS, S. 225.

829 Die Summe der über die Laufzeit des finanziellen Vermögenswertes durchgeführten Zinskorrekturen entspricht dabei der Höhe des anfänglich erwarteten Kreditverlustes von 13,51 GE. Der anfänglich erwartete Kreditverlust wird somit über die Laufzeit des finanziellen Vermögenswertes angesammelt.

fortgeführten Anschaffungskosten am Ende der zweiten Periode (95,16 GE) lassen sich dann ermitteln, indem die fortgeführten Anschaffungskosten am Anfang der zweiten Periode (97,67 GE) mit dem risikoangepassten Effektivzinssatz aufgezinst und um die in der zweiten Periode erhaltenen Cashflows (10 GE)[830] vermindert werden (Spalte H).[831] Alternativ lassen sich die fortgeführten Anschaffungskosten am Ende der zweiten Periode auch bestimmen, indem der Barwert der erwarteten künftigen Cashflows des finanziellen Vermögenswertes mittels des risikoangepassten Effektivzinssatzes gebildet wird.[832]

422.252.3 Neueinschätzung des erwarteten Kreditverlustes

Der erwartete Kreditverlust ist zu jedem Bewertungsstichtag erneut einzuschätzen.[833] Sofern während der Laufzeit eines finanziellen Vermögenswertes im Rahmen der **Neueinschätzung** des erwarteten Kreditverlustes die erwarteten Cashflows angepasst werden müssen, so sind diese Cashflows mit dem anfänglich ermittelten risikoangepassten Effektivzinssatz zu diskontieren, um die fortgeführten Anschaffungskosten der entsprechenden Periode zu ermitteln.[834] Hierdurch soll sichergestellt werden, dass die fortgeführten Anschaffungskosten jederzeit dem Barwert der künftig erwarteten Cashflows entsprechen.[835]

Sofern sich im Rahmen der Neueinschätzung des erwarteten Kreditverlustes eine Änderung gegenüber der vorherigen Ausfallschätzung ergibt, sind demnach die fortgeführten Anschaffungskosten eines finanziellen Vermögenswertes anzupassen. Hierbei ist zunächst die Differenz zwischen den auf Basis der neu geschätzten Cashflows ermittelten fortgeführten Anschaffungskosten und den fortgeführten Anschaffungskosten, die sich vor einer Schätzungsänderung ergeben hätten, zu ermitteln. Der Risikovorsorgebestand ist in Höhe dieser Differenz ertragswirksam aufzulösen, wenn eine Wertaufholung erforderlich wird, da sich die Ausfallerwartung gegenüber der vorherigen Schätzung verringert hat.[836] Sofern ein finanzieller Vermögenswert während der Laufzeit nicht ausfällt und sich zudem während dieses Zeitraums die Ausfallerwartungen fortlaufend verringern, führt dieses dazu, dass eine bereits gebildete Risikovorsorge im Zeitablauf wieder abgebaut wird.[837] Für den Fall, dass sich die Ausfallerwartung gegenüber der vorherigen Schätzung verschlechtert hat, ist der Risikovorsorgebestand entsprechend der Differenz zwischen den fortgeführten Anschaffungskosten

[830] In diesem Beispiel entsprechen die erwarteten Cashflows den tatsächlich erhaltenen Cashflows.

[831] Vgl. zur Ermittlung der fortgeführten Anschaffungskosten nach der Effektivzinsmethode auch Abschnitt 421.

[832] Vgl. IASB (Hrsg.), ED: Impairment, Tz. 6.

[833] Vgl. IASB (Hrsg.), ED: Impairment, Tz. 7.

[834] Vgl. IASB (Hrsg.), ED: Impairment, Tz. B1 f.; DAM-RATZESBERGER, S., Wertminderung, S. 228; SCHABER, M./MÄRKL, H./KROH, T., Exposure Draft zu fortgeführten Anschaffungskosten und Wertminderungen, S. 243.

[835] Vgl. IASB (Hrsg.), ED: Impairment, Tz. B2; SCHMIDT, M., Wertminderungen bei Finanzinstrumenten, S. 289.

[836] Vgl. IASB (Hrsg.), ED: Impairment, Tz. BC35; FLICK, P./GEHRER, J./MEYER, S., Wertberichtigungen von Finanzinstrumenten nach IFRS, S. 223.

[837] Vgl. hierzu auch WIMMER, K./KUSTERER, S., Kreditrisikovorsorgemodelle, S. 459; WOHLMANNSTETTER, G./ECKERT, S./MAIFARTH, M./WOLFGARTEN, W., Rechnungslegung für Kreditrisiken, S. 535; GROßE, J.-V., Auf der Suche nach dem richtigen Impairmentmodell, S. 423.

aufwandswirksam zu erhöhen.[838] Die Schätzungsänderungen wirken sich somit direkt und im vollen Umfang auf die Höhe des Risikovorsorgebestandes aus (Full Catch-up).[839]

Die Auswirkungen einer Neueinschätzung des erwarteten Kreditverlustes auf die fortgeführten Anschaffungskosten eines finanziellen Vermögenswertes sollen anhand des vorherigen Beispiels (Tabelle 9) verdeutlicht werden. Hierbei wird angenommen, dass sich am Ende der zweiten Periode die Ausfallerwartung gegenüber der ursprünglichen Kreditverlustschätzung (von PD_3 = 2 Prozent, PD_4 = 5,92 Prozent und PD_5 = 11,565 Prozent auf die Werte PD_3 = 4 Prozent, PD_4 = 11,84 Prozent und PD_5 = 23,13 Prozent) verdoppelt hat.[840]

Neueinschätzung des erwarteten Kreditverlustes					
Periode	Vertragliche Cashflows (in GE)	Kumulierte Ausfallwahrscheinlichkeit	Kumulierte Überlebenswahrscheinlichkeit	Erwartete Cashflows (in GE)	Erwartete Kreditverluste (in GE)
A	B	C	D	E=B×D	F=B-E
3	10	4 %	96 %	9,6	0,4
4	10	11,84 %	88,16 %	8,82	1,18
5	110	23,13 %	76,87 %	84,56	25,44

Tabelle 10: Neueinschätzung des erwarteten Kreditverlustes

Anhand der in Tabelle 10 dargelegten Informationen können dann die aus der Neueinschätzung des erwarteten Kreditverlustes resultierenden fortgeführten Anschaffungskosten der Perioden zwei bis fünf ermittelt werden.

Der Tabelle 11 können die fortgeführten Anschaffungskosten des finanziellen Vermögenswertes nach der Neueinschätzung des erwarteten Kreditverlustes am Ende der zweiten Periode entnommen werden. Die fortgeführten Anschaffungskosten des finanziellen Vermögenswertes in den jeweiligen Perioden (Spalte B) entsprechen dabei dem unter dem risikoangepassten Effektivzinssatz ermittelten Barwert der künftig erwarteten Cashflows des finanziellen Vermögenswertes. Hierbei ist der risikoangepasste Effektivzinssatz, der zum Zugangszeitpunkt des finanziellen Vermögenswertes

838 Vgl. IASB (Hrsg.), ED: Impairment, Tz. BC34; FLICK, P./GEHRER, J./MEYER, S., Wertberichtigungen von Finanzinstrumenten nach IFRS, S. 223.

839 Vgl. FLICK, P./GEHRER, J./KRAKUHN, J., Geplante Änderungen des ED/2009/12, S. 549.

840 Vgl. zur Neueinschätzung des erwarteten Kreditverlustes auch FLICK, P./GEHRER, J./MEYER, S., Wertberichtigungen von Finanzinstrumenten nach IFRS, S. 226.

bestimmt wurde, zu verwenden.[841] Zu beachten ist, dass aufgrund der Neueinschätzung des erwarteten Kreditverlustes am Ende der zweiten Periode ein zusätzlicher Risikovorsorgebedarf in Höhe von 10,89 GE entsteht (Spalte G). Dieser Betrag entspricht der Differenz zwischen den fortgeführten Anschaffungskosten am Ende der zweiten Periode vor der Schätzungsänderung (95,16 GE) und dem anhand des ursprünglichen risikoangepassten Effektivzinssatzes ermittelten Barwert der neu eingeschätzten erwarteten Cashflows des finanziellen Vermögenswertes (84,27 GE). Der Risikovorsorgebestand ist daher am Ende der zweiten Periode in Höhe dieses Betrages aufwandswirksam zu erhöhen.

Fortgeführte Anschaffungskosten nach Neueinschätzung des erwarteten Kreditverlustes								
Periode	Fortgeführte AK zu Beginn der Periode (in GE)	Erwartete Cashflows (in GE)	Bruttozinsertrag (in GE)	Nettozinsertrag (in GE)	Zinskorrektur (in GE)	Zusätzliche Risikovorsorge (in GE)	Fortgeführte AK am Ende der Periode (in GE)	Wertberichtigungskonto (in GE)
A	B	C	D	E= B×0,0767	F=D-E	G	H	I
2	97,67	10	10	7,49	2,51	**10,89**	84,27	15,73
3	84,27	9,6	10	6,46	3,54	-	81,13	19,27
4	81,13	8,82	10	6,22	3,78	-	78,53	23,05
5	78,53	84,56	10	6,03	3,97	-	0	27,02

Tabelle 11: Fortgeführte Anschaffungskosten nach Neueinschätzung des erwarteten Kreditverlustes

Sofern der Schuldner des finanziellen Vermögenswertes in den Perioden drei bis fünf Zahlungen in Höhe der Erwartungen des bilanzierenden Unternehmens vornimmt, ist am Ende der fünften Periode der Risikovorsorgebestand gegen die Forderung[842] zu buchen.[843] Da in diesem Fall ein Kreditverlust in erwarteter Höhe eingetreten ist, entsteht hierdurch kein zusätzlicher Wertminderungsaufwand. Falls die Höhe des Kreditverlustes nicht durch die Höhe des Risikovorsorgebestandes gedeckt wird, ist eine zusätzliche Wertminderung zu erfassen.[844] Für den Fall, dass sich in den Perioden drei bis fünf die Ausfallerwartungen deutlich verbessern und der Schuldner während der verbleibenden Laufzeit nicht ausfällt sowie seinen vertraglichen Zahlungsverpflichtungen nach-

841 Vgl. IASB (Hrsg.), ED: Impairment, Tz. B12(a); Abschnitt 422.252.1. Durch den Rückgriff auf den ursprünglichen risikoangepassten Effektivzinssatz soll vermieden werden, dass zinsbedingte Wertänderungen einen Einfluss auf die Höhe der Wertminderung nehmen, vgl. BARZ, K./ECKES, B./WEIGEL, W., IFRS für Banken, S. 368.

842 Hierbei handelt es sich um den Bruttobuchwert des finanziellen Vermögenswertes.

843 Vgl. hierzu auch FLICK, P./GEHRER, J./MEYER, S., Wertberichtigungen von Finanzinstrumenten nach IFRS, S. 227.

844 Vgl. hierzu auch SCHMIDT, M., Wertminderungen bei Finanzinstrumenten, S. 289.

kommt, wird der bereits gebildete Risikovorsorgebestand über die verbleibende Restlaufzeit abgebaut.

422.252.4 Zusammenfassender Überblick über den Allokationsvorschlag des ED/2009/12

Die Abbildung 10 fasst den im ED/2009/12 vorgestellten Allokationsvorschlag für den erwarteten Kreditverlust zusammen.

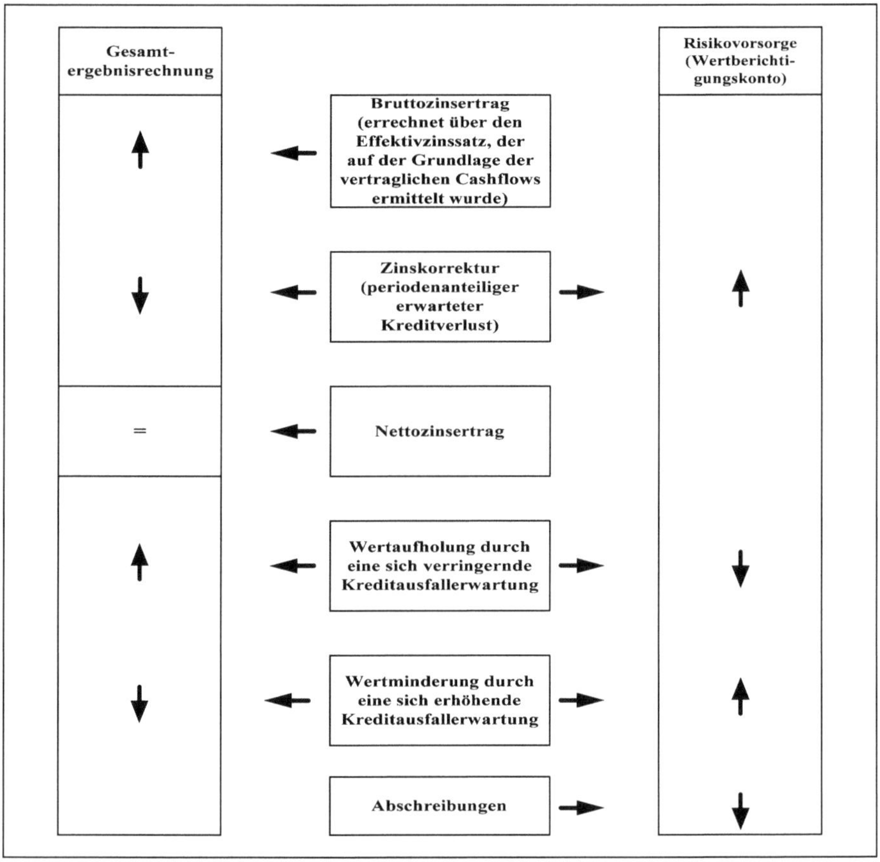

Abbildung 10: Allokationsvorschlag des ED/2009/12[845]

[845] Vgl. KPMG (Hrsg.), ED/2009/12 Financial Instruments, S. 16.

422.253 Allokationsvorschlag des Ergänzungsentwurfes zum ED/2009/12

422.253.1 Entwicklung des Ergänzungsentwurfes

In den Rückmeldungen zum ursprünglichen Exposure Draft sowie in den Beratungen des durch den IASB eingesetzten Expert Advisory Panel wurde v. a. der Allokationsvorschlag für den erwarteten Kreditverlust kritisiert.

Hierbei zielte die Kritik auf die Verteilung des erwarteten Kreditverlustes mittels der **Effektivzinsmethode**. Es wurde argumentiert, dass die Ermittlung des risikoangepassten Effektivzinssatzes eine Verknüpfung zwischen dem Rechnungswesen-System und dem Risikomanagement-System in einem Unternehmen voraussetzen würde, da der Effektivzinssatzes in der Praxis im Rechnungswesen-System ermittelt wird, wohingegen der erwartete Kreditverlust eines finanziellen Vermögenswertes durch das Risikomanagement-System bestimmt wird.[846] Da diese Verknüpfung in der Praxis in den seltensten Fällen bestehe, wäre eine Zusammenführung dieser Information mit erheblichem Aufwand verbunden.[847]

Es wurde weiter kritisiert, dass die unterschiedliche Vorgehensweise bei der Erfassung des anfänglich erwarteten Kreditverlustes und der Änderung des erwarteten Kreditverlustes, die aus einer Neueinschätzung des erwarteten Kreditverlustes resultiere, bei **offenen Portfolios** zu erheblichen Umsetzungsschwierigkeiten führe.[848] Im Gegensatz zu einem geschlossenen Portfolio, dessen Zusammensetzung über die Laufzeit konstant bleibt, ändert sich bei einem offenen Portfolio die Zusammensetzung fortlaufend bspw. durch den Kauf oder Verkauf, den Transfer oder die Tilgung von finanziellen Vermögenswerten.[849] Da die anfängliche Kreditverlustschätzung nach dem ED/2009/12 anhand der Effektivzinsmethode über die Laufzeit verteilt wird, wohingegen die Änderung des erwarteten Kreditverlustes, die aus einer Neueinschätzung des erwarteten Kreditverlustes resultiert, direkt erfolgswirksam zu behandeln ist, hat ein bilanzierendes Unternehmen zwischen diesen beiden Schätzungen zu unterscheiden. Kritisiert wird hierbei, dass aufgrund der sich während der Laufzeit verändernden Zusammensetzung eines offenen Portfolios ein erheblicher Aufwand betrieben werden muss, um zwischen der Änderung des erwarteten Kreditverlustes, die auf eine Änderung der Zusammenstellung des Portfolios zurückzuführen ist (und demnach über die Restlaufzeit zu verteilen wäre), und der Änderung, die aus einer Neueinschätzung des erwarteten Kreditverlustes resul-

---

[846] Vgl. IASB (Hrsg.), Supplement to ED/2009/12, Tz. BC34; FLICK, P./GEHRER, J./KRAKUHN, J., Geplante Änderungen des ED/2009/12, S. 549.

[847] Vgl. IASB (Hrsg.), Supplement to ED/2009/12, Tz. BC34; FLICK, P./GEHRER, J./KRAKUHN, J., Geplante Änderungen des ED/2009/12, S. 549.

[848] Vgl. IASB (Hrsg.), Supplement to ED/2009/12, Tz. BC46, IASB (Hrsg.), Expert Advisory Panel, Tz. A28, FLICK, P./GEHRER, J./KRAKUHN, J., Geplante Änderungen des ED/2009/12, S. 549 f.

[849] Vgl. zur Definition eines offenen Portfolios IASB (Hrsg.), Supplement to ED/2009/12, Tz. B1. Bei einem Portfolio handelt es sich um eine Gruppe von gleichartigen finanziellen Vermögenswerten, die von einem Unternehmen einheitlich verwaltet werden, vgl. IASB (Hrsg.), Supplement to ED/2009/12, Anhang A; FISCHER, D. T., Supplement to ED/2009/12, S. 81; HELKE, I./BÄR, M./MORAWIETZ, A., Bilanzierung von Wertminderungen, S. 455.

tiert (welche dann direkt erfolgswirksam zu erfassen wäre), zu unterscheiden.[850] Hiervon wären v. a. Banken betroffen, da diese ihre Risikosteuerung i. d. R. anhand von offenen Portfolios betreiben.[851]

Aufgrund der Rückmeldungen zum ED/2009/12 hat sich der IASB dazu entschlossen, zunächst die bestehenden Umsetzungsschwierigkeiten hinsichtlich der Allokation des erwarteten Kreditverlustes eines offenen Portfolios zu lösen.[852] Die hierzu erarbeiteten Vorschläge wurden am 31. Januar 2011 in Form eines **Ergänzungsentwurfes zum ED/2009/12** veröffentlicht, dessen Anwendungsbereich zunächst auf finanzielle Vermögenswerte, die in einem offenen Portfolio verwaltet werden, eingeschränkt wurde. [853] Die Allokation des erwarteten Kreditverlustes ist nach diesem Ergänzungsentwurf losgelöst von der beschriebenen Effektivzinsmethode vorzunehmen **(Entkopplung)**.[854] Des Weiteren wird die Vorgehensweise bei der Erfassung des anfänglich erwarteten Kreditverlustes und der Änderung des erwarteten Kreditverlustes, die aus einer Neueinschätzung des erwarteten Kreditverlustes resultiert, vereinheitlicht.[855] Im Kern greift der Ergänzungsentwurf somit die zentralen Kritikpunkte, die gegenüber dem Allokationsvorschlag des ursprünglichen Exposure Draft geäußert wurden, auf.

Auch wenn sich der bisherige Anwendungsbereich des Ergänzungsentwurfs zum ED/2009/12 auf finanzielle Vermögenswerte, die in einem offenen Portfolio verwaltet werden, beschränkt, so wird durch IASB in Betracht gezogen, den Anwendungsbereich dieser Regelungen auch auf einzelne finanzielle Vermögenswerte auszudehnen.[856] Die Übertragung dieses Vorschlages auf einzelne finanzielle Vermögenswerte scheint auch deshalb möglich, da der erwartete Kreditverlust eines Portfolios der Summe der erwarteten Kreditverluste der zugrundeliegenden finanziellen Vermögenswerte entspricht.[857] Da der Fokus dieser Arbeit auf einzelnen finanziellen Vermögenswerten liegt, beziehen sich die folgenden Ausführungen auf die Anwendung dieses Ergänzungsentwurfes auf einen

---

[850] Vgl. IASB (Hrsg.), Supplement to ED/2009/12, Tz. BC46 f.; IASB (Hrsg.), Expert Advisory Panel, Tz. A28.

[851] Vgl. FLICK, P./GEHRER, J./KRAKUHN, J., Geplante Änderungen des ED/2009/12, S. 550.

[852] Vgl. IASB (Hrsg.), Supplement to ED/2009/12, Tz. BC8.

[853] Vgl. IASB (Hrsg.), Supplement to ED/2009/12, Tz. 1. Darüber hinaus hat der IASB kurzfristige Forderungen, bei denen der Abzinsungseffekt aufgrund ihrer kurzfristigen Laufzeit unbedeutend ist, von dem Anwendungsbereich ausgenommen, vgl. IASB (Hrsg.), Supplement to ED/2009/12, Tz. 1; HELKE, I./BÄR, M./MORAWIETZ, A., Bilanzierung von Wertminderungen, S. 455.

[854] Vgl. IASB (Hrsg.), Supplement to ED/2009/12, Tz. IN17; FLICK, P./GEHRER, J./KRAKUHN, J., Geplante Änderungen des ED/2009/12, S. 549; HELKE, I./BÄR, M./MORAWIETZ, A., Bilanzierung von Wertminderungen, S. 456.

[855] Vgl. hierzu auch IASB (Hrsg.), Supplement to ED/2009/12, Tz. BC46.

[856] Vgl. hierzu auch IASB (Hrsg.), Supplement to ED/2009/12, S. 14; GRÜNBERGER, D., Verteilung des Expected Loss, S. 241. Auch die Rückmeldungen zum Ergänzungsentwurf zum ED/2009/12 lassen darauf schließen, dass sich dieser Vorschlag auch auf finanzielle Vermögenswerte, die nicht in einem offenen Portfolio verwaltet werden, übertragen lässt, vgl. IASB (Hrsg.), Comment letter summary, Tz. 28. Ferner wird die Entwicklung eines einheitlichen Wertminderungsmodells durch die Adressaten unterstützt, IASB (Hrsg.), Summary of Outreach for Supplementary Document on Impairment, Tz. 42. Die Entwicklung eines einheitlichen Wertminderungsmodells wird auch in der Literatur gefordert, vgl. HELKE, I./BÄR, M./MORAWIETZ, A., Bilanzierung von Wertminderungen, S. 459; GROßE, J.-V., Auf der Suche nach dem richtigen Impairmentmodell, S. 426.

[857] Vgl. GRÜNBERGER, D., Verteilung des Expected Loss, S. 241; GROßE, J.-V., Auf der Suche nach dem richtigen Impairmentmodell, S. 425; Abschnitt 222.1.

einzelnen finanziellen Vermögenswert. Sofern sich im Rahmen einer Portfoliobetrachtung gegenüber einer Einzelfallbetrachtung Besonderheiten ergeben, wird darauf hingewiesen.

422.253.2 Verteilung des erwarteten Kreditverlustes

422.253.21 Zuordnung von finanziellen Vermögenswerten

Nach dem Ergänzungsentwurf zum ED/2009/12 ist der erwartete Kreditverlust eines finanziellen Vermögenswertes im Vergleich zum ursprünglichen Exposure Draft nicht anhand der Effektivzinsmethode, sondern hiervon losgelöst (entkoppelt) anhand eines noch zu spezifizierenden Allokationsmechanismus über die Laufzeit des finanziellen Vermögenswertes zu verteilen.[858] Demnach bleibt der erwartete Kreditverlust im Rahmen der Ermittlung des Effektivzinssatzes eines finanziellen Vermögenswertes unberücksichtigt.[859]

Die Erfassung des erwarteten Kreditverlustes richtet sich hierbei nach der Gruppe, zu der ein finanzieller Vermögenswert zugeordnet worden ist.[860] Nach dem Ergänzungsentwurf zum ED/2009/12 ist ein finanzieller Vermögenswert entweder dem **Good Book** (Weißbuch) oder dem **Bad Book** (Schwarzbuch) zuzuordnen,[861] wobei die Zuordnung vom Grad der Unsicherheit, der hinsichtlich der Einbringlichkeit der vertraglichen Cashflows eines finanziellen Vermögenswertes besteht, abhängt.[862] Die Unterscheidung zwischen diesen beiden Gruppen soll sich hierbei nach dem internen Risikomanagement richten.[863] Sofern durch das interne Risikomanagement für einen finanziellen Vermögenswert nicht mehr länger das Ziel verfolgt wird, die vertraglichen Zahlungen zu vereinnahmen,[864] sondern der finanzielle Vermögenswert eingetrieben bzw. verwertet wird, so ist dieser dem Bad Book zuzuordnen.[865] Als mögliches Kriterium, auf dessen Grundlage u. a. eine derartige Unterscheidung durch das interne Risikomanagement getroffen werden könnte, würde sich bspw.

---

858 Vgl. IASB (Hrsg.), Supplement to ED/2009/12, Tz. IN17; GRÜNBERGER, D., Verteilung des Expected Loss, S. 242; HELKE, I./BÄR, M./MORAWIETZ, A., Bilanzierung von Wertminderungen, S. 456.

859 Durch den Ergänzungsentwurf werden keine Informationen zur Ermittlung des Effektivzinssatzes eines finanziellen Vermögenswertes bereitgestellt. Da der erwartete Kreditverlust nach dem Ergänzungsentwurf jedoch nicht anhand der Effektivzinsmethode verteilt wird, sollte sich der Effektivzins eines finanziellen Vermögenswertes analog zu der Vorgehensweise in IAS 39 ermitteln lassen. Vgl. zur Ermittlung des Effektivzinssatzes nach IAS 39 Abschnitt 421.

860 Vgl. IASB (Hrsg.), Supplement to ED/2009/12, Tz. BC36; HELKE, I./BÄR, M./MORAWIETZ, A., Bilanzierung von Wertminderungen, S. 455.

861 Vgl. hierzu auch IASB (Hrsg.), Supplement to ED/2009/12, Tz. BC36. Analog hierzu sind finanzielle Vermögenswerte, die in einem offenen Portfolio verwaltet werden, in eine dieser Gruppen zuzuordnen.

862 Vgl. IASB (Hrsg.), Supplement to ED/2009/12, Tz. 3; FISCHER, D. T., Supplement to ED/2009/12, S. 81; HELKE, I./BÄR, M./MORAWIETZ, A., Bilanzierung von Wertminderungen, S. 455.

863 Vgl. IASB (Hrsg.), Supplement to ED/2009/12, Tz. 3; HELKE, I./BÄR, M./MORAWIETZ, A., Bilanzierung von Wertminderungen, S. 455.

864

865 Vgl. IASB (Hrsg.), Supplement to ED/2009/12, Tz. 3; HELKE, I./BÄR, M./MORAWIETZ, A., Bilanzierung von Wertminderungen, S. 455. Dies kann bspw. dann der Fall sein, wenn das Risikomanagement damit beginnt, die Sicherheiten eines finanziellen Vermögenswertes zu verwerten oder eine Umschuldung vereinbart wird, vgl. hierzu und zu weiteren Beispielen IASB (Hrsg.), Supplement to ED/2009/12, Tz. B3.

die Länge des Zeitraums anbieten, seit dem der Schuldner eines finanziellen Vermögenswertes mit seinen Zins- und Tilgungsleistungen in Verzug ist.[866] Beispielsweise wäre ein finanzieller Vermögenswert nicht mehr länger dem Good Book zuzuordnen, falls der Schuldner des Finanzinstrumentes seit 90 Tagen mit seinen Zins- und Tilgungsverpflichtungen in Verzug ist.[867]

Zum Zugangszeitpunkt wird die Zuordnung eines finanziellen Vermögenswertes in das Bad Book daher eher die Ausnahme darstellen. In den meisten Fällen wird ein finanzieller Vermögenswert wohl erst während der Laufzeit in das Bad Book zugeordnet werden.

422.253.22 Good Book

Sofern ein finanzieller Vermögenswert dem Good Book zugeordnet wurde, ist zu jedem Abschlussstichtag ein sog. **„Higher of"-Test** durchzuführen, um die Höhe der zum Abschlussstichtag für einen finanziellen Vermögenswert des Good Book vorzuhaltenden Risikovorsorge zu ermitteln. Beim „Higher of"-Test ist der höhere Betrag aus dem **zeitproportionalen** erwarteten Kreditverlust und dem Kreditverlust, der innerhalb einer **absehbaren** Zeit (Foreseeable Future) eintreten könnte, zu bestimmen.[868] Ein bilanzierendes Unternehmen kann nach dem Ergänzungsentwurf für die Ermittlung des zeitproportionalen erwarteten Kreditverlustes zwischen der linearen Methode und der Annuitäten-Methode wählen.[869] Durch beide Verfahren soll letztlich der erwartete Kreditverlust weitestgehend vergleichbar zu dem Verfahren des ursprünglichen Exposure Draft verteilt werden.[870] Demnach wird auch mit diesen Verfahren beabsichtigt, den erwarteten Kreditverlust über die Laufzeit eines finanziellen Vermögenswertes zu verteilen.

Zur Ermittlung des **zeitproportionalen erwarteten Kreditverlustes** nach der **linearen Methode** ist der Kreditverlust, der für die Restlaufzeit eines finanziellen Vermögenswertes erwartet wird,[871] mit dem Verhältnis von Alter zu erwarteter Gesamtlaufzeit des finanziellen Vermögenswertes zu multiplizieren.[872] Das Alter des finanziellen Vermögenswertes entspricht dabei dem Zeitraum, der seit dem Zugangszeitpunkt des finanziellen Vermögenswertes vergangen ist. Die erwartete Gesamtlaufzeit ist anhand des erwarteten Zeitraums zwischen dem Zugangszeitpunkt und dem Endfällig-

---

866 Vgl. hierzu auch LÖFFELHOLZ, L., Konvergenz von IAS 39 und Basel II, S. 295. Für einen Überblick über weitere Überleitungskriterien vgl. LÖFFELHOLZ, L., Konvergenz von IAS 39 und Basel II, S. 296.

867 Vgl. hierzu auch LOTZ, U./WÖRNER, G., Betriebswirtschaftliche Perspektive und Problemstellungen, S. 223.

868 Vgl. IASB (Hrsg.), Supplement to ED/2009/12, Tz. 2(a).

869 Vgl. IASB (Hrsg.), Supplement to ED/2009/12, Tz. B8.

870 Vgl. IASB (Hrsg.), Supplement to ED/2009/12, Tz. BC37 und Tz. BC45; HELKE, I./BÄR, M./MORAWIETZ, A., Bilanzierung von Wertminderungen, S. 460.

871 Bei einem Portfolio ist der erwartete Kreditverlust nicht auf individueller Ebene, sondern auf der Basis des gesamten Portfolios zu ermitteln, vgl. IASB (Hrsg.), Supplement to ED/2009/12, Tz. 4. Der erwartete Kreditverlust eines Portfolios entspricht jedoch der Summe der erwarteten Kreditverluste der diesem zugrundeliegenden finanziellen Vermögenswerte, vgl. hierzu auch Abschnitt 222.1.

872 Vgl. IASB (Hrsg.), Supplement to ED/2009/12, Tz. B8(a).

keitszeitpunkt des finanziellen Vermögenswertes zu bestimmen.[873] Ein bilanzierendes Unternehmen kann bei der Anwendung der linearen Methode bzgl. der Verwendung eines diskontierten oder undiskontierten erwarteten Kreditverlustes frei entscheiden.[874] Sofern ein bilanzierendes Unternehmen auf einen barwertigen erwarteten Kreditverlust zurückgreift, kann das bilanzierende Unternehmen zur Ermittlung des Barwertes jeden angemessenen Zinssatz zwischen dem risikolosen Zinssatz und dem Effektivzinssatz, der im Rahmen der Effektivzinsmethode nach IAS 39 verwendet wird, nutzen.[875]

Alternativ zur linearen Methode kann der **zeitproportionale erwartete Kreditverlust** anhand der Annuitäten-Methode ermittelt werden. Bei dem Rückgriff auf die Annuitäten-Methode ist der erwartete Kreditverlust der Restlaufzeit zunächst in eine Annuität zu transformieren.[876] Hierzu ist der Barwert des erwarteten Kreditverlustes zu bestimmen und anschließend mit einem entsprechenden Annuitätenfaktor zu multiplizieren. Der zeitproportionale erwartete Kreditverlust ermittelt sich nach dieser Methode dann anhand der kumulierten Annuitäten, die entsprechend dem Alter des finanziellen Vermögenswertes anzusammeln sind.[877]

Im Rahmen der Annuitäten-Methode hat ein bilanzierendes Unternehmen einen barwertigen erwarteten Kreditverlust zu ermitteln. Als Diskontierungszinssatz kann ein bilanzierendes Unternehmen hierbei ebenfalls jeden angemessenen Zinssatz zwischen dem risikolosen Zinssatz und dem Effektivzinssatz, der im Rahmen der Effektivzinsmethode nach IAS 39 verwendet wird, verwenden.[878]

Die Ermittlung des zeitproportionalen erwarteten Kreditverlustes (diskontiert und undiskontiert) nach der linearen Methode und die Ermittlung des zeitproportionalen Kreditverlustes nach der Annuitäten-Methode soll im Folgenden anhand von Beispielen verdeutlicht werden.[879] Für alle Beispiele wird hierbei auf einen finanziellen Vermögenswert mit einer Laufzeit von fünf Jahren zurückgegriffen. Ferner wird in jedem Beispiel am Ende der Laufzeit ein Kreditverlust in Höhe von 100 GE erwartet.

---

[873] Vgl. IASB (Hrsg.), Supplement to ED/2009/12, Tz. B9. Für die Ermittlung des zeitproportionalen erwarteten Kreditverlustes eines **offenen Portfolios** ist der erwartete Kreditverlust der Restlaufzeit eines offenen Portfolios mit dem Quotienten aus Alter und der erwarteten Gesamtlaufzeit des offenen Portfolios zu multiplizieren. Das Alter und die erwartete Gesamtlaufzeit des offenen Portfolios ist dabei anhand der gewichteten Durchschnittswerte der dem offenen Portfolio zugrundeliegenden finanziellen Vermögenswerte zu bestimmen, vgl. hierzu auch HELKE, I./BÄR, M./MORAWIETZ, A., Bilanzierung von Wertminderungen, S. 456.

[874] Vgl. IASB (Hrsg.), Supplement to ED/2009/12, Tz. B8(a).

[875] Vgl. IASB (Hrsg.), Supplement to ED/2009/12, Tz. B10 und Tz. BC41-45; HELKE, I./BÄR, M./MORAWIETZ, A., Bilanzierung von Wertminderungen, S. 456.

[876] Vgl. IASB (Hrsg.), Supplement to ED/2009/12, Tz. B8(b).

[877] Vgl. IASB (Hrsg.), Supplement to ED/2009/12, Tz. B8(b). Bei einem offenen Portfolio ermittelt sich der zeitproportionale erwartete Kreditverlust anhand der kumulierten Annuitäten, die entsprechend dem Alter des Portfolios anzusammeln sind.

[878] Vgl. IASB (Hrsg.), Supplement to ED/2009/12, Tz. B10 und Tz. BC41-45; HELKE, I./BÄR, M./MORAWIETZ, A., Bilanzierung von Wertminderungen, S. 456.

[879] Diese Beispiele orientieren sich an den Ausführungen und Beispielen des IASB zur Verteilung des erwarteten Kreditverlustes nach dem zeitproportionalen Verfahren, vgl. IASB (Hrsg.), Allocation of lifetime expected losses, S. 9 f.

Die Höhe des zeitproportionalen erwarteten Kreditverlustes (undiskontiert) nach der linearen Methode in den Perioden eins bis fünf ist der Tabelle 12 zu entnehmen.

Zeitproportionaler erwarteter Kreditverlust (undiskontiert) nach der linearen Methode					
Jahr	1	2	3	4	5
Zeitproportionaler erwarteter Kreditverlust (in GE)	20	40	60	80	100

Tabelle 12: Zeitproportionaler erwarteter Kreditverlust (undiskontiert) nach der linearen Methode

Aus der Tabelle 12 wird ersichtlich, dass der erwartete Kreditverlust (undiskontiert) nach der linearen Methode in absolut gleichen Raten (20 GE) über die Restlaufzeit des finanziellen Vermögenswertes verteilt wird.

Für die Ermittlung des zeitproportionalen erwarteten Kreditverlustes (diskontiert) nach der linearen Methode wird ein Diskontierungszinssatz von 10 % unterstellt.

Zeitproportionaler erwarteter Kreditverlust (diskontiert) nach der linearen Methode					
Jahr	1	2	3	4	5
Barwert des erwarteten Kreditverlustes (in GE)	68	75	83	91	100
Zeitproportionaler erwarteter Kreditverlust (in GE)	14	30	50	73	100

Tabelle 13: Zeitproportionaler erwarteter Kreditverlust (diskontiert) nach der linearen Methode[880]

Der Tabelle 13 ist die Allokation des erwarteten Kreditverlustes (diskontiert) nach der linearen Methode zu entnehmen. Beispielsweise bestimmt sich die Höhe des zeitproportionalen erwarteten Kreditverlustes am Ende der dritten Periode (50 GE), indem der Barwert des erwarteten Kreditverlustes (83 GE)[881] mit dem Verhältnis von Alter zu erwarteter Gesamtlaufzeit des finanziellen Vermögenswertes (= 3 / 5) multipliziert wird.

Für die Ermittlung des zeitproportionalen erwarteten Kreditverlustes nach der Annuitäten-Methode wird ebenfalls ein Diskontierungszinssatz von 10 % unterstellt. Mittels diesem Diskontierungszinssatz ist zunächst der Barwert des erwarteten Kreditverlustes zum Zeitpunkt t = 0 zu bestimmen. Dieser beträgt 62 GE. In einem nächsten Schritt ist dieser Barwert mit dem Annuitätenfaktor[882] zu multiplizieren, um die Höhe der Annuität zu bestimmen. In diesem Beispiel beträgt die Höhe der

880 In Anlehnung an IASB (Hrsg.), Allocation of lifetime expected losses, S. 9.

881 Zur Ermittlung des Barwertes des erwarteten Kreditverlustes am Ende der dritten Periode ist der erwartete Kreditverlust in Höhe von 100 GE um zwei Jahre abzuzinsen.

882 Der Annuitätenfaktor beträgt in diesem Beispiel 0,2638 (= $\frac{(1,1^5)*0,1}{(1,1^5)-1}$).

Annuität 16 GE. Die Höhe des zeitproportionalen erwarteten Kreditverlustes nach der Annuitäten-Methode in den Perioden eins bis fünf ist der Tabelle 14 zu entnehmen.[883]

Zeitproportionaler erwarteter Kreditverlust nach der Annuitäten-Methode					
Jahr	1	2	3	4	5
Zeitproportionaler erwarteter Kreditverlust (in GE)	16	34	54	76	100

Tabelle 14: Verteilung des erwarteten Kreditverlustes nach der Annuitäten-Methode[884]

Anhand dieser Beispiele ist zu erkennen, dass der zeitproportionale erwartete Kreditverlust, der anhand der linearen Methode (undiskontiert) ermittelt worden ist, in den jeweiligen Perioden stets den höchsten Wert aufweist. Die Wahl des Verteilungsverfahrens nimmt somit einen Einfluss auf die Höhe des zeitproportionalen erwarteten Kreditverlustes während der Laufzeit eines finanziellen Vermögenswertes.

Der ermittelte zeitproportionale erwartete Kreditverlust ist im Rahmen des „Higher of"-Tests dem erwarteten Kreditverlust, der innerhalb einer **absehbaren Zeit** eintreten könnte, gegenüberzustellen.[885] Ausgehend vom Abschlussstichtag hat diese Periode mindestens zwölf Monate zu umfassen.[886] Die konkrete Länge dieser Periode ist jedoch unternehmensindividuell zu bestimmen und hängt v. a. davon ab, für welchen Zeitraum ein bilanzierendes Unternehmen den erwarteten Kreditverlust auf der Grundlage von spezifischen Prognosen über Ereignisse und Bedingungen verlässlich schätzen kann.[887] Bei der Entwicklung dieser spezifischen Prognosen hat ein bilanzierendes Unternehmen vergangene Ereignisse, historische Trends, bestehende Bedingungen und aktuelle sowie vorhersehbare ökonomische Ereignisse und Trends zu berücksichtigen. Auf der Grundlage dieser Informationen sind dann diejenigen Umstände durch ein Unternehmen zu evaluieren und vorherzusagen, welche sich in der Zukunft durchsetzen werden. Der erwartete Kreditverlust, der innerhalb einer absehbaren Zeit eintreten könnte, entspricht dann dem Verlust, den ein Unternehmen infolge dieser spezifischen Prognosen über künftige Ereignisse und Bedingungen erwartet.[888]

883 Ab der zweiten Periode entspricht der zeitproportionale erwartete Kreditverlust der Summe der Annuitäten, die entsprechend des Alters des finanziellen Vermögenswertes anzusammeln sind, zuzüglich der entsprechenden Aufzinsung der bereits geleisteten Annuitätenzahlungen, vgl. hierzu auch IASB (Hrsg.), Supplement to ED/2009/12, Tz. IE14; HELKE, I./BÄR, M./MORAWIETZ, A., Bilanzierung von Wertminderungen, S. 457.

884 In Anlehnung an IASB (Hrsg.), Allocation of lifetime expected losses, S. 10.

885 Vgl. IASB (Hrsg.), Supplement to ED/2009/12, Tz. 2(a).

886 Vgl. IASB (Hrsg.), Supplement to ED/2009/12, Tz. 2(a)(ii) und Tz. B16.

887 Vgl. IASB (Hrsg.), Supplement to ED/2009/12, Tz. B11; FISCHER, D. T., Supplement to ED/2009/12, S. 82. Die Länge dieser Periode kann für verschiedene Klassen von finanziellen Vermögenswerten unterschiedlich ausfallen. Der IASB geht jedoch davon aus, dass die Länge dieser Periode im Zeitverlauf weitestgehend konstant bleibt, vgl. IASB (Hrsg.), Supplement to ED/2009/12, Tz. B14.

888 Vgl. IASB (Hrsg.), Supplement to ED/2009/12, Tz. B12.

Die zum Abschlussstichtag hinsichtlich eines finanziellen Vermögenswertes des Good Book insgesamt zu erfassende Wertminderung muss dann **dem höheren Betrag** aus dem zeitproportionalen erwarteten Kreditverlust und dem Kreditverlust, der innerhalb einer absehbaren Zeit eintreten könnte, entsprechen.[889] Dieser Betrag determiniert zugleich die Höhe der zum Abschlussstichtag vorzuhaltenden Risikovorsorge. Die Höhe des in einer Periode als Risikovorsorge in das Wertberichtigungskonto einzustellenden Betrages (Wertminderungsaufwand der Periode) ermittelt sich hierbei aus der Differenz zwischen der Höhe der insgesamt zum Abschlussstichtag zu erfassenden Wertminderung (höherer Betrag aus den beiden Kreditverlustschätzungen) und der Höhe der insgesamt zu erfassenden Wertminderung des vorherigen Abschlussstichtages.[890] Dieser Betrag wird über eine Zinskorrektur dem Wertberichtigungskonto zugefügt und mindert hierbei den Bruttozinsertrag eines finanziellen Vermögenswertes, der anhand der Effektivzinsmethode ermittelt wurde.[891] Tatsächlich eintretende Kreditverluste sind analog zum ursprünglichen Exposure Draft gegen das Wertberichtigungskonto zu buchen.[892]

Mit dem „Higher of"-Test soll die Bildung einer ausreichend hohen Risikovorsorge sichergestellt werden, die in der Lage ist, frühzeitig auftretende Kreditverluste zu decken, für die aufgrund der Risikovorsorgebildung nach dem zeitproportionalen Verfahren noch kein ausreichender Risikovorsorgebestand aufgebaut werden konnte.[893] Über den erwarteten Kreditverlust, der innerhalb einer **absehbaren Zeit** eintreten könnte, wird demnach eine Mindestrisikovorsorge (**Floor**) determiniert, durch die gewährleistet werden soll, dass frühzeitig im Lebenszyklus auftretende Ausfälle durch eine bereits gebildete Risikovorsorge abgedeckt werden.[894] Die Mindestrisikovorsorge war in dem ursprünglichen Vorschlag des IASB, der nach den Rückmeldungen zum ED/2009/12 jedoch noch vor der Zusammenarbeit mit dem FASB erarbeitet wurde, nicht enthalten.[895] Diese ist erst im Rah-

---

889 Vgl. IASB (Hrsg.), Supplement to ED/2009/12, Tz. IE6 und Tz. BC54. Es wird ersichtlich, dass ein bilanzierendes Unternehmen zu jedem Bilanzstichtag zwei Kreditverlustschätzungen vorzunehmen hat, vgl. IASB (Hrsg.), Supplement to ED/2009/12, Tz. B6.

890 Vgl. IASB (Hrsg.), Supplement to ED/2009/12, Tz. BC54 und Tz. IE9. Bei der Ermittlung des Wertberichtigungsaufwandes einer Periode eines Portfolios sind zusätzlich auftretende Veränderungen des Wertberichtigungskontos während der betrachteten Periode zu berücksichtigen, die sich bspw. aus dem Ausfall eines finanziellen Vermögenswertes des entsprechenden Portfolios ergeben können, vgl. hierzu auch IASB (Hrsg.), Supplement to ED/2009/12, Tz. IE9.

891 Vgl. IASB (Hrsg.), Supplement to ED/2009/12, Tz. Z5; GRÜNBERGER, D., Verteilung des Expected Loss, S. 242. Nach dem Ergänzungsentwurf hat ein bilanzierendes Unternehmen in der Gesamtergebnisrechnung den Bruttozinsertrag und die in einer Periode anfallende Wertminderung in einem eigenständigen Posten auszuweisen, vgl. IASB (Hrsg.), Supplement to ED/2009/12, Tz. Z5(b).

892 Vgl. IASB (Hrsg.), Supplement to ED/2009/12, Tz. BZ22; HELKE, I./BÄR, M./MORAWIETZ, A., Bilanzierung von Wertminderungen, S. 458. Vgl. hierzu auch Abschnitt 422.252.1.

893 Vgl. IASB (Hrsg.), Supplement to ED/2009/12, Tz. BC61-63. Diese Aussage ist im Kontext eines Portfolios zu sehen. Durch den „Higher of"-Test soll gewährleistet werden, dass die Summe der frühzeitig in einem Portfolio auftretenden Verluste durch die bereits für das entsprechende Portfolio gebildete Risikovorsorge abgedeckt wird.

894 Vgl. FLICK, P./GEHRER, J./KRAKUHN, J., Geplante Änderungen des ED/2009/12, S. 551 f.; HELKE, I./BÄR, M./MORAWIETZ, A., Bilanzierung von Wertminderungen, S. 456.

895 Vgl. IASB (Hrsg.), Supplement to ED/2009/12, Tz. BC69.

men der Zusammenarbeit mit dem FASB diskutiert und anschließend in den vorliegenden Ergänzungsentwurf aufgenommen worden.[896]

Die Berücksichtigung dieser Mindestrisikovorsorge wurde von dem FASB gefordert, da diesem u. a. Informationen von amerikanischen Banken vorlagen, die darauf hindeuteten, dass bei vielen Asset-Klassen Verluste bereits frühzeitig auftreten.[897] Auf der anderen Seite wurde durch den IASB weiterhin das Ziel verfolgt, die im ursprünglichen Exposure Draft vorgesehene Verknüpfung zwischen der Kreditvergabe und dem erwarteten Kreditverlust beizubehalten, indem der erwartete Kreditverlust mittels eines zeitproportionalen Verfahrens erfasst wird.[898] Demnach stellt der „Higher of"-Test eine Kompromisslösung zwischen dem IASB und dem FASB dar, da dieser den unterschiedlichen Zielen, die jeweils durch die Standardsetter im Rahmen der gemeinsamen Entwicklung der Wertminderungsvorschriften für finanzielle Vermögenswerte verfolgt wurden, nachkommt.[899]

Die konkrete Ermittlung des Bruttozinsertrages und des bei der Folgebewertung für einen finanziellen Vermögenswert in der Bilanz auszuweisenden Betrages ist im Ergänzungsentwurf zum ED/2009/12 nicht geregelt, da die Allokation des erwarteten Kreditverlustes im Mittelpunkt des Ergänzungsentwurfes steht.[900] Da anhand der zeitproportionalen Verteilung des erwarteten Kreditverlustes die Ergebnisse des Exposure Draft annähernd erreicht werden sollen,[901] dürfte sich der Bruttozinsertrag eines finanziellen Vermögenswertes entsprechend den Vorschriften in IAS 39 bestimmen lassen.[902] Zu seiner Ermittlung sind demnach die fortgeführten Anschaffungskosten mit dem Effektivzinssatz, der zum Zugangszeitpunkt anhand der vertraglichen Cashflows bestimmt worden ist, zu multiplizieren.[903]

Hinsichtlich der hierbei zu verwendenden fortgeführten Anschaffungskosten ist zu berücksichtigen, dass im Unterschied zu IAS 39 etwaige Wertminderungen nicht einzubeziehen sind, da diese durch den Ergänzungsentwurf gesondert geregelt werden.[904] Daher werden die im Rahmen der Ermittlung des Bruttozinsertrages zu verwendenden fortgeführten Anschaffungskosten im Folgenden mit dem Zusatz „Brutto" versehen.

---

[896] Vgl. IASB (Hrsg.), Supplement to ED/2009/12, Tz. IN12.

[897] Vgl. IASB (Hrsg.), Supplement to ED/2009/12, Tz. IN11 und Tz. BC28.

[898] Vgl. IASB (Hrsg.), Supplement to ED/2009/12, Tz. IN10 und Tz. IN12. Vgl. zu diesem Ziel auch Abschnitt 422.252.

[899] Vgl. IASB (Hrsg.), Supplement to ED/2009/12, Tz. IN12.

[900] Vgl. IASB (Hrsg.), Supplement to ED/2009/12, Tz. BC41.

[901] Vgl. IASB (Hrsg.), Supplement to ED/2009/12, Tz. BC45. Diese Ziel wird annähernd erreicht, sofern der erwartete Kreditverlust eines finanziellen Vermögenswertes des Good Book zeitproportional verteilt wird, vgl. IASB (Hrsg.), Supplement to ED/2009/12, Tz. BC37.

[902] Vgl. dazu auch IASB (Hrsg.), Interest income recognition and definition of amortised cost, Tz. 17-21 sowie IASB (Hrsg.), IASB Update – April 2011, Abschnitt Impairment. Zur Ermittlung des Bruttozinsertrages nach ED/2009/12 vgl. auch Abschnitt 422.252.1.

[903] Vgl. zur Effektivzinsmethode nach IAS 39 Abschnitt 421.

[904] Vgl. IASB (Hrsg.), Interest income recognition and definition of amortised cost, Tz. 21 sowie IASB (Hrsg.), IASB Update – April 2011, Abschnitt Impairment.

Der im Rahmen der Folgebewertung für einen finanziellen Vermögenswert in der Bilanz auszuweisende Betrag dürfte sich somit anhand der fortgeführten Anschaffungskosten (Brutto) eines finanziellen Vermögenswertes, abzüglich der entsprechenden Höhe der bereits gebildeten Risikovorsorge, deren Höhe anhand der Regelungen des Ergänzungsentwurfes zu ermitteln ist, ergeben.[905] Dieser Betrag wird aufgrund der im Ergänzungsentwurf fehlenden Definition für die fortgeführten Anschaffungskosten eines finanziellen Vermögenswertes im Folgenden als **Nettobuchwert** bezeichnet.[906]

Die Erfassung des für die Restlaufzeit eines finanziellen Vermögenswertes des **Good Book** erwarteten Kreditverlustes soll wieder anhand des eingeführten Beispiels verdeutlicht werden.[907] Der zeitproportionale erwartete Kreditverlust soll in diesem Beispiel anhand der linearen Methode ermittelt werden.[908] Darüber hinaus soll die Höhe des Kreditverlustes, der innerhalb einer absehbaren Zeit eintreten könnte, jeweils der ursprünglichen periodenspezifischen Kreditverlustschätzung der Folgeperiode entsprechen. Die Länge des absehbaren Zeitraums beträgt somit zwölf Monate. Ferner wird angenommen, dass die tatsächlichen Cashflows entsprechend der ursprünglichen Schätzung eintreffen.[909]

Aus der Tabelle 15 wird die Allokation des erwarteten Kreditverlustes eines finanziellen Vermögenswertes des Good Book sowie die Ermittlung der Nettobuchwerte des finanziellen Vermögenswertes über die verschiedenen Perioden ersichtlich. Der Nettobuchwert des finanziellen Vermögenswertes am Ende einer Periode (Spalte J) errechnet sich hierbei aus den fortgeführten Anschaffungskosten (Brutto) am Ende einer Periode (Spalte B), abzüglich der Höhe des Wertberichtigungskontos (Spalte H). Dessen Höhe ist anhand des „Higher of"-Tests zu bestimmen und ergibt sich aus dem höheren Betrag zwischen dem zeitproportionalen erwarteten Kreditverlust einer Periode (Spalte F) und dem entsprechenden Kreditverlust, der innerhalb einer absehbaren Zeit eintreten könnte (Spalte G). Der zeitproportionale erwartete Kreditverlust einer Periode (Spalte F) ermittelt sich nach der linearen Methode, indem der erwartete Kreditverlust der Restlaufzeit (Spalte D) mit

905 Vgl. hierzu auch FLICK, P./GEHRER, J./KRAKUHN, J., Geplante Änderungen des ED/2009/12, S. 550.

906 Vgl. zu dieser Definition auch BÄR, M., Wertminderungsmodell für finanzielle Vermögenswerte, S. 292, Fn. 24.

907 Im Rahmen des Beispiels wird auf einen undiskontierten erwarteten Kreditverlust zurückgegriffen. Vgl. zur Verteilung eines barwertigen erwarteten Kreditverlustes nach der linearen Methode IASB (Hrsg.), Allocation of lifetime expected losses, S. 9 f.

908 Zur Ermittlung des zeitproportionalen Kreditverlustes anhand der Annuitäten-Methode vgl. IASB (Hrsg.), Supplement to ED/2009/12, Tz. IE13 f.; HELKE, I./BÄR, M./MORAWIETZ, A., Bilanzierung von Wertminderungen, S. 457 f.

909 Vgl. zu der Höhe der erwarteten Cashflows Tabelle 8. In diesem Beispiel wird unterstellt, dass eine Differenz zwischen der tatsächlichen Zinszahlung und der vertraglich vereinbarten Zinszahlung nicht aufgrund des Ausfalls des Schuldners des finanziellen Vermögenswertes zustande kommt. Diese Differenz soll daher bis zum Fälligkeitszeitpunkt des finanziellen Vermögenswertes gestundet werden. Sie führt demnach zu einer Erhöhung der fortgeführten Anschaffungskosten (Brutto), vgl. hierzu auch FLICK, P./GEHRER, J./MEYER, S., Wertberichtigungen von Finanzinstrumenten nach IFRS, S. 228, Abbildung 5; FLICK, P./GEHRER, J./KRAKUHN, J., Geplante Änderungen des ED/2009/12, S. 550, Abbildung 2. Im Rahmen einer Portfoliobetrachtung würde eine derartige Differenz i. d. R. aus dem Ausfall eines finanziellen Vermögenswertes resultieren. In diesem Fall wäre diese Differenz gegen das Wertberichtigungskonto zu buchen.

dem Quotienten aus Alter und erwarteter Gesamtlaufzeit des finanziellen Vermögenswertes (Spalte E) multipliziert wird.[910]

Allokation des erwarteten Kreditverlustes – Good Book									
Periode	Fortgeführte AK (Brutto) am Ende der Periode (in GE)	Erwarteter Kreditverlust (in GE)	Erwarteter Kreditverlust der Restlaufzeit (in GE)	Alter ÷ Gesamtlaufzeit	Zeitproportionaler erwarteter Kreditverlust (in GE)	Kreditverlust innerhalb einer absehbaren Zeit (in GE)	Wertberichtigungskonto (in GE)	Zinskorrektur (in GE)	Nettobuchwert am Ende der Periode (in GE)
A	B	C	D	E	F=D×E	G	H= max (F;G)	I	J=B-H
1	100	-	13,51	1/5	2,702	-	2,702	2,702	97,298
2	100	-	13,51	2/5	5,404	0,2	5,404	2,702	94,596
3	100,2	0,2	13,31	3/5	7,986	0,59	7,986	2,582	92,214
4	100,79	0,59	12,72	4/5	10,1776	12,72	12,72	4,734	88,07
5	110,79	12,72	0	5/5	-	-	-	0,79	-
	Summe	13,51						13,51	

Tabelle 15: Allokation des erwarteten Kreditverlustes – Good Book

Während der Laufzeit eines finanziellen Vermögenswertes hat ein bilanzierendes Unternehmen die Schätzung hinsichtlich des für die Restlaufzeit zu erwartenden Kreditverlustes zu **aktualisieren**. Diese Aktualisierung ist durch das bilanzierende Unternehmen mindestens zu jedem Stichtag, zu dem dieses einen Abschluss oder Zwischenabschluss aufstellt, vorzunehmen.[911] Nach dem Ergänzungsentwurf zum ED/2009/12 ist die aktualisierte Einschätzung des erwarteten Kreditverlustes analog zur ursprünglichen Kreditverlustschätzung zu behandeln. Der neu eingeschätzte erwartete Kreditverlust eines finanziellen Vermögenswertes des Good Book ist daher ebenfalls über die ver-

[910] Die Zinskorrektur in der fünften Periode (Spalte I) resultiert aus der Ausbuchung des finanziellen Vermögenswertes zum Endfälligkeitszeitpunkt. Diese ermittelt sich aus der Differenz zwischen den fortgeführten Anschaffungskosten (Brutto) am Ende dieser Periode und der Summe aus der am Ende dieser Periode tatsächlich durch den Schuldner geleisteten Zahlung und der Höhe des Wertberichtigungskontos der Vorperiode.

[911] Vgl. IASB (Hrsg.), Supplement to ED/2009/12, Tz. 4; HELKE, I./BÄR, M./MORAWIETZ, A., Bilanzierung von Wertminderungen, S. 456.

bleibende Restlaufzeit zu verteilen, sofern der zeitproportionale erwartete Kreditverlust den erwarteten Kreditverlust, der innerhalb einer absehbaren Zeit eintreten könnte, übersteigt.[912]

Indes gilt es zu beachten, dass die Schätzänderung zu einem zu einem **Partial Catch-up** führt, da die Änderung der Kreditverlustschätzung nicht vollständig auf die Folgeperioden verteilt wird, sondern anteilig in der gleichen Periode, in der die Änderung der Kreditverlustschätzung ermittelt wird, ergebniswirksam wird. Dieser Effekt soll im Folgenden anhand des variierten Beispiels verdeutlicht werden. Für den finanziellen Vermögenswert mit einer erwarteten Gesamtlaufzeit von fünf Jahren wird am Ende des zweiten Jahres die Kreditverlustschätzung für die gesamte Restlaufzeit von ursprünglich 13,51 GE auf 27,02 GE erhöht.

Neueinschätzung des zeitproportionalen erwarteten Kreditverlustes			
Periode	0	1	2
Ursprüngliche Schätzung des erwarteten Kreditverlustes (in GE)	13,51	13,51	13,51
Ursprünglicher zeitproportionaler erwarteter Kreditverlust (in GE)	0	2,702	5,404
Aktualisierte Kreditverlustschätzung (in GE)			27,02
Angepasster zeitproportionaler erwarteter Kreditverlust (in GE)			10,808

Tabelle 16: Neueinschätzung des zeitproportionalen erwarteten Kreditverlustes

Der Tabelle 16 ist zu entnehmen, dass am Ende des zweiten Jahres nach der Aktualisierung der Kreditverlustschätzung die Höhe des zeitproportionalen erwarteten Kreditverlustes 10,808 GE (= 27,02 GE × 0,4) beträgt, wohingegen der auf der Grundlage der ursprünglichen Schätzung ermittelte zeitproportionale erwartete Kreditverlust zu diesem Zeitpunkt nur einen Wert von 5,404 GE (= 13,51 GE × 0,4) einnehmen würde. Daher werden bereits zum Zeitpunkt der Schätzungsänderung 5,404 GE direkt aufwandswirksam erfasst (Partial Catch-up). Nur die verbleibenden 8,106 GE

[912] Dies resultiert aus Tz. 2(a) des Ergänzungsentwurfes zum ED/2009/12. Sofern in zwei aufeinander folgenden Perioden der erwartete Kreditverlust, der innerhalb einer absehbaren Zeit eintreten könnte, den zeitproportionalen erwarteten Kreditverlust übersteigt, ist eine Schätzungsänderung direkt im vollen Umfang zu berücksichtigen. Auch in diesem Fall wird somit die aktualisierte Einschätzung des erwarteten Kreditverlustes analog zur vorherigen Kreditverlustschätzung behandelt.

der Schätzungsänderung werden daher über die Restlaufzeit des finanziellen Vermögenswertes verteilt.[913]

422.253.23 Bad Book

Sofern ein finanzieller Vermögenswert nicht dem Good Book, sondern dem Bad Book zugeordnet wurde, ist insgesamt eine Wertminderung in Höhe des erwarteten Kreditverlustes zu erfassen.[914] Die Höhe der für einen finanziellen Vermögenswert des Bad Book zu bildenden Risikovorsorge entspricht daher dem Gesamtbetrag des erwarteten Kreditverlustes.[915] Im Ergänzungsentwurf wird jedoch keine Regelung hinsichtlich der Abzinsung des im Rahmen der Risikovorsorgebildung zu verwendenden erwarteten Kreditverlustes getroffen.[916]

Falls das interne Risikomanagement eines Unternehmens während der Laufzeit eines finanziellen Vermögenswertes entscheidet, dass dieser nicht mehr länger dem Good Book, sondern dem Bad Book zuzuordnen ist, hat das bilanzierende Unternehmen demnach die Risikovorsorge für den finanziellen Vermögenswert aufwandswirksam auf den Gesamtbetrag des erwarteten Kreditverlustes zu erhöhen.[917] Die Entscheidung über einen Wechsel der Zuordnung könnte hierbei bspw. anhand der Länge des Zeitraums entschieden werden, seit dem der Schuldner eines finanziellen Vermögenswertes mit seinen Zins- und Tilgungsleistungen in Verzug ist.[918]

Die Auswirkung dieses Wechsels auf die Höhe der für den finanziellen Vermögenswert zu bildenden Risikovorsorge soll anhand des Beispiels in Tabelle 17 verdeutlicht werden. Der finanzielle Vermögenswert XY wird am Ende der zweiten Periode auf der Grundlage der Entscheidung des internen Risikomanagements eines Unternehmens nicht mehr dem Good Book, sondern dem Bad Book zugeordnet. Der erwartete Kreditverlust der Restlaufzeit wird hierbei auf 100 GE geschätzt, wobei für den finanziellen Vermögenswert XY bereits eine Risikovorsorge in Höhe von 20 GE gebildet wurde.[919] Aufgrund dieses Wechsels sind weitere 80 GE aufwandswirksam der Risikovorsor-

[913] Vgl. zu diesem Beispiel KPMG (Hrsg.), Impairment of financial assets, S. 13 sowie zum Partial Catch-up FLICK, P./GEHRER, J./KRAKUHN, J., Geplante Änderungen des ED/2009/12, S. 550.

[914] Vgl. IASB (Hrsg.), Supplement to ED/2009/12, Tz. 2(b).

[915] Der in der Bilanz für einen finanziellen Vermögenswert des Bad Book auszuweisende Betrag entspricht hierbei ebenfalls dem Nettobuchwert des Finanzinstrumentes.

[916] Vgl. hierzu auch HELKE, I./BÄR, M./MORAWIETZ, A., Bilanzierung von Wertminderungen, S. 455, Übersicht 1.

[917] Für den Fall, dass sich das interne Risikomanagement eines Unternehmens hinsichtlich eines finanziellen Vermögenswertes dazu entscheidet, dieses nicht mehr länger dem Bad Book, sondern dem Good Book zuzuordnen, ist die entsprechende Risikovorsorge für den finanziellen Vermögenswert auf die Höhe des zeitproportionalen erwarteten Kreditverlustes des finanziellen Vermögenswertes zu vermindern, vgl. IASB (Hrsg.), Supplement to ED/2009/12, Tz. BZ24 und Tz. IE18.

[918] Vgl. hierzu auch Abschnitt 422.253.21.

[919] Bei diesem Beispiel wird angenommen, dass der zeitproportionale erwartete Kreditverlust den erwarteten Kreditverlust, der innerhalb einer **absehbaren** Zeit eintreten könnte, übertrifft. Des Weiteren wird vereinfachend unterstellt, dass der zeitproportionale erwartete Kreditverlust auf der Grundlage der Kreditverlustschätzung des Bad Book ermittelt wird. Bei der Ermittlung der bereits für einen zu transferierenden finanziellen Vermögenswert gebildeten Risikovorsorge ergeben sich bei einer Portfoliobetrachtung gegenüber der Einzelfallbetrachtung Besonderheiten. Da die Höhe der für ein Portfolio zu bildenden Risikovorsorge nicht auf individueller Basis, sondern auf

ge zuzufügen, da die Höhe der gebildeten Risikovorsorge für einen finanziellen Vermögenswert des Bad Book dem gesamten erwarteten Kreditverlust zu entsprechen hat. Tritt in der darauffolgenden Periode ein tatsächlicher Verlust in Höhe von 100 GE ein, ist dieser gegen die bereits gebildete Risikovorsorge zu buchen. Der tatsächliche Verlust in der dritten Periode bleibt somit für das bilanzierende Unternehmen erfolgsneutral.

Umgliederung eines finanziellen Vermögenswertes in das Bad Book				
Finanzieller Vermögenswert	Erwarteter Kreditverlust der Restlaufzeit	Alter ÷ Gesamtlaufzeit	Bereits gebildete zeitproportionale Risikovorsorge	Zusätzlich zu bildende Risikovorsorge
	A	B	C=A×B	D=A-C
XY	100	2/10	20	80

Tabelle 17: Umgliederung eines finanziellen Vermögenswertes in das Bad Book[920]

Die Schätzung des erwarteten Kreditverlustes ist bei einem finanziellen Vermögenswert des Bad Book ebenfalls mindestens zu jedem Stichtag, zu dem ein bilanzierendes Unternehmen einen Abschluss oder Zwischenabschluss aufstellt, zu aktualisieren.[921] Da die Höhe der für einen finanziellen Vermögenswert des Bad Book gebildeten Risikovorsorge immer dem gesamten erwarteten Kreditverlust zu entsprechen hat,[922] ist eine Schätzungsänderung direkt und im vollen Umfang erfolgswirksam zu erfassen (Full Catch-up).[923]

422.253.3 Zusammenfassender Überblick über den Ergänzungsentwurf zum ED/2009/12

Die Wertminderungsvorschriften für finanzielle Vermögenswerte nach dem Ergänzungsentwurf zum ED/2009/12 werden in der Abbildung 11 zusammengefasst.

Portfoliobasis ermittelt wird und dementsprechend die Höhe der für den zu transferierenden finanziellen Vermögenswert bereits gebildeten Risikovorsorge nicht vorliegt, muss diese zunächst ermittelt werden. Die Höhe der bereits für dieses Instrument gebildeten Risikovorsorge entspricht dabei dem zeitproportionalen erwarteten Kreditverlust des zu transferierenden finanziellen Vermögenswertes, vgl. IASB (Hrsg.), Supplement to ED/2009/12, Tz. BZ24; KPMG (Hrsg.), Impairment of financial assets, S. 17. Dieser ist dabei nicht anhand des gewichteten durchschnittlichen Alters und der gewichteten durchschnittlichen Gesamtlaufzeit des Portfolios, sondern anhand des Alters und der Gesamtlaufzeit des zu transferierenden finanziellen Vermögenswertes zu bestimmen, vgl. IASB (Hrsg.), Supplement to ED/2009/12, Tz. IE16; HELKE, I./BÄR, M./MORAWIETZ, A., Bilanzierung von Wertminderungen, S. 458.

920 In Anlehnung an IASB (Hrsg.), Supplement to ED/2009/12, Tz. IE18.

921 Vgl. IASB (Hrsg.), Supplement to ED/2009/12, Tz. 4; HELKE, I./BÄR, M./MORAWIETZ, A., Bilanzierung von Wertminderungen, S. 456.

922 Dies resultiert aus Tz. 2(b) des Ergänzungsentwurfes zum ED/2009/12.

923 Die Schätzungsänderung wird daher auch bei einem finanziellen Vermögenswert des Bad Book analog zur ursprünglichen Kreditverlustschätzung behandelt.

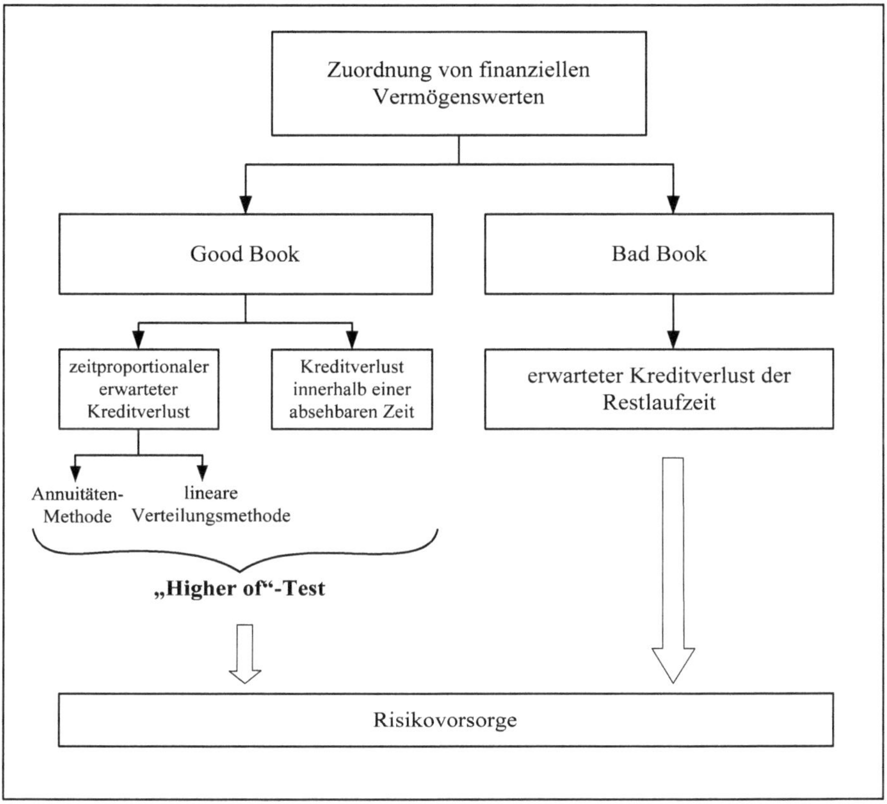

Abbildung 11: Wertminderungsvorschriften nach dem Ergänzungsentwurf zum ED/2009/12

422.254 Zwischenfazit

Zusammenfassend kann festgehalten werden, dass der IASB die Umsetzungsschwierigkeiten des Allokationsvorschlages des ursprünglichen Exposure Draft mit dem Ergänzungsentwurf zu lösen versucht. Im Vergleich zum Allokationsvorschlag des ursprünglichen Exposure Draft ist der erwartete Kreditverlust nach dem Ergänzungsentwurf losgelöst von der Effektivzinsmethode zu erfassen.[924] Eine Verknüpfung zwischen dem Rechnungswesen System und dem Risikomanagement-

[924] Vgl. GRÜNBERGER, D., Verteilung des Expected Loss, S. 242. Die fortgeführten Anschaffungskosten eines finanziellen Vermögenswertes, dessen erwarteter Kreditverlust nach den Vorschlägen des Ergänzungsentwurfes verteilt wird, lassen sich demnach nicht nach den Regelungen des ursprünglichen Exposure Draft ermitteln.

System zur Ermittlung des risikoangepassten Effektivzinssatzes ist somit nach dem Ergänzungsentwurf nicht erforderlich. Des Weiteren ist nach dem Ergänzungsentwurf im Gegensatz zum ursprünglichen Exposure Draft die aktualisierte Kreditverlustschätzung analog zur ursprünglichen Kreditverlustschätzung zu behandeln.[925] Dies sollte insbesondere bei finanziellen Vermögenswerten, die in einem offenen Portfolio verwaltet werden, zu einer erheblichen Erleichterung führen, da ein bilanzierendes Unternehmen nicht mehr zwischen einer Änderung des erwarteten Kreditverlustes, welche auf eine veränderte Zusammenstellung des Portfolios zurückzuführen ist, und der Änderung des erwarteten Kreditverlustes, die aus einer Neueinschätzung des erwarteten Kreditverlustes resultiert, zu unterscheiden hat.

Indes wird ein bilanzierendes Unternehmen durch die Regelungen des Ergänzungsentwurfes auch vor neue Herausforderungen gestellt. Für die Allokation des erwarteten Kreditverlustes ist ein finanzieller Vermögenswert zunächst dem Good Book oder dem Bad Book zuzuordnen. Darüber hinaus sind im Rahmen des „Higher of"-Tests für einen finanziellen Vermögenswert des Good Book zwei Kreditverlustschätzungen zu erstellen. Bevor beide vorgeschlagenen Wertminderungsvorschriften jedoch abschließenden gewürdigt werden, sind diese zunächst in Abschnitt 44 vor dem Hintergrund der qualitativen Anforderungen des Conceptual Framework zu analysieren.

43 Anhangangaben

Sowohl im Exposure Draft als auch im Ergänzungsentwurf sind Vorschläge für die im Rahmen der Folgebewertung von finanziellen Vermögenswerten der Kategorie „Fortgeführte Anschaffungskosten" im Anhang zu berichtenden Informationen enthalten.[926] Da sich durch den vorgesehenen Wechsel des Wertminderungskonzeptes auf ein Expected-Loss-Modell die subjektiven Einflüsse und somit die Ermessensspielräume des bilanzierenden Unternehmens im Rahmen der Bilanzierung von zu fortgeführten Anschaffungskosten folgebewerteten finanziellen Vermögenswerten ausweiten werden, beabsichtigt der Standardsetter mit den vorgeschlagenen Anhangangabepflichten v. a. die Schaffung von Transparenz hinsichtlich der Ausübung dieser Ermessensspielräume durch das bilanzierende Unternehmen.[927]

Die nach den beiden Vorschlägen zu berichtenden Anhangangaben werden daher im Folgenden zunächst vorgestellt und anschließend mit in die kritische Würdigung der beiden Wertminderungsvorschläge in Abschnitt 44 einbezogen. Im Rahmen der Analyse sollen diese dann insbesondere hinsichtlich ihrer Eignung zur Schaffung von Transparenz im Rahmen der Folgebewertung von finanziellen Vermögenswerten der Kategorie „Fortgeführte Anschaffungskosten" beurteilt werden.

---

[925] Vgl. hierzu auch IASB (Hrsg.), Supplement to ED/2009/12, Tz. BC46.

[926] Vgl. zu den Anhangzwecken nach der IFRS-Rechnungslegung KÜTING, K./STRAUß, M., Die Intensität und Komplexität der Anhangangaben nach HGB und IFRS im Vergleich, S. 441.

[927] Vgl. dazu auch FLICK, P./GEHRER, J./MEYER, S., Wertberichtigungen von Finanzinstrumenten nach IFRS, S. 223; SCHMIDT, M., Entwurf des IASB zur Kategorisierung und Bewertung von Finanzinstrumenten, S. 290.

Ein bilanzierendes Unternehmen hat sowohl nach dem ED/2009/12 als auch nach dem Ergänzungsentwurf zum ED/2009/12 seine zu fortgeführten Anschaffungskosten bilanzierten finanziellen Vermögenswerte für die Anhangangaben in geeignete **Berichtsklassen** zusammenzufassen. Die Zusammenstellung dieser Berichtsklassen hat sich dabei an der Art der zu veröffentlichenden Informationen und an den Eigenschaften der finanziellen Vermögenswerte zu orientieren.[928] Beispielsweise könnten diese nach Schuldnern (z. B. Staaten, Finanzinstitutionen, Unternehmen und Privatkunden) oder auch nach Ratings in Berichtsklassen zusammengefasst werden.[929]

Für jede dieser Berichtsklassen hat ein bilanzierendes Unternehmen dann eine **Überleitung** des entsprechenden Wertberichtigungskontos vom Anfangs- bis zum Endbestand einer Periode darzulegen.[930] Nach dem ED/2009/12 hat ein bilanzierendes Unternehmen diese Überleitung nach den folgenden Posten aufzugliedern:[931]

- Zugänge aus der periodenbezogenen Verteilung der anfangs erwarteten Kreditverluste,
- Zugänge aus der Neueinschätzung der erwarteten Kreditverluste (Anstieg der Kreditverlusterwartungen),
- Abgänge aus der Verringerung der Kreditverlusterwartungen und
- Abschreibungen.

Nach dem Ergänzungsentwurf zum ED/2009/12 hat ein bilanzierendes Unternehmen das Wertberichtigungskonto vom Anfangs- bis zum Endbestand einer Periode für jede Berichtsklasse, jeweils getrennt nach dem Good Book und dem Bad Book, überzuleiten.[932] Des Weiteren ist von einem bilanzierenden Unternehmen im Rahmen einer derartigen Überleitung des Wertberichtigungskontos von finanziellen Vermögenswerten des Good Book der Differenzbetrag zwischen der Mindestrisikovorsorge und der Risikovorsorge, die sich mittels des zeitproportionalen erwarteten Kreditverlustes ergeben würde, anzugeben, falls die Höhe des Risikovorsorgebestandes durch die Mindestrisikovorsorge bestimmt wird.[933] Darüber hinaus hat ein bilanzierendes Unternehmen für finanzielle Vermögenswerte, die dem Bad Book zugeordnet wurden, je Berichtsklasse die Überleitung der ent-

928 Vgl. IASB (Hrsg.), ED: Impairment, Tz. 14; IASB (Hrsg.), Supplement to ED/2009/12, Tz. Z6; SCHMIDT, M., Entwurf des IASB zur Kategorisierung und Bewertung von Finanzinstrumenten, S. 290.

929 Vgl. hierzu auch IASB (Hrsg.), Supplement to ED/2009/12, Tz. BZ20.

930 Vgl. IASB (Hrsg.), ED: Impairment, Tz. 15; IASB (Hrsg.), Supplement to ED/2009/12, Tz. Z7.

931 Vgl. IASB (Hrsg.), ED: Impairment, Tz. B22; SCHMIDT, M., Entwurf des IASB zur Kategorisierung und Bewertung von Finanzinstrumenten, S. 290; SCHABER, M./MÄRKL, H./KROH, T., Exposure Draft zu fortgeführten Anschaffungskosten und Wertminderungen, S. 245.

932 Vgl. IASB (Hrsg.), Supplement to ED/2009/12, Tz. Z7(a). Für die nach dem Ergänzungsentwurf vorzunehmende tabellarische Darstellung der Überleitungsrechnung (einschließlich der hierbei zu berücksichtigenden Posten) im Anhang vgl. IASB (Hrsg.), Supplement to ED/2009/12, Tz. BZ22.

933 Vgl. IASB (Hrsg.), Supplement to ED/2009/12, Tz. Z7(b) und Tz. BZ22.

sprechenden Nominalwerte dieser finanziellen Vermögenswerte vom Anfangs- bis zum Endbestand einer Periode zu berichten.[934]

Für finanzielle Vermögenswerte, die dem Good Book zugeordnet wurden, hat ein bilanzierendes Unternehmen des Weiteren für die aktuelle und für die vorherigen **vier Berichtsperioden** die folgenden Anhangangaben in tabellarischer Form zu leisten:[935]

- den gesamten Nominalwert der finanziellen Vermögenswerte,
- den Gesamtbetrag der erwarteten Kreditverluste,
- den Betrag der bereits erfassten Wertberichtigung und
- für den Fall, dass der erwartete Kreditverlust, der innerhalb einer absehbaren Zeit eintreffen könnte, den zeitproportionalen erwarteten Kreditverlust übersteigt, ist dieser Differenzbetrag anzugeben.

Neben diesen Angabepflichten im Anhang zum Wertberichtigungskonto werden vom bilanzierenden Unternehmen sowohl nach dem Exposure Draft als auch nach dem Ergänzungsentwurf umfangreiche Anhangangaben zur **Kreditverlustschätzung** verlangt. Im Rahmen dieser Angabepflichten im Anhang hat ein bilanzierendes Unternehmen Informationen über die Kreditverlustschätzungen sowie über etwaige Schätzungsänderungen im Anhang bereitzustellen.[936] Hierbei wird gefordert, dass ein bilanzierendes Unternehmen die im Rahmen der Kreditverlustschätzungen verwendeten Inputparameter und die Annahmen, die bei den Schätzungen der erwarteten Kreditverluste zugrunde gelegt wurden, erläutert.[937]

Um diesen Anforderungen gerecht zu werden, hat das Unternehmen über die Herkunft der Inputparameter[938] und über das Schätzungsverfahren zu berichten, die Schätzungsänderungen sowie die Gründe für diese Änderungen zu erklären[939] und, sofern ein Wechsel des Schätzungsverfahrens stattgefunden hat, den Wechsel und den Grund dafür darzulegen.[940] Diesen Anhangangabepflichten ist sowohl nach dem ED/2009/12 als auch nach dem Ergänzungsentwurf zum ED/2009/12 nachzukommen. Nach dem Ergänzungsentwurf sind diese Informationen jeweils separat für den Gesamtbetrag der erwarteten Kreditverluste und für die erwarteten Kreditverluste, die innerhalb einer ab-

---

934 Vgl. IASB (Hrsg.), Supplement to ED/2009/12, Tz. Z7(c). Vgl. zu dieser Überleitung auch IASB (Hrsg.), Supplement to ED/2009/12, Tz. BZ22.

935 Vgl. IASB (Hrsg.), Supplement to ED/2009/12, Tz. Z8; HELKE, I./BÄR, M./MORAWIETZ, A., Bilanzierung von Wertminderungen, S. 459.

936 Vgl. IASB (Hrsg.), ED: Impairment, Tz. 16; IASB (Hrsg.), Supplement to ED/2009/12, Tz. Z9.

937 Vgl. IASB (Hrsg.), ED: Impairment, Tz. 17; IASB (Hrsg.), Supplement to ED/2009/12, Tz. Z10.

938 Ein bilanzierendes Unternehmen hat hierbei die verwendete Datenquelle, auf die im Rahmen der Bestimmung der Inputparameter zurückgegriffen wurde, anzugeben, vgl. IASB (Hrsg.), ED: Impairment, Tz. 17(a); IASB (Hrsg.), Supplement to ED/2009/12, Tz. Z10(a).

939 Nach dem Exposure Draft hat ein bilanzierendes Unternehmen neben den Gründen für die Schätzungsänderung auch über die neuen Annahmen und Inputparameter zu berichten, vgl. IASB (Hrsg.), ED: Impairment, Tz. 17(c).

940 Vgl. IASB (Hrsg.), ED: Impairment, Tz. 17; IASB (Hrsg.), Supplement to ED/2009/12, Tz. Z10.

sehbaren Zeit eintreten könnten, darzulegen.[941] Des Weiteren hat ein bilanzierendes Unternehmen nach dem Ergänzungsentwurf darüber zu berichten, welcher **Zeitraum** für die Schätzung der erwarteten Kreditverluste, die innerhalb einer absehbaren Zeit eintreten könnten, gewählt und wie dieser Zeitraum bestimmt wurde.[942]

Zusätzlich zu diesen dargelegten Anhangangaben verlangen die Vorschläge des ursprünglichen Exposure Draft vom bilanzierenden Unternehmen, dass dieses eine **Szenarioanalyse** durchführt.[943] Im Rahmen der Szenarioanalyse hat ein bilanzierendes Unternehmen zu prüfen, ob eine Änderung eines oder mehrerer Inputparameter unter Verwendung vernünftiger möglicher alternativer Annahmen den anfänglich erwarteten Kreditverlust oder den aus der Neueinschätzung resultierenden Kreditverlust wesentlich verändert. Ist dies der Fall, so hat ein bilanzierendes Unternehmen darauf hinzuweisen und die entsprechenden Auswirkungen anzugeben.[944]

Ferner hat ein bilanzierendes Unternehmen nach dem ED/2009/12 die Beträge, die auf Schätzungsänderungen der Kreditverlusterwartungen zurückgehen und demnach direkt zu erfassen sind, näher zu erläutern.[945] Sofern diese Beträge eine wesentliche Auswirkung auf das Ergebnis eines bilanzierenden Unternehmens haben oder auf ein bestimmtes Risiko zurückgeführt werden können, so sind weitere quantitative und qualitative Angaben über diese Beträge bereitzustellen.[946] Beispielsweise könnte ein bilanzierendes Unternehmen hierbei den Adressaten weitere Informationen hinsichtlich des entsprechenden Risikos, welches zu der Schätzungsänderung geführt hat, zur Verfügung stellen. Darüber hinaus könnte ein bilanzierendes Unternehmen erläutern, welche finanziellen Vermögenswerte von diesem Risiko v. a. betroffen sind.

Anhand der durch die beiden Vorschläge im Anhang in Bezug auf die Kreditverlustschätzung bereitgestellten Informationen sollten die Adressaten grundsätzlich die Möglichkeit erhalten, ein Verständnis für die durch ein Unternehmen durchgeführte Kreditverlustschätzung zu entwickeln.[947]

---

941 Vgl. IASB (Hrsg.), Supplement to ED/2009/12, Tz. Z10.

942 Vgl. IASB (Hrsg.), Supplement to ED/2009/12, Tz. Z10; HELKE, I./BÄR, M./MORAWIETZ, A., Bilanzierung von Wertminderungen, S. 459. Ferner hat ein bilanzierendes Unternehmen nach dem Ergänzungsentwurf über wesentliche positive oder negative Einflüsse, die von einem bestimmten Portfolio oder einer geographischen Region auf die Höhe der Wertminderungen einer Periode ausgehen, im Anhang zu berichten, vgl. IASB (Hrsg.), Supplement to ED/2009/12, Tz. Z11; HELKE, I./BÄR, M./MORAWIETZ, A., Bilanzierung von Wertminderungen, S. 459.

943 Vgl. SCHMIDT, M., Entwurf des IASB zur Kategorisierung und Bewertung von Finanzinstrumenten, S. 290; FLICK, P./GEHRER, J./MEYER, S., Wertberichtigungen von Finanzinstrumenten nach IFRS, S. 224.

944 Vgl. IASB (Hrsg.), ED: Impairment, Tz. 17(b). Eine hierzu vergleichbare Vorschrift findet sich in IFRS 13. Sofern nach IFRS 13 eine Fair-Value-Bewertung der dritten Hierarchiestufe zugeordnet wurde und eine Änderung eines unbeobachtbaren Inputparameters unter Verwendung vernünftiger möglicher alternativer Annahmen den Fair Value eines finanziellen Vermögenswertes wesentlich verändert, hat ein bilanzierendes Unternehmen hierüber im Anhang zu berichten, vgl. IFRS 13.93(h)(ii). Vgl. hierzu auch IDW (Hrsg.), IDW RS HFA 24, Tz. 44.

945 Vgl. IASB (Hrsg.), ED: Impairment, Tz. 18.

946 Vgl. IASB (Hrsg.), ED: Impairment, Tz. 18; SCHMIDT, M., Entwurf des IASB zur Kategorisierung und Bewertung von Finanzinstrumenten, S. 290.

947 Vgl. hierzu auch DAM-RATZESBERGER, S., Wertminderung, S. 230.

Durch die diesbezüglich vorgeschlagenen Anhangangaben wird daher die Erläuterungsfunktion des Anhangs hinsichtlich der Kreditverlustschätzung erfüllt.

Darüber hinaus wird im ursprünglichen Exposure Draft vorgeschlagen, dass ein bilanzierendes Unternehmen für jede Berichtsklasse einen Zeitvergleich zwischen der **Entwicklung des Wertberichtigungskontos** und der **kumulierten Abschreibungen** vornimmt.[948] Durch diese Informationen soll einem Adressaten v. a. ein Vergleich zwischen den erwarteten Kreditverlusten und den tatsächlich eingetretenen Kreditverlusten ermöglicht werden.[949]

Vergleichbare Angabepflichten finden sich auch im Ergänzungsentwurf. Nach diesen hat ein bilanzierendes Unternehmen ebenfalls Informationen bereitzustellen, die einen Vergleich zwischen den vorangegangenen Kreditverlustschätzungen und den tatsächlich eingetroffenen Kreditverlusten ermöglichen.[950] Sofern einem bilanzierenden Unternehmen bereits im Rahmen des sog. **Backtesting** quantitative Informationen über diesen Vergleich vorliegen, sollen die Informationen angegeben und ggf. um qualitative Erläuterungen ergänzt werden, damit Adressaten den Unterschied zwischen den tatsächlich eingetretenen Kreditverlusten und den vorangegangenen Kreditverlustschätzungen nachvollziehen können.[951] Liegen bei einem bilanzierenden Unternehmen keine derartigen quantitativen Informationen vor, so hat es eine vergleichbare qualitative Analyse zu erstellen und diese bereitzustellen.[952]

Anhand der Informationen, die ein bilanzierendes Unternehmen den Adressaten sowohl nach dem Exposure Draft als auch nach dem Ergänzungsentwurf für einen Vergleich zwischen den erwarteten und den tatsächlichen Kreditverlusten bereitzustellen hat, sollte den Adressaten grundsätzlich eine

---

948 Vgl. IASB (Hrsg.), ED: Impairment, Tz. 19. Dieser Vergleich soll in tabellarischer Form vorgenommen werden, vgl. hierzu auch IASB (Hrsg.), ED: Impairment, Tz. B24. Sofern die Auswirkungen geänderter Kreditverlustschätzungen einen wesentlichen Einfluss auf diesen Zeitvergleich nehmen, ist eine qualitative Analyse dieser Auswirkungen durchzuführen und hierüber zu berichten, vgl. IASB (Hrsg.), ED: Impairment, Tz. 19(b); SCHABER, M./MÄRKL, H./KROH, T., Exposure Draft zu fortgeführten Anschaffungskosten und Wertminderungen, S. 245.

949 Vgl. IASB (Hrsg.), ED: Impairment, Tz. BC59. Sofern im Rahmen des internen Risikomanagements Stresstests durchgeführt werden, hat ein bilanzierendes Unternehmen nach dem Exposure Draft diese zu beschreiben und die Ergebnisse dieser Tests offenzulegen. Darüber hinaus hat ein bilanzierendes Unternehmen für jede Berichtsklasse Informationen hinsichtlich nicht mehr bedienter Kredite sowie Informationen hinsichtlich der Emissionszeitpunkte sowie der entsprechenden Endfälligkeitszeitpunkte der finanziellen Vermögenswerte offenzulegen, vgl. hierzu IASB (Hrsg.), ED: Impairment, Tz. 20-22; SCHMIDT, M., Entwurf des IASB zur Kategorisierung und Bewertung von Finanzinstrumenten, S. 291; SCHABER, M./MÄRKL, H./KROH, T., Exposure Draft zu fortgeführten Anschaffungskosten und Wertminderungen, S. 245 f.

950 Vgl. IASB (Hrsg.), Supplement to ED/2009/12, Tz. Z12; HELKE, I./BÄR, M./MORAWIETZ, A., Bilanzierung von Wertminderungen, S. 459.

951 Vgl. IASB (Hrsg.), Supplement to ED/2009/12, Tz. Z12(a). Zur Bedeutung des Backtesting im Rahmen des Expected-Loss-Modells vgl. WOHLMANNSTETTER, G./ECKERT, S./MAIFARTH, M./WOLFGARTEN, W., Rechnungslegung für Kreditrisiken, S. 535. Im Rahmen eines Backtesting-Verfahrens werden ex ante vorgenommene Kreditverlustschätzungen mit ex post beobachtbaren Kreditausfällen verglichen. Sofern diese Werte signifikant voneinander abweichen, werden entsprechende Anpassungen des Schätzverfahrens vorgenommen, vgl. hierzu auch DALDRUP, A., Kreditrisikoquantifizierung, S. 142.

952 Vgl. IASB (Hrsg.), Supplement to ED/2009/12, Tz. Z12(b); HELKE, I./BÄR, M./MORAWIETZ, A., Bilanzierung von Wertminderungen, S. 459.

Beurteilung der Schätzqualität des Managements ermöglicht werden.[953] Größere Abweichungen zwischen diesen Werten sollten hierbei die Kompetenz des Managements hinsichtlich der Ermittlung des erwarteten Kreditverlustes in Frage stellen. Diese Informationen sollten daher nützlich für die Adressaten sein.

Im Gegensatz zu den nach dem Exposure Draft vorzunehmenden Anhangangaben hat ein bilanzierendes Unternehmen im Rahmen der Anhangangabepflichten des Ergänzungsentwurfes zusätzlich über das **interne Risikomanagement** zu berichten. Dieses Erfordernis resultiert aus der in dem Ergänzungsentwurf vorgesehenen stärkeren Verknüpfung der Erfassung des erwarteten Kreditverlustes mit dem internen Risikomanagement.[954] Hierbei hat ein Unternehmen Informationen zu seinen internen Ausfallrisikomanagementprozessen darzulegen.[955] Durch diese Informationen sollen die Adressaten ein besseres Verständnis hinsichtlich des Zusammenhangs zwischen der Steuerung finanzieller Vermögenswerte und den entsprechenden Kreditverlustschätzungen erhalten.[956] Im Rahmen dieser der Anhangangabepflichten hat ein bilanzierendes Unternehmen die verwendeten Kriterien, auf deren Grundlage zwischen finanziellen Vermögenswerten des Good Book und finanziellen Vermögenswerten des Bad Book unterschieden wird, zu beschreiben.[957] Sofern hierbei bspw. auf Länge des Zeitraums, seit dem der Schuldner eines finanziellen Vermögenswertes mit seinen Zins- und Tilgungsleistungen in Verzug ist, als eines der Abgrenzungskriterien zurückgegriffen wird, sollte das bilanzierende Unternehmen diese Länge im Anhang quantifizieren.

Des Weiteren wird im Ergänzungsentwurf unterstellt, dass die finanziellen Vermögenswerte eines Unternehmens auf Basis von Ratingklassen gesteuert werden. Für jede dieser Ratingklassen hat ein bilanzierendes Unternehmen nach den Anhangangabepflichten des Ergänzungsentwurfes den Nominalwert der in dieser Klasse enthaltenen finanziellen Vermögenswerte, den Gesamtbetrag des erwarteten Kreditverlustes und den Betrag des erwarteten Kreditverlustes, der innerhalb einer absehbaren Zeit eintreten könnte, bereitzustellen.[958] Die Zahl der Ratingklassen, für die im Anhang diese Informationen zu berichten sind, soll hierbei die Zahl der im internen Ausfallrisikomanagement verwendeten Ratingklassen nicht überschreiten. Sie muss jedoch mindestens eine Unterscheidung zwischen finanziellen Vermögenswerten des Good Book und des Bad Book ermöglichen.[959] Ferner kann ein bilanzierendes Unternehmen konkrete Informationen hinsichtlich der Höhe der in die Kreditverlustschätzung einfließenden Inputparameter (bspw. der Höhe der Verlustquote, der

[953] Vgl. hierzu auch SCHABER, M./MÄRKL, H./KROH, T., Exposure Draft zu fortgeführten Anschaffungskosten und Wertminderungen, S. 245.

[954] Vgl. hierzu auch HELKE, I./BÄR, M./MORAWIETZ, A., Bilanzierung von Wertminderungen, S. 459.

[955] Vgl. IASB (Hrsg.), Supplement to ED/2009/12, Tz. Z13; HELKE, I./BÄR, M./MORAWIETZ, A., Bilanzierung von Wertminderungen, S. 459.

[956] Vgl. IASB (Hrsg.), Supplement to ED/2009/12, Tz. Z13.

[957] Vgl. IASB (Hrsg.), Supplement to ED/2009/12, Tz. Z15(a).

[958] Vgl. IASB (Hrsg.), Supplement to ED/2009/12, Tz. Z14.

[959] Vgl. IASB (Hrsg.), Supplement to ED/2009/12, Tz. Z14; HELKE, I./BÄR, M./MORAWIETZ, A., Bilanzierung von Wertminderungen, S. 459.

Höhe des Kreditengagements zum Ausfallzeitpunkt und der Ausfallwahrscheinlichkeit) je Ratingklasse bereitstellen.[960]

Sofern ein bilanzierendes Unternehmen im Rahmen seiner Kreditverlustschätzung auf ein **internes Ratingsystem** zurückgreift, sind die entsprechenden Ratingklassen zu beschreiben und mit externen Ratingklassen zu vergleichen.[961] Des Weiteren hat ein bilanzierendes Unternehmen darzulegen, wie finanzielle Vermögenswerte den internen Ratingklassen zugeordnet werden.[962]

Insgesamt ist festzuhalten, dass ein bilanzierendes Unternehmen sowohl nach dem ursprünglichen Exposure Draft als auch nach dem Ergänzungsentwurf umfangreichen Anhangangabepflichten im Rahmen der Bilanzierung von zu fortgeführten Anschaffungskosten bewerteten finanziellen Vermögenswerten nachzukommen hat. Die Unterschiede zwischen den nach den jeweiligen Vorschlägen zu leistenden Anhangangaben lassen sich hierbei größtenteils auf die voneinander abweichenden Allokationsvorschläge der beiden Wertminderungsvorschriften für den erwarteten Kreditverlust zurückführen. Auch wenn umfangreiche Anhangangaben zur Folgebewertung eines finanziellen Vermögenswertes der Kategorie „Fortgeführte Anschaffungskosten" grundsätzlich zu begrüßen sind, droht indes die Gefahr eines Information Overload.[963] Aufgrund des Umfangs und des Detailliertheitsgrades der nach den beiden Vorschlägen im Anhang zu berichtenden Informationen werden die vorgeschlagenen Anhangangaben daher in der Literatur teilweise kritisch gesehen.[964] Sofern jedoch die Bereitstellung dieser umfangreichen Anhanginformationen nicht zulasten ihrer Qualität geht, sollte hierdurch der Nutzen dieser Anhangangaben für die Abschlussadressaten nicht vermindert werden.[965]

960 Vgl. IASB (Hrsg.), Supplement to ED/2009/12, Tz. Z14.

961 Vgl. IASB (Hrsg.), Supplement to ED/2009/12, Tz. Z15(b)(i) und Tz. Z15(b)(ii); HELKE, I./BÄR, M./MORAWIETZ, A., Bilanzierung von Wertminderungen, S. 459.

962 Vgl. IASB (Hrsg.), Supplement to ED/2009/12, Tz. Z15(c).

963 Vgl. hierzu auch HAAKER, A./FREIBERG, J., Aufblähung des Anhangs zur Kapitalmarktinformation?, S. 80.

964 Vgl. BÄR, M., Wertminderungsmodell für finanzielle Vermögenswerte, S. 295.

965 Vgl. hierzu auch HAAKER, A./FREIBERG, J., Aufblähung des Anhangs zur Kapitalmarktinformation?, S. 80;

44 Kritische Würdigung der Wertminderungsvorschriften des ED/2009/12 und des Ergänzungsentwurfes zum ED/2009/12

441. Analyse vor dem Hintergrund der qualitativen Anforderungen des Conceptual Framework

441.1 Vorgehen im Rahmen der Analyse

Die beiden zum gegenwärtigen Zeitpunkt der Arbeit vorliegenden Vorschläge zu den künftigen Wertminderungsvorschriften des IFRS 9 werden im Folgenden vor dem Hintergrund der fundamentalen und fördernden qualitativen Anforderungen des Conceptual Framework untersucht. Zunächst sollen die beiden Wertminderungsvorschriften in Bezug auf die fundamentalen qualitativen Anforderungen analysiert werden. Sofern die durch die jeweiligen Vorschläge vermittelten Informationen beide fundamentalen qualitativen Anforderungen erfüllen, sind diese entsprechend dem Conceptual Framework annahmegemäß für die Adressaten entscheidungsnützlich.[966] In einem nächsten Schritt gilt es dann zu untersuchen, inwieweit die durch die Regelungen generierten Informationen fähig sind, die fördernden qualitativen Anforderungen zu erfüllen, um den Grad der Entscheidungsnützlichkeit dieser Informationen zu beurteilen.[967]

441.2 Analyse in Bezug auf die fundamentalen qualitativen Anforderungen des Conceptual Framework

441.21 Relevanz

441.211 Überblick

In Bezug auf die fundamentale qualitative Anforderung der Relevanz gilt es zu analysieren, inwieweit durch die beiden Wertminderungsvorschriften Informationen bereitgestellt werden, die geeignet sind, die wirtschaftlichen Entscheidungen der Adressaten zu beeinflussen.[968] Diese Fähigkeit wird einer Information zugesprochen, falls diese von den Adressaten als Ausgangsbasis für eine Prognose verwendet werden kann (Vorhersagekraft) oder diese eine vorherige Schätzung bestätigt oder ändert (Bestätigungskraft).[969] Für die Adressaten sind demnach Informationen von Interesse, die ihnen einen Einblick über die Breite, zeitliche Struktur und Unsicherheit von künftigen Zahlungsströmen eines Unternehmens bereitstellen, um hieraus das künftige Ertragspotenzial und somit

---

[966] Vgl. Abschnitt 213.11.
[967] Vgl. Abschnitt 213.21.
[968] Vgl. CF.QC6; BAETGE, J./KIRSCH, H.-J./THIELE, S., Bilanzen, S. 145.
[969] Vgl. Abschnitt 213.12.

die Fähigkeit eines Unternehmens, künftig Ausschüttungen sowie Zins- und Tilgungsleistungen zu leisten, beurteilen zu können.[970]

Im Folgenden wird die Relevanz der Folgebewertung eines finanziellen Vermögenswertes der Kategorie „Fortgeführte Anschaffungskosten" nach den beiden vorliegenden Vorschlägen untersucht. Auf eine grundlegende Analyse der Relevanz der Bewertungsmaßstäbe Fair Value und (fortgeführte) Anschaffungskosten wird in dieser Arbeit hingegen verzichtet.[971]

441.212 Folgebewertung eines finanziellen Vermögenswertes

Ein finanzieller Vermögenswert der Kategorie „Fortgeführte Anschaffungskosten" ist zum Ansatzzeitpunkt i. d. R. mit seinem Transaktionspreis in die Bilanz eines Unternehmens aufzunehmen.[972] Dieser entspricht bei einem finanziellen Vermögenswert i. d. R. dem Barwert der künftig erwarteten Zahlungsströme des Instrumentes und stellt daher als zukunftsbezogene Größe eine relevante Information für die Adressaten dar.[973]

Im Rahmen der Folgebewertung sind die Anschaffungskosten (Transaktionspreis) eines finanziellen Vermögenswertes der Kategorie „Fortgeführte Anschaffungskosten" mittels der Effektivzinsmethode fortzuführen.[974] Aufgrund der vorgeschlagenen **Wertminderungsvorschriften** sind jedoch nicht die anhand der Effektivzinsmethode ermittelten fortgeführten Anschaffungskosten (Brutto)[975] des finanziellen Vermögenswertes bei seiner Folgebewertung in der Bilanz auszuweisen, sondern diese sind sowohl nach dem Vorschlag des ED/2009/12 als auch nach dem Ergänzungsentwurf zum ED/2009/12 um die Höhe der bereits gebildeten Risikovorsorge für den **erwarteten Kreditverlust** zu korrigieren. Diese Korrektur wird aufgrund des beiden Vorschlägen zugrundeliegenden **Expected-Loss-Modells** erforderlich, da der erwartete Kreditverlust nach diesem Modell bereits frühzeitig zu berücksichtigen ist. Ohne diese Korrektur würden sowohl durch die fortgeführten Anschaffungskosten (Brutto) als auch durch die vollständige Vereinnahmung des Bruttozinsertrages des finanziellen Vermögenswertes unterstellt, dass der Schuldner seinen vertraglichen Verpflichtungen vollständig nachkommt.[976] Da der Kreditzins eines finanziellen Vermögenswertes jedoch bereits eine Ausfallprämie enthält und folglich eine gewisse Ausfallerwartung hinsichtlich des Schuldners besteht, ist nach dem Expected-Loss-Modell im Gegensatz zum Incurred-Loss-Modell

---

970 Vgl. BERENTZEN, C., IFRS 9, S. 152; DOHRN, M., Entscheidungsrelevanz des Fair Value-Accounting, S. 194 f.; STREIM, H./BIEKER, M./ESSER, M., Vermittlung entscheidungsnützlicher Informationen, S. 470; SCHILDBACH, T., Fair value-Statik, S. 582.

971 Für eine derartige Analyse vgl. BERENTZEN, C., IFRS 9, S. 153-155.

972 Vgl. Abschnitt 41.

973 Vgl. BERENTZEN, C., IFRS 9, S. 153. Vgl. zur hohen Relevanz von zukunftsbezogenen Informationen BAETGE, J., Shareholder-Value-Reporting, S. 178.

974 Zur geringen Relevanz von fortgeführten Anschaffungskosten, die anhand der Effektivzinsmethode ermittelt werden, vgl. BERENTZEN, C., IFRS 9, S. 153.

975 Der hierbei zu verwendende Effektivzinssatz wird anhand der vertraglichen Cashflows des finanziellen Vermögenswertes ermittelt, vgl. Abschnitt 422.252.1 und Abschnitt 422.253.22.

976 Vgl. WIMMER, K./KUSTERER, S., Kreditrisikovorsorgemodelle, S. 459; Abschnitt 422.252.1.

für diese Ausfallerwartung bereits frühzeitig eine Risikovorsorge aufzubauen. Der Betrag, um den die Risikovorsorge in einer Periode zu erhöhen ist, mindert hierbei den Bruttozinsertrag eines finanziellen Vermögenswertes. Hierdurch wird sowohl eine überhöhte **Ertragslage** als auch durch die Korrektur der fortgeführten Anschaffungskosten (Brutto) um die Höhe der bereits gebildeten Risikovorsorge eine zu positive Darstellung der **Vermögenslage** des bilanzierenden Unternehmens verhindert,[977] die bisher nach dem Incurred-Loss-Modell vermittelt werden, da dort bestehende Ausfallerwartung unberücksichtigt bleiben.

Der im Rahmen der Folgebewertung in der Bilanz auszuweisende Betrag ist daher um die Höhe der bereits gebildeten Risikovorsorge für den erwarteten Kreditverlust vermindert.[978] Der Kreditverlust, der über die Restlaufzeit des finanziellen Vermögenswertes erwartet wird, ist dabei nach beiden Vorschlägen zu jedem Bewertungsstichtag erneut einzuschätzen, so dass hierdurch der erwartete Kreditverlust und somit auch die Risikovorsorge fortlaufend angepasst werden.

Sowohl nach den Wertminderungsvorschriften des ED/2009/12 als auch nach den Vorschlägen des Ergänzungsentwurfes zum ED/2009/12 ist somit der **erwartete Kreditverlust** bei der Folgebewertung eines finanziellen Vermögenswertes mit einzubeziehen.[979] Der in einer Folgeperiode in der Bilanz auszuweisende Betrag weist damit im Vergleich zu den fortgeführten Anschaffungskosten des IAS 39 einen stärkeren Zukunftsbezug auf, da nach dem **Incurred-Loss-Modell** nur ein bereits eingetretener Kreditverlust im Rahmen der Folgebewertung eines finanziellen Vermögenswertes berücksichtigt werden darf. Demzufolge können die Bilanzadressaten durch diese Information die künftigen Cashflows eines finanziellen Vermögenswertes besser einschätzen (**Vorhersagekraft**).[980] Darüber hinaus hat ein bilanzierendes Unternehmen sowohl nach dem Exposure Draft als auch nach dem Ergänzungsentwurf den Adressaten Informationen bereitzustellen, die diesen einen Vergleich zwischen den erwarteten Kreditverlusten und den tatsächlich eingetretenen Kreditverlusten ermöglichen.[981] Diese Informationen besitzen eine **Bestätigungskraft**. Die durch die beiden Vorschläge vermittelten Informationen sind somit grundsätzlich relevant für die Bilanzadressaten.[982]

---

977 Vgl. Abschnitt 422.21.

978 Vgl. dazu auch EFRAG & FEE (Hrsg.), Impairment of Financial Assets, Tz. 80.

979 Die vorgeschlagenen Vorschriften kommen demnach dem Informationsbedürfnis der Adressaten hinsichtlich des erwarteten Kreditverlustes eines finanziellen Vermögenswertes nach, vgl. zu diesem Informationsbedürfnis der Adressaten auch GEBHARDT, G./STRAMPELLI, S., Bilanzierung von Kreditrisiken, S. 525.

980 FLICK/GEHRER/KRAKUHN sehen in den vorgeschlagenen Wertminderungsvorschriften sogar eine dem Fair Value nähere Folgebewertung von finanziellen Vermögenswerten der Kategorie „Fortgeführte Anschaffungskosten", vgl. FLICK, P./GEHRER, J./KRAKUHN, J., Geplante Änderungen des ED/2009/12, S. 552. So auch BÄR, M., Wertminderungsmodell für finanzielle Vermögenswerte, S. 294. Dem Fair Value eines finanziellen Vermögenswertes (Mark-to-Model) wird dabei i. d. R. gegenüber den fortgeführten Anschaffungskosten eines finanziellen Vermögenswertes eine höhere Informationsrelevanz zugesprochen, vgl. hierzu auch DAETOE, J., Verwendung von DCF-Kalkülen bei der Bilanzierung nach IFRS, S. 17; STREIM, H./BIEKER, M./ESSER, M., Zweckmäßigkeitsanalyse, S. 101. Zur höheren Relevanz von zukunftsbezogenen Informationen im Vergleich zu vergangenheitsbezogenen Informationen vgl. KÜTING, K., Objektivierungsgrundsatz im HGB- und IFRS-System, S. 1407.

981 Vgl. IASB (Hrsg.), Supplement to ED/2009/12, Tz. Z12; IASB (Hrsg.), ED: Impairment, Tz. 19. Indes muss hierbei berücksichtigt werden, dass, sofern die tatsächlichen Kreditverluste von den erwarteten Kreditverlusten abwei-

441.213 Allokation des erwarteten Kreditverlustes

Hinsichtlich der **Allokation** des erwarteten Kreditverlustes unterscheiden sich die beiden vorliegenden Wertminderungsvorschläge voneinander. Nach dem Vorschlag des **ED/2009/12** ist der anfänglich erwartete Kreditverlust nach der Effektivzinsmethode über die Laufzeit des finanziellen Vermögenswertes zu verteilen.[983] Die fortgeführten Anschaffungskosten eines finanziellen Vermögenswertes entsprechen aufgrund dieser Vorgehensweise dann dem **Barwert der erwarteten Zahlungsströme** (unter Berücksichtigung des erwarteten Kreditverlustes), der anhand des risikoangepassten Effektivzinssatzes zu ermitteln ist.[984] Da das Einzahlungspotenzial eines finanziellen Vermögenswertes am besten über den Barwert der erwarteten Zahlungsströme ausgedrückt wird,[985] stellen die nach dem Vorschlag des ED/2009/12 ermittelten fortgeführten Anschaffungskosten eines finanziellen Vermögenswertes somit für die Adressaten eine relevante Information dar.

Nach dem Vorschlag des **Ergänzungsentwurfes zum ED/2009/12** richtet sich die Erfassung des erwarteten Kreditverlustes nach der Gruppe, zu der ein finanzieller Vermögenswert durch das interne Risikomanagement zugeordnet wurde. Bei einem finanziellen Vermögenswert des **Good Book**, bei dem die Höhe der Risikovorsorge anhand des zeitproportionalen Verfahrens ermittelt wird, werden hierdurch weitgehend vergleichbare Ergebnisse zur Verteilung des erwarteten Kreditverlustes nach dem ED/2009/12 erzielt.[986]

Dies gilt jedoch nur, sofern im Rahmen der Ermittlung des zeitproportionalen erwarteten Kreditverlustes auf einen diskontierten erwarteten Kreditverlust zurückgegriffen wird. Einem bilanzierenden Unternehmen wird jedoch bei der linearen Methode das Wahlrecht eingeräumt, den erwarteten Kreditverlust entweder als diskontierten oder als undiskontierten Wert zu ermitteln.[987] Wird dieser anhand eines undiskontierten Wertes bestimmt, so wird sich der in der Bilanz für einen finanziellen Vermögenswert auszuweisende Betrag zwischen den beiden Wertminderungsvorschriften deutlicher voneinander unterscheiden.

Da die fortgeführten Anschaffungskosten (Brutto) eines finanziellen Vermögenswertes dem Barwert der künftigen Cashflows des Finanzinstrumentes entsprechen, sollte aus konzeptioneller Sicht diesen auch ein barwertiger erwarteter Kreditverlust gegenübergestellt werden.[988] Zudem wird bei

chen, dies nicht zwangsläufig einen Hinweis auf die Anwendung von Bilanzpolitik durch das bilanzierende Unternehmen darstellt, da diese Abweichung ebenfalls aus der Variabilität der in die Kreditverlustschätzung einfließenden Kreditverlustszenarien resultieren kann, vgl. dazu auch STREIM, H./BIEKER, M./ESSER, M., Vermittlung entscheidungsnützlicher Informationen, S. 475.

982 Vgl. dazu auch EFRAG & FEE (Hrsg.), Impairment of Financial Assets, Tz. 75.

983 Vgl. Abschnitt 422.252.1.

984 Vgl. Abschnitt 422.252.1.

985 Vgl. hierzu auch STREIM, H./BIEKER, M./ESSER, M., Vermittlung entscheidungsnützlicher Informationen, S. 470.

986 Vgl. hierzu auch IASB (Hrsg.), Supplement to ED/2009/12, Tz. BC37 und BC43.

987 Vgl. Abschnitt 422.253.22.

988 Vgl. hierzu auch HELKE, I./BÄR, M./MORAWIETZ, A., Bilanzierung von Wertminderungen, S. 460; IASB (Hrsg.), Comment letter summary, Tz. 62; IASB (Hrsg.), Discounted versus undiscounted expected losses, Tz. 12.

der Zugangsbewertung eines finanziellen Vermögenswertes implizit ein barwertiger erwarteter Kreditverlust berücksichtigt. Der Rückgriff auf einen undiskontierten erwarteten Kreditverlust bei der Folgebewertung eines finanziellen Vermögenswertes ist demnach ebenfalls konzeptionell inkonsistent zu seiner Zugangsbewertung.[989] Daher ist die Verwendung eines barwertigen Kreditverlustes zu empfehlen. Wird auf einen undiskontierten Wert zurückgegriffen, so sollte dieser Wert für die Adressaten weniger relevant sein. Daher werden durch den Ergänzungsentwurf für einen finanziellen Vermögenswert des Good Book, bei dem die Höhe der Risikovorsorge anhand des zeitproportionalen Verfahrens ermittelt wird, nur insofern Informationen vermittelt, die hinsichtlich ihrer Relevanz vergleichbar zu denen des Exposure Draft sind, falls auf einen diskontierten erwarteten Kreditverlust zurückgegriffen wird.

Sofern die Höhe der Risikovorsorge eines finanziellen Vermögenswertes des Good Book nicht anhand des zeitproportionalen Verfahrens, sondern gemäß dem erwarteten Kreditverlust, der innerhalb einer **absehbaren Zeit** eintreten könnte, determiniert wird,[990] kann es u. U. zu einer deutlichen Abweichung zwischen dem nach dem Ergänzungsentwurf zu ermittelnden Nettobuchwert eines finanziellen Vermögenswertes und den nach dem ED/2009/12 zu ermittelnden fortgeführten Anschaffungskosten eines finanziellen Vermögenswertes kommen. Der Nettobuchwert wird hierbei i. d. R. den Betrag der fortgeführten Anschaffungskosten des ED/2009/12 unterschreiten, da in dieser Situation die Risikovorsorge für einen finanziellen Vermögenswert einen höheren Wert aufweist, als dies nach der Verteilung des erwarteten Kreditverlustes mittels der Effektivzinsmethode der Fall wäre. Dieser Betrag ist für die Adressaten nur eingeschränkt relevant, da dieser nicht mehr dem Barwert der erwarteten Cashflows eines finanziellen Vermögenswertes entspricht. Darüber hinaus steht die Bildung der Mindestrisikovorsorge der ursprünglich Zielsetzung des IASB entgegen, die Risikovorsorge für einen finanziellen Vermögenswert zeitlich korrespondierend zu der Vereinnahmung der Ausfallprämie aufzubauen.[991]

Ein weiterer Unterschied zwischen den beiden Vorschlägen besteht in der Erfassung der **Änderung des erwarteten Kreditverlustes,** die aus einer Neueinschätzung der Ausfallerwartung resultiert. Diese wird nach dem Ergänzungsentwurf zum ED/2009/12 bei einem finanziellen Vermögenswert des Good Book, sofern die Höhe der Risikovorsorge anhand des zeitproportionalen Verfahrens ermittelt wird, über die Restlaufzeit des finanziellen Vermögenswertes verteilt. In den Ausführungen zu Abschnitt 422.253.22 konnte jedoch gezeigt werden, dass eine Änderung der Kreditverlustschätzung bei einer zeitproportionalen Verteilung des erwarteten Kreditverlustes zu einem **Partial Catch-up** in der Periode der Schätzungsänderung führt, so dass der aus der Änderung der Kreditverlustschätzung resultierende Betrag nicht im vollen Umfang auf die Restlaufzeit verteilt wird. Nach dem ED/2009/12 ist die Änderung der Kreditverlustschätzung hingegen sofort erfolgswirksam

989 Vgl. dazu auch IASB (Hrsg.), Discounted versus undiscounted expected losses, Tz. 28 f.

990 Dies ist der Fall, wenn der erwartete Kreditverlust, der innerhalb einer absehbaren Zeit eintreten könnte, einen höheren Wert als der zeitproportionale erwartete Kreditverlust einnimmt.

991 Vgl. hierzu auch GROßE, J.-V., Auf der Suche nach dem richtigen Impairmentmodell, S. 425.

zu erfassen.[992] Die sofortige erfolgswirksame Erfassung (**Full Catch-up**) der Schätzungsänderung ist nach dem ED/2009/12 geboten, da nur hierdurch gewährleistet wird, dass die fortgeführten Anschaffungskosten des finanziellen Vermögenswertes dem anhand des risikoangepassten Effektivzinssatzes ermittelten Barwert der künftigen Cashflows entsprechen.[993] Da nach dem Ergänzungsentwurf der in der Bilanz für einen finanziellen Vermögenswert des Good Book auszuweisende Betrag erst verzögert an die neue Ausfallschätzung angepasst wird (**Partial Catch-up**), weisen nach der Neueinschätzung des erwarteten Kreditverlustes die fortgeführten Anschaffungskosten eines finanziellen Vermögenswertes (ED/2009/12) für die Adressaten eine höhere **Relevanz** auf, da anhand dieser die künftigen Zahlungsströme eines finanziellen Vermögenswertes besser eingeschätzt werden können.

Bei einem finanziellen Vermögenswert, der nach dem Ergänzungsentwurf dem **Bad Book** zugeordnet wurde,[994] entspricht die Höhe der Risikovorsorge sowohl nach den Vorschriften des Ergänzungsentwurfes als auch nach den Regelungen des Exposure Draft dem hinsichtlich des finanziellen Vermögenswertes erwarteten gesamten Kreditverlust.[995] Die Änderung des erwarteten Kreditverlustes, die aus einer Neueinschätzung der Ausfallerwartung resultiert, ist nach beiden Vorschlägen im vollen Umfang erfolgswirksam zu erfassen. Der in der Bilanz ausgewiesene Betrag entspricht daher in beiden Fällen der Einschätzung des bilanzierenden Unternehmens hinsichtlich der Höhe der aus dem finanziellen Vermögenswert noch zu erwartenden Cashflows. Indes wird der erwartete Kreditverlust nach dem ED/2009/12 implizit mit dem risikoangepassten Effektivzinssatz diskontiert, wohingegen im Ergänzungsentwurf zur Abzinsung des erwarteten Kreditverlustes von finanziellen Vermögenswerten des Bad Book keine Regelung getroffen wird.[996] Daher können sich Unterschiede in Bezug auf die Höhe der Risikovorsorge und somit hinsichtlich des in der Bilanz für einen finanziellen Vermögenswert auszuweisenden Betrages zwischen den beiden Vorschlägen ergeben. Wie bereits dargelegt, sollte aus konzeptioneller Sicht ein barwertiger erwarteter Kreditverlust im

---

992 Eine zum ED/2009/12 vergleichbare Erfassung dieser Änderung findet im Rahmen des Ergänzungsentwurfes statt, sofern die Höhe der Risikovorsorge in zwei aufeinander folgenden Perioden anhand des erwarteten Kreditverlustes, der innerhalb einer absehbaren Zeit eintreten könnte, determiniert wird.

993 Vgl. Abschnitt 422.252.3 sowie WIMMER, K./KUSTERER, S., Kreditrisikovorsorgemodelle, S. 462.

994 Die Zuordnung eines finanziellen Vermögenswertes zum Bad Book wird vorgenommen, sofern durch das interne Risikomanagement hinsichtlich eines finanziellen Vermögenswertes nicht mehr länger das Ziel verfolgt wird, die vertraglichen Zahlungen zu vereinnahmen, sondern der finanzielle Vermögenswert eingetrieben bzw. verwertet wird, vgl. hierzu auch Abschnitt 422.253.21.

995 Die Erwartungen hinsichtlich der künftigen Cashflows eines finanziellen Vermögenswertes des Bad Book dürften sich hierbei maßgeblich nach der diesem Instrument zugewiesenen Wiedereinbringungsquote richten, vgl. dazu auch GRÜNBERGER, D., Der Lifetime-Expected Loss, S. 34; WIMMER, K./KUSTERER, S., Kreditrisikovorsorgemodelle, S. 455.

996 Vgl. zur fehlenden Regelung hinsichtlich der Abzinsung des erwarteten Kreditverlustes eines finanziellen Vermögenswertes des Bad Book HELKE, I./BÄR, M./MORAWIETZ, A., Bilanzierung von Wertminderungen, S. 455, Übersicht 1. Zur entsprechenden Regelung des ED/2009/12 vgl. WIMMER, K./KUSTERER, S., Kreditrisikovorsorgemodelle, S. 461.

Rahmen der Kreditverlustschätzung ermittelt werden.[997] Daher sollten die Informationen des Exposure Draft eine höhere Relevanz für die Adressaten besitzen.

441.214 Ermittlung des erwarteten Kreditverlustes

Die bisherigen Ausführungen unterstellen, dass durch die Berücksichtigung des erwarteten Kreditverlustes im Rahmen der Ermittlung des in einer Folgeperiode für einen finanziellen Vermögenswert in der Bilanz auszuweisenden Betrages die Adressaten die Möglichkeit haben, die aus einem finanziellen Vermögenswert zu erwartenden Cashflows einzuschätzen. Dem **erwarteten Kreditverlust** kommt demnach im Rahmen der beiden vorgeschlagenen Wertminderungsvorschriften eine hohe Bedeutung zu. Für eine konkrete Beurteilung der Relevanz der durch die beiden vorgeschlagenen Wertminderungsvorschriften vermittelten Informationen ist daher auch die Ermittlung des erwarteten Kreditverlustes mit in die Betrachtung einzubeziehen.

Durch den IASB werden verschiedenste Datenquellen angegeben, auf deren Grundlage der erwartete Kreditverlust geschätzt werden kann. Indes werden hierbei jedoch keine konkreten Vorgaben gemacht, welche dieser Quellen von einem bilanzierenden Unternehmen in bestimmten Situationen zu verwenden ist.[998] Den Ausgangspunkt für die Ermittlung des erwarteten Kreditverlustes können hierbei sowohl historische Kreditverlusterfahrungen des bilanzierenden Unternehmens als auch Ratingeinschätzungen bilden. Hierbei gilt es jedoch zu beachten, dass bei einer alleinigen Berücksichtigung dieser Daten im Rahmen der Kreditverlustschätzung der ermittelte Wert für den erwarteten Kreditverlust ggf. einen starken Vergangenheitsbezug aufweist.

Beim Rückgriff auf historische Kreditverlusterfahrungen im Rahmen der Ermittlung des erwarteten Kreditverlustes wird hierbei durch das bilanzierende Unternehmen unterstellt, dass die anhand von historischen Daten ermittelten Ausfallraten eine Aussagekraft hinsichtlich künftiger Ausfälle besitzen.[999] Auch bei der Verwendung von Ausfallwahrscheinlichkeiten, die von Ratingagenturen auf Basis historischer Ausfälle ermittelt wurden, wird implizit angenommen, dass die Ausfallwahrscheinlichkeiten der Vergangenheit einen Schätzer für die Ausfallwahrscheinlichkeiten der Zukunft bilden.[1000] Es wird demnach unterstellt, dass in der Vergangenheit eingetretene Ausfälle in der Zukunft im gleichen Ausmaß auftreten werden.

---

997 Vgl. dazu auch IASB (Hrsg.), Discounted versus undiscounted expected losses, Tz. 31.

998 Vgl. EFRAG & FEE (Hrsg.), Impairment of Financial Assets, Tz. 34.

999 Vgl. HARTMANN-WENDELS, T./PFINGSTEN, A./WEBER, M., Bankbetriebslehre, S. 568. Vgl. zur Ermittlung von Ausfallraten auch Abschnitt 422.22.

1000 Vgl. LÄGER, V., Bewertung von Kreditrisiken und Kreditderivaten, S. 118 f. Hierzu ebenfalls kritisch ERNST & YOUNG (Hrsg.), New proposals for financial instruments at amortised cost, S. 6. Dies trifft zugleich auch auf Ausfallwahrscheinlichkeiten, die einem internen Rating entnommen werden, zu.

Darüber hinaus muss hinsichtlich der Ratingeinschätzungen von Ratingagenturen beachtet werden, dass diese anhand eines **Through-the-Cycle-Ansatzes** erhoben werden.[1001] Kurzfristige Bonitätsschwankungen sollen daher nicht zu einer Ratingänderung führen.[1002] Dies führt jedoch dazu, dass eine sich verändernde Bonitätslage eines Unternehmens i. d. R. erst verspätet durch eine Ratingänderung berücksichtigt wird, so dass diese Ratingeinschätzungen i. d. R. eine geringe Aktualität aufweisen.[1003] Greift ein bilanzierendes Unternehmen im Rahmen der Kreditverlustschätzung auf Ausfallwahrscheinlichkeiten des entsprechenden Ratings zurück und spiegelt dieses Rating ggf. nicht die aktuellste Bonitätslage des Schuldners wider, hat dies entsprechende Konsequenzen auf die Aktualität der Kreditverlustschätzung.

Da ein bilanzierendes Unternehmen den erwarteten Kreditverlust möglichst unter Berücksichtigung aller zum Bewertungsstichtag verfügbaren Informationen zu schätzen hat, ergibt sich daher ggf. die Notwendigkeit, sowohl eine auf der Grundlage von historischen Erfahrungswerten als auch eine auf Basis einer Ratingeinschätzung erhobene Kreditverlustschätzung an die aktuellen Gegebenheiten anzupassen.[1004] Die Fähigkeit eines Unternehmens, die aktuellste Informationslage im Rahmen der Ermittlung des erwarteten Kreditverlustes zu berücksichtigen, nimmt daher entscheidend Einfluss auf die **Relevanz** des hierbei für den erwarteten Kreditverlust ermittelten Wertes.

In der vorliegenden Arbeit wird der Vorschlag unterbreitet, **Marktdaten** als weitere Informationsquelle zu verwenden, auf deren Grundlage dann bspw. eine vergangenheitsbezogene Kreditverlustschätzung an die aktuelle Informationslage angepasst werden kann.[1005] Marktdaten wird i. d. R. eine hohe **Informationsrelevanz** zugeschrieben,[1006] da sie die aktuellste Einschätzung der Marktteilnehmer hinsichtlich der künftigen Zahlungsströme eines Finanzinstrumentes widerspiegeln. Diese scheinen hierbei v. a. als weitere Informationsquelle zur Schätzung aktueller Ausfallwahrscheinlichkeiten geeignet, da aus Marktdaten mittels eines Bewertungsmodells Ausfallwahrscheinlich-

---

[1001] Vgl. Abschnitt 222.312; WAGNER, E., Credit Default Swaps und Informationsgehalt, S. 35; GRÜNBERGER, D., Der Lifetime-Expected Loss, S. 32.

[1002] Vgl. WAGNER, E., Credit Default Swaps und Informationsgehalt, S. 35; ALTMAN, E. I./RIJKEN, H. A., Rating stability, S. 2680 f.; GÜTTLER, A./WAHRENBURG, M., Bankinterne versus externe Ratings, S. 58.

[1003] Vgl. SCHIFFEL, S., Implizite Ausfallwahrscheinlichkeiten von Unternehmensanleihen, S. 53; WAGNER, E., Credit Default Swaps und Informationsgehalt, S. 38; AUBEL, P. V., Anleiherating und Bonitätsrisiko, S. 46; ALTMAN, E. I./RIJKEN, H. A., Rating stability, S. 2680; FRANKE, G./HAX, H., Finanzwirtschaft des Unternehmens und Kapitalmarkt, S. 412 f.; WINGENROTH, T., Risikomanagement für Corporate Bonds, S. 169. Zudem werden die Ratingeinschätzungen von Ratingagenturen hinsichtlich ihrer Treffsicherheit zunehmend kritisch gesehen, da Ratingagenturen in der Vergangenheit Finanzinstrumente und Unternehmen zu positiv eingestuft haben, vgl. dazu auch GERKE, W., Grenzen der Schuldzuweisungen, S. I.

[1004] Vgl. Abschnitt 422.24. Vgl. zur Ermittlung einer Point-in-Time-Schätzung von Ausfallwahrscheinlichkeiten auf der Grundlage von Rating-Ausfallwahrscheinlichkeiten GRÜNBERGER, D., Der Lifetime-Expected Loss, S. 36 f.

[1005] Vgl. zur Berücksichtigung von Marktdaten im Rahmen der Schätzung des erwarteten Kreditverlustes auch EFRAG & FEE (Hrsg.), Impairment of Financial Assets, Tz. 37 und Tz. 78; IASB (Hrsg.), Expert Advisory Panel, Tz. A11.

[1006] Vgl. STREIM, H./BIEKER, M./ESSER, M., Vermittlung entscheidungsnützlicher Informationen, S. 472.

keiten extrahiert werden können, die eine **Point-in-Time-Schätzung** der Ausfallgefahr eines Schuldners darstellen.[1007]

Der **Credit Spread** einer Unternehmensanleihe bildet dabei zunächst die naheliegendste Informationsquelle, auf deren Grundlage aktuelle Ausfallwahrscheinlichkeiten ermittelt werden können. Da jedoch der Credit Spread einer Unternehmensanleihe, wie in Abschnitt 422.242 gezeigt, nicht ohne größeren Aufwand von anderen wertbeeinflussenden Faktoren separiert werden kann, bietet sich dieser nur bedingt zur Ermittlung von aktuellen Ausfallwahrscheinlichkeiten an.

Im Gegensatz zu Credit Spreads von Unternehmensanleihen stellen **CDS-Prämien** eine weitestgehend isolierte Informationsquelle hinsichtlich des Ausfallrisikos eines Schuldners dar, so dass die aus den CDS-Prämien extrahierten Ausfallwahrscheinlichkeiten prinzipiell als weitere Informationsquelle für eine aktuelle Schätzung des erwarteten Kreditverlustes eines finanziellen Vermögenswertes in Betracht gezogen werden können. Indes ist hierbei zu beachten, dass die CDS-Prämie sowohl den **erwarteten** als auch den **unerwarteten Verlust** vergütet.[1008] Im Rahmen der beiden vorgeschlagenen Wertminderungsvorschriften ist hingegen ausschließlich der erwartete Kreditverlust zu berücksichtigen,[1009] so dass die aus den CDS-Prämien ermittelten Ausfallwahrscheinlichkeiten nicht ohne Weiteres als zusätzliche Informationsquelle verwendet werden können.

Indes könnten die anhand von CDS-Prämien ermittelten Ausfallwahrscheinlichkeiten als **zusätzliche Informationsquelle** im Rahmen der erstmaligen Kreditverlustschätzung eines finanziellen Vermögenswertes herangezogen werden, sofern der Grad der Risikoaversion der Marktteilnehmer als niedrig eingeschätzt wird. In einer derartigen Situation könnten die aus den CDS-Prämien extrahierten Ausfallwahrscheinlichkeiten als **aktuelle Information** hinsichtlich der Ausfallgefahr eines Schuldners durch das Management bei der erstmaligen Schätzung des erwarteten Kreditverlustes einbezogen werden.[1010] Werden diese Informationen im Rahmen der Kreditverlustschätzung berücksichtigt, weist der hierbei ermittelte erwartete Kreditverlust aufgrund seiner Aktualität eine hohe Relevanz für die Abschlussadressaten auf.

Des Weiteren kann gezeigt werden, dass sich unter der Annahme einer im Zeitverlauf konstant bleibenden Risikoaversion der Marktteilnehmer aus den relativen Änderungen der CDS-Ausfallwahrscheinlichkeiten Anpassungsfaktoren ermitteln lassen. Diese können im Rahmen der zu jedem Abschlussstichtag durchzuführenden **Neueinschätzung** des erwarteten Kreditverlustes ver-

[1007] Vgl. zur Point-in-Time-Schätzung der Ausfallgefahr eines Schuldners aus Marktdaten KLAASSEN, P./VAN EEGHEN, I., Point-in-Time und Through-the-Cycle, S. 106; ARATEN, M., Key Estimates for Capital Models, S. 7. Zur höheren Aktualität von aus Marktdaten ermittelten Ausfallwahrscheinlichkeiten gegenüber von Ratingagenturen veröffentlichten Ausfallwahrscheinlichkeiten vgl. SCHIFFEL, S., Implizite Ausfallwahrscheinlichkeiten von Unternehmensanleihen, S. 54 f. Durch die Marktteilnehmer wird demnach eine Feinadjustierung der Ausfallwahrscheinlichkeiten vorgenommen, vgl. WINGENROTH, T., Risikomanagement für Corporate Bonds, S. 81.

[1008] Vgl. Abschnitt 422.243.54.

[1009] Vgl. GRÜNBERGER, D./SOPP, G., Kredit- und Liquiditätsrisiko bei der Fair Value-Ermittlung, S. 442; EFRAG & FEE (Hrsg.), Impairment of Financial Assets, Tz. 40.

[1010] Vgl. Abschnitt 422.243.55.

wendet werden, um die Ausfallwahrscheinlichkeiten der anfänglichen Kreditverlustschätzung anzupassen.[1011] Im Rahmen der Folgebewertung eines finanziellen Vermögenswertes lassen sich somit verstärkt aktuelle Einschätzungen der Marktteilnehmer hinsichtlich der Ausfallwahrscheinlichkeit eines Schuldners mit in die Kreditverlustschätzung einbeziehen. Dadurch erhöht sich die **Relevanz** der vermittelten Informationen.

Indes muss berücksichtigt werden, dass sich die am Markt beobachtbaren CDS-Prämien durch spekulative Einflüsse von ihren fundamental gerechtfertigten Werten entfernen können.[1012] Sofern die CDS-Prämien und dementsprechend auch die aus diesen extrahierten Ausfallwahrscheinlichkeiten durch Spekulation überhöhte Werte aufweisen und auf diese im Rahmen der Kreditverlustschätzung zurückgegriffen wird, wird der erwartete Kreditverlust überschätzt und die Risikovorsorge für einen finanziellen Vermögenswert in einem zu hohen Umfang gebildet.[1013] Der finanzielle Vermögenswert wird daher **zu niedrig** in der Bilanz ausgewiesen. Diese Information ist somit für die Abschlussadressaten nur **eingeschränkt relevant**.

Dennoch sollten größere Spekulationsblasen am CDS-Markt verhindert werden, da neue Marktteilnehmer in den Markt eintreten werden, sofern sich eine CDS-Prämie zu stark von ihrer fundamental gerechtfertigten Höhe entfernt und hierdurch das Angebot an CDS-Kontrakten erhöht wird, mit entsprechenden Konsequenzen auf die Höhe der CDS-Prämie.[1014] Dies sollte die **Relevanz** des erwarteten Kreditverlustes, der unter Berücksichtigung von CDS-Informationen ermittelt wird, zumindest nicht in einem größeren Umfang mindern.

441.215 Zwischenfazit

Der erwartete Kreditverlust, der unter Berücksichtigung von CDS-Prämien ermittelt wird, ist für die Abschlussadressaten relevant, da bei seiner Bestimmung die aktuellste Informationslage weitestgehend berücksichtigt wird. In Verbindung mit den Allokationsvorschriften des ED/2009/12 bzw. des Ergänzungsentwurfes zum ED/2009/12 für den erwarteten Kreditverlust können durch die beiden Wertminderungsvorschläge den Abschlussadressaten grundsätzlich relevantere Informationen als nach dem Incurred-Loss-Modell bereitgestellt werden. Hinsichtlich der beiden Wertminderungsvorschriften ergeben sich vor dem Hintergrund der Relevanz der hierbei vermittelten Informationen Vorteile für die Wertminderungsvorschriften des Exposure Draft, da nach diesem auf einen diskontierten erwarteten Kreditverlust zurückzugreifen und die Änderung der Kreditverlustschätzung sofort im vollen Umfang bei den fortgeführten Anschaffungskosten eines finanziellen Vermögenswertes zu erfassen ist. Hierdurch werden den Adressaten Informationen bereitgestellt, die diesen eine

[1011] Vgl. Abschnitt 422.243.55.

[1012] Vgl. Abschnitt 422.243.53.

[1013] Es wäre ebenfalls vorstellbar, dass durch spekulative Einflüsse die CDS-Prämien Werte annehmen, die unter ihren fundamental gerechtfertigten Werten liegen. In diesem Fall würde die Kreditverlustschätzung und dementsprechend auch die Risikovorsorge einen zu geringen Wert annehmen.

[1014] Vgl. Abschnitt 422.243.53.

bessere Einschätzung der künftigen Zahlungsströme eines finanziellen Vermögenswertes ermöglichen.

441.22 Glaubwürdige Darstellung

441.221 Überblick

Neben der fundamentalen qualitativen Anforderung der Relevanz hat eine Information einen zugrundeliegenden Sachverhalt glaubwürdig darzustellen, damit diese entscheidungsnützlich für die Adressaten ist. Sofern ein Sachverhalt den **tatsächlichen wirtschaftlichen Verhältnissen** entsprechend im IFRS-Abschluss abgebildet wird, gilt die fundamentale qualitative Anforderung der glaubwürdigen Darstellung als erfüllt.[1015] Dies wird einer Information dann zugesprochen, wenn diese den Sekundärgrundsätzen der **Vollständigkeit**, der **Neutralität** und der **Fehlerfreiheit** nachkommt.[1016]

Mit dem beabsichtigten Wechsel des Wertminderungskonzeptes auf ein Expected-Loss-Modell verfolgt der IASB das Ziel einer **frühzeitigen** Erfassung von erwarteten Kreditverlusten.[1017] Da der Kreditzins eines finanziellen Vermögenswertes aufgrund einer bestehenden Ausfallerwartung eine Ausfallprämie enthält, ist nach den beiden vorgeschlagenen Wertminderungsvorschriften diese Ausfallerwartung im Rahmen der Risikovorsorgebildung zu berücksichtigen.[1018] Im Gegensatz zum Incurred-Loss-Modell wird nach dem Expected-Loss-Modell die Risikovorsorge hierbei zeitlich korrespondierend zu der Vereinnahmung der Ausfallprämie und nicht erst zu dem Zeitpunkt, an dem bereits ein Ausfallereignis eingetreten ist, aufgebaut.[1019] Sowohl nach den Allokationsvorschriften des Exposure Draft als auch nach den Allokationsvorschriften des Ergänzungsentwurfes ist daher in jeder Periode ein entsprechender Betrag des hinsichtlich eines finanziellen Vermögenswertes erwarteten Kreditverlustes aufwandswirksam der Risikovorsorge zuzuführen. Dieser Betrag mindert dabei den Bruttozinsertrag eines finanziellen Vermögenswertes. Hierdurch wird sowohl ein finanzieller Vermögenswert in der Bilanz als auch die entsprechenden Erfolgswirkungen des finanziellen Vermögenswertes in der Gesamtergebnisrechnung weitgehend den tatsächlichen wirtschaftlichen Verhältnissen entsprechend abgebildet,[1020] da die hinsichtlich eines finanziellen Vermögenswertes bestehende Ausfallerwartung im Rahmen der Folgebewertung berücksichtigt wird. Im Ver-

[1015] Vgl. CF.QC12; BAETGE, J./KIRSCH, H.-J./THIELE, S., Bilanzen, S. 146.

[1016] Vgl. CF.QC12; Abschnitt 213.13.

[1017] Vgl. Abschnitt 422.21.

[1018] Vgl. hierzu auch FLICK, P./GEHRER, J./MEYER, S., Wertberichtigungen von Finanzinstrumenten nach IFRS, S. 223; SCHMIDT, M., Wertminderungen bei Finanzinstrumenten, S. 287; BÄR, M., Wertminderungsmodell für finanzielle Vermögenswerte, S. 290 f., FLICK, P./GEHRER, J./MEYER, S., Wertberichtigungen von Finanzinstrumenten nach IFRS, S. 223, WOHLMANNSTETTER, G./ECKERT, S./MAIFARTH, M./WOLFGARTEN, W., Rechnungslegung für Kreditrisiken, S. 535; WIMMER, K./KUSTERER, S., Kreditrisikovorsorgemodelle, S. 461.

[1019] Hierdurch soll verhindert werden, dass eine Wertminderung bis zum Eintritt eines Ausfallereignisses aufgeschoben und erst zu diesem Zeitpunkt im gesamten Umfang erfasst wird.

[1020] Vgl. dazu auch EFRAG & FEE (Hrsg.), Impairment of Financial Assets, Tz. 76.

gleich zum Incurred-Loss-Modell wird ein finanzieller Vermögenswert nach dem Expected-Loss-Modell somit glaubwürdiger im Abschluss eines Unternehmens dargestellt.[1021]

Um die anhand der entsprechenden Wertminderungsvorschläge vermittelten Informationen jedoch hinsichtlich der fundamentalen qualitativen Anforderung der glaubwürdigen Darstellung konkret beurteilen zu können, sind diese vor dem Hintergrund der Sekundärgrundsätze der Vollständigkeit, der Neutralität und der Fehlerfreiheit zu analysieren.

441.222 Vollständigkeit

Damit der Sekundärgrundsatz der **Vollständigkeit** erfüllt wird, sind im Rahmen der Abbildung eines Sachverhaltes im IFRS-Abschluss alle notwendigen Informationen zu erfassen, welche die Adressaten benötigen, um die Abbildung eines Sachverhaltes verstehen zu können.[1022] Bei einem finanziellen Vermögenswert handelt es sich hierbei um Informationen über seine Art, seinen wertmäßigen Betrag sowie den bei der Ermittlung dieses Betrages verwendeten Wertmaßstab.[1023] Durch die Klassifizierungsvorschriften des IFRS 9 werden bereits Informationen zur Art eines finanziellen Vermögenswertes als auch über den bei der Bewertung zu verwendenden Wertmaßstab bereitgestellt. Darüber hinaus wird durch die beiden vorgeschlagenen Wertminderungsvorschriften der konkrete Wert des in einer Folgeperiode in der Bilanz für einen finanziellen Vermögenswert auszuweisenden Betrages bestimmt, so dass diese Anforderungen erfüllt werden.

Zusätzlich gilt es jedoch zu beachten, dass der erwartete Kreditverlust die Bewertung und somit auch die Abbildung eines finanziellen Vermögenswertes der Kategorie „Fortgeführte Anschaffungskosten" im IFRS-Abschluss u. U. bedeutend beeinflusst, so dass zur Kreditverlustschätzung weitere Erläuterungen vorzunehmen sind, um dem Sekundärgrundsatz der Vollständigkeit zu genügen.[1024] Auch diese Anforderung wird erfüllt, da sowohl nach dem ED/2009/12 als auch nach dem Ergänzungsentwurf zum ED/2009/12 im Rahmen der jeweiligen Anhangangabepflichten umfangreiche Erläuterungen zur Kreditverlustschätzung zu leisten sind.[1025] Insgesamt werden den Adressaten durch die beiden vorgeschlagenen Vorschriften einschließlich der Kategorisierungsvorschriften des IFRS 9 umfassende Informationen bereitgestellt, die diese in die Lage versetzen sollten, die Abbildung eines Sachverhaltes im IFRS-Abschluss verstehen zu können. Daher sollten die Informationen, die durch die beiden Wertminderungsvorschriften vermittelt werden, dem Sekundärgrundsatz der Vollständigkeit genügen.

[1021] Vgl. hierzu auch Abschnitt 422.23.
[1022] Vgl. CF.QC13 sowie Abschnitt 213.13.
[1023] Vgl. Abschnitt 213.13.
[1024] Vgl. CF.QC13.
[1025] Vgl. Abschnitt 43.

441.223 Neutralität

Damit eine Abschlussinformation einen zugrundeliegenden Sachverhalt glaubwürdig darstellt, hat diese darüber hinaus den Sekundärgrundsatz der **Neutralität** zu erfüllen. Diese Eigenschaft wird einer Abschlussinformation zugesprochen, wenn diese wertfrei und willkürfrei sowie nicht bilanzpolitisch beeinflusst ist.[1026]

Betrachtet man hierbei zunächst die Schätzung des erwarteten Kreditverlustes, ist festzustellen, dass mit dieser **Ermessensspielräume** einhergehen, die ihrerseits gezielt für bilanzpolitische Maßnahmen verwendet werden können.[1027] Diese Möglichkeit resultiert v. a. aus den sehr allgemein gehaltenen Regelungen zur Kreditverlustschätzung, die einem bilanzierenden Unternehmen große Freiheiten einräumen.[1028] Das Management eines Unternehmens kann diese Freiheiten grundsätzlich dazu nutzen, um den anfänglich erwarteten Kreditverlust aufgrund von bilanzpolitischen Erwägungen entweder zu überschätzen oder diesen zu unterschätzen.[1029]

Durch die **Überschätzung** des erwarteten Kreditverlustes werden sowohl die während der Laufzeit eines finanziellen Vermögenswertes anfallenden Nettozinserträge als auch die künftigen Zahlungsströme eines finanziellen Vermögenswertes unterschätzt, da der Betrag, um den die Risikovorsorge in einer Periode zu erhöhen ist und somit auch der Risikovorsorgebestand einen **zu hohen** Wert aufweisen. Wird zu einem späteren Zeitpunkt die Kreditausfallerwartung auf ein realitätsnäheres (niedrigeres) Niveau angepasst, ist die Risikovorsorge ertragswirksam an die neue Schätzung anzupassen. Wird hingegen der anfänglich erwartete Kreditverlust nicht über-, sondern **unterschätzt,** werden anfallende Zinserträge und künftige Zahlungsströme des finanziellen Vermögenswertes überschätzt. In diesem Fall ist bei einer späteren Anpassung der Kreditverlustschätzung auf ein realitätsnäheres (höheres) Niveau die Risikovorsorge aufwandswirksam anzupassen.[1030]

[1026] Vgl. CF.QC14; BAETGE, J./KIRSCH, H.-J./THIELE, S., Bilanzen, S. 146; Abschnitt 213.13.

[1027] Vgl. SCHMIDT, M., Wertminderungen bei Finanzinstrumenten, S. 292; IASB (Hrsg.), ED: Impairment, Tz. AV2; SCHABER, M./MÄRKL, H./KROH, T., Exposure Draft zu fortgeführten Anschaffungskosten und Wertminderungen, S. 246; KPMG (Hrsg.), ED/2009/12 Financial Instruments, S. 12; BÄR, M., Wertminderungsmodell für finanzielle Vermögenswerte, S. 296; MILLA, A./ROHATSCHEK, R., Expected Loss Model, S. 106; DAM-RATZESBERGER, S., Wertminderung, S. 232; PWC (Hrsg.), Financial instrument reporting, S. 5. Zur gezielten Steuerung der Risikovorsorge bei Kreditinstituten durch das Management vgl. BERNARD, V. L./MERTON, R. C./PALEPU, K. G., Mark-to-Market Accounting for Banks and Thrifts, S. 22; ROBB, S. W. G., Earnings Management in Financial Institutions, S. 316; GEBHARDT, G./STRAMPELLI, S., Bilanzierung von Kreditrisiken, S. 520 f. Zur opportunistischen Ausnutzung von Ermessensspielräumen durch das Management vgl. auch SCHILDBACH, T., Fair value-Statik, S. 597; BAETGE, J., Verwendung von DCF-Kalkülen bei der Bilanzierung nach IFRS, S. 23; STREIM, H./BIEKER, M./ESSER, M., Vermittlung entscheidungsnützlicher Informationen, S. 474. Vgl. zum Zusammenhang zwischen Ermessensspielräumen und der Möglichkeit zur Bilanzpolitik DOHRN, M., Entscheidungsrelevanz des Fair Value-Accounting, S. 208.

[1028] Vgl. hierzu auch Abschnitt 422.241 sowie zu den bestehenden Ermessensspielräumen bei der Bestimmung der Inputparameter der Kreditverlustschätzung Abschnitt 441.322.

[1029] Vgl. IASB (Hrsg.), An expected cash flow approach, Tz. 43.

[1030] Vgl. hierzu auch IASB (Hrsg.), An expected cash flow approach, Tz. 43 f.

Ein bilanzierendes Unternehmen kann somit gezielt über die Schätzung des erwarteten Kreditverlustes stille Reserven bzw. Lasten legen, über deren Auflösung dann frei bestimmt werden kann.[1031] Dies widerspricht einer neutralen Berichterstattung. Diese Möglichkeit eröffnet sich für ein bilanzierendes Unternehmen v. a. nach den Regelungen des ED/2009/12, da hierdurch Schätzungsänderungen sofort im vollen Umfang (**Full Catch-up**) zu erfassen sind.[1032] Dieser Effekt wird durch die nach dem Ergänzungsentwurf zum ED/2009/12 vorgeschlagene Verteilung der Schätzungsänderung über die verbleibende Restlaufzeit eines finanziellen Vermögenswertes zwar abgeschwächt, dennoch kommt es auch hier zu einer anteiligen Berücksichtigung der Schätzungsänderung (**Partial Catch-up**) zum Zeitpunkt der Neueinschätzung.[1033] Darüber hinaus kann die Neueinschätzung des erwarteten Kreditverlustes auch gezielt für ein sog. **Big Bath Accounting** genutzt werden. Ein neuer Manager könnte hierbei im ersten Jahr seiner Tätigkeit eine möglichst pessimistische Kreditverlustschätzung vornehmen, um in Folgeperioden keine größeren aufwandswirksamen Anpassungen vornehmen zu müssen.[1034]

Es muss hierbei jedoch beachtet werden, dass Anpassungen von Kreditverlustschätzungen, welche sich im Zeitverlauf in eine gleiche Richtung wiederholen, die Fähigkeit des Managements, den erwarteten Kreditverlust zu schätzen, in Frage stellen. Dies gilt v. a. dann, wenn das entsprechende Unternehmen mit einem ähnlichen Unternehmen verglichen wird, welches den erwarteten Kreditverlust jedoch unverzerrt schätzt und daher derartige Anpassungen nicht vorzunehmen hat. Die Gefahr, dass die Adressaten hierdurch das Vertrauen in das Management verlieren und dies entsprechende Kapitalmarktreaktionen zur Folge hat, könnte hierbei eine disziplinierende Wirkung auf das Management hinsichtlich der Ausnutzung derartiger Ermessensspielräume haben.[1035]

Die Adressaten werden bei der Beurteilung, inwiefern der erwartete Kreditverlust durch das Management unverzerrt geschätzt wird, ferner durch die vom bilanzierenden Unternehmen sowohl nach dem ursprünglichen Exposure Draft als auch nach dem Ergänzungsentwurf zu leistenden Anhangangaben hinsichtlich der Kreditverlustschätzung unterstützt. Im Anhang hat ein bilanzierendes Unternehmen den Adressaten Informationen bereitzustellen, die diesen einen Vergleich zwischen den erwarteten Kreditverlusten und den tatsächlich eingetretenen Kreditverlusten ermöglichen.[1036]

1031 Vgl. zu dieser bilanzpolitischen Maßnahme auch MILLA, A./ROHATSCHEK, R., Expected Loss Model, S. 108; DAM-RATZESBERGER, S., Wertminderung, S. 232.

1032 Vgl. Abschnitt 422.252.3.

1033 Vgl. Abschnitt 422.253.22. Sofern die Höhe der Risikovorsorge eines finanziellen Vermögenswertes des Good Book in zwei aufeinander folgenden Perioden anhand des Kreditverlustes, der innerhalb einer absehbaren Zeit eintreten könnte, determiniert wird oder ein finanzieller Vermögenswert dem Bad Book zugeordnet wurde, so sind Schätzungsänderungen nach dem Ergänzungsentwurf ebenfalls im vollen Umfang in der entsprechenden Periode der Neueinschätzung zu erfassen, vgl. hierzu Abschnitt 422.253.22 und 422.253.23.

1034 Vgl. zum Big Bath Accounting auch BAETGE, J./KIRSCH, H.-J./THIELE, S., Bilanzen, S. 731.

1035 Vgl. IASB (Hrsg.), An expected cash flow approach, Tz. 45.

1036 Vgl. IASB (Hrsg.), Supplement to ED/2009/12, Tz. Z12; IASB (Hrsg.), ED: Impairment, Tz. 19. Indes muss hierbei berücksichtigt werden, dass, sofern die tatsächlichen Kreditverluste von den erwarteten Kreditverlusten abweichen, dies nicht zwangsläufig einen Hinweis auf die Anwendung von Bilanzpolitik durch das bilanzierende Unternehmen darstellt, da diese Abweichung ebenfalls aus der Variabilität der in die Kreditverlustschätzung einfließen-

Des Weiteren hat ein bilanzierendes Unternehmen im Anhang über Schätzungsänderungen sowie über die entsprechenden Gründe für diese Änderungen zu berichten.[1037] Diese Anhangangaben sollten daher zumindest einer umfassenden Ausnutzung der hinsichtlich der Kreditverlustschätzung bestehenden bilanzpolitischen Spielräume durch das bilanzierende Unternehmen vorbeugen.

Darüber hinaus ergeben sich bei den Allokationsvorschriften des **Ergänzungsentwurfes zum ED/2009/12** weitere Ermessensspielräume.[1038] Die manipulative Ausnutzung dieser Ermessensspielräume kann hierbei ebenfalls zu einer verzerrten und somit nicht zu einer den tatsächlichen wirtschaftlichen Verhältnissen entsprechenden Abbildung eines finanziellen Vermögenswertes im IFRS-Abschluss führen. Diese Ermessensspielräume treten v. a. im Rahmen der Festlegung der Länge des absehbaren Zeitraums, innerhalb dessen ein erwarteter Kreditverlust eintreten könnte, sowie bei der Entscheidung hinsichtlich der Zuordnung eines finanziellen Vermögenswertes zum Good Book bzw. Bad Book auf.[1039]

Die **Länge des absehbaren Zeitraums**, für die ein Unternehmen fähig ist, den erwarteten Kreditverlust auf der Grundlage von spezifischen Prognosen über Ereignisse und Bedingungen verlässlich schätzen zu können, beeinflusst die Höhe der Mindestrisikovorsorge. Je weiter diese Periode über die durch den Ergänzungsentwurf geforderte Mindestlänge von zwölf Monaten hinausgeht, desto größeren Umfang wird die Mindestrisikovorsorge einnehmen.[1040] Auch wenn der IASB davon ausgeht, dass die Länge dieses Zeitraums im Zeitverlauf relativ konstant bleibt,[1041] so wird ihre Länge i. d. R. davon abhängen, für welchen Zeitraum ein bilanzierendes Unternehmen eine derartige Schätzung des erwarteten Kreditverlustes ermitteln kann. Da dieser Zeitraum jedoch in Abhängigkeit von dem wirtschaftlichen Umfeld variieren wird (in Krisen wird dieser Zeitraum aufgrund der bestehenden Unsicherheiten eine kürzere Periode einnehmen), ist nicht von einem konstanten Zeitraum auszugehen.[1042] Demnach kann durch die Festlegung der Länge dieses Zeitraums als auch durch die Anpassung dieser Länge im Zeitverlauf die Höhe der Mindestrisikovorsorge gezielt gesteuert und für bilanzpolitische Maßnahmen verwendet werden,[1043] was einer neutralen Berichterstattung entgegensteht.

---

den Kreditverlustszenarien resultieren kann, vgl. dazu auch STREIM, H./BIEKER, M./ESSER, M., Vermittlung entscheidungsnützlicher Informationen, S. 475.

1037 Vgl. IASB (Hrsg.), Supplement to ED/2009/12, Tz. Z10(b); IASB (Hrsg.), ED: Impairment, Tz. 17(c). Nach dem ursprünglichen Exposure Draft hat ein bilanzierendes Unternehmen darüber hinaus weitere quantitative und qualitative Angaben über den aufgrund einer Schätzungsänderung in der Gesamtergebnisrechnung zu erfassenden Betrag bereitzustellen, sofern dieser einen wesentlichen Einfluss auf das Ergebnis eines Unternehmens hat, vgl. IASB (Hrsg.), ED: Impairment, Tz. 18(b).

1038 Vgl. hierzu auch HELKE, I./BÄR, M./MORAWIETZ, A., Bilanzierung von Wertminderungen, S. 460.

1039 Vgl. hierzu auch HELKE, I./BÄR, M./MORAWIETZ, A., Bilanzierung von Wertminderungen, S. 460.

1040 Vgl. IASB (Hrsg.), Comment letter summary, Tz. 52.

1041 Vgl. IASB (Hrsg.), Supplement to ED/2009/12, Tz. B14.

1042 Vgl. hierzu auch HELKE, I./BÄR, M./MORAWIETZ, A., Bilanzierung von Wertminderungen, S. 460.

1043 Vgl. HELKE, I./BÄR, M./MORAWIETZ, A., Bilanzierung von Wertminderungen, S. 460.

Auch diese Ermessensspielräume werden jedoch relativiert durch die von einem bilanzierenden Unternehmen im Anhang bereitzustellenden Informationen. Ein bilanzierendes Unternehmen hat im Anhang darzulegen, welche Länge für diesen Zeitraum gewählt und wie diese bestimmt wurde.[1044] Darüber hinaus hat ein bilanzierendes Unternehmen den Differenzbetrag zwischen der Mindestrisikovorsorge und der Risikovorsorge, die sich mittels des zeitproportionalen erwarteten Kreditverlustes ergeben würde, anzugeben, falls der erwartete Kreditverlust, der innerhalb einer absehbaren Zeit eintreten könnte, den zeitproportionalen erwarteten Kreditverlust übersteigt.[1045] Diese Anhangangabepflichten sollten den entsprechenden Ermessensspielraum des Ergänzungsentwurfes zumindest einschränken.[1046]

Bei der Entscheidung über die **Zuordnung** eines finanziellen Vermögenswertes zum Good Book bzw. zum Bad Book eröffnen sich einem bilanzierenden Unternehmen ebenfalls bilanzpolitische Gestaltungsmöglichkeiten.[1047] Diese Entscheidung wird durch das interne Risikomanagement eines Unternehmens getroffen und hängt v. a. davon ab, welcher Grad an Unsicherheit hinsichtlich der Einbringlichkeit der vertraglichen Cashflows eines finanziellen Vermögenswertes besteht.[1048] Sofern durch das interne Risikomanagement hinsichtlich eines finanziellen Vermögenswertes nicht mehr länger das Ziel verfolgt wird, die vertraglichen Zahlungen zu vereinnahmen, ist der finanzielle Vermögenswert dem Bad Book zuzuordnen.[1049] Ab wann genau eine derartige Zieländerung vorliegt, ist demnach für einen finanziellen Vermögenswert individuell zu beurteilen und wird zudem durch den IASB nicht näher konkretisiert. Da bei einem finanziellen Vermögenswert des Bad Book der erwartete Kreditverlust im vollen Umfang als Risikovorsorge in ein Wertberichtigungskonto einzustellen ist, wohingegen bei einem finanziellen Vermögenswert des Good Book der erwartete Kreditverlust über die Restlaufzeit verteilt wird,[1050] können durch die Entscheidung über die Zuord-

---

[1044] Vgl. IASB (Hrsg.), Supplement to ED/2009/12, Tz. Z10.

[1045] Vgl. IASB (Hrsg.), Supplement to ED/2009/12, Tz. Z7(b).

[1046] Dieser Ermessensspielraum könnte hingegen beseitigt werden, indem der Standardsetter die Länge dieses Zeitraums fest vorgeben würde. Zu dieser Forderung vgl. auch IASB (Hrsg.), Comment letter summary, Tz. 53. Als konkrete Vorgabe würde sich hierbei die bisher geforderte Mindestlänge von zwölf Monaten anbieten. Unternehmen, denen es möglich ist, den erwarteten Kreditverlust auf der Grundlage von spezifischen Prognosen über Ereignisse und Bedingungen über diesen Zeitraum hinausgehend verlässlich zu schätzen, sollten diese Informationen dann im Anhang bereitstellen.

[1047] Dieser bilanzpolitischen Gestaltungsmöglichkeit ist sich auch der IASB bewusst. Da jedoch auch weitere Vorgaben hinsichtlich des Zeitpunktes, zu welchem ein finanzieller Vermögenswert umzugliedern ist, nach der Ansicht des IASB ebenfalls mit ermessensbehafteten Managemententscheidungen verbunden wären, hat man sich gegen diese entschieden, vgl. IASB (Hrsg.), Supplement to ED/2009/12, Tz. BC51.

[1048] Vgl. Abschnitt 422.253.21.

[1049] Vgl. Abschnitt 422.253.21.

[1050] Vgl. hierzu auch FLICK, P./GEHRER, J./KRAKUHN, J., Geplante Änderungen des ED/2009/12, S. 551. Bei einem finanziellen Vermögenswert des Good Book wird der erwartete Kreditverlust über die Restlaufzeit verteilt, sofern der zeitproportionale erwartete Kreditverlust den erwarteten Kreditverlust, der innerhalb einer absehbaren Zeit eintreten könnte, übersteigt. Andernfalls ist der erwartete Kreditverlust, der innerhalb einer absehbaren Zeit eintreten könnte, direkt zu erfassen. Der erwartete Kreditverlust, der innerhalb einer absehbaren Zeit eintreten könnte, wird jedoch i. d. R. einen geringeren Wert als der Kreditverlust der Gesamtlaufzeit einnehmen, so dass vergleichbare bilanzielle und ergebniswirksame Effekte bei einer Umgliederung auftreten dürften.

nung eines finanziellen Vermögenswertes zu einer dieser Gruppen gezielt bilanzielle und ergebniswirksame Effekte gesteuert werden.[1051]

Der hinsichtlich der Zuordnung eines finanziellen Vermögenswertes zu einer der beiden Gruppen bestehende Ermessensspielraum steht daher ebenfalls einer neutralen Berichterstattung entgegen. Zwar hat ein Unternehmen im Anhang über die verwendeten Kriterien, auf deren Grundlage das interne Risikomanagement zwischen finanziellen Vermögenswerten des Good Book und finanziellen Vermögenswerten des Bad Book unterscheidet, zu berichten,[1052] dennoch sollten diese Angaben den bestehenden Ermessensspielraum nicht in einem größeren Umfang einschränken.[1053] Allerdings erhalten die Adressaten anhand dieser Informationen zumindest einen Einblick in die Vorgehensweise des internen Risikomanagements bzgl. der Zuordnung von finanziellen Vermögenswerten zu einer dieser Gruppen.

Ferner finden sich im Ergänzungsentwurf weder konkrete Regelungen hinsichtlich der Nutzung eines **diskontierten** oder **undiskontierten** erwarteten Kreditverlustes im Rahmen der linearen Methode noch zu der Höhe des im Rahmen der Ermittlung eines barwertigen erwarteten Kreditverlustes zu verwendenden Diskontierungszinssatzes.[1054] Auch dies eröffnet einem bilanzierenden Unternehmen bilanzpolitische Möglichkeiten, da ein diskontierter erwarteter Kreditverlust i. d. R. zu einem höheren Ausweis eines finanziellen Vermögenswertes in der Bilanz führt als durch den Rückgriff auf einen undiskontierten erwarteten Kreditverlust. Dieser Effekt kann zudem durch die Wahl eines möglichst hohen Diskontierungszinssatzes verstärkt werden.[1055]

Wie bereits dargelegt, sollte aus konzeptioneller Sicht ein barwertiger erwarteter Kreditverlust im Rahmen der Kreditverlustschätzung ermittelt werden.[1056] Als Diskontierungszinssatz sollte hierbei ebenfalls auf den Effektivzinssatz, der zur Ermittlung der fortgeführten Anschaffungskosten (Brut-

---

1051 Vgl. zu den entsprechenden Effekten einer Umgliederung eines finanziellen Vermögenswertes auch Abschnitt 422.253.23. Darüber hinaus kann auch dieser Ermessensspielraum für ein Big Bath Accounting genutzt werden. Ein neuer Manager könnte hierbei im ersten Jahr seiner Tätigkeit möglichst viele finanzielle Vermögenswerte dem Bad Book zuordnen, um Folgeperioden von entsprechenden Aufwendungen freizuhalten.

1052 Vgl. IASB (Hrsg.), Supplement to ED/2009/12, Tz. Z13 und Tz. Z15(a).

1053 Auch wenn sich der IASB dagegen entschieden hat, die Regelungen hinsichtlich des Zeitpunktes, zu welchem ein finanzieller Vermögenswertes vom Good Book ins Bad Book umzugliedern ist, näher zu konkretisieren, könnte der Standardsetter durch konkretere Vorgaben diesen Ermessensspielraum des Ergänzungsentwurfes stärker als durch die zu leistenden Anhangangaben einschränken. Würde der Standardsetter bspw. vorgeben, dass ein finanzieller Vermögenswert, der seit 90 Tagen überfällig ist, dem Bad Book zuzuordnen ist, würde hierdurch der hinsichtlich der Zuordnung bestehende Ermessensspielraum des Ergänzungsentwurfes deutlich eingeschränkt werden.

1054 Vgl. HELKE, I./BÄR, M./MORAWIETZ, A., Bilanzierung von Wertminderungen, S. 460.

1055 Hierbei muss jedoch beachtet werden, dass sich dieser Effekt durch eine eventuell über die Restlaufzeit des finanziellen Vermögenswertes vorzunehmende Aufzinsung des erwarteten Kreditverlustes sukzessiv auflösen wird.

1056 So auch HELKE, I./BÄR, M./MORAWIETZ, A., Bilanzierung von Wertminderungen, S. 460; IASB (Hrsg.), Comment letter summary, Tz. 62. Vgl. hierzu auch Abschnitt 441.213.

to) verwendet wird, zurückgegriffen werden.[1057] Hierdurch würden die vor diesem Hintergrund bestehenden bilanzpolitischen Spielräume des Ergänzungsentwurfes beseitigt werden.

Im Hinblick auf den Sekundärgrundsatz der **Neutralität** lassen sich demnach sowohl bei den Regelungen des Exposure Draft als auch bei den Regelungen des Ergänzungsentwurfes Schwächen erkennen, wobei diese v. a. bei den Regelungen des Ergänzungsentwurfes aufgrund der zusätzlichen Ermessensspielräume im Rahmen der Allokation des erwarteten Kreditverlustes besonders ersichtlich werden.

441.224 Fehlerfreiheit

Neben den Sekundärgrundsätzen der Vollständigkeit und der Neutralität hat eine Abschlussinformation darüber hinaus den Sekundärgrundsatz der Fehlerfreiheit zu erfüllen, damit diese der fundamentalen qualitativen Anforderung der glaubwürdigen Darstellung gerecht wird. Der Sekundärgrundsatz der **Fehlerfreiheit** wird durch eine Abschlussinformation erfüllt, sofern bei ihrer Beschreibung keine Fehler oder Säumnisse vorliegen und der Rechnungslegungsprozess, durch den die berichtete Information erzeugt wurde, ohne Fehler ausgewählt und angewendet wurde.[1058] Dieser Sekundärgrundsatz ist v. a. für Abschlussinformationen, die anhand von Schätzungen generiert werden, bedeutsam, so dass die gemäß den beiden vorgeschlagenen Wertminderungsvorschriften vorzunehmende Kreditverlustschätzung vor dem Hintergrund dieses Kriteriums zu untersuchen ist.

Damit eine Abschlussinformation, die mittels einer Kreditverlustschätzung erhoben wurde, dem Sekundärgrundsatz der Fehlerfreiheit erfüllt, muss der zu ihrer Ermittlung verwendete Schätzprozess erläutert werden und darüber hinaus dürfen dem bilanzierenden Unternehmen bei der Auswahl und Anwendung eines geeigneten Schätzprozesses keine Fehler unterlaufen sein.[1059] Die erste Anforderung sollte hierbei durch die nach den jeweiligen Wertminderungsvorschlägen bereitzustellenden Anhangangaben erfüllt werden. In deren Rahmen hat ein bilanzierendes Unternehmen u. a. die Schätzung als auch Schätzungsänderungen zu erläutern und über die Herkunft der in die Schätzung einfließenden Inputparameter zu berichten.[1060]

Hinsichtlich des bei der Kreditverlustschätzung zu verwendenden Schätzprozesses werden durch die jeweiligen Wertminderungsvorschläge keine konkreten Vorgaben gemacht. Da diese Schätzung jedoch i. d. R. durch das interne Risikomanagement erhoben und diese ggf. auch im Rahmen der internen Steuerung von finanziellen Vermögenswerten verwendet wird, ist davon auszugehen, dass ein geeigneter Schätzprozess durch das interne Risikomanagement ohne Fehler ausgewählt und angewendet wird. Daher sollte eine mittels dieser Kreditverlustschätzung erhobene Abschlussinformation dem Sekundärgrundsatz der Fehlerfreiheit nachkommen.

[1057] Auch im Rahmen der Annuitäten-Methode sollte auf diesen Effektivzinssatz zurückgegriffen werden.
[1058] Vgl. CF.QC15 sowie Abschnitt 213.13.
[1059] Vgl. CF.QC15 sowie Abschnitt 213.13.
[1060] Vgl. IASB (Hrsg.), Supplement to ED/2009/12, Tz. Z9 f.; IASB (Hrsg.), ED: Impairment, Tz. 16 f.

441.225 Zwischenfazit

Zusammenfassend kann festgehalten werden, dass durch den in beiden Wertminderungsvorschriften vorgesehenen Wechsel des Wertminderungskonzeptes auf ein Expected-Loss-Modell ein finanzieller Vermögenswert aus konzeptioneller Sicht grundsätzlich den **tatsächlichen wirtschaftlichen Verhältnissen** entsprechend im IFRS-Abschluss abgebildet wird. Im Vergleich zur bilanziellen Abbildung eines finanziellen Vermögenswertes nach dem Incurred-Loss-Modell wird dieser hierbei nach dem Expected-Loss-Modell glaubwürdiger im Abschluss eines Unternehmens dargestellt. Hinsichtlich der Konkretisierung des Expected-Loss-Modells durch die Vorschläge des ED/2009/12 als auch durch die Vorschläge des Ergänzungsentwurfes zum ED/2009/12 ergibt sich indes ein nicht gänzlich ungetrübtes Bild, da beide Vorschläge Ermessensspielräume aufweisen, die für bilanzpolitische Maßnahmen genutzt werden können und demnach gegen den Sekundärgrundsatz der Neutralität verstoßen. Eingeschränkt werden diese Ermessensspielräume jedoch durch die umfangreichen Anhangangaben, die von einem bilanzierenden Unternehmen darzulegen sind,[1061] als auch durch die in dieser Arbeit vorgestellten Typisierungsvorschläge. Bei einer Abwägung beider Vorschläge ergeben sich hierbei jedoch Vorteile für die Regelungen des Exposure Draft, da bei diesen die Ermessensspielräume im Vergleich zu den Regelungen des Ergänzungsentwurfes einen geringeren Umfang einnehmen.

441.23 Zwischenfazit in Bezug auf die fundamentalen qualitativen Anforderungen des Conceptual Framework

In Bezug auf die **Relevanz** der durch die beiden vorgeschlagenen Wertminderungsvorschriften vermittelten Informationen kann grundsätzlich ein positives Urteil gefällt werden. Durch die Berücksichtigung des erwarteten Kreditverlustes werden verstärkt zukunftsbezogene Informationen im Rahmen der Folgebewertung eines finanziellen Vermögenswertes der Kategorie „Fortgeführte Anschaffungskosten“ einbezogen,[1062] so dass der in der Bilanz für einen finanziellen Vermögenswert ausgewiesene Betrag für die Adressaten grundsätzlich relevant ist.[1063] Zudem besitzen diese Informationen für die Abschlussadressaten eine höhere Relevanz als die durch das Incurred-Loss-Modell vermittelten Informationen. Die Relevanz dieser Information kann dabei erhöht werden, indem im Rahmen der Kreditverlustschätzung v. a. Informationen, welche die aktuellen Gegebenheiten widerspiegeln, berücksichtigt werden. Bezüglich der Relevanz der durch die beiden Wertminderungsvorschläge vermittelten Informationen ergeben sich Vorteile für die Wertminderungsvorschriften des ursprünglichen Exposure Draft, da nach diesem im Vergleich zu den Regelungen des Ergänzungsentwurfes immer auf einen barwertigen erwarteten Kreditverlust zurückzugreifen und eine Änderung der Kreditverlustschätzung für jeden finanziellen Vermögenswert sofort und im vollen

[1061] Vgl. hierzu auch FLICK, P./GEHRER, J./MEYER, S., Wertberichtigungen von Finanzinstrumenten nach IFRS, S. 229.

[1062] Vgl. hierzu auch SCHABER, M./MÄRKL, H./KROH, T., Exposure Draft zu fortgeführten Anschaffungskosten und Wertminderungen, S. 241.

[1063] Vgl. Abschnitt 441.212.

Umfang zu erfassen ist. Hierdurch erhalten die Adressaten einen besseren Eindruck über die künftigen Cashflows eines finanziellen Vermögenswertes.[1064]

Hinsichtlich der Beurteilung der durch die beiden vorgeschlagenen Wertminderungsvorschriften vermittelten Informationen vor dem Hintergrund der fundamentalen qualitativen Anforderung der glaubwürdigen Darstellung ist festzuhalten, dass durch beide Vorschläge ein finanzieller Vermögenswert – im Gegensatz zu seiner bilanziellen Abbildung nach dem Incurred-Loss-Modell – grundsätzlich den **tatsächlichen wirtschaftlichen Verhältnissen** entsprechend im Abschluss dargestellt wird. Jedoch werden durch die beiden vorgeschlagenen Wertminderungsvorschriften und speziell bei den Vorschlägen des Ergänzungsentwurfes Ermessensspielräume eröffnet, die ein bilanzierendes Unternehmen für bilanzpolitische Zwecke ausnutzen kann, wodurch die fundamentale qualitative Anforderung der glaubwürdigen Darstellung geschwächt wird. Durch die umfangreichen von einem bilanzierenden Unternehmen zu leistenden Anhangangaben werden diese Ermessensspielräume jedoch eingeschränkt, so dass von diesen zumindest keine größere Beeinträchtigung der fundamentalen Anforderung der glaubwürdigen Darstellung ausgehen sollte.

Zusammenfassend lässt sich festhalten, dass die Relevanz der durch die jeweiligen vorgeschlagenen Wertminderungsvorschriften vermittelten Informationen zumindest teilweise zulasten der glaubwürdigen Darstellung geht. Dennoch werden beide fundamentalen qualitativen Anforderungen – wenn auch die glaubwürdige Darstellung nur in abgeschwächter Form – erfüllt, so dass beide vorgeschlagenen Wertminderungsvorschriften grundsätzlich dazu geeignet erscheinen, den Adressaten **entscheidungsnützliche Informationen** hinsichtlich eines finanziellen Vermögenswertes bereitzustellen.[1065] Insgesamt ergeben sich hierbei jedoch Vorteile für die Wertminderungsvorschriften des Exposure Draft, da die durch diesen vermittelten Informationen im Vergleich zu den nach dem Ergänzungsentwurf vermittelten Informationen den fundamentalen qualitativen Anforderungen in einem höheren Umfang genügen.

441.3 Analyse in Bezug auf die fördernden qualitativen Anforderungen des Conceptual Framework

441.31 Überblick

Nachdem in den vorherigen Abschnitten die anhand der beiden vorgeschlagenen Wertminderungsvorschriften vermittelten Informationen vor dem Hintergrund der fundamentalen qualitativen Anforderungen untersucht wurden, sollen diese in den nächsten Abschnitten hinsichtlich der fördernden qualitativen Anforderungen analysiert werden. Sofern die anhand der jeweiligen Vorschläge

[1064] Vgl. Abschnitt 441.213.

[1065] Zudem sind diese Informationen für die Adressaten entscheidungsnützlicher als die durch das Incurred-Loss-Modell vermittelten Informationen, vgl. hierzu auch Abschnitt 422.23.

vermittelten Informationen auch die fördernden qualitativen Anforderungen erfüllen, wird hierdurch der Grad der Entscheidungsnützlichkeit der vermittelten Informationen erhöht.[1066]

441.32 Nachprüfbarkeit

441.321 Überblick

Die fördernde qualitative Anforderung der **Nachprüfbarkeit** wird erfüllt, sofern fachkundige und voneinander unabhängige Beobachter einen Konsens darüber erreichen können, dass eine bestimmte Abbildung eine Information glaubwürdig darstellt.[1067] Dieser Anforderung kommt v. a. bei zukunftsbezogenen Informationen eine wichtige Bedeutung zu, da diese aufgrund ihrer Unsicherheit stets ermessensbehaftet sind und daher **intersubjektiv nachprüfbar** sein sollten, damit sich die subjektiven Einflüsse des Rechnungslegenden auf diese Informationen nachvollziehen lassen.[1068]

Nach den beiden vorliegenden Wertminderungsvorschriften ist im Rahmen der Folgebewertung eines finanziellen Vermögenswertes der erwartete Kreditverlust mit zu berücksichtigen. Da es sich bei dem erwarteten Kreditverlust um eine zukunftsbezogene Größe handelt, ist dieser anhand einer Schätzung zu ermitteln. Die Schätzung wird dabei anhand eines Bewertungsmodells erhoben, in das i. d. R. die Verlustquote, das Kreditengagement zum Ausfallzeitpunkt und die Ausfallwahrscheinlichkeit als Inputparameter einfließen. BAETGE fordert hierbei, dass Bewertungsmodelle in der Rechnungslegung nur angewendet werden sollten, sofern sich die in diese einfließenden Inputparameter intersubjektiv nachprüfen lassen. Daher sollen im Folgenden die in eine Kreditverlustschätzung **einfließenden Inputparameter** hinsichtlich ihrer intersubjektiven Nachprüfbarkeit untersucht werden.[1069] Sofern die Inputparameter EAD, LGD und PD weitestgehend ermessensfrei ermittelt werden können, lässt sich hierdurch ein hoher Grad an Objektivierung erreichen.[1070] In diesem Fall wird die fördernde qualitative Anforderung der Nachprüfbarkeit erfüllt.[1071]

441.322 Inputparameter der Kreditverlustschätzung

Die Höhe des **Kreditengagements zum Ausfallzeitpunkt** wird anhand der vertraglichen Konditionen des finanziellen Vermögenswertes bestimmt.[1072] Da die Höhe sowie der zeitliche Anfall der vertraglichen Zahlungsströme bei finanziellen Vermögenswerten der Kategorie „Fortgeführte Anschaffungskosten" i. d. R. vertraglich fixiert sind, dürfte die Bestimmung des Kreditengagements zum Ausfallzeitpunkt dem bilanzierenden Unternehmen kaum Ermessensspielräume eröffnen.[1073]

[1066] Vgl. Abschnitt 213.21.
[1067] Vgl. CF.QC26; Abschnitt 213.23.
[1068] Vgl. Abschnitt 213.23.
[1069] Vgl. BAETGE, J., Verwendung von DCF-Kalkülen bei der Bilanzierung nach IFRS, S. 22.
[1070] Vgl. dazu auch KOELEN, P., Investitionstheoretische Bewertungskalküle, S. 167.
[1071] Vgl. Abschnitt 213.23.
[1072] Vgl. Abschnitt 422.22.
[1073] Vgl. hierzu auch BAETGE, J., Verwendung von DCF-Kalkülen bei der Bilanzierung nach IFRS, S. 18.

Daher sollte sich dieser Inputparameter der Kreditverlustschätzung i. d. R. intersubjektiv nachprüfen lassen.

Hinsichtlich der für die Ermittlung der Ausfallwahrscheinlichkeit und der Verlustquote zu verwendenden **Datenquelle** wird durch den IASB keine konkrete Vorgabe gemacht.[1074] Als mögliche Datenquellen, auf die ein bilanzierendes Unternehmen im Rahmen der Schätzung dieser Inputparameter zurückgreifen kann, nennt der Standardsetter bspw. Erfahrungswerte, die einem bilanzierenden Unternehmen vorliegen, sowie interne und externe Ratings.[1075] Es wird somit deutlich, dass dem rechnungslegenden Unternehmen bereits bei der Auswahl der entsprechenden Datenquelle, auf deren Grundlage dann der jeweilige Inputparameter zu schätzen ist, große Freiräume durch den Standardsetter gewährt werden.

Für die Bestimmung der **Verlustquote** hat ein bilanzierendes Unternehmen den erwarteten Rückfluss nach dem Ausfall eines finanziellen Vermögenswertes zu schätzen.[1076] Hierzu kann ein bilanzierendes Unternehmen entweder auf von Ratingagenturen veröffentlichte Daten zurückgreifen (Market-LGD) oder diese Höhe anhand historischer Daten, die einem bilanzierenden Unternehmen aus vergangenen Ausfällen vorliegen (Workout-LGD), ermitteln.[1077] In beiden Fällen lässt sich die Verlustquote jedoch nicht ohne Ermessen bestimmen. Da Ratingagenturen die Verlustquoten bzw. die Wiedereinbringungsquoten in Abhängigkeit von dem Bedienungsrang veröffentlichen, ist die Verlustquote des entsprechenden Bedienungsranges des finanziellen Vermögenswertes zu wählen.[1078] Ist hierbei eine direkte Zuordnung nicht möglich, hat ein bilanzierendes Unternehmen zu entscheiden, welche der durch die Ratingagenturen veröffentlichten Verlustquoten für einen finanziellen Vermögenswert zu verwenden ist, so dass sich hierdurch Ermessensspielräume ergeben.[1079]

Sofern die Verlustquote nicht anhand der Market-LGD, sondern anhand der **Workout-LGD** ermittelt wird, ist von einem bilanzierenden Unternehmen diejenige Workout-LGD zu wählen, für welche sich die bei der Ermittlung der Workout-LGD verwendeten Zahlungen (Ein- und Auszahlungen) mit den Erwartungen über die Höhe der Zahlungen nach dem Ausfall des betrachteten finanziellen Vermögenswertes vergleichen lassen.[1080] Die Auswahl der entsprechenden Workout-LGD eröffnet demnach dem bilanzierenden Unternehmen Ermessensspielräume. Ferner sind die Zahlungen bei der Ermittlung der Workout-LGD zu diskontieren, um den zeitlichen Anfall dieser Zahlun-

1074 Vgl. Abschnitt 422.24.
1075 Vgl. Abschnitt 422.24.
1076 Vgl. GRÜNBERGER, D., Der Lifetime-Expected Loss, S. 34.
1077 Vgl. Abschnitt 222.32.
1078 Vgl. hierzu auch Abschnitt 222.32.
1079 Darüber hinaus könnte ein bilanzierendes Unternehmen den Marktwert eines vergleichbaren finanziellen Vermögenswertes, der jedoch bereits ausgefallen ist, als Schätzer für die Verlustquote verwenden, vgl. DALDRUP, A., Kreditrisikoquantifizierung, S. 201 f. Jedoch ist auch die Auswahl eines vergleichbaren finanziellen Vermögenswertes mit Ermessen behaftet.
1080 Vgl. hierzu auch OESTERREICHISCHE NATIONALBANK (Hrsg.), Leitfadenreihe zum Kreditrisiko, S. 163; DALDRUP, A., Kreditrisikoquantifizierung, S. 201.

gen zu berücksichtigen.[1081] Die konkrete Höhe des hierbei zu verwendenden Diskontierungszinssatzes ist durch den Bilanzierenden festzulegen und liegt somit ebenfalls in seinem Ermessen.[1082] **GRÜNBERGER** schlägt hierbei den Effektivzinssatz des finanziellen Vermögenswertes als Diskontierungszinssatz vor.[1083] Dieser Vorschlag ist vor dem Hintergrund der Nachprüfbarkeit des im Rahmen der Ermittlung der Workout-LGD verwendeten Diskontierungszinssatzes zu begrüßen, da der Effektivzinssatz anhand der vertraglichen Cashflows eines finanziellen Vermögenswertes bestimmt wird und daher intersubjektiv nachgeprüft werden kann.

Insgesamt bleibt festzuhalten, dass auch die Ermittlung der Workout-LGD Ermessensspielräume aufweist, wodurch diese ggf. nicht intersubjektiv nachgeprüft werden kann. Diese Ermessensspielräume weiten sich sogar noch deutlich aus, sofern die Workout-LGD nicht anhand von in der Vergangenheit beobachteten Zahlungen nach dem Ausfall eines finanziellen Vermögenswertes, sondern auf der Basis von Schätzungen ermittelt wird.[1084]

Die wohl größte Herausforderung im Rahmen der Kreditverlustschätzung dürfte für ein Unternehmen jedoch die Bestimmung der periodenspezifischen **Ausfallwahrscheinlichkeiten** darstellen.[1085] Aus Objektivierungsüberlegungen stellen dabei ein **Rating**, welches durch eine Ratingagentur für einen finanziellen Vermögenswert oder den zugrundeliegenden Schuldner erhoben wurde, sowie die zu diesem korrespondierenden Ausfallwahrscheinlichkeiten eine geeignete Datenquelle für die im Rahmen der Kreditverlustschätzung zu verwendenden Ausfallwahrscheinlichkeiten dar.[1086] Dies ist darauf zurückzuführen, dass ein bilanzierendes Unternehmen auf diese Daten keinen Einfluss nehmen kann und diese Informationen ohne Weiteres nachgeprüft werden können, da eine Ratingagentur ihr Ratingurteil veröffentlicht und sich hierdurch die von einem bilanzierenden Unternehmen verwendeten Ausfallwahrscheinlichkeiten anhand der entsprechenden Informationen, die für die jeweilige Ratingklasse durch die Ratingagentur bereitgestellt werden, nachvollziehen lassen.[1087]

Indes werden einem bilanzierenden Unternehmen jedoch auch bei dem Rückgriff auf ein externes Rating zur Ermittlung der Ausfallwahrscheinlichkeiten Ermessensspielräume eröffnet, sofern für einen finanziellen Vermögenswert oder den zugrundeliegenden Schuldner mehr als ein Rating vor-

---

1081 Vgl. zur Berücksichtigung des Zeitwertes des Geldes bei der Ermittlung der Verlustquote WIMMER, K./KUSTERER, S., Kreditrisikovorsorgemodelle, S. 457; BARZ, K./ECKES, B./WEIGEL, W., IFRS für Banken, S. 380; Abschnitt 222.32.

1082 Vor dem Hintergrund der Nachprüfbarkeit des im Rahmen der Ermittlung der Workout-LGD verwendeten Diskontierungszinssatzes ist dieser Vorschlag zu begrüßen, da der Effektivzinssatz anhand der vertraglichen Cashflows eines finanziellen Vermögenswertes bestimmt wird und daher intersubjektiv nachgeprüft werden kann.

1083 Vgl. GRÜNBERGER, D., Der Lifetime-Expected Loss, S. 34.

1084 Zum Unterschied zwischen realisierter und geschätzter Verlustquote vgl. WIMMER, K./KUSTERER, S., Kreditrisikovorsorgemodelle, S. 463.

1085 Vgl. Abschnitt 422.22.

1086 Zur Verfügbarkeit von externen Ratings auch GÜTTLER, A./WAHRENBURG, M., Bankinterne versus externe Ratings, S. 61.

1087 Vgl. zum externen Rating auch Abschnitt 222.312. Zur Einordnung von Schuldnern in Ratingklassen vgl. KLEINMANNS, T., Forderungsmanagement, S. 32.

liegt und diese sich zudem unterscheiden (sog. **Split-Ratings**).[1088] Dies ist der Fall, wenn Ratingagenturen hinsichtlich der Beurteilung eines finanziellen Vermögenswertes oder des zugrundeliegenden Schuldners zu unterschiedlichen Ergebnissen kommen.[1089] Da die Auswahl eines dieser Ratings, auf dessen Grundlage dann die Ausfallwahrscheinlichkeiten bestimmt werden, im Ermessen des Unternehmens liegt, wird hierdurch die intersubjektive Nachprüfbarkeit erschwert.[1090]

Neben einem externen Rating kann ein Unternehmen die Ausfallwahrscheinlichkeiten auch über ein internes Rating bestimmen. Sofern im Rahmen der Schätzung des erwarteten Kreditverlustes eines finanziellen Vermögenswertes ein **internes Rating** als Datenquelle zur Ermittlung der Ausfallwahrscheinlichkeiten verwendet wird, ist dies vor dem Hintergrund der intersubjektiven Nachprüfbarkeit kritisch zu sehen, da sowohl die in diesen Ratingprozess einfließenden Daten als auch ihre Gewichtung zu einem Ratingurteil,[1091] dem dann die entsprechenden Ausfallwahrscheinlichkeiten zugeordnet werden, subjektiv durch das bilanzierende Unternehmen bestimmt werden und daher ggf. nicht nachgeprüft werden können.[1092] Sofern ein bilanzierendes Unternehmen die Ausfallwahrscheinlichkeiten der jeweiligen internen Ratingklassen nicht anhand eigener Daten erhebt, sondern diese anhand der von einer Ratingagentur veröffentlichten Ausfallwahrscheinlichkeiten bestimmt, hat dieses seine internen Ratingklassen den entsprechenden externen Ratingklassen zuzuordnen (Mapping).[1093] Da sowohl diese Zuordnung als auch die Auswahl der Ratingagentur, auf deren Daten dann im Rahmen der Kreditverlustschätzung zurückgegriffen wird, ermessensbehaftet ist, kann hierdurch ebenfalls die Nachprüfbarkeit dieser Informationen erschwert werden.[1094]

Für den Fall, dass einem finanziellen Vermögenswert weder eine individuelle Verlustquote noch individuelle Ausfallwahrscheinlichkeiten zugeordnet werden können, besteht ferner die Möglichkeit, den erwarteten Kreditverlust anhand einer **Ausfallrate** zu bestimmen.[1095] Diese Ausfallrate wird hierbei auf der Grundlage von in der Vergangenheit tatsächlich eingetretenen Kreditverlusten bestimmt. Hierdurch sollte sich die Ausfallrate und somit auch die Ermittlung des erwarteten Kreditverlustes nachprüfen lassen und daher dem bilanzierenden Unternehmen keine größeren Ermes-

---

[1088] Zu Split-Ratings vgl. auch LIVINGSTON, M./NARANJO, A./ZHOU, L., Split bond ratings, S. 1613; BACHMANN, U., Die Komponenten des Kreditspreads, S. 27-29; AUBEL, P. V., Anleiherating und Bonitätsrisiko, S. 51 f.

[1089] Vgl. BACHMANN, U., Die Komponenten des Kreditspreads, S. 27.

[1090] Liegen für einen finanziellen Vermögenswert oder den zugrundeliegenden Schuldner mehrere externe Ratings vor, welche sich jedoch nicht voneinander unterscheiden, so werden einem bilanzierenden Unternehmen bei der Auswahl eines dieser Ratings ebenfalls Ermessensspielräume eröffnet, da die von den Ratingagenturen je Ratingklasse veröffentlichten Ausfallwahrscheinlichkeiten voneinander abweichen können, vgl. zu den Unterschieden zwischen den durch die Ratingagenturen je Ratingklasse veröffentlichten Ausfallwahrscheinlichkeiten WINGENROTH, T., Risikomanagement für Corporate Bonds, S. 66 f.; GREGORY, J., Counterparty Risk, S. 149.

[1091] Zu dem Einfluss unterschiedlicher interner Rating-Verfahren auf ein entsprechendes Rating-Urteil vgl. EWERT, R./SZCZESNY, A., Risikoindikatoren, Rating und Ausfallwahrscheinlichkeit im Kreditgeschäft.

[1092] Vgl. zum internen Rating auch Abschnitt 222.312.

[1093] Vgl. GÜTTLER, A./WAHRENBURG, M., Bankinterne versus externe Ratings, S. 61; DALDRUP, A., Kreditrisikoquantifizierung, S. 191-196; SCHIERENBECK, H., Ertragsorientiertes Bankmanagement (Band 1), S. 335.

[1094] Zu den hierbei bestehenden Ermessensspielräumen vgl. DALDRUP, A., Kreditrisikoquantifizierung, S. 192.

[1095] Vgl. Abschnitt 422.22.

sensspielräume gewähren.[1096] Indes muss hierbei beachtet werden, dass ein Unternehmen ggf. eine langjährige Ausfallrate aufgrund von fehlenden Erfahrungswerten nicht anhand von tatsächlich eingetretenen Kreditverlusten ermitteln kann.[1097] Muss ein bilanzierendes Unternehmen die Ermittlung einer langjährigen Ausfallrate anhand einer Schätzung vornehmen, eröffnen sich hierdurch Ermessensspielräume, wodurch die Nachprüfbarkeit der ermittelten Ausfallrate erschwert wird.

Wie bereits dargelegt, werden durch eine Kreditverlustschätzung, die anhand einer dieser Datenquellen erhoben wird, nicht zwangsläufig alle zum Bewertungsstichtag vorliegenden Informationen berücksichtigt.[1098] Die Informationen der entsprechenden Datenquellen stellen i. d. R. Durchschnittswerte dar,[1099] die anhand von in der Vergangenheit eingetretenen Ausfällen bestimmt werden. Daher ist die Kreditverlustschätzung ggf. anzupassen, um der aktuellsten Informationslage im Rahmen der Schätzung des erwarteten Kreditverlustes gerecht zu werden.[1100] Da diese Anpassung durch den IASB nur sehr allgemein beschrieben wird,[1101] eröffnen sich aufgrund fehlender konkreter Regelungen Ermessensspielräume, die durch das bilanzierende Unternehmen genutzt werden können.[1102]

In dieser Arbeit wird der Vorschlag unterbreitet, **CDS-Prämien** als weitere Informationsquelle im Rahmen der Kreditverlustschätzung zu berücksichtigen, da diesen Prämien eine aktuelle Information hinsichtlich der durch die Marktteilnehmer eingeschätzten Ausfallgefahr eines Schuldners entnommen werden kann.[1103] Diese bieten sich folglich bspw. auch als zusätzliche Informationsquelle für eine ggf. erforderliche Anpassung einer vergangenheitsbezogenen Kreditverlustschätzung an die aktuellste Informationslage an.[1104] Aus Objektivierungsüberlegungen sind hierbei CDS-Prämien als

---

1096 Vgl. dazu auch SCHMIDT, M., Wertminderungen bei Finanzinstrumenten, S. 292. Im Vergleich zur Schätzung des erwarteten Kreditverlustes, welche auf der Grundlage der periodenspezifischen Inputparameter vorgenommen wird, erleichtert dieses Verfahren die Kreditverlustschätzung. Aufgrund der vorgenommenen Durchschnittsbetrachtung handelt es sich bei dem anhand dieses Verfahrens ermittelten erwarteten Kreditverlust jedoch nur um einen sehr ungenauen Wert, da entsprechende Besonderheiten eines finanziellen Vermögenswertes nicht berücksichtigt werden.

1097 Vgl. hierzu auch GÜTTLER, A./WAHRENBURG, M., Bankinterne versus externe Ratings, S. 61.

1098 Vgl. Abschnitt 422.24.

1099 Vgl. dazu auch GRÜNBERGER, D., Der Lifetime-Expected Loss, S. 36; FLICK, P./GEHRER, J./MEYER, S., Wertberichtigungen von Finanzinstrumenten nach IFRS, S. 228.

1100 Vgl. Abschnitt 422.24.

1101 Vgl. Abschnitt 422.24.

1102 Vgl. hierzu auch DAM-RATZESBERGER, S., Wertminderung, S. 231.

1103 Vgl. Abschnitt 422.243.52. Der Rückgriff auf CDS-Prämien als zusätzliche Informationsquelle im Rahmen der anfänglichen Kreditverlustschätzung bietet sich hierbei an, sofern eine geringe Risikoaversion bei den Marktteilnehmern vorherrscht. Im Rahmen der Neueinschätzung des erwarteten Kreditverlustes kann auf CDS-Prämien als weitere Informationsquelle zurückgegriffen werden, sofern sich im Zeitverlauf die Risikoneigung der Marktteilnehmer nicht in einem größeren Umfang geändert hat, vgl. hierzu auch Abschnitt 422.243.55.

1104 Vgl. Abschnitt 422.243.55. In dieser Arbeit wird unterstellt, dass durch die Adjustierung der vergangenheitsbezogenen Ausfallwahrscheinlichkeiten die Kreditverlustschätzung an die aktuelle Informationslage angepasst wird. Sofern der erwartete Kreditverlust anhand einer Ausfallrate ermittelt wird, sollte dieser zumindest mit dem erwarteten Kreditverlust, der für einen weitestgehend vergleichbaren finanziellen Vermögenswert mittels entsprechender CDS-Ausfallwahrscheinlichkeiten bestimmt werden kann, verglichen werden, um einen etwaigen Anpassungsbedarf beurteilen zu können.

weitere Informationsquelle für die Kreditverlustschätzung besonders geeignet, da es sich bei CDS-Prämien um Marktdaten handelt und sich diese somit **intersubjektiv nachprüfen** lassen.[1105] Dementsprechend können auch die den CDS-Prämien zugrundeliegenden Ausfallwahrscheinlichkeiten intersubjektiv nachgeprüft werden. Wird auf diese Ausfallwahrscheinlichkeiten bspw. im Rahmen der Anpassung der Kreditverlustschätzung an die aktuellste Informationslage zurückgegriffen, so schränkt dies die hinsichtlich dieser Anpassung bestehenden Ermessensspielräume des bilanzierenden Unternehmens ein[1106] und stärkt demnach die intersubjektive Nachprüfbarkeit der Kreditverlustschätzung.[1107]

Bleiben im Rahmen der anfänglichen Kreditverlustschätzung CDS-Ausfallwahrscheinlichkeiten als zusätzliche Informationsquelle unberücksichtigt, so könnte jedoch eine Kreditverlustschätzung, die auf Basis der aus den CDS-Prämien extrahierten Ausfallwahrscheinlichkeiten ermittelt wurde, als **Obergrenze** dienen, welche die anfängliche Kreditverlustschätzung des bilanzierenden Unternehmens für einen finanziellen Vermögenswert aus Objektivierungsüberlegungen nicht überschreiten sollte. Da eine CDS-Prämie sowohl eine Vergütung für den erwarteten als auch für den unerwarteten Verlust enthält und diese ggf. aufgrund von spekulativen Einflüssen einen überhöhten Wert einnehmen kann, übertrifft die Kreditverlustschätzung, die anhand von CDS-Ausfallwahrscheinlichkeiten ermittelt wurde, die nach den jeweils vorgeschlagenen Wertminderungsvorschriften vorzunehmende Kreditverlustschätzung, da durch diese lediglich der erwartete Kreditverlust ermittelt wird. Da die CDS-Prämien und die diesen zugrundeliegenden Ausfallwahrscheinlichkeiten eine aktuelle Informationsquelle hinsichtlich der Ausfallgefahr des Schuldners eines finanziellen Vermögenswertes darstellen, wäre eine über den Wert dieser Schätzung hinausgehende Kreditverlustschätzung somit nicht vereinbar mit der zum Schätzungszeitpunkt vorliegenden Informationslage und daher nicht zu verwenden.[1108] Daher könnte die Schätzung des Kreditverlustes, die anhand von CDS-Ausfallwahrscheinlichkeiten ermittelt wurde, eine Obergrenze für den zum Ansatzzeitpunkt durch das bilanzierende Unternehmen zu ermittelnden erwarteten Kreditverlust darstellen.[1109] Hierdurch würde das bilanzpolitische Potenzial, welches aus einer anfänglichen Überschätzung des erwarteten Kreditverlustes resultiert, eingeschränkt werden.[1110]

[1105] Zur intersubjektiven Nachprüfbarkeit von Marktdaten vgl. BAETGE, J./BREMBT, T./BRÜGGEMANN, P., Mark-to-Model-Bewertung, S. 1007; STREIM, H./BIEKER, M./ESSER, M., Vermittlung entscheidungsnützlicher Informationen, S. 473; DOHRN, M., Entscheidungsrelevanz des Fair Value-Accounting, S. 215; OBERMAIER, R., Fair Value-Bilanzierung nach IFRS, S. 554.

[1106] Diese Ermessensspielräume werden beseitigt, sofern die vergangenheitsbezogenen Ausfallwahrscheinlichkeiten vollständig an die CDS-Ausfallwahrscheinlichkeiten durch das Management angepasst werden.

[1107] Vgl. zur Einschränkung von Ermessensspielräumen durch den Rückgriff auf Marktdaten auch DOHRN, M., Entscheidungsrelevanz des Fair Value-Accounting, S. 215 f.; BAETGE, J., Verwendung von DCF-Kalkülen bei der Bilanzierung nach IFRS, S. 22.

[1108] Vgl. hierzu auch Abschnitt 422.24.

[1109] Sofern die Obergrenze des erwarteten Kreditverlustes anhand einer Kreditverlustschätzung, die mittels CDS-Ausfallwahrscheinlichkeiten erhoben wurde, bestimmt wird, so ist diese Vorgehensweise im Zeitverlauf beizubehalten.

[1110] Vgl. hierzu auch Abschnitt 441.223.

Im Rahmen der Folgebewertung eines finanziellen Vermögenswertes können die aus den CDS-Ausfallwahrscheinlichkeiten ermittelten Anpassungsfaktoren bei der **Neueinschätzung** des erwarteten Kreditverlustes als zusätzliche Informationsquelle verwendet werden, um die anfängliche Kreditverlustschätzung an die aktuelle Informationslage anzupassen.[1111] Greift ein bilanzierendes Unternehmen auf diese Anpassungsfaktoren zurück, so verringert dies den subjektiven Einfluss des Bilanzierenden auf die Neueinschätzung des erwarteten Kreditverlustes, wodurch die intersubjektive Nachprüfbarkeit der Kreditverlustschätzung verbessert wird.[1112]

Der Objektivierungsbeitrag, der hierbei durch den Rückgriff auf CDS-Ausfallwahrscheinlichkeiten im Rahmen der Kreditverlustschätzung geleistet werden kann, ist am größten, wenn für den Schuldner des finanziellen Vermögenswertes CDS-Prämien verfügbar sind. Sofern für den Schuldner keine CDS-Prämien vorliegen, eröffnen sich dem bilanzierenden Unternehmen jedoch auch bei der Auswahl eines vergleichbaren Unternehmens, welches weitestgehend übereinstimmende Ausfallrisikomerkmale zu dem Schuldner des betrachteten finanziellen Vermögenswertes aufweist und für den CDS-Prämien am Markt beobachtet werden können,[1113] Ermessensspielräume, da diese Auswahl von der subjektiven Einschätzung des bilanzierenden Unternehmens abhängt.[1114] Dies kann u. U. den Objektivierungsbeitrag der CDS-Ausfallwahrscheinlichkeiten für die Kreditverlustschätzung einschränken.

441.323 Anhangangaben

Indes gilt es zu beachten, dass ein geringerer Grad an Objektivierung, der aufgrund der subjektiven Einflüsse des bilanzierenden Unternehmens auf die in die Kreditverlustschätzung einfließenden Inputparameter besteht, möglicherweise akzeptiert werden kann, sofern ein bilanzierendes Unternehmen umfassende Erläuterungen zu der Kreditverlustschätzung im **Anhang** zu leisten hat.[1115] Durch diese zusätzlichen Angaben könnten die Adressaten dann prüfen, ob ein bilanzierendes Unternehmen im Rahmen der Schätzung für sie intersubjektiv nachvollziehbare Annahmen und Prämissen verwendet hat.[1116] Darüber hinaus könnten die Adressaten mittels dieser zusätzlichen Infor-

[1111] Vgl. Abschnitt 422.243.5.

[1112] Ermessensspielräume im Rahmen der Neueinschätzung des erwarteten Kreditverlustes können sich u. a. auch bei der Verwendung eines externen Ratings im Rahmen der Kreditverlustschätzung ergeben, da Ratingeinschätzungen nur in bestimmten zeitlichen Abständen aktualisiert werden und dieser Zeitpunkt zumeist nicht mit dem Zeitpunkt, zu welchem der erwartete Kreditverlust zu schätzen ist, übereinstimmen wird, so dass das bilanzierende Unternehmen ein mit Ermessen behaftetes Re-Rating durchführen muss, vgl. zur Aktualität von Ratings BAETGE, J./BREMBT, T./BRÜGGEMANN, P., Mark-to-Model-Bewertung, S. 1008. Zur Verwendung von CDS-Prämien zur Anpassung von Ratings vgl. KNOTH, H./SCHULZ, M., Counterparty Default Adjustments, S. 250 f.

[1113] Vgl. Abschnitt 422.243.51.

[1114] Vergleichbare Ermessensspielräume bestehen, sofern ein derartiges Unternehmen sowie die entsprechenden CDS-Prämien nicht ermittelt werden können und ein bilanzierendes Unternehmen CDS-Prämien der entsprechenden Branche oder Region, welcher der Schuldner des finanziellen Vermögenswertes zugeordnet werden kann, auszuwählen hat.

[1115] Vgl. dazu auch KOELEN, P., Investitionstheoretische Bewertungskalküle, S. 136.

[1116] Vgl. DOHRN, M., Entscheidungsrelevanz des Fair Value-Accounting, S. 210. Durch umfangreiche Anhangangabepflichten lässt sich des Weiteren die Wahrscheinlichkeit, dass ein bilanzierendes Unternehmen Ermessensspiel-

mationen einen Eindruck darüber erhalten, wie ein bilanzierendes Unternehmen im Rahmen der Schätzung Ermessensspielräume ausgenutzt hat,[1117] so dass diese die Schätzung ggf. an ihre eigenen Einschätzungen anpassen könnten.[1118]

Dass die Kreditverlustschätzung maßgeblich von der Einschätzung des bilanzierenden Unternehmens abhängt, ist auch dem Standardsetter bewusst, weshalb dieser von dem Unternehmen umfangreiche Anhangangaben fordert, um die Kreditverlustschätzung des bilanzierenden Unternehmens für die Adressaten transparenter zu gestalten.[1119] Im Folgenden ist daher zu prüfen, inwiefern die hinsichtlich der Kreditverlustschätzung zu leistenden Anhangangaben den Adressaten einen Einblick in die Schätzung als auch in die diesen zugrundeliegenden Annahmen ermöglicht.

Sowohl nach dem Exposure Draft als auch nach dem Ergänzungsentwurf hat ein bilanzierendes Unternehmen über die verwendeten **Inputparameter** und die **Annahmen**, die bei der Schätzung des erwarteten Kreditverlustes zugrunde gelegt wurden, zu berichten.[1120] Um diesen Anforderungen gerecht zu werden, hat das Unternehmen über die Herkunft der Inputparameter und über das Schätzungsverfahren zu berichten, die Schätzungsänderungen sowie die Gründe für diese Änderungen zu erklären, und sofern ein Wechsel des Schätzungsverfahrens stattgefunden hat, sowohl den Wechsel als auch den Grund für diesen Wechsel darzulegen.[1121] Diese Informationen sollten den Adressaten grundsätzlich einen Einblick in die Vorgehensweise eines bilanzierenden Unternehmens im Rahmen der Ermittlung des erwarteten Kreditverlustes gewähren.

Sofern ein bilanzierendes Unternehmen im Rahmen seiner Kreditverlustschätzung auf ein **internes Ratingsystem** zurückgreift, sind nach dem Ergänzungsentwurf die entsprechenden Ratingklassen zu beschreiben und mit externen Ratingklassen zu vergleichen.[1122] Des Weiteren hat ein bilanzierendes Unternehmen zu erörtern, wie seine finanziellen Vermögenswerte internen Ratingklassen zugewiesen werden.[1123] Diese Angabepflichten sind zu begrüßen, da sowohl die interne Ratingeinschätzung als auch der Vergleich der internen mit externen Ratingklassen – wie bereits dargelegt – mit Ermessensspielräumen verbunden sind. Diese sollten durch die zu berichtenden Anhangangaben zumindest eingeschränkt und daher die Nachprüfbarkeit dieser Informationen gestärkt werden.

Darüber hinaus sind nach dem Exposure Draft und dem Ergänzungsentwurf im Anhang Informationen bereitzustellen, die den Adressaten einen Vergleich zwischen den erwarteten Kreditverlusten

---

räume im Rahmen der Kreditverlustschätzung zum eigenen Vorteil ausnutzt, senken, vgl. dazu auch KOELEN, P., Investitionstheoretische Bewertungskalküle, S. 99.

1117 Vgl. hierzu auch SCHMIDT, M., Wertminderungen bei Finanzinstrumenten, S. 290.

1118 Vgl. KOELEN, P., Investitionstheoretische Bewertungskalküle, S. 97.

1119 Vgl. IASB (Hrsg.), Supplement to ED/2009/12, Tz. BCZ100; IASB (Hrsg.), ED: Impairment, Tz. BC57; FLICK, P./GEHRER, J./MEYER, S., Wertberichtigungen von Finanzinstrumenten nach IFRS, S. 223.

1120 Vgl. IASB (Hrsg.), Supplement to ED/2009/12, Tz. Z10; IASB (Hrsg.), ED: Impairment, Tz. 17.

1121 Vgl. IASB (Hrsg.), Supplement to ED/2009/12, Tz. Z10; IASB (Hrsg.), ED: Impairment, Tz. 17.

1122 Vgl. IASB (Hrsg.), Supplement to ED/2009/12, Tz. Z15(b)(i) und Tz. Z15(b)(ii).

1123 Vgl. IASB (Hrsg.), Supplement to ED/2009/12, Tz. Z15(c).

und den tatsächlich eingetretenen Kreditverlusten ermöglichen (**Backtesting**).[1124] Diese Informationen sollten die Adressaten dabei unterstützen, die Fähigkeit eines Managements, künftige Kreditverluste zu schätzen, zu beurteilen.[1125] Darüber hinaus dürfte ein Management aufgrund dieser Anhangangabepflicht zumindest ein Interesse daran haben, die Kreditverlustschätzungen nicht zu stark zu verzerren, da es andernfalls zu deutlichen Abweichungen zwischen diesen beiden Werten kommen könnte, was die Kompetenz des Managements hinsichtlich der Ermittlung von erwarteten Kreditverlusten in Frage stellen würde.[1126]

Dass die Adressaten durch die sowohl nach dem Exposure Draft als auch nach dem Ergänzungsentwurf hinsichtlich der Kreditverlustschätzung im Anhang zu berichtenden Informationen in die Lage versetzt werden, die Kreditverlustschätzung sowie die in diese **einfließenden Inputparameter** nachzuvollziehen und plausibilisieren zu können, kann jedoch bezweifelt werden, da es sich bei diesen größtenteils um qualitative Informationen handelt, die zudem lediglich auf einem hohen Aggregationsniveau anzugeben sind. Damit die Adressaten jedoch die Möglichkeit erhalten, v. a. die in die Kreditverlustschätzung einfließenden Inputparameter nachzuvollziehen und ggf. Korrekturen vornehmen zu können, die bspw. erforderlich werden, da die Adressaten eine vom bilanzierenden Unternehmen abweichende Einschätzung hinsichtlich eines bestimmten Inputparameters besitzen, sind differenziertere Anhangangaben erforderlich.

Daher ist hinsichtlich der Berichterstattung zur Kreditverlustschätzung im Anhang zu fordern, dass die entsprechenden Informationen nicht aggregiert, sondern differenziert nach Gruppen von finanziellen Vermögenswerten, die vergleichbare Ausfallrisikoeigenschaften aufweisen, darzulegen sind. Darüber hinaus sollte vorgeschrieben werden, dass quantitative Informationen hinsichtlich der im Rahmen der Kreditverlustschätzung verwendeten Inputparameter[1127] je Berichtsgruppe darzulegen

[1124] Vgl. IASB (Hrsg.), Supplement to ED/2009/12, Tz. Z12; IASB (Hrsg.), ED: Impairment, Tz. 19.

[1125] Vgl. dazu auch KOELEN, P., Investitionstheoretische Bewertungskalküle, S. 99.

[1126] Vgl. hierzu auch Abschnitt 441.223.

[1127] Diese Forderung scheint auch vor dem Hintergrund der nach IFRS 13 verpflichtend zu berichtenden Anhangangaben zu wesentlichen unbeobachtbaren Inputparametern berechtigt. Nach den Anhangangabepflichten gemäß IFRS 13.93(d) hat ein bilanzierendes Unternehmen bei einer Fair-Value-Bewertung auf der dritten Hierarchiestufe hinsichtlich der verwendeten wesentlichen unbeobachtbaren Inputparameter quantitative Informationen anzugeben. Bei Schuldinstrumenten könnte es sich bei diesen wesentlichen unbeobachtbaren Inputparametern bspw. um die Ausfallwahrscheinlichkeit und die Verlustquote handeln, für die dann entsprechende quantitative Informationen bereitzustellen sind, vgl. hierzu auch IFRS 13.IE63. Da Abschlussadressaten bei finanziellen Vermögenswerten der Kategorie „Fortgeführte Anschaffungskosten“ ein vergleichbares Informationsbedürfnis hinsichtlich der in die Kreditverlustschätzung einfließenden Inputparameter haben, sollten den Adressaten ebenfalls quantitative Informationen zu den Inputparametern im Rahmen der Anhangangaben zur Kreditverlustschätzung bereitgestellt werden.

sind.[1128] Erst hierdurch können die Adressaten überhaupt in die Lage versetzt werden, die entsprechenden Inputparameter der Kreditverlustschätzung nachzuvollziehen.[1129]

Des Weiteren könnte bspw. anhand einer **Sensitivitätsanalyse** verdeutlicht werden, welcher Einfluss von einem zentralen Inputparameter (bspw. der Ausfallwahrscheinlichkeit)[1130] auf die Höhe des erwarteten Kreditverlustes ausgeht. Hierdurch könnte den Adressaten verdeutlicht werden, welche Unsicherheit mit der Schätzung des erwarteten Kreditverlustes verbunden ist.[1131] Darüber hinaus könnten diese Informationen von den Adressaten verwendet werden, um die Höhe des durch ein bilanzierendes Unternehmen berichteten erwarteten Kreditverlustes an die eigene Einschätzung anzupassen.

Diese Informationen könnte das bilanzierende Unternehmen bspw. in tabellarischer Form – wie es exemplarisch anhand Tabelle 18 deutlich gemacht wird – im Anhang bereitstellen.

[1128] Nach dem Ergänzungsentwurf kann ein bilanzierendes Unternehmen quantitative Informationen hinsichtlich der in die Kreditverlustschätzung einfließenden Inputparameter je Ratingklasse berichten. Da jedoch die verpflichtende Zahl der Ratingklassen nur in dem Umfang vorliegen muss, so dass zwischen finanziellen Vermögenswerten des Good Book und des Bad Book unterschieden werden kann, führt dies u. U. ebenfalls zu einer nur sehr allgemeinen Informationsvermittlung im Anhang.

[1129] Ein vergleichbares Ziel verfolgt der IASB bereits mit den verpflichtend zu leistenden quantitativen Anhangangaben zu wesentlichen unbeobachtbaren Inputparametern bei einer Fair-Value-Bewertung der dritten Hierarchiestufe. Durch diese Angaben sollen die Adressaten die Möglichkeit erhalten, die Einschätzung des bilanzierenden Unternehmens zu einem bestimmten Inputparameter mit der eigenen Einschätzung zu vergleichen, um hieraus ggf. entsprechende Schlussfolgerungen ziehen zu können, vgl. IFRS 13.BC192.

[1130] Vgl. zur Bedeutung der Ausfallwahrscheinlichkeit im Rahmen der Kreditverlustschätzung Abschnitt 422.22. Nach den Anhangangabepflichten des Exposure Draft hat ein bilanzierendes Unternehmen bereits darüber zu berichten, falls die Änderung eines oder mehrerer Inputparameter unter Verwendung vernünftiger möglicher alternativer Annahmen die Höhe des Kreditverlustes wesentlich ändert. Diese Informationen können jedoch die Informationen einer Sensitivitätsanalyse nicht ersetzen, da bei einer Sensitivitätsanalyse nicht die Annahmen, sondern die Höhe eines Parameters variiert wird und hierdurch der Einfluss dieses Parameters auf die Höhe des Kreditverlustes ersichtlich wird. Vgl. zur Sensitivitätsanalyse FRANKE, G./HAX, H., Finanzwirtschaft des Unternehmens und Kapitalmarkt, S. 253 f.

[1131] Vgl. dazu auch KOELEN, P., Investitionstheoretische Bewertungskalküle, S. 137.

Berichts-gruppe	Nominalvo-lumen	Erwarteter Kreditver-lust	Höhe der bereits gebil-deten Risiko-vorsorge	Datenquelle der Inputpa-rameter	Ausfallwahr-schein-lichkeit	Verlust-quote	Sensitivitätsanaly-se (bspw. Aus-fallwahrschein-lichkeit)
A							
B							
C							
D							
E							
F							

Tabelle 18: Vorschlag für die Darstellung der Anhangangaben zur Kreditverlustschätzung

441.324 Zwischenfazit

Festzuhalten bleibt, dass die nach den beiden vorgeschlagenen Wertminderungsvorschriften zu ermittelnde Kreditverlustschätzung Schwächen in Bezug auf ihre Nachprüfbarkeit aufweist, da diese insgesamt sehr ermessensbehaftet vorgenommen werden kann.[1132] Diese Ermessensspielräume werden zudem nur bedingt durch die nach den jeweiligen Vorschlägen zu leistenden Anhangangaben eingeschränkt. Daher kommen die durch die beiden Wertminderungsvorschläge vermittelten Informationen der fördernden qualitativen Anforderung der Nachprüfbarkeit nur in stark geschwächter Form nach. Bezieht man sowohl den Vorschlag, CDS-Ausfallwahrscheinlichkeiten im Rahmen der Schätzung des erwarteten Kreditverlustes als zusätzliche Informationsquelle zu verwenden, als auch die Vorschläge zu den zusätzlichen Anhangangaben in diese Betrachtung mit ein, wird hierdurch jedoch die intersubjektive Nachprüfbarkeit verbessert.

441.33 Vergleichbarkeit

441.331 Überblick

Die fördernde qualitative Anforderung der Vergleichbarkeit fordert eine zeitliche und zwischenbetriebliche Vergleichbarkeit der im Abschluss bereitgestellten Informationen.[1133] Daher soll im Folgenden untersucht werden, inwiefern die durch die beiden vorgeschlagenen Wertminderungs-

[1132] Zur fehlenden Nachprüfbarkeit der Kreditverlustschätzung des ED/2009/12 auch MILLA, A./ROHATSCHEK, R., Expected Loss Model, S. 109; SCHABER, M./MÄRKL, H./KROH, T., Exposure Draft zu fortgeführten Anschaffungskosten und Wertminderungen, S. 246.

[1133] Vgl. Abschnitt 213.22.

vorschriften vermittelten Informationen sowohl einen Zeit- als auch einen Betriebsvergleich ermöglichen.

441.332 Zeitvergleich

Im Rahmen der Folgebewertung eines finanziellen Vermögenswertes der Kategorie „Fortgeführte Anschaffungskosten" ist sowohl nach dem Exposure Draft als auch nach dem Ergänzungsentwurf der erwartete Kreditverlust mit zu berücksichtigen. Die Schätzung des erwarteten Kreditverlustes ist hierbei während der Laufzeit eines finanziellen Vermögenswertes fortlaufend an die aktuelle Informationslage anzupassen.[1134] Aufgrund des Stetigkeitsgrundsatzes[1135] hat ein bilanzierendes Unternehmen das gewählte Schätzverfahren sowie die Datenquellen, anhand derer die Inputparameter des Schätzverfahrens ermittelt werden, bei der Ermittlung des erwarteten Kreditverlustes eines finanziellen Vermögenswertes im Zeitverlauf beizubehalten.[1136] Dies wirkt sich positiv auf die zeitliche Vergleichbarkeit aus.[1137]

Die zeitliche Vergleichbarkeit wird jedoch erschwert, sofern ein bilanzierendes Unternehmen im Zeitverlauf das Schätzverfahren oder die Datenquellen für die Bestimmung der Inputparameter der Schätzung wechselt.[1138] Indes muss hierbei beachtet werden, dass ein bilanzierendes Unternehmen sowohl nach dem Exposure Draft als auch nach dem Ergänzungsentwurf über einen entsprechenden Wechsel des Schätzverfahrens oder der Datenquellen im Anhang zu berichten hat.[1139] Stellt ein bilanzierendes Unternehmen den Adressaten umfangreiche Informationen über derartige Änderungen im Anhang bereit und sind die Adressaten anhand dieser Informationen in der Lage, die konkreten Auswirkungen dieser Änderungen auf die Vermögens-, Finanz- und Ertragslage des berichterstattenden Unternehmens zu beurteilen, sollte die zeitliche Vergleichbarkeit hierdurch nicht wesentlich eingeschränkt werden.

Hinsichtlich der Allokation des erwarteten Kreditverlustes ist zwischen dem Exposure Draft und dem Ergänzungsentwurf zu unterscheiden. Der erwartete Kreditverlust ist nach dem Exposure Draft ausschließlich anhand der **Effektivzinsmethode** zu verteilen, so dass es während der Laufzeit zu

[1134] Vgl. Abschnitt 422.22.

[1135] Vgl. hierzu auch FINK, C./ZEYER, F., Änderung von Rechnungslegungsmethoden und Schätzungen nach IFRS, S. 181 f.; Abschnitt 213.22.

[1136] Vgl. zum Stetigkeitsgrundsatz in den IFRS FINK, C./ZEYER, F., Änderung von Rechnungslegungsmethoden und Schätzungen nach IFRS, S. 181.

[1137] Sofern sich ein Unternehmen dazu entscheidet, die anfängliche Ausfallerwartung anhand von Anpassungsfaktoren, die anhand von CDS-Ausfallwahrscheinlichkeiten ermittelt wurden, anzupassen, sollte auch dieses Verfahren im Zeitverlauf beibehalten werden, um eine zeitliche Vergleichbarkeit zu ermöglichen.

[1138] Nach IAS 8.14 kann der Stetigkeitsgrundsatz von einem bilanzierenden Unternehmen durchbrochen werden, sofern durch den Wechsel eines Bewertungsverfahrens zuverlässige und relevantere Informationen vermittelt werden oder dieser Wechsel aufgrund eines IFRS erforderlich ist.

[1139] Vgl. IASB (Hrsg.), Supplement to ED/2009/12, Tz. Z10(b) und Z10(c); IASB (Hrsg.), ED: Impairment, Tz. 17(c) und Tz. 17(d).

keiner Änderung des Allokationsverfahrens kommen kann, welche die zeitliche Vergleichbarkeit einschränken würde.

Im Vergleich hierzu kann sich der nach dem Ergänzungsentwurf für einen finanziellen Vermögenswert des Good Book durchzuführende **„Higher of"-Test** negativ auf die zeitliche Vergleichbarkeit auswirken. Im Rahmen des „Higher of"-Tests hat ein bilanzierendes Unternehmen sowohl den zeitproportionalen erwarteten Kreditverlust als auch den erwarteten Kreditverlust, der innerhalb einer absehbaren Zeit eintreten könnte, zu ermitteln. Den **zeitproportionalen Kreditverlust** eines finanziellen Vermögenswertes des Good Book kann ein bilanzierendes Unternehmen hierbei entweder anhand der linearen Methode oder mittels der Annuitäten-Methode bestimmen.[1140] Ein Wechsel der Verteilungsmethode im Zeitverlauf würde hierbei die zeitliche Vergleichbarkeit schwächen. Aufgrund des Stetigkeitsgrundsatzes des IAS 8.13 ist jedoch davon auszugehen, dass ein bilanzierendes Unternehmen eine gewählte Verteilungsmethode im Zeitverlauf beibehält, so dass es hierdurch zu keiner Einschränkung der zeitlichen Vergleichbarkeit kommt.

Bei der Ermittlung des erwarteten Kreditverlustes, der **innerhalb einer absehbaren Zeit** eintreten könnte, nimmt die Länge des absehbaren Zeitraums, für den ein Unternehmen fähig ist, den erwarteten Kreditverlust auf Grundlage von spezifischen Prognosen über Ereignisse und Bedingungen verlässlich schätzen zu können, entscheidenden Einfluss auf die Höhe der Mindestrisikovorsorge.[1141] Da die Länge dieses Zeitraums – wie bereits dargelegt – im Zeitverlauf variieren kann,[1142] kommt es hierdurch ggf. zu einer Einschränkung der zeitlichen Vergleichbarkeit, sofern die Höhe der Risikovorsorge für einen finanziellen Vermögenswert in zwei aufeinander folgenden Perioden anhand dieser Mindestrisikovorsorge bestimmt wird.

Des Weiteren ist zu berücksichtigen, dass aufgrund des „Higher of"-Tests die Höhe der Risikovorsorge im Zeitverlauf anhand unterschiedlicher Kreditverlustschätzungen (zeitproportionaler erwarteter Kreditverlust oder erwarteter Kreditverlust, der innerhalb einer absehbaren Zeit eintreten könnte) determiniert werden kann, so dass ggf. die Höhe der Risikovorsorge für einen finanziellen Vermögenswert zwischen zwei Perioden auf konzeptionell unterschiedlichen Kreditverlustschätzungen basiert. Hierdurch wird die zeitliche Vergleichbarkeit geschwächt. Dieser Nachteil sollte jedoch durch die von einem bilanzierenden Unternehmen zu leistenden Anhangangaben hinsichtlich des Betrages, um den der erwartete Kreditverlust, der innerhalb einer absehbaren Zeit eintreten könnte, den zeitproportionalen erwarteten Kreditverlust übersteigt,[1143] zumindest teilweise behoben werden können.

[1140] Vgl. Abschnitt 422.253.22.
[1141] Vgl. Abschnitt 441.223.
[1142] Vgl. hierzu Abschnitt 441.223.
[1143] Vgl. IASB (Hrsg.), Supplement to ED/2009/12, Tz. Z7(b).

441.333 Betriebsvergleich

Darüber hinaus gilt es zu prüfen, inwieweit die durch die beiden vorgeschlagenen Wertminderungsvorschriften vermittelten Informationen einen **Betriebsvergleich** ermöglichen.

Im Rahmen der **Kreditverlustschätzung** werden dem bilanzierenden Unternehmen zahlreiche Ermessensspielräume eingeräumt, die einer zwischenbetrieblichen Vergleichbarkeit entgegenstehen.[1144] Sowohl das zu verwendende Schätzverfahren als auch die in die Schätzung einfließenden Inputparameter werden durch den Standardsetter nicht näher konkretisiert, so dass diese durch das bilanzierende Unternehmen festzulegen sind. Daher können zwei verschiedene Unternehmen voneinander abweichende Auswahlentscheidungen hinsichtlich des Verfahrens sowie der in die Kreditverlustschätzung einfließenden Inputparameter treffen.[1145] Dies kann ggf. dazu führen, dass ein Unternehmen im Rahmen seiner Kreditverlustschätzung auf historische Erfahrungswerte zurückgreift, wohingegen ein anderes Unternehmen den erwarteten Kreditverlust auf Basis von Informationen berechnet, die von Ratingagenturen veröffentlicht werden. Im Ergebnis kann dies dazu führen, dass zwei Unternehmen für einen identischen finanziellen Vermögenswert zwei voneinander abweichende Werte für den erwarteten Kreditverlust ermitteln und somit im Rahmen der Folgebewertung unterschiedliche Beträge für den finanziellen Vermögenswert in der Bilanz ausweisen. Hierdurch wird die zwischenbetriebliche Vergleichbarkeit gefährdet.[1146] Dieser Effekt kann ggf. noch durch die zu jedem Bewertungsstichtag durchzuführende Neueinschätzung des erwarteten Kreditverlustes verstärkt werden, da die Anpassung der anfänglichen Kreditverlustschätzung ebenfalls im Ermessen des jeweiligen bilanzierenden Unternehmens liegt.

Indes könnten die hinsichtlich der **Neueinschätzung** des erwarteten Kreditverlustes bestehenden Ermessensspielräume der bilanzierenden Unternehmen eingeschränkt und somit die zwischenbetriebliche Vergleichbarkeit verbessert werden, sofern die Neueinschätzung des erwarteten Kreditverlustes nicht anhand der subjektiven Einschätzungen der bilanzierenden Unternehmen, sondern mittels der aus den CDS-Ausfallwahrscheinlichkeiten ermittelten Anpassungsfaktoren vorgenommen werden würde.[1147]

Die zwischenbetriebliche Vergleichbarkeit wird zudem durch die Vorschläge des Ergänzungsentwurfes zur Allokation des erwarteten Kreditverlustes zusätzlich erschwert.[1148] Im Vergleich zum Exposure Draft, nach dem der erwartete Kreditverlust ausschließlich anhand der Effektivzinsme-

---

[1144] Vgl. hierzu auch DAM-RATZESBERGER, S., Wertminderung, S. 231. Vgl. zum Einfluss von Ermessensspielräumen auf die zwischenbetriebliche Vergleichbarkeit DOHRN, M., Entscheidungsrelevanz des Fair Value-Accounting, S. 199.

[1145] Vgl. zu diesen Ermessensspielräumen auch Abschnitt 441.322.

[1146] Vgl. hierzu auch MILLA, A./ROHATSCHEK, R., Expected Loss Model, S. 109; DAM-RATZESBERGER, S., Wertminderung, S. 231. Zur eingeschränkten Vergleichbarkeit von Schätzungen vgl. KRANZ, A., Die Fair Value-Bewertung von Finanzinstrumenten, S. 79 und S. 118 f.; NIEHAUS, H.-J., Bewährungsprobe für die Fair-Value-Bewertung in Zeiten der Finanzmarktkrise, S. 1172; SPRIßLER, W./HACKER, B., Fair Value-Bewertung, S. 402.

[1147] Vgl. Abschnitt 441.322.

[1148] Vgl. hierzu auch HELKE, I./BÄR, M./MORAWIETZ, A., Bilanzierung von Wertminderungen, S. 460.

thode zu verteilen ist, enthält der **Ergänzungsentwurf** Wahlrechte und Ermessensspielräume bzgl. der Allokation des erwarteten Kreditverlustes.

Die Allokation des erwarteten Kreditverlustes orientiert sich nach dem Ergänzungsentwurf an der Gruppe, zu der ein finanzieller Vermögenswert durch das interne Risikomanagement zugeordnet wurde (Management Approach).[1149] Ein identischer finanzieller Vermögenswert muss daher von zwei Unternehmen nicht notwendigerweise der gleichen Gruppe zugeordnet werden. Da hinsichtlich der zeitlichen Erfassung des erwarteten Kreditverlustes zwischen diesen Gruppen ein Unterschied besteht, wird sich bei einer unterschiedlichen Zuordnung eines finanziellen Vermögenswertes der in der Bilanz für diesen auszuweisende Betrag zwischen den Unternehmen unterscheiden, was die zwischenbetriebliche Vergleichbarkeit schwächt.[1150]

Zudem wirken sich die im Rahmen des **„Higher of"-Tests** bestehenden Wahlrechte und Ermessensspielräume auch auf die zwischenbetriebliche Vergleichbarkeit negativ aus. Die Auswahl einer Verteilungsmethode im Rahmen der Ermittlung des zeitproportionalen erwarteten Kreditverlustes beeinflusst die Höhe der für einen finanziellen Vermögenswert zu bildenden Risikovorsorge, so dass durch dieses Wahlrecht die zwischenbetriebliche Vergleichbarkeit erschwert wird.[1151] Darüber hinaus besteht bei dem Rückgriff auf die lineare Methode das Wahlrecht, den erwarteten Kreditverlust entweder als diskontierten oder als undiskontierten Wert zu ermitteln, wobei der im Rahmen der Ermittlung eines barwertigen erwarteten Kreditverlustes zu verwendende Diskontierungszinssatz nicht vorgegeben wird.[1152] Insgesamt kann sich somit die Vorgehensweise hinsichtlich der Ermittlung des zeitproportionalen erwarteten Kreditverlustes anhand der linearen Methode und dementsprechend die Höhe des zeitproportionalen erwarteten Kreditverlustes zwischen zwei Unternehmen deutlich unterscheiden, was ebenfalls einer zwischenbetrieblichen Vergleichbarkeit entgegensteht.[1153]

Ferner ist im Rahmen des **„Higher of"-Tests** die Länge der absehbaren Periode, für die ein Unternehmen den erwarteten Kreditverlust verlässlich schätzen kann, zu bestimmen.[1154] Die Länge dieser Periode und somit die Höhe der Mindestrisikovorsorge[1155] hängt dabei im Wesentlichen von der Qualität des Risikomanagementsystems in einem Unternehmen ab. Je höher die Qualität des Risi-

---

1149 Vgl. Abschnitt 422.253.21. Zum Spannungsverhältnis zwischen dem Management Approach und der zwischenbetrieblichen Vergleichbarkeit vgl. VELTE, P., Intangible Assets und Goodwill, S. 595; GROTTKE, M./KRAMMER, S., Was bringt der management approach des IFRS 8 den Jahresabschlussadressaten?, S. 677 f.; BAETGE, J./HAENELT, T., Kritische Würdigung der neu konzipierten Segmentberichterstattung nach IFRS 8, S. 50.

1150 Vgl. Abschnitt 422.253.2; DÖRING, C., Der Wert von Bankenbilanzen, S. I.

1151 Vgl. dazu auch Abschnitt 422.253.22; GRÜNBERGER, D., Verteilung des Expected Loss, S. 244.

1152 Auch der im Rahmen der Annuitäten-Methode zu verwendende Diskontierungszinssatz wird nicht vorgegeben, so dass dieser ebenfalls durch das bilanzierende Unternehmen zu bestimmen ist, wodurch die zwischenbetriebliche Vergleichbarkeit ebenfalls erschwert wird.

1153 Zur Einschränkung der zwischenbetrieblichen Vergleichbarkeit durch Wahlrechte vgl. auch HEPERS, L., Bilanzierung von Intangible Assets in den IFRS, S. 102.

1154 Vgl. Abschnitt 422.253.22.

1155 Mit zunehmender Länge der Periode steigt dabei die Höhe der Mindestrisikovorsorge.

komanagementsystems eines Unternehmens ist, desto länger wird diese Periode sein.[1156] Da sich die Qualität des Risikomanagementsystems i. d. R. zwischen zwei Unternehmen unterscheiden wird,[1157] kann die entsprechende Mindestrisikovorsorge für einen identischen finanziellen Vermögenswert zwischen zwei Unternehmen unterschiedlich hoch ausfallen. Hierdurch wird die zwischenbetriebliche Vergleichbarkeit ebenfalls eingeschränkt, sofern die Höhe der Risikovorsorge für einen finanziellen Vermögenswert anhand dieser Mindestrisikovorsorge bestimmt wird.[1158]

441.334 Zwischenfazit

Festzuhalten bleibt, dass die durch die beiden vorgeschlagenen Wertminderungsvorschriften vermittelten Informationen unter Berücksichtigung der zu leistenden Anhangangaben grundsätzlich einen Zeitvergleich ermöglichen. Aufgrund der zahlreichen unternehmensindividuell zu treffenden Annahmen im Rahmen der Kreditverlustschätzung vermögen jedoch beide Vorschläge eine zwischenbetriebliche Vergleichbarkeit nicht herzustellen.[1159] Dies ist v. a. auch deshalb kritisch zu sehen, da der IASB als einen der wichtigsten Gründe für die Notwendigkeit von Rechnungslegungsstandards angibt, dass hierdurch die Vergleichbarkeit von Rechnungslegungsinformationen erhöht wird.[1160] Vor allem weist in diesem Zusammenhang der Ergänzungsentwurf Schwächen auf, da dieser nicht nur im Rahmen der Ermittlung des erwarteten Kreditverlustes, sondern auch hinsichtlich seiner Allokation Ermessensspielräume und Wahlrechte aufweist, die eine zwischenbetriebliche Vergleichbarkeit zusätzlich erschweren. Daher kann die fördernde qualitative Anforderung der Vergleichbarkeit nur eingeschränkt erfüllt werden, wobei diese v. a. durch die Vorschläge des Ergänzungsentwurfes geschwächt wird.

441.34 Zeitnähe und Verständlichkeit

In einem letzten Schritt sollen die durch die beiden vorgeschlagenen Wertminderungsvorschriften vermittelten Informationen vor dem Hintergrund der fördernden qualitativen Anforderung der Zeitnähe und der Verständlichkeit beurteilt werden. Eine **zeitnahe** Berichterstattung liegt dabei vor, sofern Informationen rechtzeitig zur Verfügung gestellt werden, um die Entscheidungsfindung der Adressaten beeinflussen zu können.[1161] Damit Informationen der fördernden qualitativen Anforderung der **Verständlichkeit** entsprechen, müssen diese von Abschlussadressaten, die über angemes-

---

1156 Vgl. IASB (Hrsg.), Comment letter summary, Tz. 52.

1157 Vgl. IASB (Hrsg.), Comment letter summary, Tz. 52.

1158 Vgl. hierzu auch IASB (Hrsg.), Comment letter summary, Tz. 49.

1159 Vgl. dazu auch DAM-RATZESBERGER, S., Wertminderung, S. 232.

1160 Vgl. CF.BC3.33. Indes greift der Standardsetter neben den Vorschlägen des Ergänzungsentwurfes auch im Rahmen der Segmentberichterstattung nach IFRS 8 auf den Management Approach zurück. Der Rückgriff auf den Management Approach im Rahmen der externen Berichterstattung geht hierbei i. d. R. mit einer Schwächung der zwischenbetrieblichen Vergleichbarkeit einher. Vgl. hierzu auch VELTE, P., Intangible Assets und Goodwill, S. 595; GROTTKE, M./KRAMMER, S., Was bringt der management approach des IFRS 8 den Jahresabschlussadressaten?, S. 677 f.; BAETGE, J./HAENELT, T., Kritische Würdigung der neu konzipierten Segmentberichterstattung nach IFRS 8, S. 50.

1161 Vgl. Abschnitt 213.24.

sene Kenntnisse über geschäftliche und wirtschaftliche Tätigkeiten verfügen, verstanden werden können.[1162]

Mit den beiden vorgeschlagenen Wertminderungsvorschriften wird das Ziel verfolgt, erwartete Kreditverluste bereits **frühzeitig** und nicht erst zum Zeitpunkt des Eintritts eines konkreten Ausfallereignisses – wie es nach den bestehenden Regelungen des Incurred-Loss-Modells der Fall ist – im IFRS-Abschluss zu erfassen.[1163] Ein bilanzierendes Unternehmen hat hierzu bereits zum Ansatzzeitpunkt eines finanziellen Vermögenswertes den hinsichtlich dieses Finanzinstrumentes zu erwartenden Kreditverlust zu bestimmen. Die Schätzung des erwarteten Kreditverlustes ist dabei zu jedem Bewertungsstichtag anzupassen, so dass die Kreditverlustschätzung eine hohe Aktualität aufweist. Den Adressaten werden somit durch das Expected-Loss-Modell im Gegensatz zum Incurred-Loss-Modell **aktuelle** Informationen über den erwarteten Kreditverlust und somit eine aktuelle Einschätzung eines bilanzierenden Unternehmens hinsichtlich der von einem finanziellen Vermögenswert künftig noch zu erwartenden Zahlungsströme bereitgestellt. Anders als die Informationen, die durch das Incurred-Loss-Modell vermittelt werden, sollten diese Informationen grundsätzlich noch in der Lage sein, die Entscheidungsfindung der Adressaten zu beeinflussen. Demnach sollten die durch die beiden Wertminderungsvorschriften vermittelten Informationen die fördernde qualitative Anforderung der Zeitnähe erfüllen.

Hinsichtlich der **Verständlichkeit** der durch die beiden vorgeschlagenen Wertminderungsvorschriften vermittelten Informationen gilt es zunächst zu beachten, dass beide Vorschläge einen Wechsel des Wertminderungskonzeptes von einem Incurred- zu einem Expected-Loss-Ansatz vorsehen. Aufgrund dieses Wechsels entspricht der im Rahmen der Folgebewertung für einen finanziellen Vermögenswert der Kategorie „Fortgeführte Anschaffungskosten" in der Bilanz auszuweisende Betrag weder den nach IAS 39 zu ermittelnden fortgeführten Anschaffungskosten noch dem Fair Value.[1164] Nach dem Exposure Draft entspricht dieser Betrag dem **Barwert** der erwarteten Zahlungsströme (unter Berücksichtigung des erwarteten Kreditverlustes) eines finanziellen Vermögenswertes, der anhand des risikoangepassten Effektivzinssatzes zu ermitteln ist.[1165]

Eine vergleichbare Interpretation dieses Betrages ist bei der Anwendung der Wertminderungsvorschriften des Ergänzungsentwurfes jedoch nicht ohne Weiteres möglich, da der erwartete Kreditverlust nach dem Ergänzungsentwurf losgelöst von der Effektivzinsmethode erfasst wird. Die Allokation des erwarteten Kreditverlustes richtet sich hierbei nach der Gruppe, zu der ein finanzieller Vermögenswert zugeordnet wurde. Die Höhe der bereits für einen finanziellen Vermögenswert gebildeten Risikovorsorge mindert hierbei die fortgeführten Anschaffungskosten (Brutto) des Finanzinstrumentes.[1166] Da die Höhe dieser Risikovorsorge bei einem finanziellen Vermögenswert des

1162 Vgl. Abschnitt 213.24.
1163 Vgl. Abschnitt 422.21; BÄR, M., Wertminderungsmodell für finanzielle Vermögenswerte, S. 293.
1164 Vgl. hierzu auch FLICK, P./GEHRER, J./KRAKUHN, J., Geplante Änderungen des ED/2009/12, S. 552.
1165 Vgl. Abschnitt 422.252.1.
1166 Vgl. Abschnitt 422.253.22.

Good Book aufgrund des „Higher of"-Tests im Zeitverlauf anhand konzeptionell unterschiedlicher Kreditverlustschätzungen bestimmt werden kann, wirkt sich dies negativ auf die **Verständlichkeit** aus.[1167] Fachkundige Adressaten können hierbei nur mittels der vom bilanzierenden Unternehmen im Anhang bereitgestellten Informationen in die Lage versetzt werden, den im Rahmen der Folgebewertung für einen finanziellen Vermögenswert des Good Book in der Bilanz ausgewiesenen Betrag zu verstehen. Da nach dem Exposure Draft dieser Betrag während der Laufzeit eines finanziellen Vermögenswertes stets dem Barwert der erwarteten Zahlungsströme des Finanzinstrumentes entspricht, stellt dieser Betrag für die Adressaten im Vergleich zu dem nach dem Ergänzungsentwurf für einen finanziellen Vermögenswert des Good Book in der Bilanz auszuweisenden Betrag einen verständlicheren Wert dar.

Darüber hinaus ist für das Verständnis der durch die beiden Wertminderungsvorschriften vermittelten Informationen ebenfalls die Vorgehensweise des bilanzierenden Unternehmens im Rahmen der **Schätzung** des erwarteten Kreditverlustes von Bedeutung. Sowohl nach den Anhangangabepflichten des Exposure Draft als auch nach denjenigen des Ergänzungsentwurfes sind den Adressaten umfangreiche Informationen zur Kreditverlustschätzung bereitzustellen.[1168] Dem Anhang können die Adressaten hierbei u. a. Informationen hinsichtlich der Vorgehensweise eines bilanzierenden Unternehmens im Rahmen der Kreditverlustschätzung sowie der von diesem gewählten Annahmen als auch der Herkunft der in die Kreditverlustschätzung einfließenden Inputparameter entnehmen.[1169] Durch diese Anhangangaben werden grundsätzlich Informationen über die Kreditverlustschätzung bereitgestellt, die fachkundige Adressaten dabei unterstützen sollten, die von einem bilanzierenden Unternehmen durchgeführte Ermittlung des erwarteten Kreditverlustes zu verstehen,[1170] so dass hierdurch die Verständlichkeit der durch die beiden Wertminderungsvorschriften vermittelten Informationen gestärkt wird.

[1167] Vgl. IASB (Hrsg.), General approach after SD, Tz. 9. Da bei einem finanziellen Vermögenswert des Bad Book die Höhe der Risikovorsorge stets dem gesamten erwarteten Kreditverlust zu entsprechen hat, sollte hierdurch die Verständlichkeit der hinsichtlich eines finanziellen Vermögenswertes des Bad Book vermittelten Informationen nicht beeinträchtigt werden.

[1168] Vgl. Abschnitt 43.

[1169] Vgl. Abschnitt 43.

[1170] Vgl. zu dieser Aufgabe von Anhangangaben auch KÜTING, P./DÖGE, B./PFINGSTEN, A., Neukonzeption der Fair Value-Option, S. 608; DOHRN, M., Entscheidungsrelevanz des Fair Value-Accounting, S. 223; BRÜGGEMANN, B., Berichterstattung im Anhang, S. 35 f.; PAPA, V., Das externe Rechnungswesen transparenter machen, S. M1. Kritisch zum Umfang dieser Anhangangaben äußert sich bspw. BÄR, M., Wertminderungsmodell für finanzielle Vermögenswerte, S. 295. Indes muss hierbei beachtet werden, dass zumeist nur institutionelle Investoren über eine entsprechende Expertise verfügen werden, um anhand der Anhangangaben ein Verständnis für die durch ein bilanzierendes Unternehmen durchgeführte Kreditverlustschätzung entwickeln zu können. Kleinanleger werden i. d. R. nicht über die hierfür erforderlichen Fachkenntnisse verfügen, so dass diese die Hilfe eines Beraters in Anspruch nehmen müssen, um die im Anhang bereitgestellten Informationen zur Kreditverlustschätzung interpretieren zu können, vgl. hierzu auch PELLENS, B./FÜLBIER, R. U./GASSEN, J./SELLHORN, T., Internationale Rechnungslegung, S. 127; Abschnitt 213.24.

441.35 Zwischenfazit in Bezug auf die fördernden qualitativen Anforderungen des Conceptual Framework

Im Rahmen der Beurteilung der durch die beiden Wertminderungsvorschriften vermittelten Informationen vor dem Hintergrund der fördernden qualitativen Anforderungen zeigt sich ein durchaus heterogenes Bild. Sowohl die fördernde qualitative Anforderung der Verständlichkeit als auch der Zeitnähe werden durch die anhand der beiden Wertminderungsvorschläge vermittelten Informationen weitestgehend erfüllt.

Dahingegen weisen die durch die beiden Wertminderungsvorschriften vermittelten Informationen teilweise erhebliche Schwächen hinsichtlich ihrer Nachprüfbarkeit und ihrer Vergleichbarkeit auf. Dies ist v. a. auf die zahlreichen Ermessensspielräume, die durch die beiden Vorschriften gewährt werden, zurückzuführen, wobei die Wertminderungsvorschriften des Ergänzungsentwurfs zusätzlich zu den im Rahmen der Kreditverlustschätzung bestehenden Ermessensspielräumen auch Ermessensspielräume hinsichtlich der Allokation des erwarteten Kreditverlustes enthalten.

Die Schätzung des erwarteten Kreditverlustes nimmt im Rahmen der beiden Wertminderungsvorschriften eine bedeutende Stellung ein, so dass der Grad der Entscheidungsnützlichkeit der vermittelten Informationen entscheidend davon abhängt, inwiefern die Kreditverlustschätzung durch die Adressaten nachgeprüft werden kann. Demnach ist der fördernden qualitativen Anforderung der Nachprüfbarkeit in diesem Kontext ein deutlich stärkeres Gewicht im Vergleich zu den verbleibenden fördernden qualitativen Anforderungen beizumessen, um eine Aussage über den Grad der Entscheidungsnützlichkeit der durch die beiden Wertminderungsvorschriften vermittelten Informationen treffen zu können. Aufgrund der dargelegten Schwächen hinsichtlich der Nachprüfbarkeit der durch die beiden Wertminderungsvorschriften vermittelten Informationen ist daher der **Grad der Entscheidungsnützlichkeit** dieser Informationen nicht als sonderlich hoch einzuschätzen. Indes sollten die vermittelten Informationen des Exposure Draft eine höhere Entscheidungsnützlichkeit als die durch den Ergänzungsentwurf vermittelten Informationen aufweisen, da die durch den Exposure Draft vermittelten Informationen neben den fundamentalen qualitativen Anforderungen auch die fördernden qualitativen Anforderungen insgesamt in einem höheren Umfang erfüllen.

442. Zusammenfassende Würdigung der Wertminderungsvorschriften des ED/2009/12 und des Ergänzungsentwurfes zum ED/2009/12

Zum gegenwärtigen Zeitpunkt der Arbeit liegen seitens des IASB mit dem ED/2009/12 und dem Ergänzungsentwurf zum ED/2009/12 zwei Vorschläge für die künftigen Wertminderungsvorschriften des IFRS 9 vor. Die Untersuchung der durch die beiden Vorschläge vermittelten Informationen vor dem Hintergrund der qualitativen Anforderungen des Conceptual Framework zeigt, dass sowohl die fundamentalen als auch die fördernden qualitativen Anforderungen durch die anhand der Wertminderungsvorschriften des ED/2009/12 vermittelten Informationen in einem höheren Umfang erfüllt werden. Vor allem aufgrund der zahlreichen Ermessensspielräume, die hinsichtlich der Allokation des erwarteten Kreditverlustes in den Wertminderungsvorschriften des Ergänzungsentwurfes im Gegensatz zu den Vorschlägen des Exposure Draft bestehen, erfüllen die durch den Ergänzungsentwurf vermittelten Informationen die qualitativen Anforderungen lediglich in einem geringeren Umfang. Daher weisen die durch den Exposure Draft vermittelten Informationen im Vergleich zu den Informationen, die durch den Ergänzungsentwurf vermittelt werden, eine **höhere Entscheidungsnützlichkeit** für die Adressaten auf.

Indes ist der **Grad der Entscheidungsnützlichkeit** der durch die beiden Wertminderungsvorschriften vermittelten Informationen nicht als sonderlich hoch einzuschätzen, da die subjektiven Einflüsse des bilanzierenden Unternehmens auf die Kreditverlustschätzung die intersubjektive Nachprüfbarkeit der vermittelten Informationen erschweren. Der in den beiden Vorschlägen vorgesehene Wechsel des Wertminderungskonzeptes zu einem Expected-Loss-Ansatz führt in der IFRS-Rechnungslegung demnach zu einer weiteren **Zunahme von Schätzungen**, welche durch die subjektiven Einflüsse des bilanzierenden Unternehmens geprägt werden. Diese subjektiven Einflüsse auf die Kreditverlustschätzung werden einem rechnungslegenden Unternehmen v. a. aufgrund der sehr **allgemein** gehaltenen Regelungen zur Ermittlung des erwarteten Kreditverlustes ermöglicht.[1171] Diese sehr allgemein gehaltenen Regelungen werden durch den Standardsetter damit begründet, dass es sich bei der Ermittlung von erwarteten Kreditverlusten um ein gemeinhin verstandenes Konzept handelt,[1172] zu welchem es seitens des IASB keiner weiteren Erläuterung bedarf. Zudem sollen diese eher prinzipienorientierten Regelungen die Umsetzungsschwierigkeiten bei der Einführung des Expected-Loss-Modells vermindern.[1173] Diesem kann jedoch entgegengehalten werden, dass nach den beiden vorgeschlagenen Wertminderungsvorschriften ein bilanzierendes Unternehmen den über die Gesamtlaufzeit eines finanziellen Vermögenswertes zu erwartenden Kreditverlust zu schätzen hat (**Lifetime Expected Loss**), der jedoch von Unternehmen i. d. R. bisher nicht erhoben wird.[1174] Daher wären konkretere Regelungen des Standardsetter hinsichtlich der Kreditverlustschätzung notwendig, die dann zugleich die für ein bilanzierendes Unternehmen im Rahmen der Kreditverlustschätzung bestehenden Ermessensspielräume einschränken würden.

Darüber hinaus kann die intersubjektive Nachprüfbarkeit der Kreditverlustschätzung durch die Berücksichtigung von aus **CDS-Prämien** extrahierten Ausfallwahrscheinlichkeiten im Rahmen der Kreditverlustschätzung verbessert werden.[1175] Sind CDS-Prämien für den entsprechenden Schuldner eines finanziellen Vermögenswertes verfügbar, sollten sich durch den Rückgriff auf diese Informationen im Rahmen der Kreditverlustschätzung Ermessensspielräume einschränken lassen, da CDS-Prämien am Markt beobachtet werden können und somit eine intersubjektive Nachprüfbarkeit der Prämien und somit auch der diesen zugrundeliegenden Ausfallwahrscheinlichkeiten gewährleis-

1171 Vgl. hierzu auch DAM-RATZESBERGER, S., Wertminderung, S. 231.

1172 Vgl. IASB (Hrsg.), Supplement to ED/2009/12, Tz. IE4.

1173 Vgl. FLICK, P./GEHRER, J./MEYER, S., Wertberichtigungen von Finanzinstrumenten nach IFRS, S. 229.

1174 Vgl. IASB (Hrsg.), Expert Advisory Panel, Tz. A9. Zu den Herausforderungen im Rahmen der Ermittlung des Lifetime Expected Loss vgl. auch GRÜNBERGER, D., Der Lifetime-Expected Loss, S. 37.

1175 Vgl. Abschnitt 441.322. Der Rückgriff auf CDS-Prämien bietet sich im Rahmen der Kreditverlustschätzung an, sofern sich diese nicht durch spekulative Einflüsse von ihrem fundamental gerechtfertigten Wert entfernt haben, vgl. hierzu auch Abschnitt 441.214. Des Weiteren sollte die Verwendung von CDS-Prämien von der bei Marktteilnehmern vorherrschenden Risikoeinstellung abhängen, vgl. hierzu Abschnitt 422.243.55.

tet ist.[1176] Werden CDS-Prämien bspw. als zusätzliche Informationsquelle für eine ggf. erforderliche Anpassung einer vergangenheitsbezogenen Kreditverlustschätzung an die aktuellste Informationslage verwendet, wird hierdurch der im Rahmen dieser Anpassung bestehende Gestaltungsspielraum des rechnungslegenden Unternehmens eingeschränkt. Darüber hinaus können anhand der CDS-Ausfallwahrscheinlichkeiten Anpassungsfaktoren ermittelt werden, die im Rahmen der Neueinschätzung des erwarteten Kreditverlustes als zusätzliche Informationsquelle verwendet werden können, um eine anfängliche Kreditverlustschätzung anzupassen. Durch diese Vorgehensweise würde der subjektive Einfluss des bilanzierenden Unternehmens auf die Neueinschätzung des erwarteten Kreditverlustes eingegrenzt werden.[1177]

Bezieht man die in dieser Arbeit vorgeschlagene Anpassung der Anhangangabepflichten zu der Kreditverlustschätzung mit in diese Betrachtung ein,[1178] wird hierdurch die fördernde qualitative Anforderung der Nachprüfbarkeit gestärkt und der Grad der Entscheidungsnützlichkeit der durch die beiden Wertminderungsvorschläge vermittelten Informationen erhöht. Diese Vorschläge können demnach dazu beitragen, die bestehenden Gestaltungsmöglichkeiten im Rahmen der Kreditverlustschätzung einzuschränken, so dass hierdurch einer **entobjektivierten Bewertung** des erwarteten Kreditverlustes zumindest teilweise entgegengewirkt wird.[1179]

Durch die Berücksichtigung von CDS-Informationen im Rahmen der Kreditverlustschätzung sowie durch die Anpassung der Anhangangabepflichten lassen sich demnach zumindest einige hinsichtlich der Kreditverlustschätzung bestehende Schwächen reduzieren. Indes werden auch hierdurch nicht die dargelegten Ermessensspielräume vollumfänglich eingeschränkt sowie ein wünschenswertes Mindestmaß an Objektivierung im Rahmen der Schätzung erreicht. Hierzu wäre allenfalls der Standardsetter fähig, indem er den bilanzierenden Unternehmen konkretere Anweisungen v. a. hinsichtlich der Ermittlung der **Kreditverlustschätzung** vorgeben würde. Es ist daher wünschenswert, dass im Rahmen der weiteren Beratung über die künftigen Wertminderungsvorschriften des IFRS 9 der Schätzung des erwarteten Kreditverlustes eine größere Bedeutung beigemessen wird und der Schätzprozess sowie die in diesen einfließenden Inputparameter stärker durch den Standardsetter konkretisiert werden. Zudem sollte der Standardsetter hierbei die Ermittlung eines barwertigen erwarteten Kreditverlustes verpflichtend vorschreiben, da nur hierdurch gewährleistet wird, dass ein

[1176] Vgl. Abschnitt 441.322.

[1177] Vgl. hierzu auch Abschnitt 441.322.

[1178] In dieser Arbeit wird gefordert, dass Anhangangaben zur Kreditverlustschätzung differenziert nach Gruppen von finanziellen Vermögenswerten, die vergleichbare Ausfallrisikoeigenschaften aufweisen, vorgenommen werden. Darüber hinaus wird die Erweiterung der Angabepflichten um quantitative Informationen zu den im Rahmen der Kreditverlustschätzung verwendeten Inputparametern sowie die Offenlegung der Ergebnisse von durchgeführten Sensitivitätsanalysen je Berichtsgruppe gefordert, vgl. hierzu Abschnitt 441.323.

[1179] Vgl. zur Entobjektivierung durch Ermessensspielräume BÖCKING, H.-J./DREISBACH, M./GROS, M., Der fair value als Wertmaßstab, S. 214; KÜTING, K., Objektivierungsgrundsatz im HGB- und IFRS-System, S. 1406.

finanzieller Vermögenswert nicht konzeptionell inkonsistent zu seiner Zugangsbewertung folgebewertet wird.[1180]

Neben der Kreditverlustschätzung sind für die Entscheidungsnützlichkeit der durch die künftigen Wertminderungsvorschriften vermittelten Informationen die **Allokationsvorschriften** für den erwarteten Kreditverlust von entscheidender Bedeutung. Die Untersuchung der beiden vorliegenden Allokationsvorschläge zeigt, dass der Allokationsvorschlag des ursprünglichen Exposure Draft dem Vorschlag des Ergänzungsentwurfes überlegen ist.[1181]

Maßgeblich für die künftigen Allokationsvorschriften sollte daher der **Aufbau der Risikovorsorge** zeitlich korrespondierend zur Vereinnahmung der in dem Zinsertrag enthaltenen Ausfallprämie sein.[1182] Dies wird grundsätzlich nicht durch die Berücksichtigung einer Mindestrisikovorsorge, wie sie ggf. nach dem „Higher of"-Test des Ergänzungsentwurfes zu bilden ist, erreicht.[1183] Durch die Mindestrisikovorsorge wird ein finanzieller Vermögenswert zu niedrig bewertet. Durch dieses „Vorsichtselement"[1184] wird die Vermögenslage eines bilanzierenden Unternehmens nicht den tatsächlichen wirtschaftlichen Verhältnissen entsprechend im Abschluss abgebildet, so dass hierdurch die fundamentale qualitative Anforderung der glaubwürdigen Darstellung beeinträchtigt wird. Darüber hinaus ist der Betrag nur eingeschränkt relevant für die Adressaten, da durch diesen Betrag das Einzahlungspotenzial des finanziellen Vermögenswertes nur verzerrt wiedergegeben wird.[1185] Aus diesen Gründen sollte im Rahmen der künftigen Allokationsvorschriften auf einen „Higher of"-Test verzichtet werden. Um die entsprechenden Umsetzungsschwierigkeiten des Allokationsvorschlages des Exposure Draft zu vermeiden,[1186] sollte der erwartete Kreditverlust eines finanziellen Vermögenswertes entsprechend dem Vorschlag des Ergänzungsentwurfes losgelöst von der Effektivzinsmethode verteilt werden. Hierbei würde sich bspw. ein lineares Verfahren zur gleichmäßigen Verteilung des anfänglich erwarteten Kreditverlustes über die Gesamtlaufzeit eines finanziellen Vermögenswertes anbieten,[1187] da anhand eines solchen Verfahrens die Risikovorsorge parallel zur Vereinnahmung der in dem Zinsertrag enthaltenen Ausfallprämie aufgebaut wird.

Des Weiteren sollten **Schätzungsänderungen** direkt erfolgswirksam erfasst werden, da die Adressaten anhand des dann in der Bilanz ausgewiesenen Betrages die künftigen Zahlungsströme eines finanziellen Vermögenswertes besser einschätzen können. Diese Informationen besitzen somit eine hohe Relevanz für die Adressaten. Zudem wird hierdurch vermieden, dass der für einen finanziellen Vermögenswert auszuweisende Betrag erst verzögert an die neue Ausfallschätzung angepasst

1180 Vgl. hierzu auch Abschnitt 441.213.
1181 Zu diesem Ergebnis kommt auch GROßE, J.-V., Auf der Suche nach dem richtigen Impairmentmodell, S. 426.
1182 Vgl. hierzu auch GROßE, J.-V., Auf der Suche nach dem richtigen Impairmentmodell, S. 421.
1183 Vgl. GROßE, J.-V., Auf der Suche nach dem richtigen Impairmentmodell, S. 425.
1184 GROßE, J.-V., Auf der Suche nach dem richtigen Impairmentmodell, S. 421.
1185 Vgl. Abschnitt 441.213.
1186 Vgl. hierzu auch Abschnitt 422.253.1.
1187 Vgl. zu dieser Vorgehensweise auch FLICK, P./GEHRER, J./KRAKUHN, J., Geplante Änderungen des ED/2009/12, S. 549.

wird.[1188] Darüber hinaus wird durch eine unmittelbare Erfassung von Schätzungsänderungen eine Differenzierung zwischen Good Book und Bad Book obsolet. Tritt bei einem finanziellen Vermögenswert eine Leistungsstörung auf, wird aufgrund der unmittelbaren Erfassung von Schätzungsänderungen die Risikovorsorge weitestgehend an den Gesamtbetrag des erwarteten Kreditverlustes angepasst.[1189] Ein Wechsel in das Bad Book ist daher nicht mehr erforderlich.

In Verbindung mit stärker konkretisierten Regelungen für die Schätzung des erwarteten Kreditverlustes würden diese Allokationsvorschriften dazu führen, dass den Adressaten durch die künftigen Wertminderungsvorschriften letztlich Informationen bereitgestellt werden, die für diese eine hohe Entscheidungsnützlichkeit aufweisen.

[1188] Vgl. Abschnitt 441.213.

[1189] Vgl. Abschnitt 441.213. So auch GROẞE, J.-V., Auf der Suche nach dem richtigen Impairmentmodell, S. 425. In diesem Fall wird sich die Höhe der Risikovorsorge maßgeblich nach der diesem finanziellen Vermögenswert zugewiesenen Verlustquote richten.

5 Zusammenfassung und Ausblick

An den derzeitigen Wertminderungsvorschriften des IAS 39 für zu fortgeführten Anschaffungskosten folgebewertete finanzielle Vermögenswerte wird bereits seit ihrer Einführung im Jahr 2003 erhebliche Kritik geübt, wobei sich diese durch die Finanzkrise nochmals verstärkt hat. Die Kritik zielt darauf, dass nach diesen Vorschriften Wertminderungen erst verspätet durchgeführt werden und einen zu geringen Umfang einnehmen. Als Reaktion auf die Kritik entschloss sich der IASB, die Wertminderungsvorschriften im Rahmen der zweiten Phase des Replacement-Projektes zu IAS 39 zu überarbeiten. Das Ziel der Arbeit war es, die zum gegenwärtigen Zeitpunkt vorliegenden Wertminderungsvorschriften des ED/2009/12 und des Ergänzungsentwurfes zum ED/2009/12 vor dem Hintergrund der qualitativen Anforderungen des Conceptual Framework zu analysieren, um die **Entscheidungsnützlichkeit** der durch diese Vorschriften vermittelten Informationen für die Adressaten des IFRS-Abschlusses zu beurteilen. Im Folgenden werden die zentralen Erkenntnisse dieser Untersuchung in komprimierter Form wiedergegeben.

Nach IFRS 9 ist ein finanzieller Vermögenswert zum Ansatzzeitpunkt in eine von zwei Kategorien einzuordnen. Die hinsichtlich eines finanziellen Vermögenswertes getroffene **Klassifizierungsentscheidung** ist hierbei ausschlaggebend für seine Folgebewertung. Ein finanzieller Vermögenswert, welcher der Kategorie „Fortgeführte Anschaffungskosten" zugeordnet wurde, ist mit seinen fortgeführten Anschaffungskosten folgezubewerten, wobei die aufgrund des Ausfallrisikos durchzuführende Wertminderung eines finanziellen Vermögenswertes mit in die Folgebewertung einzubeziehen ist.

Im Gegensatz zu den Klassifizierungsvorschriften, die bereits in IFRS 9 aufgenommen wurden, sind die Beratungen über die künftigen **Wertminderungsvorschriften** des IFRS 9 zum gegenwärtigen Zeitpunkt der Arbeit noch nicht abgeschlossen. Für diese liegen derzeit mit dem ED/2009/12 und dem Ergänzungsentwurf zum ED/2009/12 zwei Vorschläge vor. Beiden Vorschlägen ist hierbei gemein, dass sowohl zum Ansatzzeitpunkt als auch zu jedem Bewertungsstichtag für einen finanziellen Vermögenswert der zu **erwartende Kreditverlust** durch das bilanzierende Unternehmen zu schätzen ist. Im Rahmen dieser Schätzung hat ein bilanzierendes Unternehmen auf alle verfügbaren Informationen zurückzugreifen. Hierbei wurde in der Arbeit die Eignung von Marktdaten in Form des Marktwertes einer Unternehmensanleihe sowie der CDS-Prämie als weitere Informationsquelle für die Kreditverlustschätzung geprüft. Der aus dem Marktwert einer Unternehmensanleihe abgeleitete **Credit Spread** stellte sich hierbei als nur bedingt geeignet als zusätzliche Informationsquelle für die Kreditverlustschätzung heraus, da sich die in diesem enthaltene erwartete Verlustschätzung nicht ohne Weiteres von anderen wertbestimmenden Faktoren separieren lässt. Hinsichtlich der **CDS-Prämie** konnte hingegen nachgewiesen werden, dass durch diese weitestgehend die Einschätzung der Marktteilnehmer hinsichtlich der Ausfallgefahr eines Referenzschuldners wiedergegeben wird. Indes konnte dargelegt werden, dass durch die CDS-Prämie neben dem erwarteten Verlust auch der unerwartete Verlust vergütet wird. Da der unerwartete Verlust jedoch nicht durch die vorgeschlagenen Wertminderungsvorschriften adressiert wird, lässt sich die CDS-Prämie nicht ohne zusätzliche Annahmen als weitere Informationsquelle im Rahmen der Kreditverlustschätzung nutzen. Ihre Eignung als weitere Informationsquelle hinsichtlich der Ausfallgefahr eines Schuldners sowohl im Rahmen der anfänglichen Kreditverlustschätzung als auch bei der Neueinschätzung des erwarteten Kreditverlustes konnte hingegen dargelegt werden, sofern bzgl. der Risikoneigung der Marktteilnehmer entsprechende Annahmen getroffen wurden.

Der durch ein bilanzierendes Unternehmen ermittelte erwartete Kreditverlust ist sowohl nach den Wertminderungsvorschriften des ED/2009/12 als auch nach dem Ergänzungsentwurf zum ED/2009/12 während der Laufzeit eines finanziellen Vermögenswertes sukzessiv in eine Risikovorsorge einzustellen. In Bezug auf die **Relevanz** der vermittelten Informationen wurde im Rahmen der kritischen Analyse festgestellt, dass durch beide Vorschläge den Adressaten relevantere Informationen als nach dem Incurred-Loss-Modell bereitgestellt werden, da im Rahmen der Folgebewertung eines finanziellen Vermögenswertes der erwartete Kreditverlust zu berücksichtigen ist und somit der in der Bilanz für dieses Finanzinstrument auszuweisende Betrag einen starken Zukunftsbezug aufweist. Es konnte ferner gezeigt werden, dass die Relevanz der Informationen erhöht werden kann, indem im Rahmen der Schätzung des erwarteten Kreditverlustes v. a. Informationen verwendet werden, welche die aktuellen Gegebenheiten widerspiegeln. Dies wurde exemplarisch durch die Berücksichtigung von CDS-Prämien als zusätzliche Informationsquelle im Rahmen der Kreditverlustschätzung verdeutlicht. Auch in Bezug auf die Beurteilung der durch die beiden Wertminderungsvorschriften vermittelten Informationen vor dem Hintergrund der fundamentalen qualitativen Anforderung der **glaubwürdigen Darstellung** konnten Vorteile gegenüber den durch das Incurred-Loss-Modell vermittelten Informationen festgestellt werden. Dies ist darauf zurückzuführen, dass ein finanzieller Vermögenswert nach den beiden Wertminderungsvorschriften – im Gegensatz zu seiner bilanziellen Abbildung nach dem Incurred-Loss-Modell – grundsätzlich den tatsächlichen wirtschaftlichen Verhältnissen entsprechend im Abschluss dargestellt wird. Indes konnte gezeigt werden, dass die fundamentale qualitative Anforderung der **glaubwürdigen Darstellung** aufgrund der zahlreichen Ermessensspielräume, die einem Bilanzierenden im Rahmen der Schätzung des erwarteten Kreditverlustes durch beide Vorschlägen eröffnet werden, geschwächt wird. Eingeschränkt werden diese bilanzpolitischen Möglichkeiten jedoch durch die umfangreichen Anhangangabepflichten, die ein bilanzierendes Unternehmen nach dem Exposure Draft und Ergänzungsentwurf zur Kreditverlustschätzung zu leisten hat, so dass von diesen zumindest keine größere Beeinträchtigung der fundamentalen Anforderung der glaubwürdigen Darstellung ausgehen sollte.

Hinsichtlich der Ermittlung der Höhe des in einer Periode in eine Risikovorsorge einzustellenden Betrages und somit der Höhe, um den ein finanzieller Vermögenswert in einer Periode wertzumindern ist, unterscheiden sich die beiden Vorschläge. Nach dem **ED/2009/12** wird der anfänglich erwartete Kreditverlust anhand der Effektivzinsmethode über die Laufzeit verteilt. Die Höhe der in einer Periode durchzuführenden Wertminderung entspricht dabei der Differenz zwischen dem Brutto- und dem Nettozinsertrag des finanziellen Vermögenswertes. Eine Schätzungsänderung des erwarteten Kreditverlustes ist hingegen nicht über die Restlaufzeit eines finanziellen Vermögenswertes zu verteilen, sondern sofort erfolgswirksam zu erfassen. Nach dem **Ergänzungsentwurf zum ED/2009/12** findet hingegen die Allokation des erwarteten Kreditverlustes losgelöst von der Effektivzinsmethode statt. Diese richtet sich hierbei nach der Gruppe, in welche ein finanzieller Vermögenswert eingeordnet worden ist. Bei einem finanziellen Vermögenswert des Good Book ist ein „Higher of"-Test durchzuführen, um die Höhe des Risikovorsorgebestandes zu bestimmen. Diese Höhe bestimmt sich hierbei anhand des höheren Betrages aus dem zeitproportionalen erwarteten Kreditverlust und dem erwarteten Kreditverlust, der innerhalb einer absehbaren Zeit eintreten könnte. Bei einem finanziellen Vermögenswert des Bad Book entspricht die Höhe des Risikovorsorgebestandes hingegen dem Gesamtbetrag des erwarteten Kreditverlustes. Die Differenz zwischen dem Risikovorsorgebestand der Vorperiode und der aktuellen Periode bestimmt hierbei die Höhe des Betrages, um den ein finanzieller Vermögenswert in einer Periode wertzumindern ist. Die aktualisierte Kreditverlustschätzung ist im Gegensatz zum ursprünglichen Exposure Draft nach dem Ergänzungsentwurf analog zur ursprünglichen Kreditverlustschätzung zu behandeln.

Hinsichtlich der **Relevanz** der durch die beiden Allokationsvorschriften vermittelten Informationen zeigten hierbei die Allokationsvorschriften des Exposure Draft Vorteile gegenüber den Allokationsvorschriften des Ergänzungsentwurfes, da nach diesen auf einen barwertigen erwarteten Kreditverlust zurückzugreifen und eine Schätzungsänderung des erwarteten Kreditverlustes sofort im vollen Umfang zu erfassen ist und hierdurch den Adressaten eine bessere Einschätzung der künftigen Cashflows eines finanziellen Vermögenswertes ermöglicht wird. Ferner konnte gezeigt werden, dass die Allokationsvorschriften des Ergänzungsentwurfes – im Gegensatz zu den Allokationsvorschriften des Exposure Draft – dem Bilanzierenden Ermessensspielräume und Wahlrechte einräumen, die für bilanzpolitische Maßnahmen verwendet werden können. Hierdurch wird die fundamentale qualitative Anforderung der **glaubwürdigen Darstellung** geschwächt. Eingeschränkt werden diese bilanzpolitischen Möglichkeiten jedoch durch Anhangangabepflichten, die ein bilanzierendes Unternehmen nach dem Ergänzungsentwurf zur Allokation des erwarteten Kreditverlustes zu leisten hat.

Insgesamt konnte hinsichtlich der **Entscheidungsnützlichkeit** der durch die beiden Wertminderungsvorschriften vermittelten Informationen daher ein positives Urteil gefällt werden, da diese die beiden fundamentalen qualitativen Anforderungen – wenn auch die glaubwürdige Darstellung nur in abgeschwächter Form – erfüllen. Bei der Abwägung beider Wertminderungsvorschriften hinsichtlich der **Entscheidungsnützlichkeit** der durch diese vermittelten Informationen zeigten hierbei die Wertminderungsvorschriften des ED/2009/12 Vorteile gegenüber den Vorschlägen des Ergänzungsentwurfes, da diese den fundamentalen qualitativen Anforderungen in einem größeren Umfang genügen.

Um den **Grad der Entscheidungsnützlichkeit** der durch die beiden Wertminderungsvorschriften vermittelten Informationen zu beurteilen, wurden diese ferner vor dem Hintergrund der fördernden qualitativen Anforderung analysiert. Hierbei wurde festgestellt, dass durch die von beiden Wertminderungsvorschriften bereitgestellten Informationen sowohl die fördernde qualitative Anforderung der Zeitnähe als auch der Verständlichkeit weitgehend erfüllt werden, wohingegen diese – speziell die durch den Ergänzungsentwurf vermittelten Informationen – hinsichtlich ihrer Vergleichbarkeit und Nachprüfbarkeit erhebliche Schwächen aufweisen. Diese Schwächen resultieren v. a. aus den sehr **allgemein** gehaltenen Regelungen hinsichtlich der Kreditverlustschätzung, die einem bilanzierenden Unternehmen erhebliche Ermessensspielräume öffnen.

Im Rahmen der Analyse der fördernden qualitativen Anforderungen wurde festgehalten, dass insbesondere aufgrund der erheblichen Schwächen, die hinsichtlich der Nachprüfbarkeit der durch die beiden Wertminderungsvorschriften vermittelten Informationen bestehen, deren **Grad der Entscheidungsnützlichkeit** nicht als sonderlich hoch einzuschätzen ist. Zur Stärkung der Nachprüfbarkeit dieser Information wird daher in dieser Arbeit der Vorschlag unterbreitet, Marktdaten in Form von CDS-Prämien als zusätzliche Informationsquelle mit in die Kreditverlustschätzung einzubeziehen. Darüber hinaus sollten die Anhangangabepflichten zur Kreditverlustschätzung um quantitative Informationen hinsichtlich der in die Kreditverlustschätzung einfließenden Inputparameter erweitert und vom bilanzierenden Unternehmen die Durchführung von Sensitivitätsanalysen verlangt werden. Hierdurch sollte es zumindest zu einer Einschränkung der hinsichtlich der Kreditverlustschätzung bestehenden Ermessensspielräume kommen und somit der Grad der Entscheidungsnützlichkeit dieser Informationen erhöht werden.

Als abschließendes Urteil konnte festgehalten werden, dass die anhand der Wertminderungsvorschläge des Exposure Draft vermittelten Informationen für die Adressaten eine **höhere Entscheidungsnützlichkeit** als die durch den Ergänzungsentwurf vermittelten Informationen aufweisen, da diese neben den fundamentalen qualitativen Anforderungen auch die fördernden qualitativen Anforderungen insgesamt in einem größeren Umfang erfüllen.

Die Beratungen über die künftigen Wertminderungsvorschriften des IFRS 9 dauern zum gegenwärtigen Zeitpunkt dieser Arbeit noch an. Da auch die Vorschläge des Ergänzungsentwurfes auf umfangreiche Kritik gestoßen sind, wird zurzeit ein neuer Vorschlag für die künftigen Wertminderungsvorschriften erarbeitet. Dieser neue Vorschlag soll in Form eines Re-Exposure Draft im ersten Halbjahr 2012 veröffentlicht werden. Die konkreten Vorschläge dieses Entwurfes sind jedoch zum gegenwärtigen Zeitpunkt dieser Arbeit noch nicht bekannt. Wünschenswert wäre es, dass der neue Vorschlag konkretisierende Regelungen für die Schätzung des erwarteten Kreditverlustes enthält. Darüber hinaus ist dem Standardsetter zu empfehlen, dass sich dieser im Rahmen der Entwicklung der künftigen Regelungen zur Allokation des erwarteten Kreditverlustes stärker an den Allokationsvorschlägen des ursprünglichen Exposure Draft orientiert. Bei den künftigen Allokationsvorschriften sollte daher auf einen „Higher of"-Test verzichtet, der anfänglich erwartete Kreditverlust über die Gesamtlaufzeit verteilt und Schätzungsänderungen direkt erfolgswirksam erfasst werden. Nur hierdurch können den Adressaten letztlich durch die künftigen Wertminderungsvorschriften Informationen bereitgestellt werden, die für diese eine hohe Entscheidungsnützlichkeit aufweisen.

Quellenverzeichnis

ADLER, HANS/DÜRING, WALTHER/SCHMALTZ, KURT, Rechnungslegung nach Internationalen Standards, Stuttgart 2002 (Rechnungslegung nach Internationalen Standards).

ALBRECHT, PETER/MAURER, RAIMOND, Investment- und Risikomanagement. Modelle, Methoden, Anwendungen, 3. Aufl., Stuttgart 2008 (Kreditrisiken).

ALLEN, LINDA/BOUDOUKH, JACOB/SAUNDERS, ANTHONY, Understanding Market, Credit, and Operational Risk. The Value at Risk Approach, Malden 2004 (Volatility).

ALTMAN, EDWARD I./RESTI, ANDREA/SIRONI, ANDREA, The PD/LGD Link: Implication for Credit Risk Modelling, in: Recovery Risk. The Next Challange in Credit Risk Management, hrsg. v. Altman, Edward I./Resti, Andrea/Sironi, Andrea, London 2005, S. 253-266 (The PD/LGD Link).

ALTMAN, EDWARD I./RIJKEN, HERBERT A., How rating agencies achieve rating stability, in: Journal of Banking & Finance 2004, S. 2679-2714 (Rating stabil-ity).

AMADEI, LUCA/ROCCO, SIMONA DI/GENTILE, MONICA/SICILIANO, GIOVANNI, Credit default swaps. Contract characteristics and interrelations with the bond market, Discussion Paper, 2011, abrufbar unter: www.consob.it/documenti/Pubblicazioni/Discussion_papers/dp1en.pdf, Stand: 07.11.2011 (Credit default swaps).

AMATO, JEFFERY D., Risikoaversion und Risikoprämie am CDS-Markt, in: BIZ-Quartalsbericht 2005, S. 63-78, abrufbar unter: http://www.bis.org/publ/qtrpdf/r_qt0512ger_e.pdf, Stand: 07.11.2011 (Risikoaversion und Risikoprämie am CDS-Markt).

AMATO, JEFFERY D./REMOLONA, ELI M., The credit spread puzzle, in: BIS Quarterly Review 2003, S. 51-63, abrufbar unter: http://www.bis.org/publ/qtrpdf/r_qt0312e.pdf, Stand: 07.11.2011 (The credit spread puzzle).

AMATO, JEFFERY D./REMOLONA, ELI M., The Pricing of Unexpected Credit Losses, in: BIS Working Papers, 2005, abrufbar unter: http://www.bis.org/publ/work190.pdf, Stand: 07.11.2011 (The Pricing of Unexpected Credit Losses).

ANSON, MARK J. P./FABOZZI, FRANK J./CHOUDHRY, MOORAD/CHEN, REN-RAW, Credit Derivatives: Instruments, Applications, and Pricing, New Jersey 2004 (Credit Derivatives).

APPASAMY, BERND/DÖRR, UWE/EBEL, HOLGER/STÜTZLE, ERIC A., LGD-Schät-zung im Retailgeschäft am Beispiel Automobilfinanzierung, in: ZfgK 2008, S. 206-209 (LGD-Schätzung).

ARATEN, MICHAEL, Development and Validation of Key Estimates of Capital Models, in: The Basel Handbook. A Guide for Financial Practitioners, hrsg. v. Ong, Michael K., 2. Aufl., London 2007, S. 3-20 (Key Estimates for Capital Models).

AUBEL, PETER VAN, Anleiherating und Bonitätsrisiko. Eine empirische Untersuchung der Renditespreads am deutschen Markt, Dresden 2000 (Anleiherating und Bonitätsrisiko).

BACHMANN, ULF, Die Komponenten des Kreditspreads. Zinsstrukturunterschiede zwischen ausfallbehafteten und risikolosen Anleihen, Wiesbaden 2004 (Die Komponenten des Kreditspreads).

BAETGE, JÖRG, Möglichkeiten der Objektivierung des Jahreserfolges, Düsseldorf 1970 (Möglichkeiten der Objektivierung).

BAETGE, JÖRG, Shareholder-Value-Reporting sowie Prognose- und Performancepublizität, in: KoR 2001, S. 174-180 (Shareholder-Value-Reporting).

BAETGE, JÖRG, Verwendung von DCF-Kalkülen bei der Bilanzierung nach IFRS, in: WPg 2009, S. 13-23 (Verwendung von DCF-Kalkülen bei der Bilanzierung nach IFRS).

BAETGE, JÖRG/BREMBT, TOBIAS/BRÜGGEMANN, PETER, Die Mark-to-Model-Bewertung des IAS 39 in der Subprime-Krise, in: WPg 2008, S. 1001-1010 (Mark-to-Model-Bewertung).

Baetge, Jörg/Haenelt, Timo, Kritische Würdigung der neu konzipierten Segmentberichterstattung nach IFRS 8 unter Berücksichtigung prüfungsrelevanter Aspekte, in: IRZ 2008, S. 43-50 (Kritische Würdigung der neu konzipierten Segmentberichterstattung nach IFRS 8).

BAETGE, JÖRG/KIRSCH, HANS-JÜRGEN/THIELE, STEFAN, Bilanzen, 11. Aufl., Düsseldorf 2011 (Bilanzen).

BAETGE, JÖRG/KIRSCH, HANS-JÜRGEN/WOLLMERT, PETER/BRÜGGEMANN, PETER, Grundlagen der IFRS-Rechnungslegung (Teil A, Kapitel II), in: Rechnungslegung nach IFRS. Kommentar auf der Grundlage des deutschen Bilanzrechts, hrsg. v. Baetge, Jörg/Wollmert, Peter/Kirsch, Hans-Jürgen/Oser, Peter/Bischof, Stefan, 2. Aufl., Stand: Dezember 2007 (Teil A, Kap. II).

BÄR, MICHAEL, Darstellung und Würdigung des vorgeschlagenen Wertminderungsmodells für finanzielle Vermögenswerte nach IFRS, in: KoR 2010, S. 289-296 (Wertminderungsmodell für finanzielle Vermögenswerte).

BAFIN (Hrsg.), BaFin stellt klar: Bislang keine Anhaltspunkte für massive Spekulation gegen griechische Anleihen, abrufbar unter: http://www.bafin.de/cln_152/nn_722802/SharedDocs/Mitteilungen/DE/Service/PM__2010/pm__100308__cds__spekulationen.html, Stand: 07.11.11 (Spekulation gegen griechische Anleihen).

BALAKRISHNAN, RAVI/GONCALVES, FERNANDO M., Financial Flows from the United States to Latin America: Basic Patterns, Causes, and Implications, in: Who's Driving Whom? Analyzing External and Intra-Regional Linkages in the Americas, hrsg. v. Mühleisen, Martin/Roache, Shaun K./Zettelmeyer, Jeromin, Washington D.C. 2008, S. 77-94 (Financial Flows).

BALLWIESER, WOLFGANG, Anforderungen des Kapitalmarkts an Bilanzansatz- und Bilanzbewertungsregeln, in: KoR 2001, S. 160-164 (Anforderungen des Kapitalmarkts).

BALLWIESER, WOLFGANG, Informations-GoB – auch im Lichte von IAS und US-GAAP, in: KoR 2002, S. 115-121 (Informations-GoB).

BALLWIESER, WOLFGANG, Unternehmensbewertung. Prozeß, Methoden und Probleme, 3. Aufl., Stuttgart 2011 (Unternehmensbewertung).

BALLWIESER, WOLFGANG/KÜTING, KARLHEINZ /SCHILDBACH, THOMAS, Fair value – erstrebenswerter Wertansatz im Rahmen einer Reform der handelsrechtlichen Rechnungslegung?, in: BFuP 2004, S. 529-549 (Fair value).

BANH, MINH/CLUSE, MICHAEL/SCHWAKE, DANIEL, Die quantitative Behandlung von Kontrahentenausfallrisiken unter Basel III, in: ZfgK 2011, S. 499-502 (Kontrahentenausfallrisiken).

BARZ, KATJA/ECKES, BURKHARD/WEIGEL, WOLFGANG, IFRS für Banken. Band I und II, 4. Aufl., Frankfurt am Main 2008 (IFRS für Banken).

BARZ, KATJA/WEIGEL, WOLFGANG, Abbildung von Sicherungsbeziehungen: Von IAS 39 über § 254 HGB zu IFRS 9 – eine Annäherung an das Risikomanagement für Kreditinstitute, in: IRZ 2011, S. 227-239 (Abbildung von Sicherungsbeziehungen).

BECKER, KLAUS/WIECHENS, GERO, Berücksichtigung des eigenen Kreditrisikos bei der Bewertung von Schulden – Analyse des IASB-Diskussionspapiers „Credit Risk in Liability Measurement", in: WPg 2010, S. 228-237 (Eigenes Kreditrisiko bei der Bewertung von Schulden).

BECKER, KLAUS/WIECHENS, GERO, Fair Value-Option auf eigene Verbindlichkeiten, in: KoR 2008, S. 625-630 (Fair Value-Option auf eigene Verbindlichkeiten).

BECKER, RALF/CLEMENTS, ADAM E./MCCLELLAND, ANDREW, The jump component of S&P 500 volatility and the VIX index, in: Journal of Banking & Finance 2009, S. 1033-1038 (VIX).

BEINE, FRANK/MEYER, CHRISTIAN H., Zahlungsmittel, Forderungen und andere Finanzinstrumente, in: Wiley Kommentar zur internationalen Rechnungslegung nach IFRS 2009, hrsg. v. Ballwieser, Wolfgang/Beine, Frank/Hayn, Sven/Peemöller, Volker H./Schruff, Lothar/Weber, Claus-Peter, 5. Aufl., Weinheim 2009 (Forderungen und andere Finanzinstrumente).

BELLAVITE-HÖVERMANN, YVETTE/BARCKOW, ANDREAS, IAS 39 – Finanzinstrumente: Ansatz und Bewertung (Financial Instruments: Recognition and Meas-urement), in: Rechnungslegung nach IFRS – Kommentar auf der Grundlage des deutschen Bilanzrechts, hrsg. v. Baetge, Jörg/Wollmert, Peter/Kirsch, Hans-Jürgen/Oser, Peter/Bischof, Stefan, 2. Aufl., Stuttgart 2002 (IAS 39 – Finanzinstrumente).

BENOIT, ANNE, Einführung in die Kreditrisikoanalyse, in: Praktiker-Handbuch Alternatives Investmentmanagement. Hedge-Fonds, Asset-Allocation, Quantitative Methoden, hrsg. v. Peetz, Dietmar, Stuttgart 2005, S. 73-132 (Einführung in die Kreditrisikoanalyse).

BERENTZEN, CHRISTOPH, Die Bilanzierung von finanziellen Vermögenswerten im IFRS-Abschluss nach IAS 39 und nach IFRS 9, Lohmar 2010 (IFRS 9).

BERGER, JENS, Bilanzierung von finanziellen Verbindlichkeiten nach ED/2010/4, in: WPg 2010, S. 723-726 (Bilanzierung von finanziellen Verbindlichkeiten).

BERNARD, VICTOR L./MERTON, ROBERT C./PALEPU, KRISHNA G. , Mark-to-Market Accounting for Banks and Thrifts. Lessons from the Danish Experience, in: Journal of Accounting Research 1995, S. 1-32 (Mark-to-Market Accounting for Banks and Thrifts).

BERNDT, ANTJE/DOUGLAS, ROHAN/DUFFIE, DARRELL/FERGUSON, MARK/ SCHRANZ, DAVID, Measuring default risk premia from default swap rates and EDFs, in: BIS Working Papers, 2005, abrufbar unter: http:/ www.bis.org/publ/work173.pdf, Stand: 07.11.2011 (Measuring default risk premia from default swap rates and EDFs).

BESSIS, JOËL, Risk Management in Banking, 3. Aufl., Chichester 2010 (Risk Management).

BETZ, HEINO, Integrierte Credit Spread- und Zinsrisikomessung mit Corporate Bonds, Frankfurt am Main 2005 (Integrierte Credit Spread- und Zinsrisikomessung).

BEYER, BETTINA/HERMENS, ANN-SOPHIE/RÖMHILD, MAXIMILIAN, Die Änderung der Fair Value-Option bei finanziellen Verbindlichkeiten durch den ED/2010/4, in: IRZ 2010, S. 325-331 (Fair Value-Option bei finanziellen Verbindlichkeiten).

BHANSALI, VINEER, Bond Portfolio Investing and Risk Management. Positioning Fixed Income Portfolios for Robust Returns after the Financial Crisis, New York u. a. 2010 (Bond Portfolio Investing).

BIELECKI, TOMASZ R./RUTKOWSKI, MAREK, Credit Risk: Modeling, Valuation and Hedging, Berlin 2004 (Credit Risk).

BINDER, ILSE, ISDA-Dokumentation von Credit-Default-Swaps, in: Praktiker-Handbuch Asset-Backed-Securities und Kreditderivate. Strukturen, Preis-bildung, Anwendungsmöglichkeiten, aufsichtliche Behandlung, hrsg. v. Gruber, Josef/Gruber, Walter/Braun, Hendryk, Stuttgart 2005, S. 455-474 (ISDA-Dokumentation).

BLOCHWITZ, STEFAN/EIGERMANN, JUDITH, Effiziente Kreditrisikobeurteilung durch Diskriminanzanalyse mit qualitativen Merkmalen, in: Handbuch Kreditrisikomodelle und Kreditderivate. Quantifizierung und Management von Kreditrisiken, Strategien mit Kreditderivaten, bankenaufsichtliche Anforderungen, hrsg. v. Eller, Roland/Gruber, Walter/Reif, Markus, Stuttgart 1999, S. 3-22. (Effiziente Kreditrisikobeurteilung).

BLOSS, MICHAEL/ERNST, DIETMAR/HÄCKER, JOACHIM/EIL, NADINE, Von der Subprime-Krise zur Finanzkrise. Immobilienblase: Ursachen, Auswirkungen, Handlungsempfehlungen, München 2009 (Von der Subprime-Krise zur Finanzkrise).

BLUHM, CHRISTIAN/OVERBECK, LUDGER/WAGNER, CHRISTOPH, Introduction to Credit Risk Modeling, 2. Aufl., Boca Raton 2010 (Introduction to Credit Risk Modeling).

BÖCKING, HANS-JOACHIM/DREISBACH, MARIUS/GROS, MARIUS, Der fair value als Wertmaßstab im Handelsbilanzrecht und den IFRS – eine Diskussion vor dem Hintergrund des Referentenentwurfs des BilMoG, in: Der Konzern 2008, S. 207-214 (Der fair value als Wertmaßstab).

BÖCKING, HANS-JOACHIM/SITTMANN-HAURY, CAROLINE, Forderungsbewertung – Anschaffungskosten versus Fair Value, in: BB 2003, S. 195-200 (Forderungsbewertung).

BÖTTGER, MARC/GUTHOFF, ANJA/HEIDORN, THOMAS, Loss Given Default. Modelle zur Schätzung von Recovery Rates, Working Paper, Frankfurt School of Finance & Management, 2008, abrufbar unter: www.frankfurt-school.de/dms/Arbeitsberichte/Arbeits96.pdf, Stand: 07.11.2011 (Loss Given Default).

BONGAERTS, DION/DE JONG, FRANK/DRIESSEN, JOOST, Derivative Pricing with Liquidity Risk: Theory and Evidence from the Credit Default Swap Market, in: The Journal of Finance 2011, S. 203-240 (Derivative Pricing with Liquidity Risk).

BRENDEL, BIANCA/STERZENBACH, SVEN, § 38, in: Haufe IFRS-Kommentar, hrsg. v. Lüdenbach, Norbert/Hoffmann, Wolf-Dieter, 9. Aufl., Freiburg 2011 (§ 38).

BRINKMANN, JÜRGEN, Die Informationsfunktion der Rechnungslegung nach IFRS – Anspruch und Wirklichkeit. Teil I: Anforderungen an informationsvermittelnde Rechenwerke, in: ZCG 2007, S. 228-232 (Informationsfunktion der Rechnungslegung nach IFRS).

BROWN, ALESSIO J. G./ZARNIC, ZIGA, Explaining the Increased German Credit Spread: The Role of Supply Factors, Working Paper, Kiel Institute for World Economics, 2003, abrufbar unter: http://www.econ.kuleuven.be/public/ndcalc 9/Brown_Zarnic_ASP_WP.pdf, Stand: 07.11.2011 (German Credit Spread).

BRÜGGEMANN, BENEDIKT, Die Berichterstattung im Anhang des IFRS-Ab-schlusses, Düsseldorf 2007 (Berichterstattung im Anhang).

BRÜGGEMANN, PETER, Finanzinstrumente des Handelsbestands in HGB-Ab-schlüssen von Kreditinstituten, Düsseldorf 2010 (Finanzinstrumente).

BUBERL, THOMAS, Kreditrisikobezogene Determinanten von Bond Spreads. Eine empirische Untersuchung am US Bondmarkt, Bamberg 2002 (Kreditrisikobezogene Determinanten von Bond Spreads).

BURGHOF, HANS-PETER/PAUL, STEPHAN/RUDOLPH, BERND, Kreditrisiken und Kreditmärkte, in: Kreditderivate. Handbuch für die Bank- und Anlagepraxis, hrsg. v. Burghof, Hans-Peter/Rudolph, Bernd/Schönbucher, Philipp J./Sommer, Daniel, 2. Aufl., Stuttgart 2005, S. 3-29 (Kreditrisiken und Kreditmärkte).

BÜSCHGEN, HANS E., Bankbetriebslehre. Bankgeschäft und Bankmanagement, 5. Aufl., Wiesbaden 1998 (Bankbetriebslehre).

BUSSE VON COLBE, WALTER, Unternehmenskontrolle durch Rechnungslegung, in: Interncaoationale Unternehmenskontrolle und Unternehmenskultur – Beiträge zu einem Symposium, hrsg. v. Sandrock, Otto/Jäger, Wilhelm, Tübingen 1994, S. 37-57 (Unternehmenskontrolle durch Rechnungslegung).

CAO, CHARLES/YU, FAN/ZHONG, ZHAODONG, The information content of option-implied volatility for credit default swap valuation, in: Journal of Financial Markets 2010, S. 321-343 (Volatility and credit default swap valuation).

CAOUETTE, JOHN B./ALTMAN, EDWARD I./NARAYANAN, PAUL, Managing Credit Risk. The Great Challenge for Global Financial Markets, 2. Aufl., New Jersey 2008 (Credit Risk).

CAOUETTE, JOHN B./ALTMAN, EDWARD I./NARAYANAN, PAUL, Managing Credit Risk. The Next Great Financial Challenge, New York 1998 (Managing Credit Risk).

CECCHETTI, STEPHEN G./GYNTELBERG, JACOB/HOLLANDERS, MARC, Central counterparties for over-the-counter derivatives, in: BIS Quarterly Review September 2009, S. 45-58, abrufbar unter: http://www.bis.org/publ/qtrpdf/r_qt0909f.pdf, Stand: 07.11.2011 (Central Counterparties).

CESR (Hrsg.), Transparency of corporate bond, structured finance product and credit derivatives markets, 2008, abrufbar unter: http://www.cesr.eu/data/document/08_1014.pdf, Stand: 07.11.2011 (Transparency).

CHAN-LAU, JORGE A., Market-Based Estimation of Default Probabilities and Its Application to Financial Market Surveillance, Working Paper, 2006, abrufbar unter: http://www.imf.org/external/pubs/ft/wp/2006/wp06104.pdf, Stand: 07.11.2011 (Market-Based Estimation of Default Probabilities).

CHEN, HUI, Macroeconomic Conditions and the Puzzles of Credit Spreads and Capital Structure, in: The Journal of Finance 2010, S. 2171-2212 (Puzzles of Credit Spreads).

CHEN, LONG/LESMOND, DAVID A./WEI, JASON, Corporate Yield Spreads and Bond Liquidity, in: The Journal of Finance 2007, S. 119-149 (Corporate Yield Spreads and Bond Liquidity).

CHOUDHRY, MOORAD, The Credit Default Swap Basis, New York 2006 (Credit Default Swap Basis).

CHRISTIAN, DIETER, IFRS 9 – Finanzinstrumente und Folgeänderungen anderer Standards, in: PiR 2009, S. 364-370 (IFRS 9 – Finanzinstrumente und Folgeänderungen anderer Standards).

COLLIN-DUFRESNE, PIERRE/GOLDSTEIN, ROBERT S./MARTIN, J. SPENCER, The Determinants of Credit Spread Changes, in: The Journal of Finance 2001, S. 2177-2207 (The Determinants of Credit Spread Changes).

CONT, RAMA, Credit default swaps and financial stability, in: Financial Stability Review 2010, S. 35-43, abrufbar unter: http://www.banque-france.fr/gb/publications/telechar/rsf/2010/etude05_rsf_1007.pdf, Stand: 07.11.2011 (Credit default swaps and financial stability).

COUDERT, VIRGINIE/GEX, MATTHIEU, Does risk aversion drive financial crises? Testing the predictive power of empirical indicators, in: Journal of Empirical Finance 2008, S. 167-184 (Does risk aversion drive financial crises?).

COVITZ, DAN/DOWNING, CHRIS, Liquidity or Credit Risk? The Determinants of Very Short-Term Corporate Yield Spreads, in: The Journal of Finance 2007, S. 2303-2328 (Liquidity or Credit Risk?).

CROUHY, MICHEL/GALAI, DAN/MARK, ROBERT M., Internal Risk Rating Systems, in: Credit Ratings. Methodologies, Rationale and Default Risk, hrsg. v. Ong, Michael K., London 2002, S. 369-390 (Internal Risk Rating Systems).

DÄHNE, RALF, Kredit-Rating. Interne Ratingverfahren der Banken und Sparkassen als Basis bonitätsabhängiger Bepreisung von Krediten, Leipzig 2010 (Kredit-Rating).

DALDRUP, ANDRE, Konzeption eines integrierten IV-Systems zur ratingbasierten Quantifizierung des regulatorischen und ökonomischen Eigenkapitals im Unternehmenskreditgeschäft unter Berücksichtigung von Basel II, Göttingen 2007 (Kreditrisikoquantifizierung).

DAM-RATZESBERGER, SABINE, Standardentwurf zu Wertminderungen von zu fortgeführten Anschaffungskosten bilanzierten finanziellen Vermögenswerten– eine kritische Würdigung der Überlegungen des IASB, in: RWZ 2010, S. 227-233 (Wertminderung).

DELIANEDIS, GORDON/GESEKE, ROBERT, The Components of Corporate Credit Spreads: Default, Recovery, Tax, Jumps, Liquidity, and Market Factors, Working Paper, The Anderson School at UCLA, 2001, abrufbar unter: http://www.anderson.ucla.edu/documents/areas/fac/finance/22-01.pdf, Stand: 07.11.2011 (The Components of Corporate Credit Spreads).

DELOITTE TOUCHE TOHMATSU (Hrsg.), IAS Plus Update. IFRS 9 Financial Instruments, 2009, abrufbar unter: http://www.iasplus.com/iasplus/0911ifrs9.pdf, Stand 07.11.2011 (IFRS 9 Financial Instruments).

DENNIS, NEIL, Trading falters ahead of holiday, in: Financial Times, 22. November 2006, S. 28 (Drop in volatility measure).

DEUTSCHE BANK RESEARCH (Hrsg.), Credit Default Swaps. Auf dem Weg zu einem robusteren System, 2010, abrufbar unter: http://www.dbresearch.de/PR OD/DBR_INTERNET_DE-PROD/PROD0000000000254634.pdf, Stand: 07.11.2011 (Credit Default Swaps).

DEUTSCHE BANK RESEARCH (Hrsg.), OTC-Derivate. Grundlagen und aktuelle Entwicklung, 2010, abrufbar unter: http://www.dbresearch.de/PROD/DBR_INTERNET_DE-PROD/PROD0000000 000258017.pdf, Stand: 07.11.2011 (OTC-Derivate).

DEUTSCHE BUNDESBANK (Hrsg.), Credit Default Swaps – Funktionen, Bedeutung und Informationsgehalt, 2004, abrufbar unter: http://www.bundesbank.de/download/volkswirtschaft/mba/20 04/200412mba_cds.pdf, Stand: 07.11.2011 (Credit Default Swaps).

DEUTSCHE BUNDESBANK (Hrsg.), Entwicklung, Aussagekraft und Regulierung des Marktes für Kreditausfall-Swaps, 2010, abrufbar unter: http://www.bundesbank.de/download/volkswirtschaft/mba/ 2010/201012mba_kreditausfallswaps.pdf, Stand: 07.11.2011 (Regulierung des Marktes für Kreditausfall-Swaps).

DICKINSON, ERIC, Credit Default Swaps: So Dear To Us, So Dangerous, Working Paper, Fordham University, 2008, abrufbar unter: http://papers.ssrn.com/sol3/papers.cfm?abstract_id=1315535, Stand: 07.11.2011 (Credit Default Swaps).

DIGNAN, JAMES H., Nondefault Components of Investment-Grade Bond Spreads, in: Financial Analysts Journal 2003, S. 93-102 (Nondefault Components).

DOBLER, MICHAEL/HETTICH, SILVIA, Geplante Änderungen der Rahmenkonzepte von IASB und FASB. Konzeption, Vergleich, Würdigung, in: IRZ 2007, S. 29-36 (Geplante Änderungen der Rahmenkonzepte von IASB und FASB).

Döring, Claus, Der Wert von Bankbilanzen, in: WPg 2011, S. I (Der Wert von Bankenbilanzen).

DÖRSCHELL, ANDREAS/FRANKEN, LARS/SCHULTE, JÖRN, Der Kapitalisierungszinssatz in der Unternehmensbewertung. Praxisgerechte Ableitung unter Verwendung von Kapitalmarktdaten, Düsseldorf 2009 (Kapitalisierungszinssatz).

DOHRN, MATTHIAS, Entscheidungsrelevanz des Fair Value-Accounting am Beispiel von IAS 39 und IAS 40, Lohmar 2004 (Entscheidungsrelevanz des Fair Value-Accounting).

DRIESSEN, JOOST, Is Default Event Risk Priced in Corporate Bonds?, in: The Review of Financial Studies 2005, S. 165-195 (Default Event Risk).

DÜLLMANN, KLAUS/SOSINSKA, AGNIESZKA, Credit default swap prices as risk indicators of listed German banks, in: Financial Markets and Portfolio Ma-nagement 2007, S. 269-292 (Credit default swap prices).

DUFFIE, DARRELL, Is there a case for banning short speculation in sovereign bond markets?, in: Banque de France Financial Stability Review, 2010, S. 55-59, abrufbar unter: http://www.banque-france.fr/gb/publications/telechar/rsf/2010/etude07_rsf_1007.pdf, Stand: 07.11.2011 (Is there a case for banning short speculation in sovereign bond markets?).

DUFFIE, DARRELL/SINGLETON, KENNETH J., Credit Risk. Pricing, Measurement, and Management, Princeton 2003 (Credit Risk).

DUFFIE, DARRELL/ZHU, HAOXIANG, Does a Central Clearing Counterparty Reduce Counterparty Risk?, Working Paper, Standford University, 2010, abrufbar unter: http://www.stanford.edu/~duffie/DuffieZhu.pdf, Stand: 07.11.2011 (Central Clearing Counterparty).

DUFFEE, GREGORY R., The Relation Between Treasury Yields and Corporate Bond Yield Spreads, in: The Journal of Finance 1998, S. 2225-2241 (The Relation Between Treasury Yields and Corporate Bond Yield Spreads).

DZ BANK (Hrsg.), CDS 2.0 Prelude, Frankfurt am Main 2009 (CDS 2.0 Prelude).

DZ BANK (Hrsg.), "Small Bang" – Die kleine Schwester vom großen Knall, Frankfurt am Main 2009 (Europäischer CDS-Markt).

ECKES, BURKHARD, Erste Phase von IFRS 9 durch Regelungen zur Kategorisierung und Bewertung finanzieller Verbindlichkeiten abgeschlossen, in: WPg 2010, S. I (Erste Phase von IFRS 9 abgeschlossen).

ECKES, BURKHARD/FLICK, PETER/SIERLEJA, LUKAS, Kategorisierung und Bewertung von Finanzinstrumenten nach IFRS 9 bei Kreditinstituten, in: WPg 2010, S. 627-636 (Kategorisierung und Bewertung von Finanzinstrumenten nach IFRS 9).

ECKES, BURKHARD/WEIGEL, WOLFGANG, Die Fair Value-Option. Auslegungsfragen und Anwendungsmöglichkeiten in der Kreditwirtschaft, in: KoR 2006, S. 415-423 (Die Fair Value-Option).

EDELMANN, MARTIN, Bilanzierung von Finanzinstrumenten: Erfahrungen aus der Krise, in: Perspektiven der Finanzberichterstattung und der Corporate Governance – 64. Deutscher Betriebswirtschafter-Tag 2010, hrsg. v. Wagenhofer, Alfred/Brandt, Werner, Düsseldorf 2010, S. 15-23 (Bilanzierung von Finanzinstrumenten).

EFRAG & FEE (Hrsg.), Impairment of Financial Assets. The Expected Loss Model, 2009, abrufbar unter: http://www.efrag.org/files/EFRAG%20Output/EFRAG_FEE_Paper-The_Expected_Loss_Model_Final%20-%20web.pdf, Stand: 07.11.2011 (Impairment of Financial Assets).

EIERLE, BRIGITTE, Die Entwicklung der Differenzierung der Unternehmensberichterstattung in Deutschland und Großbritannien, Frankfurt am Main 2004 (Unternehmensberichterstattung in Deutschland und Großbritannien).

EISENFÜHR, FRANZ/WEBER, MARTIN/LANGER, THOMAS, Rational Decision Making, Berlin 2010 (Rational Decision Making).

ELTON, EDWIN J./GRUBER, MARTIN J./AGRAWAL, DEEPAK/MANN, CHRISTOPHER, Explaining the Rate Spread on Corporate Bonds, in: The Journal of Finance 2001, S. 247-277 (Explaining the Rate Spread on Corporate Bonds).

ERCHINGER, HOLGER/MELCHER, WINFRIED, Geplante Neuerungen der Phase 1 bei der Bilanzierung von Finanzinstrumenten (Teil 1), in: DB 2009, S. 2165-2172 (Geplante Neuerungen der Phase 1 bei der Bilanzierung von Finanzinstrumenten (Teil 1)).

ERICSSON, JAN/JACOBS, KRIS/OVIEDO, RODOLFO, The Determinants of Credit Default Swap Premia, in: Journal of Financial and Quantitative Analysis 2009, S. 109-132 (The Determinants of Credit Default Swap Premia).

ERICSSON, JAN/RENAULT, OLIVIER, Liquidity and Credit Risk, in: The Journal of Finance 2006, S. 2219-2250 (Liquidity and Credit Risk).

ERNST & YOUNG (Hrsg.), New proposals for financial instruments at amortised cost, 2009 (New proposals for financial instruments at amortised cost).

EUROPEAN CENTRAL BANK (Hrsg.), Credit Default Swaps And Counterparty Risk, 2009, abrufbar unter: http://www.ecb.int/pub/pdf/other/creditdefaultswapsandcounterpartyrisk2009en.pdf, Stand: 07.11.2011 (Credit Default Swaps).

EVERLING, OLIVER, Rating, in: Investmentanalyse, hrsg. v. Hielscher, Udo, 3. Aufl., München 1999, S. 209-231 (Rating).

EWELT-KNAUER, CORINNA, Der Konzernabschluss als Berichtsinstrument der wirtschaftlichen Einheit, Lohmar 2010 (Der Konzernabschluss als Berichtsinstrument der wirtschaftlichen Einheit).

EWERT, RALF, Rechnungslegung, Gläubigerschutz und Agency-Probleme, Wiesbaden 1986 (Gläubigerschutz und Agency-Probleme).

EWERT, RALF/SZCZESNY, ANDREA, Risikoindikatoren, Rating und Ausfallwahrscheinlichkeit im Kreditgeschäft – Eine empirische Untersuchung vor dem Hintergrund von Basel II, in: BFuP 2002, S. 574-590 (Risikoindikatoren, Rating und Ausfallwahrscheinlichkeit im Kreditgeschäft).

FABOZZI, FRANK J., Fixed Income Mathematics. Analytical and Statistical Techniques, 4. Aufl., New York 2006 (Fixed Income Mathematics).

FELSENHEIMER, JOCHEN/GISDAKIS, PHILIP/ZAISER, MICHAEL, Active Credit Portfolio Management. A Practical Guide to Credit Risk Management Strategies, Weinheim 2006 (Valuation of Creaddit Derivatives).

FIECHTER, PETER, Fair Value Option. Eine empirische Untersuchung zur Auswirkung der Fair Value Option gemäss IAS 39 auf die Gewinnvolatilität vonBanken, Zürich 2009 (Fair Value Option).

FINANCIAL CRISIS ADVISORY GROUP (Hrsg.), Report of the Financial Crisis Advisory Group, 2009, abrufbar unter: http://www.iasb.org/NR/rdonlyres/2D2862CC-BEFC-4A1E-8DDC-F159B78C2AA6/0/FCAGReportJuly2009.pdf, Stand: 07.11.2011 (Report of the Financial Crisis Advisory Group).

FINANCIAL STABILITY FORUM (Hrsg.), Report of the Financial Stability Forum on Addressing Procyclicality in the Financial System, 2009, abrufbar unter: http://www.financialstabilityboard.org/publications/r_0904a.pdf, Stand: 07.11.2011 (Addressing Procyclicality).

Fink, Christian/Zeyer, Fredo, Änderung von Rechnungslegungsmethoden und Schätzungen nach IFRS, in: PiR 2011, S. 181-186 (Änderung von Rechnungslegungsmethoden und Schätzungen nach IFRS).

FISCHER, DANIEL T., Der Standardentwurf „Financial Instruments: Amortised Cost and Impairment“ (ED/2009/12), in: PiR 2010, S. 23-24 (Amortised Cost and Impairment).

FISCHER, DANIEL T., Der Standardentwurf „Fair Value Measurement“ (ED/2009/5), in: PiR 2009, S. 341-342 (Fair Value Measurement).

FISCHER, DANIEL T., Der Standardentwurf „Fair Value Option for Financial Liabilities“ (ED/2010/4), in: PiR 2010, S. 177-178 (Der Standardentwurf „Fair Value Option for Financial Liabilities“).

FISCHER, DANIEL T., Financial Instruments: Impairment – Supplement to ED/2009/12, in: PiR 2011, S. 81-82 (Supplement to ED/2009/12).

FLICK, PETER/GEHRER, JUDITH/KRAKUHN, JOACHIM, Geplante Änderungen des ED/2009/12 zur Impairment-Ermittlung – Bedeutung für Kreditinstitute, in: IRZ 2010, S. 547-552 (Geplante Änderungen des ED/2009/12).

FLICK, PETER/GEHRER, JUDITH/MEYER, SVEN, Wertberichtigungen von Finanzinstrumenten nach IFRS – Der Expected Cash Flow Approach des ED/2009/12, in: IRZ 2010, S. 221-229 (Wertberichtigungen von Finanzinstrumenten nach IFRS).

FLICK, PETER/KRAKUHN, JOACHIM/SCHÜZ, PETER, Der ED Hedge Accounting aus Sicht der Kreditinstitute, in: IRZ 2011, S. 117- 125 (ED Hedge Accounting).

FLINTROP, BERNHARD, § 39, in: Beck'sches IFRS-Handbuch. Kommentierung der IFRS/IAS, hrsg. v. Bohl, Werner/Riese, Joachim/Schlüter, Jörg, 3. Aufl., München 2009 (§ 39).

FONS, JEROME S., Using Default Rates to Model the Term Structure of Credit Risk, in: Financial Analysts Journal 1994, S. 25-32 (Using Default Rates).

FONTANA, ALESSANDRO, The persistent negative CDS-bond basis during the 2007/08 financial crisis, Working Paper, University of Ca' Foscari Venice, 2010, abrufbar unter: http://www.unive.it/media/allegato/DIP/Economia/Working_papers/Working_papers_2010/WP_DSE_fontana_13_10.pdf, Stand: 07.11.2011 (CDS-bond basis).

FORTE, SANTIAGO/PENA, JUAN I., Credit spreads: An empirical analysis on the informational content of stocks, bonds, and CDS, in: Journal of Banking & Finance 2009, S. 2013-2025 (Credit spreads).

FRANKE, GÜNTHER/HAX, HERBERT, Finanzwirtschaft des Unternehmens und Kapitalmarkt, 6. Aufl., Berlin 2009 (Finanzwirtschaft des Unternehmens und Kapitalmarkt).

FREIBERG, JENS, Zweifelsfragen bei Anwendung der Effektivzinsmethode, in: PiR 2008, S. 305-309 (Zweifelsfragen bei Anwendung der Effektivzinsmethode).

FRITSCH, MICHAEL, Marktversagen und Wirtschaftspolitik, 8. Aufl., München 2011 (Marktversagen und Wirtschaftspolitik).

G-20 (Hrsg.), Declaration on Strengthening the Financial System – London Summit, 2009, abrufbar unter: http://www.g20.org/Documents/Fin_Deps_Fin_Reg_Annex_020409_-_1615_final.pdf, Stand: 07.11.2011 (Declaration on Strengthening the Financial System).

G-20 (Hrsg.), Leaders' Statement – The Pittsburgh Summit, 2009, abrufbar unter: http://www.g20.org/Documents/pittsburgh_summit_leaders_statement_250909.pdf, Stand 07.11.2011 (The Pittsburgh Summit).

GANN, PHILIPP/LAUT, AMELIE, Einflussfaktoren auf den Credit Spread von Unternehmensanleihen, Working Paper, Ludwig-Maximilians-Universität München 2008 (Einflussfaktoren auf den Credit Spread von Unternehmensanleihen).

GASSEN, JOACHIM/FISCHKIN, MICHAEL/HILL, VERENA, Das Rahmenkonzept-Projekt des IASB und des FASB: Eine normendeskriptive Analyse des aktuellen Stands, in: WPg 2008, S. 874-882 (Das Rahmenkonzept-Projekt des IASB und des FASB).

GEBHARDT, GÜNTHER/STRAMPELLI, STEFANO, Bilanzierung von Kreditrisiken, in: BFuP 2005, S. 507-527 (Bilanzierung von Kreditrisiken).

GEHRER, JUDITH/KRAKUHN, JOACHIM/TIETZ-WEBER, SUSANNE, Klassifizierung von finanziellen Vermögenswerten und Verbindlichkeiten – Praxisfragen aus der Phase I des IFRS 9, in: IRZ 2011, S. 87-90 (Klassifizierung von finanziellen Vermögenswerten).

GELEN, PAULUS, Die fair value-Bilanzierung von Finanzinstrumenten in der Finanzmarktkrise, in: PiR 2010, S. 194-198 (Die fair value-Bilanzierung von Finanzinstrumenten).

GERKE, WOLFGANG, Grenzen der Schuldzuweisungen, in: BB 2011, S. I (Grenzen der Schuldzuweisungen).

GESTEL, TONY VAN/BAESENS, BART, Credit Risk Management. Basic Concepts: financial risk components, rating analysis, models, economic and regulatory capital, Oxford 2009 (Credit Risk Management).

GLEIßNER, WERNER/FÜSNER, KARSTEN, Leitfaden Rating. Basel II: Rating-Strategien für den Mittelstand, München 2002 (Leitfaden Rating).

GOLDSCHMIDT, PETER/WEIGEL, WOLFGANG, Die Bewertung von Finanzinstrumenten bei Kreditinstituten in illiquiden Märkten nach IAS 39 und HGB, in: WPg 2009, S. 192-204 (Illiquide Märkte).

GREGORY, JON, Counterparty Risk. The New Challenge for Global Financial Markets, Chichester 2010 (Counterparty Risk).

GROS, MARIUS/UNREIN, DANIEL, Zum Stand der Konvergenz von IFRS und US-GAAP. Eine Analyse der aktuellen Ereignisse, in: KoR 2010, S. 461-469 (Zum Stand der Konvergenz von IFRS und US-GAAP).

GROßE, JAN-VELTEN, Auf der Suche nach dem richtigen Impairmentmodell, in: IRZ 2011, S. 419-426 (Auf der Suche nach dem richtigen Impairmentmodell).

GROßE, JAN-VELTEN, IFRS 13 „Fair Value Measurement" – Was sich (nicht) ändert, in: KoR 2011, S. 286-296 (IFRS 13 Fair Value Measurement).

GROTTKE, MARKUS/KRAMMER, STEFAN, Was bringt der management approach des IFRS 8 den Jahresabschlussadressaten? - Eine kritische Analyse, in: KoR 2008, S. 670-679 (Was bringt der management approach des IFRS 8 den Jahresabschlussadressaten?).

GRUBER, WALTER, Praxisorientierte Bepreisung von einfachen und strukturierten Credit-Default-Swaps, in: Praktiker-Handbuch Asset-Backed-Securities und Kreditderivate. Strukturen, Preisbildung, Anwendungsmöglichkeiten, aufsicht-liche Behandlung, hrsg. v. Gruber, Josef/Gruber, Walter/Braun, Hendryk, Stuttgart 2005, S. 93-117 (Bepreisung von Credit Default Swaps).

GRÜNBERGER, DAVID, Berechnung der angabepflichtigen bonitätsbedingten Gewinne aus der fair value-Option, in: PiR 2006, S. 161-168 (Berechnung der angabepflichtigen bonitätsbedingten Gewinne).

GRÜNBERGER, DAVID, Der Lifetime-Expected Loss, in: IRZ 2011, S. 29-37 (Der Lifetime-Expected Loss).

GRÜNBERGER, DAVID, Die Verteilung des Expected Loss, in: IRZ 2011, S. 241-244 (Verteilung des Expected Loss).

GRÜNBERGER, DAVID/SOPP, GUIDO, Kredit- und Liquiditätsrisiko bei der Fair Val-ue-Ermittlung, in: IRZ 2010, S. 439-445 (Kredit- und Liquiditätsrisiko bei der Fair Value-Ermittlung).

GÜTTLER, ANDRÉ/WAHRENBURG, MARK, Bankinterne versus externe Ratings, in: Kapitalmarktrating. Perspektiven für die Unternehmensfinanzierung, hrsg. v. Everling, Oliver/Schmidt-Bürgel, Jens, Wiesbaden 2005, S. 54-69 (Bankin-terne versus externe Ratings).

HAAKER, ANDREAS, Potential der Goodwill-Bilanzierung nach IFRS für eine Konvergenz im wertorientierten Rechnungswesen, Wiesbaden 2008 (Goodwill-Bilanzierung nach IFRS).

Haaker, Andreas/Freiberg, Jens, Aufblähung des Anhangs zur Kapitalmarktinformation?, in: PiR 2011, S. 78-80 (Aufblähung des Anhangs zur Kapitalmarktinformation?).

HAAKER, ANDREAS/FREIBERG, JENS, Kreditrisikobilanzierung nach dem Ex-pected-Loss-Ansatz, in: PiR 2009, S. 339-340 (Kreditrisikobilanzierung nach dem Expected-Loss-Ansatz).

HALLPAP, PATRICK/LELLMANN, PETER, Die Bedeutung der Geschäftsmodell-Bedingung nach IFRS 9 für Kreditinstitute, in: WPg 2011, S. 722-731 (Bedeutung der Geschäftsmodell-Bedingung).

HARTMANN-WENDELS, THOMAS/PFINGSTEN, ANDREAS/WEBER, MARTIN, Bankbetriebslehre, 5. Aufl., Berlin 2010 (Bankbetriebslehre).

HEINKE, VOKER G., Bonitätsrisiko und Credit Rating festverzinslicher Wertpa-piere. Eine empirische Untersuchung am Euromarkt, Bad Soden 1998 (Bonitätsrisiko und Credit Rating).

HELKE, IRIS/BÄR, MICHAEL/MORAWIETZ, ANJA, Neuer gemeinsamer Vorschlag des IASB und des FASB zur Bilanzierung von Wertminderungen bei finanziellen Vermögenswerten, die in offenen Portfolien gesteuert werden, in: WPg 2011, S. 453-461 (Bilanzierung von Wertminderungen).

HELWEGE, JEAN/MAURER, SAMUEL/SARKAR, ASANI/WANG, YUAN, Credit Default Swap Auctions and Price Discovery, in: The Journal of Fixed Income, Fall 2009, S. 34-42 (Credit Default Swap Auctions).

HEPERS, LARS, Entscheidungsnützlichkeit der Bilanzierung von Intangible Assets in den IFRS, Lohmar 2005 (Bilanzierung von Intangible Assets in den IFRS).

HUANG, JING-ZHI/HUANG, MING, How Much of the Corporate-Treasury Yield Spread is Due to Credit Risk?, Working Paper, Penn State University, 2003, abrufbar unter: http://www.defaultrisk.com/_pdf6j4/How_Much_o_Corporate-Trsr_Yld_Sprd_D_2_Crdt_Rsk.pdf, Stand: 07.11.2011 (Corporate-Treasury Yield Spread).

HÜBNER, GERD, Die Bonität, in: X-press 6/2005, S. 9, abrufbar unter: https://www.maxblue.de/media/LC_Anleihen_05_DieBonitaet.pdf, Stand: 07.11.2011 (Bonität).

HULL, JOHN C., Optionen, Futures und andere Derivate, 7. Aufl., München 2009 (Optionen, Futures und andere Derivate).

HULL, JOHN/PREDESCU, MIRELA/WHITE, ALAN, Bond prices, default probabilities and risk premiums, in: Journal of Credit Risk 2005, S. 53-60 (Bond prices, default probabilities and risk premiums).

HULL, JOHN/PREDESCU, MIRELA/WHITE, ALAN, The relationship between credit default swap spreads, bond yields, and credit rating announcements, in: Journal of Banking & Finance 2004, S. 2789-2811 (Credit default swap spreads and credit rating announcements).

IASB (Hrsg.), Accounting for Financial Instruments: Impairment – Summary of Outreach for Supplementary Document on Impairment (Agenda paper 4E), 2011, abrufbar unter: http://www.fasb.org/cs/ContentServer?site=FASB&c=Document_C&pagename=FASB%2FDocument_C%2FDocumentPage&cid=1176158457192, Stand: 07.11.2011 (Summary of Outreach for Supplementary Document on Impairment).

IASB (Hrsg.), Conceptual Framework for Financial Reporting 2010, London 2010 (Conceptual Framework).

IASB (Hrsg.), Discussion Paper: Preliminary Views on an improved Conceptual Framework for Financial Reporting: The Objective of Financial Reporting and Qualitative Characteristics of Decision-useful Financial Reporting Information, London 2006 (DP: Conceptual Framework).

IASB (Hrsg.), Discussion Paper: Reducing Complexity in Reporting Financial Instruments, London 2008 (DP: Reducing Complexity).

IASB (Hrsg.), Exposure Draft: An improved Conceptual Framework for Financial Reporting:Chapter 1: The Objective of Financial Reporting, Chapter 2: Qual-itative Characteristics and Constraints of Decision-useful Financial Reporting Information, London 2008 (ED: Conceptual Framework).

IASB (Hrsg.), Exposure Draft: Fair Value Option for Financial Liabilities– ED/2010/4, London 2010 (ED: Fair Value Option).

IASB (Hrsg.), Exposure Draft: Financial Instruments: Amortised Cost and Impairment – ED/2009/12, London 2009 (ED: Impairment).

IASB (Hrsg.), Exposure Draft: Financial Instruments: Calssification and Meas-urement – ED/2009/7, London 2009 (ED: Calssification and Measurement).

IASB (Hrsg.), Exposure Draft: Hedge Accounting – ED/2010/13, London 2010 (ED: Hedge Accounting).

IASB (Hrsg.), Exposure Draft: Mandatory Effective Date of IFRS 9 – ED/2011/3, London 2011 (ED: Mandatory Effective Date).

IASB (Hrsg.), IASB Update – April 2011, abrufbar unter: http://www.ifrs.org/NR/rdonlyres /4E828388-C31D-4227-8130-C5684ACEA0B0/0/IASBUpdateApril2011.pdf, Stand: 07.11.2011 (IASB Update – April 2011).

IASB (Hrsg.), IFRS 9 Financial Instruments, London 2010.

IASB (Hrsg.), International Financial Reporting Standards 2011, London 2011.

IASB (Hrsg.), Financial Instruments: Impairment – Comment letter summary (Agenda paper 4D), 2011, abrufbar unter: http://www.fasb.org/cs/ContentServer?site=FASB&c=Document_C&pa gename=FASB%2FDocument_C%2FDocumentPage&cid=1176158457166, Stand: 07.11.2011 (Comment letter summary).

IASB (Hrsg.), Financial Instruments: Impairment – Discounted versus undiscounted expected losses (Agenda paper 4B), 2011, abrufbar unter: http://www.ifrs.org/NR/rdonlyres/020F732E-25ED-47D9-9BC8-F85C5954C807/0/FI0411 b04Bobs.pdf, Stand: 07.11.2011 (Discounted versus undiscounted expected losses).

IASB (Hrsg.), Financial Instruments: Impairment – Interest income recognition and definition of amortised cost (Agenda paper 4A), 2011, abrufbar unter: http://www.ifrs.org/ NR/rdonlyres/98702033-B0A7-4910-92DF-5FDCFFCD1E74/0/FI0411b04Aobs.pdf, Stand: 07.11.2011 (Interest income recognition and definition of amortised cost).

IASB (Hrsg.), Financial Instruments: Recognition and Measurement: Amortised cost – An expected cash flow approach (Agenda paper 5A), 2009, abrufbar unter: http://www.ifrs.org/NR/rdo

nlyres/2789E8FC-AB95-4015-89B5-23E61CA1BE76/0/FI0905b05Aobs.pdf, Stand: 07.11.2011 (An expected cash flow approach).

IASB (Hrsg.), Financial Instruments: Replacement of IAS 39: Amortised Cost and Impairment – Allocation of lifetime expected losses under decoupling in open portfolios (Agenda paper 1B), 2010, abrufbar unter: http://www.ifrs.org/NR/rdonlyres/F2FEF195-1D73-43B2-BB9A-A401272CFA97/0/FI011210b01Bobs.pdf,Stand: 07.11.2011 (Allocation of lifetime expected losses).

IASB (Hrsg.), Financial Instruments: Replacement of IAS 39: Amortised Cost and Impairment – Expert Advisory Panel (Agenda paper 9B), 2010, abrufbar unter: http://www.ifrs.org/NR/rdonlyres/98EFD900-5B56-4854-A946-348A21391A04/0/FI0710b09Bobs.pdf, Stand: 07.11.2011 (Expert Advisory Panel).

IASB (Hrsg.), Impairment – General approach after SD (Agenda paper 6), 2011, abrufbar unter: http://www.ifrs.org/NR/rdonlyres/BF993BE8-3AF0-4FB8-B49F-C438485C89E5/0/FI0511b06obs.pdf, Stand: 07.11.2011 (General approach after SD).

IASB (Hrsg.), Request for Information ('Expected Loss Model'): Impairment of Financial Assets: Expected Cash Flow Approach, 2009, abrufbar unter: http://www.iasb.org/NR/rdonlyres/CA916D12-9B8E-4889-B75D-D305DD413974/0/RequestforInformation.pdf, Stand: 07.11.2011 (Request for Information).

IASB (Hrsg.), Supplement to ED/2009/12: Financial Instruments: Amortised Cost and Impairment, London 2011 (Supplement to ED/2009/12).

IDW (Hrsg.), Einzelfragen zu den Angabepflichten des IFRS 7 zu Finanzinstrumenten (IDW RS HFA 24), in: IDW FN 2010, S. 7-19 (IDW RS HFA 24).

IDW (Hrsg.), Einzelfragen zur Bilanzierung von Finanzinstrumenten nach IFRS (IDW RS HFA 9), in: WPg Supplement 2007, S. 83-156 (IDW RS HFA 9).

IJIRI, YUJI/JAEDICKE, ROBERT K., Reliability and Objectivity of Accounting Meas-urements, in: The Accounting Review 1966, S. 474-483 (Reliability and Objectivity).

INTERNATIONAL MONETARY FUND (Hrsg.), Global Financial Stability Report. Sovereigns, Funding, and Systemic Liquidity, 2010, abrufbar unter: http://www.imf.org/external/pubs/ft/gfsr/2010/02/pdf/text.pdf, Stand: 07.11.2011 (Global Financial Stability Report).

ISDA (Hrsg.), 2009 ISDA Credit Derivatives Determinations Committees and Auction Settlement CDS Protocol, 2009, abrufbar unter: http://www.isda.org/bigbangprot/docs/Big-Bang-Protocol.pdf, Stand: 07.11.2011 (Big Bang-Protokoll).

ISDA (Hrsg.), 2009 ISDA Credit Derivatives Determinations Committees and Auction Settlement Supplement to the 2003 ISDA Credit Derivatives Definitions, 2009, abrufbar unter: http://www.isda.org/cgi-bin/_isdadocsdownload/download.asp?DownloadID=399, Stand: 07.11.2011 (CDS Supplement).

JARROW, ROBERT, The Economics of Credit Default Swaps (CDS), Working Paper, Cornell University, 2010, abrufbar unter: http://kamakuraco.com/LinkClick.aspx?fileticket=Mvp5AadRwGo%3D&tabid=208&mid=735, Stand: 07.11.2011 (The Economics of CDS).

JENSEN, MICHAEL C./MECKLING, WILLIAM H., Theory of the Firm: Managerial Behavior, Agency Costs and Ownership Structure, in: Journal of Financial Economics 1976, S. 305-360 (Theory of the Firm).

JONG, FRANK DE/DRIESSEN, JOOST, Liquidity Risk Premia in Corporate Bond Markets, Working Paper, University of Amsterdam, 2006, abrufbar unter: http://papers.ssrn.com/sol3/papers.cfm?abstract_id=686681, Stand: 07.11.2011 (Liquidity Risk Premia in Corporate Bond Markets).

KAISER, THOMAS, IFRS aus Investorensicht, in: Internationale Rechnungslegung: Standortbestimmung und Zukunftsperspektiven. Kapitalmarktorientierte Rechnungslegung und integrierte Unternehmenssteuerung, hrsg. v. Küting, Karlheinz/Pfitzer, Norbert/Weber, Claus-Peter, Stuttgart 2006, S. 131-159 (IFRS aus Investorensicht).

KAMPMANN, HELGA/SCHWEDLER, KRISTINA, Zum Entwurf eines gemeinsamen Rahmenkonzeptes von FASB und IASB. Rechnungslegungsziele und qualitative Anforderungen, in: KoR 2006, S. 521-530 (Zum Entwurf eines gemeinsamen Rahmenkonzeptes von FASB und IASB).

KASSBERGER, STEFAN/WENTGES, PAUL, Die Schätzung der Ausfallwahrscheinlichkeit von Unternehmen, in: Handbuch Kreditrisikomodelle und Kreditderivate. Quantifizierung und Management von Kreditrisiken, Strategien mit Kreditderivaten, bankenaufsichtliche Anforderungen, hrsg. v. Eller, Roland/Gruber, Walter/Reif, Markus, Stuttgart 1999, S. 23-50 (Schätzung der Ausfallwahrscheinlichkeit).

KHOLMY, KHALED, Die aktuellen Reformen zu IFRS 9 – eine kritische Würdigung der Stellungnahmen zum ED/2009/7, in: KoR 2011, S. 79-88 (Die aktuellen Reformen zu IFRS 9).

KLAASSEN, PIETER/VAN EEGHEN, IDZARD, Economic Capital. How It Works and What Every Manager Needs to Know, New York 2009 (Point-in-Time und Through-the-Cycle).

KLEINMANNS, THOMAS, Organisation und Aufgaben des Forderungsmanagements der Henkel AG & Co.KGaA, in: agplan aid 2011, Heft 2, S. 25-34 (Forderungsmanagement).

KNABE, MATTHIAS, Die Berücksichtigung von Insolvenzrisiken in der Unternehmensbewertung, Lohmar 2012 (Die Berücksichtigung von Insolvenzrisiken in der Unternehmensbewertung).

KNOTH, HANS/SCHULZ, MARIO, Counterparty Default Adjustments nach IFRS auf Basis marktadjustierter Basel-II-Parameter. Verwendung marktadjustierter Basel-II-Parameter zur IFRS-konformen Ermittlung von Wertanpassungsbeträgen für Kontrahentenausfallrisiken im OTC-Derivategeschäft am Beispiel von Zinsswaps, in: KoR 2010, S. 247-253 (Counterparty Default Adjustments).

KÖHLING, KATHRIN, Barwertorientierte Fair Value-Ermittlung für Renditeimmobilien in der IFRS-Rechnungslegung. Empfehlungen zur Konkretisierung eines Bewertungskalküls, Lohmar 2011 (Barwertorientierte Fair Value-Ermittlung).

KOELEN, PETER, Investitionstheoretische Bewertungskalküle in der IFRS-Rechnungslegung. Möglichkeiten und Grenzen einer unternehmenswertorientierteren Berichterstattung, Lohmar 2009 (Investitionstheoretische Bewertungskalküle).

KPMG (Hrsg.), IFRS 9 zur Bilanzierung finanzieller Verbindlichkeiten ergänzt, 2010, abrufbar unter: http://www.kpmg.de/docs/Accounting-News_Dezember_Einzelversion.pdf, Stand: 07.11.2011 (IFRS 9 zur Bilanzierung finanzieller Verbindlichkeiten).

KPMG (Hrsg.), First Impressions: Additions to IFRS 9 Financial Instruments, 2010, abrufbar unter: http://www.kpmg.com/Global/en/IssuesAndInsights/ArticlesPublications/first-impressions/Documents/IFRS-9-additions-dec-2010.pdf, Stand: 07.11.2011 (Additions to IFRS 9 Financial Instruments).

KPMG (Hrsg.), First Impressions: IFRS 9 Financial Instruments, 2009, abrufbar unter: http://www.kpmg.com.hk/en/virtual_library/Audit/first_impressoins/First-Impressions-O-0912.pdf, Stand: 07.11.2011 (IFRS 9 Financial Instruments).

KPMG (Hrsg.), New on the Horizon: ED/2009/12 Finanacial Instruments: Amortised Cost and Impairment, 2009, abrufbar unter: http://www.kpmg. com/Global/en/IssuesAndInsights/Articles Publications/New-on-the-Horizon/Documents/New-on-the-Horizon-Financial-Instruments.pdf, Stand: 07.11.2011 (ED/2009/12 Financial Instruments).

KPMG (Hrsg.), New on the Horizon: Impairment of financial assets managed in an open portfolio, 2011, abrufbar unter: http://www.kpmg.com/CN/en/IssuesAndInsights/ArticlesPublications/ Documents/Impairment-financial-assets-O-201102.pdf, Stand: 07.11.2011 (Impairment of financial assets).

KRANZ, ALEXANDER, Die Fair Value-Bewertung von Finanzinstrumenten (HGB/IFRS). Eine kritische Analyse unter Berücksichtigung ausgewählter Aspekte der Finanzkrise, München 2010 (Die Fair Value-Bewertung von Finanzinstrumenten).

KRUMNOW, JÜRGEN/SPRIßLER, WOLFGANG/BELLAVITE-HÖVERMANN, YVETTE/KEMMER, MICHAEL/ALVES, SILKE/BRÜTTING, CHRISTIAN/LAUINGER, ROLF H./LÖW, EDGAR/NAUMANN, THOMAS R./PAUL, STEPHAN/PFITZER, NORBERT/SCHARPF, PAUL, IAS 32, in: Rechnungslegung der Kreditinstitute. Kommentar zum deutschen Bilanzrecht unter Berücksichtigung von IAS/IFRS, hrsg. v. Krumnow, Jürgen/Sprißler, Wolfgang/Bellavite-Hövermann, Yvette/Kemmer, Michael/Alves, Silke/Brütting, Christian/Lauinger, Rolf H./Löw, Edgar/Naumann, Thomas R./Paul, Stephan/Pfitzer, Norbert/Scharpf, Paul, 2. Aufl., Stuttgart 2004 (IAS 32).

KÜMMEL, JENS, Grundsätze für die Fair Value-Ermittlung mit Barwertkalkülen. Eine Untersuchung auf der Grundlage des Statement of Financial Accounting Concepts No. 7, Düsseldorf 2002 (Grundsätze für die Fair Value-Ermittlung mit Barwertkalkülen).

KÜTING, KARLHEINZ, Der Objektivierungsgrundsatz im HGB- und IFRS-System. Eine vergleichende Darstellung und Würdigung, in: DB 2011, S. 1404-1410 (Objektivierungsgrundsatz im HGB- und IFRS-System).

KÜTING, KARLHEINZ/STRAUß, MARC, Die Intensität und Komplexität der Anhangangaben nach HGB und IFRS im Vergleich, in: StuB 2011, S. 439-446 (Die Intensität und Komplexität der Anhangangaben nach HGB und IFRS im Vergleich).

KÜTING, PETER/DÖGE, BURKHARDT/PFINGSTEN, ANDREAS, Neukonzeption der Fair Value-Option nach IAS 39. Überzeugender Kompromiss oder doch nur eine reine Übergangslösung?, in: KoR 2006, S. 597-612 (Neukonzeption der Fair Value-Option).

KUHN, STEFFEN, Die bilanzielle Abbildung von Finanzinstrumenten in der Rechnungslegung nach IFRS. Vergleich des Mixed-Model-Ansatzes (IASB) mit dem Fair-Value-Model-Ansatz (JWG), Düsseldorf 2007 (Abbildung von Finanzinstrumenten).

KUHN, STEFFEN, Finanzinstrumente: Fair Value-Option in IAS 39 überarbeitet, in: DB 2005, S. 1341-1348 (Fair Value-Option).

KUHN, STEFFEN, Neuregelung der Bilanzierung von Finanzinstrumenten: Welche Änderungen ergeben sich aus IFRS 9?, in: IRZ 2010, S. 103-111 (Neuregelung der Bilanzierung von Finanzinstrumenten).

KUHN, STEFFEN/SCHARPF, PAUL, Rechnungslegung von Financial Instruments nach IFRS, 3. Aufl., Stuttgart 2006 (Financial Instruments nach IFRS).

KUHNER, CHRISTOPH, Das Spannungsverhältnis zwischen Einzelfallgerechtigkeit und Willkürfreiheit - im Recht und in der Rechnungslegung, in: BFuP 2001, S. 523-542 (Das Spannungsverhältnis zwischen Einzelfallgerechtigkeit und Willkürfreiheit).

LABHART, PETER A./VOLKART, RUDOLF, Value Reporting, in: Internationale Rechnungslegung Konsequenzen für Unternehmensführung, Rechnungswesen, Standardsetting, Prüfung und Kapitalmarkt, hrsg. v. Coenenberg, Adolf G./Pohle, Klaus, Stuttgart 2001, S. 115-142 (Value Reporting).

LÄGER, VOLKER, Bewertung von Kreditrisiken und Kreditderivaten, Bad Soden 2002 (Bewertung von Kreditrisiken und Kreditderivaten).

LANDO, DAVID, Credit Risk Modeling, in: Handbook of Financial Time Series, hrsg. v. Andersen, Torben G./Davis, Richard A./Kreiß, Jens-Peter/Mikosch, Thomas, Berlin 2009, S. 787-798 (Credit Risk).

LEFFSON, ULRICH, Die Grundsätze ordnungsmäßiger Buchführung, 7. Aufl., Düsseldorf 1987 (Grundsätze ordnungsmäßiger Buchführung).

LEIBFRIED, PETER/JASKOLSKI, TORSTEN, Der neue Vorschlag des IASB zur Klassifikation von Finanzinstrumenten. Schnellschuss oder dauerhafte Lösung?, in: IRZ 2009, S. 469-474 (Der neue Vorschlag des IASB zur Klassifikation von Finanzinstrumenten).

LIU, SHEEN/WU, CHUNCHI, Taxes, Default Risk, and Credit Spreads, in: The Journal of Fixed Income 2004, S. 71-85 (Taxes, Default Risk, and Credit Spreads).

LIVINGSTON, MILES/NARANJO, ANDY/ZHOU, LEI, Split bond ratings and rating migration, in: Journal of Banking & Finance 2008, S. 1613-1624 (Split bond ratings).

Löffelholz, Lars, Konvergenz von IAS 39 und Basel II bei Impairment- und Kreditprozessen, in: Wege zur effizienten Finanzfunktion in Kreditinstituten. Compliance & Performance, hrsg. v. Jelinek, Britta/Hannich, Manfred, Wiesbaden 2009, S. 289-298 (Konvergenz von IAS 39 und Basel II).

LÖFFLER, GUNTER, Ratings versus market-based measures of default risk in portfolio governance, in: Journal of Banking & Finance 2004, S. 2715-2746 (Ra-tings versus market-based measures).

LOEPER, ERICH, Basel III und weitere Regulierungsvorhaben des Baseler Ausschusses, in: ZfgK 2011, S. 24-27 (Basel III und weitere Regulierungsvorhaben).

LÖW, EDGAR/LORENZ, KARSTEN, Ansatz und Bewertung von Finanzinstrumenten, in: Rechnungslegung für Banken nach IFRS. Praxisorientierte Einzeldarstellungen, hrsg. v. Löw, Edgar, 2. Aufl., Wiesbaden 2005, S. 415-604 (Ansatz und Bewertung von Finanzinstrumenten).

LONGSTAFF, FRANCIS A./MITHAL, SANJAY/NEIS, ERIC, Corporate Yield Spreads: Default Risk or Liquidity? New Evidence from the Credit Default Swap Market, in: The Journal of Finance 2005, S. 2213-2253 (Corporate Yield Spreads).

LORSON, PETER/GATTUNG, ANDREAS, Die Forderung nach einer „faithful representation". Verhältnis zur Objektivität, Neutralität und Nachprüfbarkeit, in: KoR 2008, S. 556-565 (Forderung nach einer „faithful representation").

Lotz, Ulrich/Wörner, Gaby, Betriebswirtschaftliche Perspektive und Problemstellungen in der Verbriefung von NPL, in: Non Performing Loans (NPL). Problemkredite – Transaktionen, Recht und Steuern, hrsg. v. Wiedenhofer, Marco, Stuttgart 2006, S. 221-233 (Betriebswirtschaftliche Perspektive und Problemstellungen).

LÜDENBACH, NORBERT, § 28, in: Haufe IFRS-Kommentar, hrsg. v. Lüdenbach, Norbert/Hoffmann, Wolf-Dieter, 9. Aufl., Freiburg 2011 (§ 28).

LÜDENBACH, NORBERT/FREIBERG, JENS, BB-IFRS-Report 2010, in: BB 2010, S. 3139-3144. (BB-IFRS-Report 2010).

LUO, LAWRENCE S. J., Bootstrapping default probability curves, in: Journal of Credit Risk 2005, S. 169-179 (Bootstrapping default probability curves).

MACLACHLAN, IAIN, Choosing the Discount Factor for Estimating LGD, in: Recovery Risk. The Next Challenge in Credit Risk Management, hrsg. v. Altman, Edward I./Resti, Andrea/Sironi, Andrea, London 2005, S. 285-305 (Discount Factor for Estimating LGD).

MÄRKL, HELMUT/SCHABER, MATHIAS, IFRS 9 Financial Instruments: Neue Vorschriften zur Kategorisierung und Bewertung von finanziellen Vermögenswerten, in: KoR 2010, S. 65-74 (IFRS 9 Financial Instruments).

MÄRKL, HELMUT/SCHABER, MATHIAS, Zur Nachfolgeregelung des IAS 39: Inhalt und kritische Würdigung des ED „Classification and Measurement", in: KoR 2009, S. 533-544 (Zur Nachfolgeregelung des IAS 39).

MAIER, MICHAEL, Basel II, Rating und IFRS – Reaktionen von Banken und Unternehmen, in: ZfCM 2004, S. 406-411 (Basel II, Rating und IFRS).

MARKIT (Hrsg.), The CDS Big Bang: Understanding the Changes to the Global CDS Contract and North American Conventions, 2009, abrufbar unter: http://www.markit.com/cds/announcements/resource/cds_big_bang.pdf, Stand: 07.11.2011 (The CDS Big Bang).

MARTIN, MARCUS R. W./REITZ, STEFAN/WEHN, CARSTEN S., Kreditderivate und Kreditrisikomodelle. Eine mathematische Einführung, Wiesbaden 2006 (Kreditderivate und Kreditrisikomodelle).

MEHL, STEPHANIE/SCHNEIDER, WILHELM/AMELY, TOBIAS, Neue Ansätze zur Abbildung von Ausfallrisiken in der externen Rechnungslegung von Banken, in: Forschungsspitzen und Spitzenforschung. Innovationen an der Fachhochschule Bonn-Rhein-Sieg. Festschrift für Wulf Fischer, hrsg. v. Zacharias, Christoph/ter Horst, Klaus W./Witt, Kurt-Ulrich/Sommer, Volker/Ant, Marc/Ess-mann, Ulrich/Mülheims, Laurenz, Heidelberg 2009, S. 241- 251 (Abbildung von Ausfallrisiken in der externen Rechnungslegung).

MERKEL, ANGELA, Regierungserklärung von Bundeskanzlerin Merkel zur Lage der Finanzmärkte am 7. Oktober 2008, abrufbar unter: http://www.bundesregierung.de/Content/DE/Archiv16/

Regierungserklaerung/2008/2008-10-07-regerkl-bk-finanzmarkt.html, Stand: 07.11.11 (Regierungserklärung von Bundeskanzlerin Merkel zur Lage der Finanzmärkte am 7. Oktober 2008).

MERTON, ROBERT C., On the Pricing of Corporate Debt: The Risk Structure of Interest Rates, in: The Journal of Finance 1974, S. 449-470 (On the Pricing of Corporate Debt).

MEYER, DIRK, Zur Rolle der Spekulation bei Staatsschuldenkrisen im Euro-Raum, in: WiSt 2011, S. 419-423 (Zur Rolle der Spekulation bei Staatsschuldenkrisen im Euro-Raum).

MILLA, ASLAN/ROHATSCHEK, ROMAN, Das Expected Loss Model nach dem Entwurf ED/2010/12 Fachgespräch zum Impairment-Ansatz des IASB, in: IRZ 2011, S. 105-109 (Expected Loss Model).

MOODY'S INVESTORS SERVICES (Hrsg.), Corporate Default and Recovery Rates, 1920-2009, 2009, abrufbar unter: http://ismymoneysafe.org/pdf/Moody's_corporate_default_and_recovery_rates_2009.pdf, Stand: 07.11.2011 (Corporate Default and Recovery Rates).

MÜLLER, KLAUS-PETER, Auswirkungen der Finanzmarktkrise auf die internatio-nale Rechnungslegung, in: WPg 2009, S. I (Auswirkungen der Finanzmarktkrise).

NAUMANN, KLAUS-PETER, IFRS 9 und die Zukunft der internationalen Rechnungslegung, in: WPg 2010, S. I (IFRS 9 und die Zukunft der internationalen Rechnungslegung).

NIEHAUS, HANS-JÜRGEN, Beitrag der Aufsicht zur Finanzmarktstabilität – Künf-tige Ausgestaltung der Risikovorsorge bei Kreditinstituten, in: WPg 2010, S. 768-770 (Finanzmarktstabilität).

NIEHAUS, HANS-JÜRGEN, Bewährungsprobe für die Fair-Value-Bewertung in Zeiten der Finanzmarktkrise, in: ZfgK 2008, S. 1170-1174 (Bewährungsprobe für die Fair-Value-Bewertung in Zeiten der Finanzmarktkrise).

NIETSCH, MICHAEL/GRAEF, ANDREAS, Regulierung der europäischen Märkte für außerbörsliche OTC-Derivate, in: BB 2010, S. 1361-1364 (Regulierung von OTC-Derivaten).

NORDEN, LARS, Kreditderivate: Zwischen Kapitalmarkt und bankbetrieblicher Verwendung, Mannheim 2004 (Kreditderivate).

O'KANE, DOMINIC/TURNBULL, STUART, Valuation of Credit Default Swaps, in: Lehman Brothers Quantitative Credit Research 2003, S. 1-17 (Valuation of Credit Default Swaps).

OBERMAIER, ROBERT, Fair Value-Bilanzierung nach IFRS auf Basis von Bewertungskalkülen. Ermittlung und Wirkungen kapitalmarktorientierter Basiszinssätze, in: KoR 2009, S. 545-554 (Fair Value-Bilanzierung nach IFRS).

OEHLER, ANDREAS/UNSER, MATTHIAS, Finanzwirtschaftliches Risikomanagement 2. Aufl., Berlin 2002 (Finanzwirtschaftliches Risikomanagement).

OERTZEN, CORNELIA VON, § 3, in: Beck'sches IFRS-Handbuch. Kommentierung der IFRS/IAS, hrsg. v. Bohl, Werner/Riese, Joachim/Schlüter, Jörg, 3. Aufl., München 2009 (§ 3).

OESTERREICHISCHE NATIONALBANK (Hrsg.), Leitfadenreihe zum Kreditrisiko. Ratingmodelle und -validierung, 2004, abrufbar unter: http://www.oenb.at/de/img/leitfadenreihe_ratingmodelle_tcm14-11172.pdf, Stand: 07.11.2011 (Leitfadenreihe zum Kreditrisiko).

OLBRICH, MICHAEL/BRÖSEL, GERRIT, Inkonsistenzen der Zeitwertbilanzierung nach IFRS: Kritik und Abhilfe, in: DB 2007, S. 1543-1549 (Inkonsistenzen der Zeitwertbilanzierung).

ONG, MICHAEL K., Internal Credit Risk Models. Capital Allocation and Performance Measurement, London 1999 (Internal Credit Risk Models).

PACKER, FRANK/ZHU, HAIBIN, Vertragsbedingungen und Preisfindung bei Credit Default Swaps, in: BIZ-Quartalsbericht März 2005, S. 99-112, abrufbar unter: http://www.bis.org/publ/qtrpdf/r_qt0503ger_h.pdf, Stand: 07.11.2011 (Vertragsbedingungen und Preisfindung bei Credit Default Swaps).

PAN, JUN/SINGLETON, KENNETH J., Default and Recovery Implicit in the Term Structure of Sovereign CDS Spreads, in: The Journal of Finance 2008, S. 2345-2384 (Term Structure of Sovereign CDS Spreads).

PAPA, VINCENT, Das externe Rechnungswesen transparenter machen, in: DB 2011, S. M1 (Das externe Rechnungswesen transparenter machen).

PAPE, ULRICH/SCHLECKER, MATTHIAS, Berechnung des Credit Spreads, in: FB 2008, S. 658-665 (Berechnung des Credit Spreads).

PAPE, ULRICH/SCHLECKER, MATTHIAS, Reaktion von Credit Spreads auf Finanzmarktkrisen am Beispiel der Subprime-Krise und der LTCM-Krise, in: FB 2009, S. 38-45 (Reaktion von Credit Spreads auf Finanzmarktkrisen).

PELGER, CHRISTOPH, Entscheidungsnützlichkeit in neuem Gewand: Der Exposure Draft zur Phase A des Conceptual Framework-Projekts, in: KoR 2009, S. 156-163 (Entscheidungsnützlichkeit in neuem Gewand).

PELLENS, BERNHARD/FÜLBIER, ROLF U./GASSEN, JOACHIM/SELLHORN, THORSTEN, Internationale Rechnungslegung, 8. Aufl., Stuttgart 2011 (Internationale Rechnungslegung).

PERRAUDIN, WILLIAM R. M./TAYLOR, ALEX P., Liquidity and Bond Market Spreads, Working Paper, 2003, abrufbar unter: http://papers.ssrn.com/sol3/pa pers.cfm?abstract_id=424060, Stand: 07.11.2011 (Liquidity and Bond Market Spreads).

PETER, CHRISTIAN, Estimating Loss Given Default – Experiences from Banking Practice, in: The Basel II Risk Parameters. Estimation, Validation, and Stress Testing, hrsg. v. Engelmann, Bernd/Rauhmeier, Robert, Berlin 2006, S. 143-175 (Estimating Loss Given Default).

PFINGSTEN, ANDREAS/SCHRÖCK, GERHARD, Bedeutung und Methodik von Krediteinstufungsmodellen im Bankwesen, in: Kreditrisikomanagement. Portfolio-modelle und Derivate, hrsg. v. Oehler, Andreas, Stuttgart 2000, S. 2-23 (Bedeutung und Methodik von Krediteinstufungsmodellen).

PLOCK, MARCUS, Ertragsrealisation nach International Financial Reporting Standards (IFRS), Düsseldorf 2004 (Ertragsrealisation nach IFRS).

POUNDER, BRUCE, Accounting for Financial Instruments: Post-Crisis Changes, Part 1, in: Strategic Finance 2009, S. 19-20 (Accounting for Financial Instruments (Part 1)).

PWC (Hrsg.), What investment professionals say about financial instrument reporting, 2010, abrufbar unter: http://www.pwc.com/gx/en/ifrs-reporting/pdf/Financial_instruments_reporting_FINAL_NEW.pdf, Stand: 07.11.2011 (Financial instrument reporting).

QUERCI, FRANCESCA, Loss Given Default on a medium-sized Italian bank's loans: an empirical exercise, Working Paper, Genoa University, 2005, abrufbar unter: http://www.efmaefm.org/efma2005/papers/206-querci_paper.pdf, Stand: 07.11.2011 (Loss Given Default).

RAPP, MATTHIAS J., Wertberichtigung auf Kundenforderungen nach dem „incurred loss model“, in: PiR 2010, S. 47-50 (Wertberichtigung auf Kundenforderungen).

REICHLING, PETER/SCHULMERICH, MARCO, Modellierung des Bonitätsspreads, in: Handbuch Kreditrisikomodelle und Kreditderivate. Quantifizierung und Ma-nagement von Kreditrisiken, Strategien mit Kreditderivaten, bankenaufsicht-liche Anforderungen, hrsg. v. Eller, Roland/Gruber, Josef/Reif, Markus, Stuttgart 1999, S.51-68 (Modellierung des Bonitätsspreads).

REMOLONA, ELI/SCATIGNA, MICHELA/WU, ELIZA, The Dynamic Pricing of Sov-ereign Risk in Emerging Markets: Fundamentals and Risk Aversion, in: The Journal of Fixed Income 2008, S. 57-71 (Fundamentals and Risk Aversion).

RICHTER, RUDOLF/FURUBOTN, EIRIK G., Neue Institutionenökonomik, 4. Aufl., Tübingen 2010 (Neue Institutionenökonomik).

ROBB, SEAN W. G., The Effect of Analysts’ Forecasts on Earnings Management in Financial Institutions, in: The Journal of Financial Research 1998, S. 315-331 (Earnings Management in Financial Institutions).

ROLFES, BERND, Gesamtbanksteuerung. Risiken ertragsorientiert steuern, 2. Aufl., Stuttgart 2008 (Gesamtbanksteuerung).

RUDOLPH, BERND, Die internationale Finanzkrise als Anstoß für Weiterentwicklungen im Risikocontrolling der Banken und für Reformen in der Bankenregulierung, in: zfbf 2010, S. 122-149 (Die internationale Finanzkrise als Anstoß für Weiterentwicklungen im Risikocontrolling der Banken).

RUDOLPH, BERND/HOFMANN, BERND/SCHABER, ALBERT/SCHÄFER, KLAUS, Kreditrisikotransfer, Berlin 2007 (Kreditrisikotransfer).

SAITA, FRANCESCO, Value at Risk and Bank Capital Management. Risk Adjusted Performances, Capital Management and Capital Allocation Decision Making, Burlington 2007 (Value at Risk and Bank Capital Management).

SAUNDERS, ANTHONY, Credit Risk Measurement, New York 1999 (Credit Risk Measurement).

SAUNDERS, ANTHONY/ALLEN, LINDA, Credit Risk Measurement In and Out of the Financial Crisis. New Approaches to Value at Risk and Other Paradigms, 3. Aufl., New Jersey 2010 (Financial Crisis).

SCHABER, MATHIAS/MÄRKL, HELMUT/KROH, TANJA, IFRS 9 Financial Instruments: Exposure Draft zu fortgeführten Anschaffungskosten und Wertminderungen, in: KoR 2010, S. 241-246 (Exposure Draft zu fortgeführten Anschaffungskosten und Wertminderungen).

SCHIERENBECK, HENNER, Ertragsorientiertes Bankmanagement. Band 1: Grundlagen, Marktzinsmethode und Rentabilitäts-Controlling, 8. Aufl., Wiesbaden 2003 (Ertragsorientiertes Bankmanagement (Band 1)).

SCHIERENBECK, HENNER/LISTER, MICHAEL/KIRMßE, STEFAN, Ertragsorientiertes Bankmanagement. Band 2: Risiko-Controlling und integrierte Rendite-/Risiko-steuerung, 9. Aufl., Wiesbaden 2008 (Ertragsorientiertes Bankmanagement (Band 2)).

SCHIFFEL, SIMON, Implizite Ausfallwahrscheinlichkeiten von Unternehmensanleihen, Wiesbaden 2009 (Implizite Ausfallwahrscheinlichkeiten von Unternehmensanleihen).

SCHILDBACH, THOMAS, Fair value-Statik und Information des Kapitalmarktes, in: BFuP 2009, S. 581-598 (Fair value-Statik).

SCHILDBACH, THOMAS, Fair Value – Wunsch und Wirklichkeit, in: Internationale Rechnungslegung: Standortbestimmung und Zukunftsperspektive. Kapitalmarktorientierte Rechnungslegung und integrierte Unternehmenssteuerung, hrsg. v. Küting, Karlheinz/Pfitzer, Norbert/Weber, Claus-Peter, Stuttgart 2006, S. 7-32 (Fair Value).

SCHILDBACH, THOMAS, Information des Kapitalmarkts mithilfe der fair value-Statik: „fair is foul and foul is fair“, in: IRZ 2011, S. 71-77 (Information des Kapitalmarkts).

SCHLECKER, MATTHIAS, Credit Spreads. Einflussfaktoren, Berechnung und langfristige Gleichgewichtmodellierung, Lohmar 2009 (Credit Spreads).

SCHMEISSER, WILHELM, Corporate Finance und Risk Management, München 2010 (Corporate Finance und Risk Management).

SCHMIDT, MARTIN, Das IASB-Diskussionspapier „Reducing Complexity in Reporting Financial Instruments“, in: WPg 2008, S. 643-650 (IASB-Diskussions-papier Reducing Complexity).

SCHMIDT, MARTIN, Entwurf des IASB zur Kategorisierung und Bewertung von Finanzinstrumenten: Exposure Draft ED/2009/7, in: WPg 2009, S. 1076-1080 (Entwurf des IASB zur Kategorisierung und Bewertung von Finanzinstru-menten).

SCHMIDT, MARTIN, Wertminderungen bei Finanzinstrumenten – IASB „Exposure Draft ED/2009/12 Financial Instruments: Amortised cost and Impairment“, in: WPg 2010, S. 286-293 (Wertminderungen bei Finanzinstrumenten).

SCHÖLLHORN, THOMAS/MÜLLER, MARTIN, Bedeutung und praktische Relevanz des Rahmenkonzepts (framework) bei Erstellung von IFRS-Abschlüssen nach zukünftigem „deutschen Recht“ (Teil 1), in: DStR 2004, S. 1623-1628 (Bedeutung und praktische Relevanz des Rahmenkonzepts).

SCHÖNBUCHER, PHILIPP J., Credit Derivatives Pricing Models. Models, Pricing and Implementation, Chichester 2003 (Credit Derivatives Pricing Models).

SCHÖNE, ANDRÉ, Zum Informationsgehalt der Volatilitätsindizes VDAX und VDAX-New der Deutschen Börse AG, in: zfbf 2010, S. 625-661 (Informationsgehalt der Volatilitätsindizes).

SCHRUFF, WIENAND, Herausforderungen aus der Subprime Krise an die Rechnungslegung, in: BFuP 2009, S. 568-580 (Herausforderungen aus der Subprime Krise an die Rechnungslegung).

SCHRUFF, WIENAND, Kompromiss für eigene Verbindlichkeiten beseitigt widersinnige Ergebniseffekte, in: BB 2010, S. I (Kompromiss für eigene Verbindlichkeiten beseitigt widersinnige Ergebniseffekte).

Schubert, Dirk, Gestaltung eines CDS-Vertrages als Finanzgarantie – Anforderungen der ISDA und des IASB, in: WPg 2011, S. 219-229 (Gestaltung eines CDS-Vertrages).

SCHUERMANN, TIL, What Do We Know About Loss Given Default?, in: Recovery Risk. The Next Challenge in Credit Risk Management, hrsg. v. Altman, Edward I./Resti, Andrea/Sironi, Andrea, London 2005, S. 3-24 (Loss Given Default).

Sievers, Maren, Kreditderivate. Gestaltungsmöglichkeiten, bankenaufsichtsrechtliche Behandlung und der Handel mittelständischer Kreditrisiken, Baden-Baden 2009 (Gestaltungsmöglichkeiten von Kreditderivaten).

Singh, Manmohan/Aitken, James, Counterparty Risk, Impact on Collateral Flows, and Role for Central Counterparty, Working Paper, 2009, abrufbar unter: Counterparty Risk, Impact on Collateral Flows, and Role for Central Counterparty, Stand: 06.09.2011 (Counterparty Risk).

Singh, Manmohan/Spackman, Carolyne, The Use (and Abuse) of CDS Spreads During Distress, Working Paper, 2009, abrufbar unter: http://www.imf.org/external/pubs/ft/wp/2009/wp0962.pdf, Stand: 07.11.2011 (CDS Spreads During Distress).

Spitzer, Kai G., Basel III und das einheitliche Regelwerk in der EU, in: ZfgK 2011, S. 28-30 (Basel III).

Spremann, Klaus/Gantenbein, Pascal, Zinsen, Anleihen, Kredite, 4. Aufl., München 2007 (Zinsen, Anleihen, Kredite).

Sprißler, Wolfgang/Hacker, Bernd, Fair Value-Bewertung, in: Fair Value. Bewertung in Rechnungswesen, Controlling und Finanzwirtschaft, hrsg. v. Bieg, Harmut/Heyd, Reinhard, München 2005, S. 391-415 (Fair Value-Bewertung).

Standard & Poor's (Hrsg.), Default, Transition and Recovery: 2010 Annual Global Corporate Default Study and Rating Transitions, 2011, abrufbar unter: http://cairdcapital.com/files/2010/12/SP-2010-corporate-default-study.pdf, Stand: 07.11.2011 (2010 Annual Global Corporate Default Study).

Steinhoff, Carsten, Quantifizierung operationeller Risiken in Kreditinstituten. Eine Untersuchung unter besonderer Berücksichtigung von Szenarioanalysen im Rahmen von Verlustverteilungsmodellen, Göttingen 2008 (Quantifizierung operationeller Risiken).

Streim, Hannes/Bieker, Marcus/Esser, Maik, Fair Value Accounting in der IFRS-Rechnungslegung – eine Zweckmäßigkeitsanalyse, in: Kritisches zur Rechnungslegung und Unternehmensbesteuerung. Festschrift zur Vollendung des 65. Lebensjahres von Theodor Siegel, hrsg. v. Schneider, Dieter/Rückle, Dieter/Küpper, Hans-Ulrich/Wagner, Franz W., Berlin 2005, S. 87-109 (Zweckmäßigkeitsanalyse).

STREIM, HANNES/BIEKER, MARCUS/ESSER, MAIK, Vermittlung entscheidungsnützlicher Informationen durch Fair Values – Sackgasse oder Licht am Horizont, in: BFuP 2003, S. 457-479 (Vermittlung entscheidungsnützlicher Informationen).

STRUFFERT, RALF, Asset Backed Securities-Transaktionen und Kreditderivate nach IFRS und HGB, Wiesbaden 2006 (Asset Backed Securities-Trans-aktionen).

STULZ, RENÉ M., Credit Default Swaps and the Credit Crisis, in: Journal of Economic Perspectives 2010, S. 73-92 (Credit Default Swaps and the Credit Crisis).

STUTZER, PIRMIN, Statistische und finanzmathematische Grundlagen, in: Praktiker-Handbuch Alternatives Investmentmanagement. Hedge-Fonds, Asset-Allocation, Quantitative Methoden, hrsg. v. Peetz, Dietmar, Stuttgart 2005, S. 32-72 (Statistische und finanzmathematische Grundlagen).

SÜNDERHAUF, ROBERT, Bewertung des Ausfallrisikos deutscher Hypothekenbank-Pfandbriefe, Berlin 2006 (Bewertung des Ausfallrisikos).

TARASHEV, NIKOLA/TSATSARONIS, KOSTAS, Risikoprämie an verschiedenen Märkten: was Optionspreise aussagen, in: BIZ-Quartalsbericht März 2006, S. 105-117, abrufbar unter: http://www.bis.org/publ/qtrpdf/r_qt0603ger_h.pdf, Stand: 07.11.2011 (Risikoprämie an verschiedenen Märkten).

TOTZEK, ALFRED, Integriertes Kreditcontrolling (Nichthandel) zur Früherkennung von Risiken, in: Handbuch Kreditrisikomodelle und Kreditderivate. Quantifizierung und Management von Kreditrisiken, Strategien mit Kreditderivaten, bankaufsichtliche Anforderungen, hrsg. v. Eller, Roland/Gruber, Walter/Reif, Markus, Stuttgart 1999, S. 313-336 (Integriertes Kreditcontrolling).

VAUSE, NICHOLAS, Counterparty risk and contract volumes in the credit default swap market, in: BIS Quarterly Review December 2010, S. 59-69, abrufbar unter: http://www.bis.org/publ/qtrpdf/r_qt1012g.pdf, Stand: 07.11.2011 (Contract volumes in the credit default swap market).

Velte, Patrick, Intangible Assets und Goodwill im Spannungsfeld zwischen Entscheidungsrelevanz und Verlässlichkeit, Wiesbaden 2008 (Intangible Assets und Goodwill).

VOLKART, RUDOLF, Corporate Finance. Grundlagen von Finanzierung und Investition, 5. Aufl., Zürich 2011 (Corporate Finance).

WAGENHOFER, ALFRED, Internationale Rechnungslegung nach IAS/IFRS, 6. Aufl., München 2009 (Internationale Rechnungslegung nach IAS/IFRS).

WAGNER, EVA, Credit Default Swaps und Informationsgehalt, Wiesbaden 2008 (Credit Default Swaps und Informationsgehalt).

WAWRZINEK, WOLFGANG, § 2, in: Beck'sches IFRS-Handbuch. Kommentierung der IFRS/IAS, hrsg. v. Bohl, Werner/Riese, Joachim/Schlüter, Jörg, 3. Aufl., München 2009 (§ 2).

WENK, MARC O., IFRS 9 – Verbesserung des „true and fair view" durch denneuen Standard für Finanzinstrumente?, in: IRZ 2010, S. 205-206 (IFRS 9 – Verbesserung des „true and fair view").

WENK, MARC O./STRAßER, FRANK, Neuregelung der Bilanzierung von Finanzinstrumenten (IFRS 9), in: PiR 2010, S. 102-109 (Neuregelung der Bilanzierung von Finanzinstrumenten).

WIECHENS, GERO/KROPP, MATTHIAS, Bilanzierung finanzieller Verbindlichkeiten nach IFRS 9, in: KoR 2011, S. 225-229 (Bilanzierung finanzieller Verbindlichkeiten nach IFRS 9).

WIEDEMANN, ARND, Risikotriade Zins-, Kredit- und operationelle Risiken, 2. Aufl., Franfurt am Main 2008 (Risikotriade).

WIEDMANN, HARALD/SCHWEDLER, KRISTINA, Die Rahmenkonzepte von IASB und FASB: Konzeption, Vergleich und Entwicklungstendenzen, in: Rechnungslegung und Wirtschaftsprüfung. Festschrift zum 70. Geburtstag von Jörg Baetge, hrsg. v. Kirsch, Hans-Jürgen/Thiele, Stefan, Düsseldorf 2007, S. 679-716 (Die Rahmenkonzepte von IASB und FASB).

WIESE, ROLAND/SPINDLER, MICHAEL, Neuregelungen zum Hedge Accounting (ED/2010/13), in: PiR 2011, S. 57-65 (Neuregelungen zum Hedge Account-ing).

WILKENS, MARCO/ENTROP, OLIVER/VÖLKER, JÖRG, Strukturen und Methoden von Basel II – Grundlegende Veränderung der Bankenaufsicht, in: ZfgK 2001, S. 187-193 (Struktur und Methoden von Basel II).

WILKENS, SASCHA, Die Bewertung von Credit Default Swaps, in: WiSt 2009, S. 161-164 (Die Bewertung von Credit Default Swaps).

WIMMER, KONRAD/KUSTERER, STEFAN, Kreditrisiko: Bilanzielle Abbildung und Vergleich mit der ökonomischen Messung, in: DStR 2006, S. 2046-2052 (Kreditrisiko).

WIMMER, KONRAD/KUSTERER, STEFAN, Kreditrisikovorsorgemodelle im Vergleich, in: WPg 2010, S. 454-463 (Kreditrisikovorsorgemodelle).

WINGENROTH, THORSTEN, Risikomanagement für Corporate Bonds. Modellierung von Spreadrisiken im Investment-Grade-Bereich, Bad Soden 2004 (Risikomanagement für Corporate Bonds).

WOHLMANNSTETTER, GOTTFRIED/ECKERT, SUSANNE/MAIFARTH, MICHAEL/WOLF-GARTEN, WILHELM, Rechnungslegung für Kreditrisiken, in: WPg 2009, S. 531-536 (Rechnungslegung für Kreditrisiken).

WOLLMERT, PETER/ACHLEITNER, ANN-KRISTIN, Konzeptionelle Grundlagen der IAS-Rechnungslegung (Teil 1), in: WPg 1997, S. 209-222 (Konzeptionelle Grundlagen der IAS-Rechnungslegung).

WÜNSCHER, JULIAN, Chancen und Herausforderungen der Subprime-Automobilfinanzierung in Deutschland. Marktpotenziale und Bankstrategien, Wiesbaden 2009 (Herausforderungen der Subprime-Automobilfinanzierung).

WÜSTEMANN, JENS/BISCHOF, STEFAN, Der Vorschlag des IASB zur Neuregelung der Bilanzierung von Sicherungsbeziehungen nach IFRS 9, in: WPg 2011, S. 403-407 (Sicherungsbeziehungen nach IFRS 9).

ZHANG, BENJAMIN YIBIN/ZHOU, HAO/ZHU, HAIBIN, Explaining Credit Default Swap Spreads with the Equity Volatility and Jump Risks of Individual Firms, in: The Review of Financial Studies 2009, S. 5099-5131 (Explaining Credit Default Swap Spreads).